全美信賴度第1名的醫療機構，
寫給準爸媽最專業、詳盡完整的孕期叮嚀

懷孕40週聖經

《梅約醫學中心懷孕聖經》修訂版

Mayo Clinic Guide to a Healthy Pregnancy

羅傑・哈爾姆斯 Roger Harms, M.D.
梅約醫學中心婦產科專科醫師 **&**
瑪拉・魏克 Myra Wick, M.D., Ph.D.
醫學博士、梅約醫學中心婦產科專科醫師◎著
陳芳智◎譯

U0030613

MAYO
CLINIC

本書特色與簡介

人生大事足以與喜獲麟兒匹敵的寥寥無幾。這個新生的人兒由妳帶來這世界，成為妳非常重要的人，而妳則願意盡己所能去養育他、保護他。妳對建立這條無法切割之牽絆的熱誠，完全反映在妳對本書的興趣上。妳想要竭盡所能的去確保懷孕能健健康康，孩子的生命能有個美好的起點。

《梅約醫學中心懷孕聖經》是一本值得妳信賴的權威參考手冊，由一支熟悉懷孕的專家團隊所撰寫。他們發現在醫學上，再也沒有什麼能比體驗一個孩子的發育和出生更令人興奮並感到滿足的了。我們誠摯的希望您在期待新生寶寶降臨的同時能發現本書助益良多，也極具意義。

羅傑・哈爾姆斯（Roger Harms, M.D.）醫師是婦產科的專科醫師。在梅約醫學中心任職的32年間，曾指導過成千上萬位婦女的懷孕與分娩。哈爾姆斯醫師是梅約醫學中心醫學院的助理教授，曾獲梅約醫學中心傑出教育家獎。哈爾姆斯醫師表示為人父是他最棒的學習經驗。

醫學博士瑪拉・魏克醫師（Myra Wick, M.D., Ph.D.）是婦產科及婦科的專科醫師。她也是梅約醫學中心醫學院的助理教授。身為四個孩子的母親，魏克醫師可以從醫者與母親的雙重角度來講述懷孕。

如何使用本書

《梅約醫學中心懷孕聖經》是一本敘述詳盡又容易使用的手冊，準媽媽和準爸爸所有的問題和疑慮，書中皆提供解答與說明。為了讓您容易找到想要的資訊，本書分為六大部分。

1. 第一部：享受健康的懷孕過程

從如何懷孕、懷孕期間如何飲食與運動、以及所有懷孕應該知道的藥物知識，本部分全部涵蓋了。許多和這類相關問題的疑惑，您在這裡也能找到答案。

2. 第二部：懷孕的逐月孕程

本部分按照孕程每週、每月的進度，提供您寶寶胎兒發育與媽媽身體與情緒變化的知識。同時也提供分娩過程和寶寶出生的詳細資訊。

3. 第三部：寶寶終於來報到了

對於新手父母來說，照顧新生兒可能會讓他們神經緊繃。第三部分中的資訊與忠告可以幫助您度過最初的幾週。

4. 第四部：懷孕期間的重大決定

懷孕期間，您可能必須面對不少大大小小的決定。第四部分就是要幫助您在特定的的狀況下，下做最好的決定。

5. 第五部：懷孕不適的照護對策

在這個單元，您可以找到一些能幫助妳照料自己的提示，其中包括了背痛、疲倦、胃灼熱、腿抽筋、腫脹、以及許多懷孕常見的毛病。

6. 第六部：懷孕和分娩的併發症

大多數的懷孕都是順利進行的，但有時候，媽媽或寶寶胎兒也可能會發生問題。這裡討論的是最常見的併發症以及治療方式。

目錄

目
錄

目錄

目
錄

目
錄

推薦序1

幫助準媽媽了解孕期的最好幫手

王樂明醫師　萬芳醫院婦產科主治醫師

　　打從得知懷孕的那一刻起，準媽媽一邊享受懷孕帶來的喜悅，心裡也開始擔憂接下來的十個月要怎樣好好養胎呢？一連串的問號隨著孕程的進展和身體的變化，一一浮現。

　　懷孕初期，常聽聞會出現害喜症狀，那麼有什麼方法可以緩解？此時期胎兒最需要葉酸幫助神經管發育，平時的飲食中，哪些食物可以自然攝取？還有孕婦要額外補充營養品嗎？到了懷孕中期，準媽媽也會問，胎動究竟是什麼感覺？腰酸是正常的嗎？走路會喘有關係嗎？產檢要注意些什麼？直到預產期接近時，究竟要選擇剖腹產還是自然產好？產兆會有哪些徵兆……等一連串問題接踵而至。

　　懷孕每個階段身體都有不同的變化，胎兒的成長與孕期症狀，都牽動著準媽媽的心情。舉凡生活、營養、運動、健康、症狀、旅遊……準媽媽都會特別小心翼翼，希望多一分了解，以便讓孕程順順利利。

　　在我的門診中，準媽媽都希望能把握每一次產檢時間諮詢醫師，以化解心中疑慮。不過礙於時間有限，往往無法深入仔細詳述，本書透過婦產科醫師專業的詳解，從懷孕初期到迎接新生兒來臨，深入淺出的介紹，令人易懂。對初次懷孕的準媽媽來說，這是一本相當實用的資訊，隨著孕期週數變化，不但可以得知胎兒的成長狀況，準媽媽也可以對應自己的孕程，了解身體症狀和營養關鍵攝取，是貼心的好幫手。

　　懷孕是一段美好的經驗，祝福即將為人母的妳，可以好好地享受孕程，心情放輕鬆，做好產檢，妳會是一位快樂的孕媽咪。

輔助準爸媽了解每一個孕程，為健康把關

李信和醫師 行政院衛生署署立桃園醫院婦產科主治醫師

　　懷孕對女性來說是一段美好的孕程，新生兒的降臨更是上天賜與的禮物。長達280天的懷孕過程中，每個階段都有不一樣的身心理變化，看著日漸隆起的肚子感受胎兒的成長之外，心中更期盼胎兒生下來可以頭好壯壯，享受為人母的喜悅。

　　那麼孕期該補充哪些營養以供給胎兒成長發育呢？還有孕婦身體出現不適症狀該怎麼辦呢？產兆要注意什麼呢？種種疑慮不由得浮上心頭，原本想趁產檢好好詢問一下醫師，但是短短的門診，實在無法一次解惑，現在有了《梅約醫學中心懷孕聖經》一書，專業的解說可以輔助孕婦了解相關知識，也減少一些掛心，是一本不可多得的好書。

　　本書從準備懷孕，到各個孕期變化、孕期症狀、產檢，以及產兆、預產期該有的準備都有詳盡的解說。就連迎接新生兒新手爸媽的生活調適，寶寶照顧方式都有完整的指導，讓第一次當爸媽的人能從容不迫地應對新成員加入後所帶來的生活改變。

　　懷孕是一件幸福之事，不僅關心胎兒健康，孕婦這段期間養胎也相形重要。孕期攝取充足的營養，養成良好的作息，維持健康的體重，產檢不缺席，即將臨盆時注意產兆，和醫護人員充足的討論，都能對孕程每一個階段做好最佳的把關。本書是權威的婦產科醫師所著，從專業的角度透析懷孕每一個過程，叮嚀孕婦掌握要點，實為一本相當實用的工具書。

　　不論妳現在想懷孕或是剛成為準媽媽，在這裡恭喜妳將邁入人生的另一階段，透過本書，可以事先了解懷孕的變化，讓妳心裡有所準備。祝福妳孕程順利，和另一半開心地迎接新生兒的到來。

推薦序3

值得一看再看的懷孕聖經

黃貴帥醫師 三軍總醫院婦產部染色體檢驗中心主任

　　從事婦產科16年來，最大的喜悅就是有非常多的機會能夠迎接新生命的來臨。懷孕～對許多女性和家庭，帶來非常重大的改變，準備懷孕與妊娠的過程中對婦女們所造成的身、心壓力極大，對準媽媽而言，對於生理、心理的變化又都因人而異，因此心中不免有許多的疑問。在本人多年的產檢門診與接生經驗裡，發現準媽媽爸爸們心中仍有著許多的不安與焦慮，但是受限於時間，有時無法一一為準媽媽爸爸詳盡解答。

　　欣聞《梅約醫學中心懷孕聖經》中文版的出版，我覺得對許多準爸媽與新手父母來說是一大福音。梅約醫學中心是目前全世界最大的私人醫療機構，它也是美國《新聞與世界報導》雜誌評選為全美最佳醫院第二名，它背書出版的醫學書籍在醫學史上佔有非常重要的地位，此書主編梅約醫學中心醫療主任－羅傑·哈爾姆斯醫生，除了身兼醫學雜誌產科網站醫學編輯的主編外，從1981年起他便在梅約醫學中心婦產科執業，具有豐富的臨床經驗，羅傑·哈爾姆斯醫生不僅是梅約醫學中心的婦產科副教授，同時也是他們婦產部的副主任，也榮獲傑出教育家獎。他主編的此懷孕聖經清楚地描述孕婦每周的孕程變化，從懷孕到生產，甚至到產後新生兒及嬰幼兒的照顧，不管是實際臨床或是遇到的狀況都能深入淺出地說明，內容鉅細靡遺，涵括小兒科、產科專科醫師、助產士、護理師、營養師的相關建議等，我欣見這本書的出版，相信可以解答多數準父母們心中的疑問並提供進一步的指引。

　　目前國內生育率下降，準爸爸媽媽們對胎兒和孕婦的健康關心程度更勝於以往，市面上有非常多的專書可以提供相關知識，但是這本書是由全美頂尖的梅約醫學中心醫師群們所撰寫，並且主編擁有32年的專業婦兒經驗，此書提供準爸媽們打從準備懷孕、懷孕之間該注意的事項，從飲食、運動、營養、身心靈準備、胎兒生長發育、產檢、併發症、生產遇到的一些狀況，還有寶寶出生後的照顧都有很好的說明，可以說是目前市面上最新、最完整的權威書籍。

　　我認為這是一本值得一看再看的懷孕聖經，不只孕婦與其全家人受用，對相關的婦產科醫護同仁來說也是很好的一本參考書。對於準備懷孕或受孕後的準媽媽們，如果能有這本書的相輔，除了讓自己與家人對孕程有所準備外，也可以化解心中的不安與疑惑，我也建議準爸媽們若有疑慮時不妨將問題與產檢醫師或相關醫護人員一同討論，相信有助於整個妊娠期，生產過程一定能更加順利。

　　每一個新生兒都是上天送給父母最棒的禮物，他們帶著使命而來。最後我要祝福全天下準備懷孕或已經懷孕的準父母們，能夠平安喜樂，也祝福準父母們順利健康的迎接新生命的到來。

推薦序
4

專業實用的懷孕參考書

陳國瑚醫師 台北慈濟醫院婦科主任＆台灣大學公共衛生博士

擁抱一個新生命的到來，是世界上最令人期待的一件事。

懷孕，是身體最奇特的變化和過程，讓人又高興又恐懼：高興的是，以後會有一個可愛的小寶寶陪在身邊；恐懼的是，過程中常常有許多的不舒服。其實這些就是上天給予每一個準媽媽的考驗，試煉每一個準媽媽能不能通過考驗，成為一位真正的母親。

令人頭痛的是，這些不舒服常常讓人很困擾：有的不舒服，像是孕吐和腳腫，可能只是懷孕的生理變化，卻讓人度日如年；有的不舒服，像是出血和腹痛，則可能是孕期疾病的表徵，必須加倍小心，適時診斷與處理。

身為一位婦產科醫師，我深知每個準媽媽懷孕的辛苦。她們有許多的不適必須忍耐，她們有太多的問題想問：身體的不舒服要如何處理？懷孕的時候能不能吃維他命？胎位不正要如何矯正？可以跟另一半做愛做的事嗎？什麼時候要到醫院檢查準備生產？這些問題都很重要，我總是努力回答。即使我已經回答同樣的問題千百遍，但是對每個準媽媽而言，這都是她們的第一次。

然而，婦產科醫師不可能隨時在每一個準媽媽身邊回答問題或提供建議。這時一本正確而詳實的工具書就顯得非常有用了。《梅約醫學中心懷孕聖經》便是這樣的一本書，以專業角度闡述孕期生活、醫療、運動等注意事項。我很樂意推薦這樣一本好書給所有的準媽媽。

推薦序5

送給準媽媽們最好的禮物書

蕭勝文醫師 （胎兒醫學博士）
林口長庚醫院婦產科主治醫師、助理教授＆英國倫敦大學附設醫院婦產科研究醫師

「寶寶是上天給的禮物」，那麼我會說《梅約醫學中心懷孕聖經》這本書是送給每個想懷孕和已懷孕媽媽們最好的禮物！

「生得過，雞酒香；生不過，四塊板。」這句俗諺再再說明了從前對於生產一事擔憂的程度，不足的知識更加深了對「懷孕」這件事的擔心及恐懼。

當一開始有了想生小孩的念頭……就有了一堆的問號在腦子裡打轉！「什麼時候容易受孕？」、「懷孕的症狀是什麼？」、「懷孕時該吃什麼？」、「懷孕時的不舒服該如何緩解？」……等等；幾乎是生活周遭或我門診中一直被問到的，而懷孕的資訊來源混亂，經常被錯誤的解讀，造成了許多不必要的恐慌；多數人常常在求診面對醫師時卻不好意思發問、或不知問題所在、該問些什麼、也有大數人怕占用了太多醫師看診的時間，因此常在擁擠的問診中匆匆忙忙的就結束了，心理卻還抱著尚未解開的疑問亦或是回家了才想起根本就忘了問。所以，除了先進的醫療技術和醫師的協助外；一本簡單又清楚的工具書在此時卻變的格外重要。

因此，當我受邀寫序的時候，看見這本書內容非常的充實，不同於一般的育兒保健書籍；筆者從醫師和母親的雙重角色下去描述，從準備懷孕前身心的照料、孕程的變化、飲食的控制、生產的方式、產檢的內容、產後的育兒照護、深入淺出的筆觸讓讀者輕鬆閱讀，著實為一本實用的懷孕聖經。

懷孕是幸福的事，而過程是回憶的一部分：了解它、參與它、紀錄它、感受它！你將無法想像這樣的美好會是如此深刻！

第一部
享受健康的懷孕過程

第1章

懷孕前的準備

妳想當媽媽了 —— 至少是在不久的將來，這多麼令人興奮哪！有孩子是個很美好經驗，會讓妳往後的人生更加精彩。但生孩子這件事卻不應該草率決定。為人父母的工作很多，最好的途徑是先讓自己做好面對這件大事的萬全準備。

談到懷孕，事先周詳考慮可以讓妳和寶寶盡可能擁有最好的開始。如果妳已經在閱讀本書，但還在計畫懷孕階段，那妳獲得的助益會很大！因為在為人父母那令人高興、但有時迷惑、卻絕對值得的道路上，妳已經搶先了一步。

在屬於介紹性質的本章，妳會發現一些可以讓妳盡量順利懷孕的重要觀念和行動項目。如果妳知道自己已經懷孕，那恭喜了！妳或許會想跳過本章，直接從第二章開始。

時間對嗎？

當家中有孩子的朋友告訴妳，以後可以向慵懶的週末說掰掰、晚上興致來時隨時外出也掰掰、做好準備晚上起來餵奶、清洗堆積如山的嬰兒衣物，他們可不是在跟妳開玩笑。有了寶寶，生活就會改變。就許多方面而言，這是美好的事，但生活自此便不同了。雖說想要有孩子，大概也沒有最完美的時刻表，但人生中總有一些時期是比較適合懷孕，當新手父母的。

要問自己的問題 在思考懷孕時機是否合適時，妳或許可以拿這裡列的問題來問問自己：

· 我為什麼想要孩子？

· 我的伴侶感覺是否和我相同？我們對於如何養育孩子的想法是否相同？如果不同，我們是否討論過其中的差異？

· 有了孩子以後，對我們目前和未來的生活型態或工作有什麼影響？我是否已經準備好要接受這樣的改變了？

· 現在的生活中是否有很大的壓力，大到足以干擾我懷孕的能力或享受懷孕的過程？我的伴侶方面呢？壓力是否會是個問題？

· 在心理上，我們是否已經做好為人父母的準備了？在經濟上，我們是否供得起養孩子的費用？如果還是單身的話，我是否有足夠的資源可以自己照顧孩子？

· 我的健康險是否包括了產後和新生

兒的照護？

· 如果我決定產後重回職場，還能照顧得到孩子嗎？

如果妳還沒想過上述的任何問題並不表示妳懷孕就會不健康，或是妳無法照顧孩子。不過愈早開始進行準備，成功的機會愈高。無論妳是在計畫懷孕的階段、正在嘗試懷孕中、或已經懷上了孩子，這一點都錯不了的。

妳的身體已經準備好了嗎？

好的，在心理和經濟上，妳都已經做好準備，那現在就該來看看身體是否已經準備就緒，可以接受馬上要來的這分差事。要懷孕，妳未必得特別強壯結實，不過如果妳一開始就很健康，享受健康懷孕的機會就愈大。

那麼，妳知道自己的身體是否已經做好懷孕的準備了？妳的照護醫師是否給妳綠燈表示放行了？請和妳的婦產科醫師、家庭醫師、助產士或是其他即將會在妳懷孕期間全程帶領妳的照護醫師預約孕前健檢吧！懷孕之前先約診可以讓照護妳的照護醫師有機會指出妳懷孕的潛在風險，並想辦法讓這些風險降到最低。

可能的話，請妳的伴侶和妳一起去進行孕前健檢。伴侶的健康和生活型態，包括家族病史、感染或先天性缺損的風險因子都很重要，因為對妳和寶寶都會造成影響。

約診時，照護醫師很可能會進行仔細的孕前健康檢查，包括骨盆檢查和量血壓。在看診時，妳們會談到的部分話題可能包括：

避孕 如果妳一直在吃避孕丸，妳的照護醫師可能會建議妳先停藥一段時間，然後再行懷孕。這樣生殖系統才有機會在懷孕之前經過幾次正常的月經週期，讓妳的排卵期和預產期能夠更容易推測。在停止服藥的期間，妳可以利用保險套或其他方式來避孕。在停藥兩個禮拜後，妳的受孕能力就會恢復正常。

如果妳採用的是長效型的避孕方法，如避孕針劑（甲孕酮Depo-Provera），在停止避孕後馬上就可以進行懷孕的嘗試。但是請妳理解，受孕能力可能在停藥幾個月後才能恢復。

免疫力 水痘、德國麻疹、和B型肝炎等感染對胎兒是很危險的。如果妳對這些的免疫力並不完整，或者，妳並不確定自己對特定的感染是否具有免疫力，在孕前照護時就可以納入一或數劑疫苗，而注射時間最好是妳進行懷孕嘗試前的至少一個月以上。

妊娠小百科／孕婦維他命

當妳在為懷孕做準備時，有件事很可能會被告知應該立刻進行，那就是開始吃孕婦維他命。而如果妳心裡還有懷疑，這每天的例行之事到底是不是真的重要，跟妳保證絕對重要！

孕婦維他命可以確保孕婦能攝取到足夠的葉酸、鈣和鐵 —— 這些都是懷孕期間不可或缺的基本營養素。受孕前三個月就開始攝取孕婦維他命最好。

·**葉酸可以幫助預防神經管缺損。**這種缺損是腦部與脊椎的嚴重畸形。寶寶的神經管，也就是後來形成腦部和脊椎的地方，在懷孕的第一個月就開始發育了。而在寶寶發育的這個重要時期，妳甚至根本不知道自己已經懷孕了。

·**鈣會強健媽媽和寶寶的骨骼及牙齒。**鈣也能幫助循環系統、肌肉系統、和神經系統正常運作。

·**鐵能促進媽媽和寶寶血液與肌肉細胞的生成。**鐵可以幫助預防貧血，這種病症就是血液中健康的紅血球數量不足。

·**孕婦維他命可以降低新生兒體重過低的風險。**某些研究顯示孕婦維他命可以降低新生兒體重過低的風險。

孕婦維他命幾乎所有藥房的開架式櫃檯都買得到。不過，有些孕婦維他命還是需要有醫師處方箋。妳的照護醫師可能會推薦某些品牌的孕婦維他命給妳，也可能會請妳自行選擇。

如果妳的孕婦維他命讓妳吃起來反胃噁心，可以試著晚上吃，或是配著小零嘴。吃下之後馬上嚼口香糖或是舔舔硬糖果也會有幫助。如果妳服用後似乎有便秘的徵兆，可以喝下大量的水，或是在飲食中加入更多的纖維素，而日常生活中的體能活動也要增加。妳也可以請教照護醫師軟便劑的使用問題。

如果以上的提示好像都不管用，可以問問是否有其他選擇。像是服用其他類型的孕婦維他命，或是吃單方的葉酸、鈣和鐵的補充品，改善效果可能會較好。

慢性病 如果妳有慢性病，像是糖尿病、氣喘或高血壓，在受孕前請務必確定這些病症已經受到了控制。在某些情況下，妳的照護醫師可能會建議妳在懷孕之前先行調整用藥或治療方式，他們也會和妳討論懷孕期間是否需要任何特別的照護。

藥物和補充品 請告訴妳的照護醫師妳正在服用的所有藥物、草藥或補充品。在妳懷孕前，他可能會建議妳更改劑量或全面停止服用。

這時也是開始攝取孕婦維他命的時候。為什麼要這麼早呢？寶寶的神經管，也就是後來會形成腦部和脊椎的地方，在懷孕的第一個月就會開始發育，而這時候妳可能根本還不知道自己已經懷孕。在得知自己受孕之前就開始攝取孕婦維他命是預防神經管缺損最好的辦法。神經管缺損可能會導致脊柱裂以及其他的脊椎或腦部疾病。

性傳染病 性傳染病會提高不孕、子宮外孕（也就是受精卵在子宮之外著床）、以及其他妊娠疾病的風險。如果妳有染上性傳染病的風險，妳的照護醫師會推薦妳進行孕前篩檢和治療。

家族史 有些疾病或先天性的缺

妊娠小百科／其他額外的營養素

孕婦維他命已經足以照顧妳大部分的營養需求了，但有幾種營養素，妳可能還想提高攝取量。和妳的照護醫師談談這些：

• **維生素D** 這種維生素在懷孕的第三孕期特別重要，那時對鈣質的需求將會增加。大部分的孕婦維他命中並未含最適量的維生素D。所以除了孕婦維他命外，可以再喝添加維生素D的牛奶或是含維生素D、鈣質也豐富的食品。如果妳不喝牛奶，也不吃高鈣食品，那麼攝取鈣和維生素D的補充品會是明智之舉。

• **Omega-3脂肪酸** 標準的孕婦維他命不含Omega-3脂肪酸。Omega-3脂肪酸對胎兒發育的益處還不確定，但有些證據顯示它可以促進胎兒腦部的發育。如果妳不能吃魚，或是選擇不吃魚或其他含豐富Omega-3脂肪酸的食物，那麼可以請問妳的婦產科醫師，看開含有Omega-3脂肪酸的補充品給妳合不合適。

損是家族性及種族性的。如果妳或妳的伴侶有、或是可能有家族性的遺傳性疾病，妳的照護醫師可能會轉介妳去看遺傳科醫師，或是遺傳諮詢師，進行孕前評估（參考第20章）。

之前的懷孕 如果妳不是第一胎，照護醫師可能會詢問妳之前懷孕的情況。請務必把之前所有的病症都提出來，像是高血壓、妊娠糖尿病、早產或是先天性缺損。如果妳之前懷孕時曾有神經管缺損的問題，照護醫師可能會建議妳服用比一般孕婦維他命中劑量更高的葉酸。

如果妳對再次懷胎心存疑慮或恐懼，請找妳的照護醫師分憂。他會助妳一臂之力，找出能幫助妳提高健康懷孕機會的方法。

生活型態 懷孕期間選擇健康的生活型態是很必要的。妳的照護醫師很可能會跟妳討論飲食健康、經常運動、及控制壓力的重要性。好的營養和運動可以打造一個理想的環境，讓寶寶健康成形並成長。如果妳酷愛垃圾食品，那麼懷孕前可能得放棄某些垃圾食品，以健康的蔬菜水果和全穀類食品取代。如果妳對運動的想法還停留在從下車走到工作場所這短短的一段路，那麼下決心每天去散個步、騎騎腳踏車，或去報名參加有氧運動或瑜伽課吧！這樣可以幫助身體，替懷孕預做準備。

如果妳體重過輕或太重，照護醫師可能會建議妳在受孕前處理一下體重問題。準備懷孕時，不要酗酒或接觸毒品也是很重要的。如果妳抽菸，可以請照護醫師告訴妳可以幫助妳戒菸的資源。

如何懷孕

面對現實吧！有些夫妻似乎講一講就能懷孕了，而有些人則要花時間又花錢。如果妳還在想怎麼樣懷孕最好，那麼以下就是妳必須知道的事，裡面有些提示則可以幫助精子與卵子進行最完美的結合。

受孕是建構在一連串複雜精細的事件上。每個月，妳的腦下垂體會刺激卵巢釋出一個卵子（排卵）。卵子一旦被排出，就會來到輸卵管與可能出現的精子相遇。妳的受孕期就是卵子和精子可能會相遇的這段期間。而這種機會之窗是由兩個因子所控制：

· 精子在女性生殖器官內的生命週期（不多過五天）。

· 還要更短的卵子生命週期（24小時）。

最佳的懷孕機會就是在排卵之前的一到兩天進行交合。不過，怎麼知道

自己什麼時候排卵呢？

最簡單的解決方法就是頻繁的交合。如果妳每週性愛兩到三次，可以保證一定會碰上受孕期。但如果妳想知道確切的受孕期，那麼以下就是辦法。

最容易受孕的時間 以下是可以幫助妳預測受孕時間的簡單方法，妳可以單獨採用，也可以混合使用。舉例來說，有些女性發現把前面三種，也就是追蹤生理期、子宮頸黏液（cervical mucus）的改變與基礎體溫測量合併使用可以把最容易受孕的時間，推測得比較準確。

1. 月曆追蹤法：利用行事曆或其他簡單的月曆來標示妳每個月月經開始的日期。第 1 天就是月經出血的第一天（不是剛來的點狀經血）。每次經期持續幾天也要記錄。大多數女性的排卵日就在月經週期中間點的四天以內。

想知道受孕期的一般時段，要先進行幾個月的月經經期追蹤。挑出最短的週期減掉18。當下一次月經再開始時，往前數這減出來的天數，接下來的一個禮拜就是合理推測出來的易孕期。

要提高懷孕的機會，在妳的受孕期間內天天都要進行一次交合，尤其是排卵日的前幾天。

優點 月曆的計算法只要在紙上就能簡單推算，很容易記。

缺點 足以影響確切排卵時間的因素很多，包括疾病、壓力和運動。單計算日子常會失準，尤其是對經期不準的女性而言，更是如此。

2. 子宮頸黏液的改變：排卵日前，如果妳找一下，可能會注意到透明、滑滑的陰道分泌物增加了。這種分泌物一般和生蛋清很像。排卵日後，懷孕的機會很小，分泌物就會變成白稠狀，或甚至完全消失。

優點 陰道分泌物的改變通常是受孕力即將來臨的準確徵兆。只要觀察一下就可以知道。

缺點 從外觀上判斷陰道分泌物的特徵可能很主觀。

3. 基礎體溫法：基礎體溫就是當身體處在完全休息狀態時，妳身體的體溫。排卵會讓妳的基礎體溫稍微提高——一般來說不到一度。在體溫升高前的兩到三天，應該是妳最容易受孕的時間。妳微微升高的體溫會穩定持續三天或是更久，妳可以假設排卵發生在那時期。

使用體溫計來監測妳的基礎體溫。數位或是專門測量基礎體溫的都可以。每天下床前先量體溫，把讀到的數據記錄到繪圖紙上，找出其中的模式。

妊娠小百科／提高受孕力

進行受孕的努力時，如果想提高成功機率，以下是一些簡單的「要做」與「不要做」的事。

要做的事

・**選擇健康的生活型態**。維持健康的體重，包含每天例行的體能活動、健康的飲食、咖啡因的攝取要限制、壓力要控制。這些好習慣會讓妳和寶寶在懷孕期間受益良多。

・**性生活次數要頻繁**。對於想懷孕的健康夫妻而言，沒有所謂性生活過度這種事。對很多夫妻來說，只要做這件事可能就夠了。

・**在接近排卵日時，每天進行一次性愛**。在接近排卵日之前的幾天，每天都交合可以提高懷孕的機會。雖然妳伴侶精子的濃度在每次交歡後都會稍微下降一些，但這種減少對健康的男性而言，通常不是個問題。

・**考慮先進行孕前健檢計畫**。妳的照護醫師可以評估妳的整體健康情況，並幫助妳了解那些生活型態上的改變，可以讓妳健康懷孕的機會更高。如果妳或伴侶有任何可能會影響妳受孕的健康問題，孕前健檢計畫可以提供的幫助就更大了。

不要做的事

・**壓力**。有時候，想要受孕的嘗試似乎更像分工作，而不是樂趣。如果妳沒有馬上懷孕，或是試了兩至三次以後還是沒懷孕，也不要有太大的心理壓力。即使在最理想的狀態下，每次週期的懷孕機會最高也只在百分之五十左右而已。只要經常進行不加避孕措施保護的性愛，大多數健康的夫妻都能在一年之內受孕。

・**抽菸**。菸會讓子宮頸黏液產生改變，讓精子無法接觸到卵子。抽菸也會提高流產的風險、使初生兒的體重降低，並剝奪生長中胎兒的氧氣和營養。如果妳抽菸，在受孕前請妳的照護醫師幫助妳戒菸。為了家人和妳自己好，請發誓永遠戒菸。

・**喝酒**。酒精會降低受孕力，如果妳已經懷孕了，對胎兒也會產生危害。

・**在沒有照護醫師許可之下服藥**。有些藥物，即使是不需要醫師處方的藥物，也會讓受孕變困難。而一旦懷了孕，有些藥物也可能變得不安全。

優點 簡單，唯一的花費就是體溫計。這對於得知何時排卵，以及長時間累積下來，排卵時間是否一致頗有幫助。

缺點 體溫的變化可能很細微，而且體溫的上升也可能發生在排卵之後——要受孕已經嫌遲。每天要在一樣的時間量體溫可能不方便，特別是睡眠時間不固定的人。

4. 排卵預測工具組：不用處方就能買到的排卵試劑可以檢驗排卵前尿液中激攀的荷爾蒙。想獲得準確結果，請參考包裝上的測試方式。

優點 排卵試劑可以找出最可能的排卵時間，或甚在真正排卵前提供信號。這種試劑不必醫師處方就能在大多數藥房買到。

缺點 使用排卵試劑通常會讓性愛變得非常目標性，而時間抓得太精確則往往會太遲。對某些女性來說，排卵試劑的費用太高。

如果妳有麻煩時 如果妳才三十出頭，或更年輕，和伴侶兩個人的健康情況都良好，那麼在看醫生前可以先自行努力懷孕一年試試。如果妳已經三十五歲，或三十五歲以上，又或者，妳或妳的伴侶知道或懷疑要懷上孩子可能會有不孕的問題，那麼可以早點去尋求幫助。

不孕的問題男女皆然，而治療方式也都有。看問題是出在哪裡，婦產科醫師、妳伴侶的泌尿科醫師，或是你們的家庭醫師都可以幫助你們找出問題，並建議治療方式。在某些情況，不孕科的專科醫師提供的幫助，希望可能最大。

妳懷孕了嗎？

　　或許妳的月經晚了一兩天，又或許妳只是覺得自己有了，但妳懷疑妳可能是懷孕了——而且妳必須知道答案，現在就要知道！

　　如果妳正在進行懷孕的努力，妳怎麼知道自己是否懷孕了呢？最大的線索很顯然是，妳的月經沒來。但在那之前，妳可能已經出現某些徵兆和症狀了。此外，家用的驗孕劑是很準的。

早期的症狀　某些女性在受孕後的前幾個禮拜就會出現早期的懷孕徵兆和症狀。不過，不必太糾結於這些早期的症狀。有些情況只是妳可能快生病了，或是月經快來了。同樣的道理，即使完全沒有這些症狀，妳也可能已經懷孕了。

　　1.胸部漲痛：妳的胸部可能會出現懷孕的早期症狀之一。早的話，在受孕後兩個禮拜後，由於荷爾蒙的改變，妳的胸部就可能出現漲痛、刺痛，或是一壓就痛的情況。摸起來也可能會感覺更加豐滿、沈重。

　　2.容易疲倦：在懷孕的早期症狀中，疲倦也是名列前茅的。在早期懷孕時，黃體激素這種荷爾蒙的濃度會急遽上升。升到一定的濃度後，黃體激素可能就會讓妳感到睏乏。這同時，低血糖濃度、低

血壓和增加的造血活動同時一起作用，更會讓妳精神不濟。

　　3.輕微的出血或痙攣：有時候少量的零星的點狀出血，或陰道出血也是懷孕的早期症狀之一。這種出血被稱為植入期出血，發生在受精卵要附著在子宮內膜的時期，通常是受孕後的十到十四天間。這種類型的出血一般來說比較早，一點一點的，顏色也比一般的經血來得淺，時間也沒那麼長。有些女性在懷孕早期還會有腹部痙攣的情況，和月經的痙攣類似。

　　4.噁心，伴隨嘔吐或沒有嘔吐：這種可能發生在早晚任何時間的晨吐是早期懷孕的典型症狀之一。某些女性這種害喜現象發生得很早——受孕後兩到三個禮拜以後就開始了。孕婦的嗅覺通常會變得很靈敏，所以各式各樣的味道，像是食物烹煮的味道、香水或菸味等都可能引發懷孕早期一波波的噁心情況。

　　5.頻尿：妳可能會發現解尿的次數比正常多。

　　6.對食物厭惡或渴望：妳可能會發現自己對某些食物的味道特別討厭，像是咖啡或油炸食物。渴望某些食物也是很常見的現象。就和其他懷孕的症狀一樣，這種情況得歸因於荷爾蒙的改變。

　　7.頭痛和暈眩：由於荷爾蒙改變引起

的血液循環增加會引發經常性、輕微的頭痛。此外，當妳的血管擴張、血壓下降時，也可能會發生頭昏或暈眩的情況。

8. 情緒不穩：懷孕早期體內出現的大量荷爾蒙也會讓妳反常的產生情緒化、愛哭的情況。情緒不穩也是很常見的。

9. 基礎體溫升高：基礎體溫就是妳早上剛起床量的第一次體溫。這個體溫會在排卵後稍微升高，然後一直維持到下次的經期開始。如果妳一直在記錄自己的基礎體溫，想看看自己何時排卵，那麼如果體溫持續攀高不降達兩個禮拜以上，可能就意味著懷孕了。

家用驗孕劑 如果這個看起來似乎很麻煩，不要緊張。想知道是否懷孕，一個簡單的辦法就是使用家用驗孕劑來檢查。這種簡單便利的試劑很多藥妝店和藥房都買得到。它可以檢查尿液中的「類絨毛膜性腺激素」濃度，是一種和懷孕相關的荷爾蒙。

進行這種檢驗非常簡單。通常只要把測試棒接到尿液下，或是插入收集好尿液的尿杯中就可以了。測試棒上的結果窗會顯示一條控制線（表示檢驗正在進行中），以及檢驗的結果。大多數的檢驗結果都會以線條加上記號，或是顏色改變的方式顯示。請檢視包裝上的說明。

家用驗孕劑一般認為準確度極高，但還是請記住下面的事，以便獲得最佳的結果：

‧由於HCG的量會隨時間增加——在懷孕初期，HCG濃度每隔二到三天就會增加一倍，因此等月經遲到一個禮拜以後再檢查。這樣的結果會比較可靠。如果妳等不了那麼久，那麼可以考慮一個禮拜後再檢查第二次。

‧早上進行檢查，那時候的尿液最沒被稀釋。

‧陽性反應可靠度比陰性反應確實。

‧請完全遵照試劑包裝上的指示進行。

驗血 如果妳採用家用驗孕劑獲得了陽性反應，那麼請和妳的照護醫師聯絡。在某些情況下，他可能會以驗血的方式來進行確認，而檢驗血液中的HCG濃度靈敏度要比利用家用驗孕劑檢查更高。妳的照護醫師也可能直接為妳安排第一次的產前檢查，而不進行驗血。無論是哪一種，興奮正要開始！

選擇照護醫師

不管懷孕對妳來說是一趟新的冒險之旅，或者妳已經是個有經驗的老手，找到對的人來照護妳，享受到理想中的產子之樂都可以讓妳的經驗大不同。

在產科的照護、生產地點和生產計畫上，妳的選擇都非常多。而有時候，難的反而是該怎麼做選擇。妳懷孕的本質和個人的喜好都可以作為選擇時的指導原則。花時間仔細考慮一下各種選擇。一旦決定了，妳就會知道自己選擇該照護醫師的理由。相信醫師擁有可以在整個產程中安全指引妳和寶寶的能力，並讓照護醫師給妳最好的照護。

有很多人都可以提供產科的照護。以下是各種專科的簡單介紹。

婦產科醫師　婦科和產科醫師通稱為婦產科醫師。他們的專業是照護妊娠期的婦女，也提供一般生殖系統的醫療照護，包括女性的生殖器官、胸部和性功能。產科醫師擁有進階的外科訓練，可以處理需要手術的婦女問題。由於他們的重點在女性健康，因此婦產科醫師是女性最常看的醫師。

執業情形　婦產科醫師通常在由醫療專業人員組成的團隊中工作，團隊中有護士、領有證照的助產士、醫師助手、營養師和社工人員。婦產科醫師的工作場所可能是診所或醫院。

優點　如果妳已經看過某位婦產科醫師，也喜歡他提供的一般健康醫療照護，那麼這位醫師就可能順其自然的成為妳懷孕和分娩時，照顧妳的人。

很多女性會選擇婦產科醫師作為分娩時提供照護的人，是因為萬一懷孕時遇上麻煩或疾病，他們不必換人照顧。

考慮事項　婦產科醫師可以應付大多數孕婦的一切需求，但在高危險性妊娠的情況或許有例外。如果有這種狀況，婦產科醫師可能會把孕婦轉介給周產期專科醫師（註：maternal fetal medicine specialist直譯為母胎醫學專科醫師，國內此領域的醫師則稱為周產期專科醫師）。

以下情況，妳可以選擇由婦產科醫師提供照護：

· 妊娠的風險性較高。如果妳年齡在三十五歲以上，或在懷孕時有糖尿病（妊娠糖尿病）、高血壓（妊娠高血壓）。

· 妳懷了雙胞胎、三胞胎，或更多胞胎。

· 妳之前就患有疾病，像是糖尿病、高血壓或是自體免疫性疾病。

· 萬一有狀況，妳想確定自己不必換手給不同的醫師照護。

助產士　助產士可以提供低妊娠風險的孕婦孕前、妊娠及產後的照護。放眼世界大部分地方，助產士都是婦女懷孕時傳統的醫療照護人員。在美國，請助產士協助分娩的例子正穩定的增加中。

一般來說，助產士信守的道理是這樣的，幾千年來女人一直都在懷胎生孩子，所以不一定非得今日醫療中心各式各樣的科技介入。

助產士或許沒有醫學學位，但大多接受過正式的助產與婦女保健訓練。現在，美國大多數的助產士都是通過美國助產認證委員會認證的。

執業情形 助產士的工作場所可能在醫院、助產所或是孕婦家中。他們也可能會單獨執業，不過一般都會有團隊一起執業，例如屬於某個產科醫療照護團隊。大多數的助產士都和婦產科醫師有合作關係，以便處理突發的問題。

優點 和標準的照護相比，助產士提供的懷孕和生產照護方式比較自然、比較不制式化。在美國，如果妳生產時是在醫院由助產士接生的，還是可以採用止痛藥物。

在懷孕時，助產士可以提供孕婦較多的個人看護，在陣痛和分娩時，在場的時間也可能會比醫師長。各種研究報告都顯示，對於低妊娠風險的孕婦來說，助產士若被整合在既有的醫療照護體系中，那麼由他們來接生，和由醫師接生並無明顯差異。

考慮事項 若考慮由助產士接生，那麼要徵詢一下他的訓練和證照。也要確定是否有醫院可以進行支援，這樣，萬一有狀況發生，才能有產科醫師和設備可以使用。

如果妳不打算在醫院生孩子，那就要先和助產士做好備用的緊急應變計畫。細節包括了支援醫師的姓名和電話、妳將被送去的醫院、如何轉送、需要被通知的人員姓名和電話，這樣才能降低分娩萬一需要轉院時的壓力。

以下情況，妳可以選擇由助產士提供照護：

· 沒有健康問題，而且預期妊娠的風險很低。

· 妳希望有人可以花很多時間和妳討論懷孕的事。

· 妳偏好比較私人化的產程。

· 妳希望產程不要太制式化。

· 妳希望介入的人少。

家庭醫師 家庭醫師可以在各個不同階段的生活提供全家人醫療上的照護，其中也包括了懷孕和接生。不過，還是有些家庭醫師選擇不處理懷孕相關的醫療照護。（註：台灣的家庭醫師不處理懷孕及接生。）

執業情形 家庭醫師可能會單獨執業，也可能隸屬於大型醫療團隊的一部分，團隊包括了其他的家庭醫師、

護士及其他醫療專業人員。家庭醫師通常會和醫院有合作關係，可以將病人後送。

優點　如果妳看同一位家庭醫師已經一段時間了，那麼他可能很了解妳的狀況，也熟悉妳的家人和病史。因此，家庭醫師可以把妳的懷孕視為妳人生藍圖的一部分。家庭醫師的另一個優點則是，他日後還是可以繼續為妳和妳剛出生的寶寶提供治療。

考慮事項　家庭醫師雖然可以提供大部分的產科照護，但如果妳之前的妊娠已經出現問題，那麼家庭醫師可能會將妳轉介給產科醫師，或其他專科醫師，以便支援。如果妳有糖尿病、高血壓或其他可能讓妊娠變得麻煩的疾病，他也可能採取相同的作法。

以下情況，妳可以選擇由家庭醫師照護：

· 妳和醫師都還看不出懷孕有問題。

· 妳想要醫師參與家族全員的健康。

周產期專科醫師　周產期專科醫師所受的訓練是照護高危險妊娠。他們專精於妊娠和胎兒，處理最嚴重的病症。

執業情形　和其他醫師類似，周產期專科醫師通常是醫療團隊的一員，他們通常和醫院、大學或診所有合作關係。

優點　這位分工超專精的醫師對於妊娠的病症很熟悉，極擅長察覺問題。有嚴重疾病疑慮的婦女懷孕時，醫師通常會和周產期專科醫師諮詢，以便提供媽媽和寶寶最好的照護。

考慮事項　周產期專科醫師只專精於與妊娠相關的問題，和病人的直接關係沒有家庭醫師、婦產科醫師和助產士那麼密切。但也不是所有的周產期專科醫師都如此。如果妳需要只有他們才能提供的照護，不要因此而卻步。

周產期專科醫師幾乎都不是孕婦最初的醫療照護人員，而是經由其他醫師轉介的。有以下情形時，妳可以選擇周產期專科醫師：

· 妳有嚴重的疾病，會讓妊娠變得很麻煩，像是傳染病、心臟病、腎臟病或癌症。

· 妳之前懷孕時有過嚴重的懷孕併發症，或是習慣性流產。

· 妳打算進行胎兒的診斷或治療，像是更詳細的超音波、絨膜絨毛取樣、羊膜穿刺術，或是胎兒的手術或治療。

· 妳有已知會遺傳給寶寶的嚴重基因性病症。

· 妳的寶寶已經被診斷出帶有疾病，像是脊柱裂。

如何選定　搜尋醫療照護體系，找出適合自己妊娠以及分娩的照護醫師有

妊娠小百科／ 選擇生產地點

當妳選擇照護醫師時，也可以考慮一下想在哪裡生孩子。這個決定通常和妳選擇的照護醫師、以及他在哪裡執業有密切關係。美國大多數的女性都選擇在醫院分娩，但還是有其他選擇的。有些女性選擇在助產所或自己家中分娩。

醫院　現在在美國大多數醫院處理分娩的方式，比較不像一般的醫療程序，而像是一個自然過程。很多醫院也都提供較能讓人放鬆的環境給孕婦和寶寶，例如，有以下選擇：

‧**樂得兒產房**。這是套房，佈置得有家的味道，有時候甚至還有浴室，孕婦可以在那邊度過陣痛，甚至還能分娩。孩子的爸爸或陪產人員都可以是接生團隊的一部分。有某些地方可以讓孕婦在生完寶寶後還待在同一個房間恢復。

‧**親子同室**。在這種安排下，寶寶幾乎可以一直和媽媽待在一起，而不必另外被送到嬰兒室。具有經驗的護士可以幫助妳餵奶並照顧寶寶。

‧**家庭中心產後照護**。這個選項結合了親子房與傳統嬰兒房的優點。白天有護士可以同時照顧產婦和寶寶，並教導如何照顧新生兒。到了晚上，如果想的話，護士可以把寶寶送回嬰兒房。

助產所　助產所可以是獨立的設施，也可以附屬於醫院。設立的目的在於將例行的懷孕、陣痛、及分娩過程從需要更密集照護的高風險妊娠及生產分離出來。這樣一來，助產所就可以降低成本，因為人事和設備的成本降低了並還可以努力提供更接近自然的生產經驗，避免過度的醫療介入。大多數的助產所都是由持有證照的助產士或產科照護團隊所經營。妳可以考慮助產所，如果妳找尋的是有「家的味道」的經驗，而且該助產所附近也有合作的醫學中心。如果妳的懷孕風險很高，或是妳擔心生產時可能會出現併發症，那麼選擇助產所可能就不適合了。萬一真的出現併發症，而妳需要被轉送到醫院處理，而轉院是需要時間的。

在家分娩　在美國這種在家分娩的趨勢相當穩定，也一直有相當的爭議性。在家分娩時，提供照護的幾乎都是助產士。這種方式的優點是，孕婦可以在自己覺得舒服又熟悉的環境分娩，而且妳希望能一起參與分娩過程的人都能待在身邊。缺點是，萬一有什麼狀況，可能會無法及早發覺。如果出現某些特定狀況，延誤到醫療時機可能會危害到媽媽和寶寶的健康。

時會是個讓人心生怯意的過程。以下這些建議對妳在搜尋上可能有所幫助。

尋求幫助 試試這些方法：

・諮詢一下妳的固定醫師以及其他醫療專業人士的意見。

・請親友推薦。

・聯絡縣市衛生單位，請他們幫忙提供妳所在地、提供這類服務的醫療單位名單。

・聯絡妳偏好的醫院，找出可以提供產後照護的單位名單。

・聯絡妳偏好醫院的產科部門，請那邊的護士推薦。

考慮事項 問自己以下的問題。

・要提供醫療照護的人員是否有醫師公會或是助產士公會的認證？

・要提供照護的地點距離妳家或工作地點近還是遠？

・要提供照護的人員是不是能夠把我送到我想分娩的地點——某家特定的醫院、助產所，或是我家裡？

・要提供照護的人員是單獨執業，還是在團隊中執業？如果是在團隊中執業，我多久可以見到他一次？團隊中其他的人員多久見一次？

・萬一有緊急狀況，或是我已經開始陣痛了，而提供我醫療照護的人員卻突然沒辦法照顧我，那麼誰可以取代呢？

・我在兩次約診日期之間如果有問題，要提供醫療照護的人員可以回答我的問題嗎？

・我的健康保險能夠給付這位醫療照護人員的費用嗎？

・我希望這位提供醫療照護的人員能治療我全家人的程度有多高？

・這位提供醫療照護的人員會傾聽我的疑慮，並回答我的問題嗎？

・這位提供醫療照護的人員看起來個性開明、能夠關愛別人嗎？

遲來的懷孕和受孕力

不會因為妳的年齡稍大，就錯過了受孕期。現代的女性很多都因為求學、工作、旅行、或單純的只是想多享受一下青春的時光而延後了懷孕的時間。就算妳三十幾歲，甚至已經四十幾歲了，還是可以健康的懷孕，並擁有健康的孩子。

事實上，如果妳年齡在三十歲的中後期，希望能懷孕，那麼跟妳抱持相同盼望的人還真不少。在過去四十年來，美國媽媽生第一胎的平均年齡已經提高了。在1970年代，頭胎產婦的平均年齡是21.4歲，而今天頭胎產婦的平均年齡則接近25歲。雖說，這個年齡

因州別、和種族而有很大的差異，但是年齡提高的趨勢卻是普遍的，無論任何種族、或是身處於五十州中的哪一州。在某些國家，像瑞士、日本和荷蘭，頭胎產婦的平均年齡甚至還更高，在29歲左右（註：2010年台灣頭胎產婦的平均年齡則是29.3歲）。

同一時期，頭胎生育年齡在35歲以上的產婦比例更是提高到將近八倍之多。有了先進的生殖科技之助，有些新手媽媽甚至還是45歲以上或50多歲呢！舉例來說，2007年，美國就有兩千位女性在45到54歲之間，才生下她們的第一個孩子。

考慮事項　35歲通常被視為懷孕的重要臨界年齡。生物時鐘是生命中的事實，不過35歲也不是說有什麼神奇的地方，只是，在這個年齡，剛好有些因素是值得拿出來討論的。例如，

· **要懷上孩子時間可能需要更久**　妳排出的卵子數量有限。當妳進入三十歲以後，卵子的品質和數量都會開始下降——即使妳的月經還是正常的，妳的排卵次數還是可能減少。高齡女性的卵子也不似年輕女性那般容易受孕。這是否意味著妳不能懷孕？當然不是！只是表示，可能要花長一點的時間才能懷孕。如果妳超過35歲，試了半年了都還沒懷孕，那麼可

以考慮請妳的照護醫師提供建議。

· **多胞胎的可能性更高**　隨著年齡的增加，雙胞胎的機率也會提高。使用輔助性的生殖科技，像是試管嬰兒，也是原因之一。因為這種過程一般來說都會促進排卵，所以比較可能會導致雙胞胎或多胞胎。

· **妊娠糖尿病的風險提高**　這種類型的糖尿病只發生在懷孕期間，而且在高齡孕婦身上比較常見。透過飲食、運動和其他生活型態來密切控制血糖是很重要的。有時候，也需要用到藥物。如果放任不管，妊娠糖尿病孕婦懷的胎兒可能會過大，增加分娩時的風險。

· **剖腹產的機率提高**　高齡孕婦引起妊娠併發症的風險比較高，所以比較常採用剖腹產。

· **染色體異常的風險增加**　高齡媽媽生下的孩子發生染色體異常病症的風險比較高，例如唐氏症。

· **流產的風險較高**　隨著年齡的提高，流產的風險也會增加，或許是和染色體異常發生率提高的道理類似。

健康的選擇　無論女性年齡是在35歲以上，或是更年輕，追求健康懷孕的步驟都是一樣的。想降低妊娠併發症發生的風險，確保高齡懷孕也盡可能健康，妳可以：

・**尋求定期性的照護**　受孕前就先去看妳選定的照護醫師，懷孕時也要持續。

・**選擇健康的生活型態**　飲食均衡、保持體能的活躍、努力讓體重的增加保持適量。

・**避免有危害性的東西**　包括酒精、香菸和非法藥物毒品。

・**讀取產前檢驗的結果**　請教妳的照護醫師各種檢驗的優點和風險。雖然大多數的產前檢驗只是要確定胎兒的健康，但檢驗結果也可能讓妳對其他的可能性心生警覺。

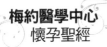
第2章

懷孕期間養成健康好習慣

小寶寶要來了，這正是讓妳對現有生活型態進行評估的好理由。懷孕讓許多女性擁有要好好吃、好好運動、並減少壞習慣的動機。如果妳現在就把養成健康好習慣當成首要任務來做，那麼當寶寶來臨後，要維持這些習慣就容易多了。這意味著妳產後瘦身會比較快、會有較多的精力獻給初來乍到的寶寶，並以破紀錄的時間恢復昔日的自我（或是嶄新、更精進的自我）。

如果妳的生活型態已經很健康了，那麼妳已經領先一步了。懷孕會讓妳改變不少習慣，但不會太多。即使妳過去的選擇並不完全正確，重新開始也還不遲。

本章將會告訴妳如何為自己和肚子裡長大中的寶寶做最好的選擇。附帶的紅利則是，妳健康的選擇對家中其他成員也會有正面的影響。如果妳開始吃得好、多運動，妳的伴侶可能也會跟進。

懷孕時期的飲食

懷孕的時候，妳是一人吃兩人補（妳和寶寶），但可別以為是吃兩倍的量，而是吃兩倍的質。

如果妳並沒有良好的飲食習慣——妳愛吃垃圾食品、老是喜歡過餐不食、或偏食，只吃少數幾種食物——那麼現在開始改變吧！事實上，在懷孕之初就把健康的飲食當成懷孕計畫的一部分是個很好的主意。理由是：妳家寶寶的主要器官在懷孕的最初幾週內就開始形成了。吃得好可以創造出理想的條件，幫助胎兒初期的發育。在整個懷孕過程中，妳對特定的營養素會有更高的需要，例如像是鐵、鈣、葉酸、和其他必要的維生素與營養素。

別擔心！吃對的東西並不意味著要剝奪吃的樂趣，或是要遵守嚴格的餐飲規定。為了獲得適當的營養，妳會享受到許多不同種類的食物。

讓入口的每一口都滋補

實話說，並沒有神奇的公式可以計算出多少才是健康的懷孕飲食。事實上，適用於一般人在飲食上的基本健康原則也適用於懷孕的女性。那原則是什麼呢？多吃蔬菜水果和全穀食物。選擇精瘦肉類的蛋白質以及低脂的乳類製

品。攝取各式各樣不同種類的食物。如果能記住這些重要原則，妳和寶寶在通往均衡飲食這條道路上就能走得順遂了。

　　每日至少少量用餐三次，在零食的選擇上也務必要挑健康的食品，這樣才是吃得好、能獲得必需營養的好辦法。（妳可以參考第37和38頁上的圖表。上面列有懷孕時應該努力攝取的各種食物群和每日分量。）如果妳擔心自己現在沒吃好，請連續一個禮拜把每天吃進肚的所有東西都記下來，這樣妳會比較了解自己對於食物的選擇，並知道從哪裡著手改善。

　　也請妳仔細注意食品標示上的成分表與營養資料。這個資訊可以幫妳了解其中的糖分和脂肪含量。這兩種成分會讓飲食中的熱量增加，營養卻有限。鹹的東西不要吃太多也是比較明智的做法。

　　如果妳懷的是雙胞胎或多胞胎，所需的營養和熱量也就更高了。和照護醫師談談妳需要多少熱量。

要避免的食物

　　懷孕的時候，大部分的東西都可以吃。不過，有些特定的食物還是不應該去碰，或是要限量用，因為可能會帶來不想要的副作用。雖然引起嚴重副作用的機會不大，不過還是力求平安得好。

　　・含汞量高的海鮮。海鮮是很好的蛋白質和鐵質來源，在很多魚體內的omega-3 脂肪酸也可以促進胎兒腦部的發育。不過，有些魚和甲殼類中的汞含量可能已經到達了危險的程度，會對寶寶發育中的神經系統造成傷害。這類魚種有旗魚、鯊魚、大西洋大青花魚、及馬頭魚。

根據美國食品藥物管制局（簡稱 FDA）與美國環境保護局（簡稱EPA）的資料表示，孕婦每週海鮮的安全食量可達5443公克。這個分量等於兩分中分的蝦子、鮭魚、大西洋鱈魚、鱈魚、或罐裝的淡口味鮪魚。長鰭鮪魚和鮪魚排的量則應限制在每週2721公克以內。

　　・生的、沒煮熟、或受到污染的海鮮。魚和甲殼類，像是蚵和貝類，以及冰過的煙燻類海鮮，如煙燻鮭魚最好避免生吃。如果妳吃的是本地水域的魚，要注意一下本地漁產的食用公告，尤其是，如果有污染疑慮的話。如果沒有相關公告可查，那就把每週食用本地水域的魚肉量減少到2721公克，而該週也不要再吃其他的魚。大多數海鮮都應該煮到內部溫度達攝氏63度，避免生食。

· **沒煮熟的肉類、家禽肉、以及蛋。** 就和沒懷孕的女性一樣，如果吃到沒煮熟的食物，有可能會引起食物中毒。但因為妳懷孕了，所以引起的病況可能更嚴重。雖然罕見，妳的寶寶還是有可能因此而致病。要避免食物傳播的疾病（也就是食物中毒），肉類和家禽肉在食用之前要先煮熟。利用專門測量肉類的溫度計來確認肉是否已經煮熟。如果是吃牛排，熟度選「半熟偏生」或「半熟」沒關係。只是要確定肉品的內部溫度至少達到攝氏63度。

煮蛋時要將蛋黃和蛋白煮到成固態，也不要吃用生蛋或只稍微煮過的蛋製作的食物。生蛋有可能會受到「沙門氏桿菌」這種細菌的污染。

· **加工肉品。** 肉類在加工製作的時候可能會受到污染，特別是加工過程繁複的食品。波隆納香腸（bologna）、義大利臘腸（salami）、和熱狗是其中最值得關切的。這些香腸火腿有可能成為一種罕見，但後果可能相當嚴重的食物引起性疾病「李斯特菌症」（李斯特菌生長於寒冷的環境，無法忍受高熱。）所以吃的時候要確認熱狗已被完全煮熟，而加工的肉品也被徹底煮熟，並以適當的方式儲藏。如果肉是從被煮全熟的烤肉或火雞上切片下來的，那麼風險就低了些，但是把肉加熱還是可以多一層安全保障。 關於許多加工肉品還有一點要記得，特別是在常溫下保存的開架類（不需冷藏）肉品，這類肉品的鈉含量通常很高，在懷孕期間可能會引起嚴重的水腫。

· **未殺菌的食品。** 低脂的乳製品也是健康的飲食，但如果其中含有未殺菌的乳品就萬萬不可，因為可能引起食物中毒。軟的起司也別碰，像是法國布瑞起司（Brie）、希臘菲達羊奶起司（feta）、 法國卡門貝爾起司（Camembert），以及藍起司（blue cheese），除非這些產品上清楚的標示出，使用已殺菌的乳類製造。此外，未經殺菌的果汁也不要去喝。

· **沒清洗的蔬菜水果。** 懷孕期間生吃蔬菜水果很好，但要確定蔬果經過清洗，尤其是那些直接來自於菜園、新鮮菜市場、或果園的蔬果，因為這些蔬果可能並未經過徹底的清潔。

· **大量的肝。** 懷孕的時候食用肝臟是可以的，只是不要吃太多。肝臟中含有極豐富的維生素A，不過如果攝取量太大，可能導致維生素A中毒，引起胎兒畸形。

給素食者的提醒

如果妳是一位素食者，心裡可能會想，這樣的飲食方式在懷孕時是否會對寶寶造成問題。放心吧！如果妳的健康情況良好，那麼就沒理由說懷孕期間不能維持現有的飲食方式，並產下健康的寶寶。飲食的原則對於妳和非素食的準媽媽來說，都是一樣的：食物種類要豐富，一定要確保每天的營養均衡。

如果妳平日的飲食中就包含了魚肉、牛奶和蛋，那麼要獲得所需的鐵質、鈣質和蛋白質會比較容易。但如果妳完全不吃任何動物產品（是個素食者），那麼妳在進行飲食規劃時可能要

更加謹慎。素食者有時要從每日的飲食中攝取足量的鋅、維生素B12、鐵質、鈣質和葉酸會有困難。要避免發生這種問題，請試試以下的辦法：

· **每天至少攝取4分含有豐富鈣質的食物。** 鈣質含量豐富的非乳類食物來源包括了花椰菜、羽衣甘藍、乾豆類、加鈣果汁、早餐麥片和豆類食品。維生素D的攝取對於鈣質的吸收是很重要的。如果妳很少暴露於陽光下（陽光是很好的維生素D來源），那麼可以考慮吃維生素D補充品。

· **飲食中增加更多高熱量食品。** 如果妳有增重不足的問題，這一點尤其重要。優質的熱量來源包括了堅果、堅果

優良食品

以下是懷孕期的優質食物指南，以及每日應該攝取的份量。

食物種類	懷孕時每日攝取量	優選食物
穀物 身體主要的能量來源	**6到9份** 【1份】＝ · 1/2 杯的熱麥片或1杯的冷麥片 · 1/2 杯的煮熟義大利麵或飯 · 1 片的全麥麵包	全穀早餐麥片、糙米和麵包、全麥義大利麵、野米（wild rice，美洲產，類似紫米）、大麥 提示：將含糖的麥片和白麵包換成成分表中最先列出來的全穀類食物。

食物種類	懷孕時每日攝取量	優選食物
蔬菜水果 提供基本的維生素、礦物質和纖維素	**5份或5份以上** 【1份】＝ • 一片中等份量的水果 • 1/2 杯新鮮、冷凍或罐裝的水果 • 2 杯的生葉菜 • 1/2 杯生或熟的蔬菜 • 3/4 杯百分之百的純果汁或蔬菜汁	蘋果、香蕉、葡萄、鳳梨、草莓、藍莓、柳橙、葡萄柚、哈密瓜、桃子、葡萄乾 生菜、菠菜、紅色和青色的青椒、地瓜、冬南瓜、豆莢、青豆、花椰菜、胡蘿蔔、玉米 *提示：麥片上加上新鮮水果。製作蔬菜披薩。烘焙時多放些蔬菜在上面。*
乳類製品 提供鈣質，幫助寶寶骨骼和牙齒的生長	**4份或4份以上** 【1份】＝ • 1杯脫脂或低脂牛奶 • 1杯無脂或低脂優格 • 57公克的起司	脫脂牛奶、低脂起司、低脂優格、低脂鄉村起司 *提示：如果妳有消化乳類製品方面的問題，可以試喝加鈣的柳橙汁，或是低乳糖、無乳糖製品。*
肉類和魚 提供豐富的蛋白質，是寶寶生長不可或缺的營養	**2份或2份以上** 【1份】＝ • 2到3 盎司的煮瘦肉、家禽肉、或魚肉 • 1/2杯的煮乾豆類 • 1/3杯堅果 • 2茶匙的花生醬	雞肉、乾豆類（翠果子）和豆子、魚、瘦牛肉、豬瘦肉、花生醬、蛋、豆腐 *提示：早餐可以吃全麥土司抹花生醬。晚餐吃一點鮭魚。沙拉中加點鷹嘴豆。吃一把乾豆類堅果當點心。*
脂肪、油、和甜食 偶而食用沒關係	**少量**	奶油、乳瑪琳（植物性奶油）、酸奶、 堅果、酪梨、橄欖油、沙拉醬、糖、糖漿、甜點 *提示：少量攝取。*

醬（如花生醬）、種子和水果乾。

・**找專家建議補充品。**許多素食者都需要補充維生素B₁₂，而根據所處環境的不同，也可能需要補充動物食品中常見的其他營養素。如果妳想知道哪些營養素對妳最合適，請跟妳的照護醫師談談。如果他推薦的話，也可以去看看有證照的營養師。

補充品的攝取

取得所需維生素與礦物質最好的方式就是從食物中攝取。不過有些孕婦卻發現要從所吃的食物中取得足夠又適量的葉酸、鐵質和鈣質蠻困難的，特別是有孕吐情況的孕婦。這正是很多照護醫師之所以開孕婦維他命的原因。

這裡列出了對孕婦和寶寶健康最重要的營養素。這些營養素有些可以從妳服用的孕婦維他命中取得，但食物裡面也有提供。即使妳服用了孕婦維他命或其他補充品，從食物中攝取還是很重要的。就算是服用補充品也無法完全彌補飲食習慣的不良。

天然葉酸　天然葉酸是一種維生素B，可以預防神經管缺損、和嚴重的腦部與脊椎畸形。在補充品，以及添加食品中所含的天然葉酸合成形式被稱為「葉酸」。

・**需求量**　受孕之前和懷孕最初的兩到三個月間，妳每天的需求量在400到800微克（mcg）間。至於懷孕的其他階段，目標是每天600 微克。

・**優質來源**　添加了葉酸的早餐麥片是很好的葉酸來源。綠色葉菜、柑橘類水果、乾豆類和豆子都是很好的天然葉酸來源。

鈣質　妳和寶寶都需要鈣來強健骨質與牙齒。鈣質也可以幫助促進循環系統、肌肉及神經系統的正常運作。如果妳在妊娠期間飲食中的鈣質不夠，寶寶發育所需要的鈣質就會從妳的骨質中拿取。

・**需求量**　目標是每天1,000毫克（mg）。十幾歲的孕婦每日則需要1,300毫克。

・**優質來源**　乳類製品中提供的鈣質最豐富。只要每天喝三杯牛奶，一餐一杯，就快可以滿足對鈣質的需求了。妳也可以從其他的乳類製品中攝取到鈣質。很多的果汁和早餐麥片中也都添加了鈣。

蛋白質　蛋白質對寶寶的成長非常重要，尤其是在第2和第3孕期。

・**需求量**　推薦量是每天71克。

・**優質來源**　瘦肉、家禽肉、魚肉和蛋都是很好的蛋白質來源。其他的選擇則包括了乾豆類、豆子、豆腐、乳製

品，以及花生醬。

鐵質 懷孕時，妳的血液量會增加，以適應身體的改變。妳的身體也在提高造血量，來幫助寶寶形成他自己的整套供血系統。因此，妳對於鐵質的需求也就幾乎增加了兩倍。妳的身體利用鐵來製造血紅素，這是紅血球中的一種物質，可以讓紅血球能攜帶氧氣。鐵質如果不夠，妳應該會注意到。鐵質缺乏的一個常見症狀就是疲倦。

· **需求量** 鐵質每天的推薦量是27毫克。

· **優質來源** 瘦的紅肉、家禽肉和魚肉都是很好的鐵質來源。其他的選擇包括了添加鐵質的早餐麥片、堅果和水果乾。

高葉酸食品

食物	份量	葉酸含量
早餐麥片	3/4到1杯 100%葉酸添加速食早餐麥片	400 微克
菠菜	1/2杯煮菠菜	130 微克
豆子	1/2杯罐裝大北方豆	100 微克
蘆筍	水煮4根	90 微克
花生	28公克烤花生	40 微克
柑橘柳橙	1小顆	30 微克

高鈣食品

食物	份量	鈣質含量
優格	227公克原味低脂優格	415 毫克
果汁	170公克柳橙汁 添加鈣與維生素D	375 毫克
起司	43公克低脂馬自拉起司（mozzarella cheese）	330 毫克
牛奶	1杯高鈣低脂牛奶	305 毫克
鮭魚	85公克罐裝帶骨粉紅鮭魚	180 毫克
菠菜	1/2杯煮菠菜	120 毫克
早餐麥片	1杯到1-1/3杯 100%高鈣速食麥片	100 到 1000毫克

資料來源：USDA美國國家營養資料庫 標準參考值2009

高蛋白食品

食物	份量	蛋白質含量
家禽肉	1/2杯 去骨去皮水煮雞胸肉	29 公克
鄉村起司	1杯低脂鄉村起司	28 公克
魚肉	85公克野生大西洋鮭魚	22 公克
牛奶	1杯高鈣低脂牛奶	8 公克
花生醬	2茶匙滑順花生醬	8 公克
蛋	1大顆水煮蛋	6公克

高鐵質食品

食物	份量	鐵含量
早餐麥片	1到1又1/3杯 100% 鐵質添加速食早餐麥片	18 毫克
豆子	1/2杯水煮黃豆	9 毫克
菠菜	1杯水煮菠菜	6.5 毫克
綜合堅果	1杯含巧克力片、堅果、與種子的綜合堅果	5 毫克
肉類	85公克高級牛柳	2.5 毫克
家禽肉類	約100公克火雞肉、深色肉類	2.5 毫克

資料來源：USDA美國國家營養資料庫 標準參考值2009

 妊娠小百科／維生素D的攝取

維生素D很重要，因為能幫助身體吸收鈣，而鈣則可以強壯骨質，避免骨質疏鬆。陽光也是絕佳的維生素D來源，乳類製品和魚肉都是。

懷孕期間攝取適量的維生素D很重要。研究指出，維生素D可以降低妊娠高血壓的罹患風險、改善寶寶出生時的體重、讓嬰兒的骨質礦物化。似乎也有資料顯示，生命早期中若能有充足的維生素D，就可以降低後來人生中的健康風險。

營養專家最近把維生素D的美國每日推薦攝取量（U.S. Recommended Dietary Allowance）提高了。專家們現在也推薦懷孕婦女每日應攝取600國際單位（International units，簡稱IUs）的維生素D。懷孕婦女的攝取上限是4,000國際單位。請和妳的照護醫師聊一下妳在維生素D上的需求量。每天只要花個十五分鐘左右曬太陽，或是再多喝一杯添加鈣質的牛奶或果汁，可能就可以達到醫師要求的量了。

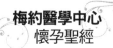

孕期的體重控制

現在可好囉，懷孕就是人生中可以隨心所欲讓體重增加，卻不用擔心的時期，對嗎？話可不是這麼說的！聽起來雖然有點吸引力，不過，懷孕不是讓妳狂吃猛灌的時候。沒錯，懷孕時期增加體重是必要的，不過要增加必要的重量是有正確方法的。健康的增重，不要太多也不要太少，這樣對妳和寶寶都好。此外，如果妳沒有過度增重，寶寶出生之後要瘦身也會比較容易。

何謂健康增重？ 懷孕時並沒有一套一成不變的方法來告訴妳應該增加多少體重才對。健康增重必須根據許多不同的因素，包括了妊娠前的體重和身體質量指數（body mass index，簡稱BMI）。妳和胎兒的健康也會有所影響。

妳必須跟照護醫師一起研究出增重多少才適合妳，即便如此，還是有些通用的指導原則可以參考。請別忘記，如果妳懷的是雙胞胎或多胞胎，可能需要增重更多。

體重過重 雖說體重過重會對懷孕造成風險，像是妊娠糖尿病和高血壓，但懷孕可不是減重的時機。即使妳在懷孕之前體重就已經過重，但懷孕時增加健康的重量還是很重要的。

體重過輕 本來體重就過輕的女性，在懷孕時期適當的增重是非常必要的 —— 特別是時第二或第三孕期。體重或沒有特別增加，寶寶就可能早產或比預期的小。這樣會提高併發症發生的風險。

慢而穩定 在懷孕的第一孕期，不必太在意增重的問題。如果妳正在為孕吐而辛苦，這可是個好消息。

如果妳開始懷孕時體重就是健康的，那麼最初幾個月裡只要增加幾公斤就可以了。要做到這點，只要每天增加150到200卡路里就可以，大約是227公克低脂優格的量。

在妊娠的第二孕期和第三孕期，穩定的增重更形重要。這表示，到分娩之前，每個月以1.4到1.6公斤的程度增重。每天增加300卡路里，大約半個花生醬加果醬三明治，以及一杯脫脂牛奶的量，通常都足以讓體重健康增加了。如果妳一開始懷孕時體重就不夠，照護醫師可能會要妳多補充些熱量。

保持活動力

懷孕似乎是坐下來放鬆的完美藉口，不是嗎？疲倦、背痛和漲痛，和懷孕扯在一起時有時候就會全部齊來，而這些似乎都在對你指向沙發。

孕期妳的體重管理目標

懷孕前體重		推薦增加的重量	
		磅	公斤
過輕	（BMI 低於18.5）	28 到 40	12.7 到 18.1
健康的體重	（BMI介於18.5到24.9之間）	25 到 35	11.3 到 15.8
過重	（BMI介於25到29.9之間）	15 到 25	6.8 到 11.3
肥胖	（BMI 30或更高）	11 到 20	5 到 9

判斷妳的身體質量指數

身體質量指數（BMI）是照護醫師評估體重與健康的一種方法。請用下面兩張表中的任何一張（英制與公制的差別）來判斷妳應有的身體質量指數。

	健康		過重		肥胖			
BMI	19	24	25	29	30	35	40	45
身高（英吋）	體重（磅）							
4'10"	91	115	119	138	143	167	191	215
4'11"	94	119	124	143	148	173	198	222
5'0"	97	123	128	148	153	179	204	238
5'1"	100	127	132	153	158	185	211	230
5'2"	104	131	136	158	164	191	218	238
5'3"	107	135	141	163	169	197	225	230
5'4"	110	140	145	169	174	204	232	238
5'5"	114	144	150	174	180	210	240	230
5'6"	118	148	155	179	186	216	247	238
5'7"	121	153	159	185	191	223	255	230
5'8"	125	158	164	190	197	230	262	238
5'9"	128	162	169	196	203	236	270	230
5'10"	132	167	174	202	209	243	278	238
5'11"	136	172	179	208	215	250	286	230
6'0"	140	177	184	213	221	258	294	238
6'1"	144	182	189	219	227	265	302	230
6'2"	148	186	194	225	233	272	311	238
6'3"	152	192	200	232	240	279	319	230
6'4"	156	197	205	238	246	287	328	238

資料來源：美國國立衛生研究院（National Institutes of Health），1998。亞洲人BMI 在23以上疾病風險會提高。

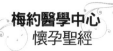
判斷妳的身體質量指數

身體質量指數（BMI）是照護醫師評估體重與健康的一種方法。請用下面兩
張表中的任何一張（英制與公制的差別）來判斷妳應有的身體質量指數。

	健康		過重		肥胖			
BMI	19	24	25	29	30	35	40	45
身高（公分）	體重（公斤）							
147.3	41.3	52.2	54.0	62.6	64.9	75.7	86.6	97.5
152.4	44.0	55.8	58.1	67.1	69.4	81.2	92.5	104.3
154.9	45.4	57.6	59.9	69.4	71.7	83.9	95.7	108.0
157.5	47.2	59.4	61.7	71.7	74.4	86.6	98.9	111.6
160.0	48.5	61.2	64.0	73.9	76.7	89.4	102.1	115.2
162.6	49.9	63.5	65.8	76.7	78.9	92.5	105.2	118.8
165.1	51.7	65.3	68.0	78.9	81.6	95.3	108.9	122.5
167.6	53.5	67.1	70.3	81.2	84.4	98.0	112.0	126.1
170.2	54.9	69.4	72.1	83.9	86.6	101.2	115.7	130.2
172.7	56.7	71.7	74.4	86.2	89.4	104.3	118.8	133.8
175.3	58.1	73.5	76.7	88.9	92.1	107.0	122.5	137.9
177.8	59.9	75.7	78.9	91.6	94.8	110.2	126.1	142.0
180.3	61.7	78.0	81.2	94.3	97.5	113.4	129.7	146.1
182.9	63.5	80.3	83.5	96.6	100.2	117.0	133.4	150.1
185.4	65.3	82.6	85.7	99.3	103.0	120.2	137.0	154.2
188.0	67.1	84.4	88.0	102.1	105.7	123.4	141.1	158.8
190.5	68.9	87.1	90.7	105.2	108.9	126.6	144.7	162.8
193.0	70.8	89.4	93.0	108.0	111.6	130.2	148.8	167.4

資料來源：美國國立衛生研究院（National Institutes of Health），1998。亞洲人BMI 在23以上
疾病風險會提高。

　　但事實是，老是坐著一點幫助也沒有。情況正好相反。運動可以減少孕婦對於懷孕的常見抱怨，如背痛。可以讓妳精力較充沛、降低罹患妊娠糖尿病、妊娠高血壓疾病、以及產後憂鬱症的風險。最棒的或許是經常運動可以提高體力和肌肉的力氣，讓妳為分娩預作準備。如果妳在分娩前身體狀況良好，陣痛和恢復的時間甚至都會縮短。

　　運動對妳是有益的，不過開始做運動或繼續做運動之前，先和妳的照護醫師談談，看哪類型的運動最好。

妊娠小百科／增加的重量去了哪裡？

我們假設妳家寶寶生下來，出生體重是3180公克到3630公克間，這重量當然得算進懷孕時增加的體重裡。不過，妳增加的體重顯然不僅於此。那麼，其他的重量到哪裡去了呢？以下就是細目的一個範例。

- 寶寶：3180公克到3630公克
- 胸部增大：453到1360公克
- 子宮增大：906公克
- 胎盤：680公克
- 羊水：906公克
- 增加的血液重量：1360到1814公克
- 增加的體液重量：1360到1814公克
- 脂肪囤積重量：2722到3629公克

寶寶，我們動起來！ 每天運動時，盡量做滿至少三十分鐘以上，不過妳不必一次全做足。即使是時間較短、次數也不那麼多的鍛鍊都能幫助妳保持體態，為分娩做準備。

散步是絕佳的運動，可以提供適度的有氧狀態，對關節的壓迫也最小。其他還不錯的運動包括了游泳、划船、騎固定式健身車、低強度的瑜珈、彼拉提斯運動的越野滑雪式。力量訓練也是沒問題的，只要妳不要舉得太重。

如果妳有一陣子沒運動了，那麼先從每天少量的五分鐘體能活動開始，再慢慢增加到十分鐘、十五分鐘等。如果妳在懷孕前就有運動的習慣，懷孕後或許可以繼續與本來同級的鍛鍊 —— 只要妳覺得舒服，照護醫師也告訴妳沒關係就行。一般來說，妳在運動時應該要能夠開口講話。如果進行鍛鍊時無法正常講話，或許就是把自己逼得太緊了。

請別忘了在每次鍛鍊前後都要做伸展操，喝大量的流質以保持水分的充足，此外也要小心，不要熱過頭。無論妳對保持體態有多堅持，千萬不要運動到氣力放盡的地步。

 妊娠小百科 / **什麼時候運動必須很謹慎**

雖說懷孕期間，運動對媽媽和寶寶一般都是有好處的，不過，如果妳曾經早產或有特定的病症就要很小心處理。這些狀況包括了：

- 控制情況不佳的糖尿病
- 高血壓
- 心臟病
- 前置胎盤，這是胎盤的問題，在分娩前或分娩時會導致大量出血。

如果妳懷的是多胞胎，或者是早產的高風險群，那麼妳的照護醫師可能會限制妳的體能活動。

 妊娠小百科 / **傾聽身體的訊息**

運動時，要傾聽身體發出的訊息。如果身體告訴妳要慢下來，不論妳覺得自己有多健康，都請遵從指示。要注意暈眩、噁心、視力模糊、疲倦、和呼吸短促的情況，因為這可能是中暑的徵兆，是會威脅到妳和寶寶生命的。

胸痛、腹部疼痛、陰道出血都是其他危險的徵兆，告訴妳應該要慢下來、停下來，需要的話要尋求協助，千萬不要忍痛運動。疼痛正是身體告訴妳要慢、要停的方式。請和妳的照護醫師討論妳疼痛的情形和其他的危險徵兆。

關於孕期鍛鍊

懷孕很吃力。那妳什麼時候才有時間運動呢？實情是，如果妳的運動計畫中有妳喜歡的活動，而且計畫也和妳每天的作息時間配合，那妳還可能會持續下去。請考慮一下這些簡單的提示：

- 先從小運動開始。妳不必去加入運動俱樂部，或買昂貴的運動服才能保持體態。只要持續的動下去就好。每天試著在鄰近區域散步。改變一下路程以保持新鮮感。
- 找伴一起運動。如果妳可以利用運動的時間來和朋友聊天，運動就會變得比較有趣。如果能全家一起來就更好了。

·使用耳機。運動時聽音樂或書本的朗讀帶。利用活潑的曲子來讓鍛鍊更有活力。

·上個課。很多健身中心和醫院都針對孕婦設計了課程。請選擇符合妳興趣和時間表的運動。

·加入創意。不要將自己侷限於一種活動。可以考慮登山、划船或跳舞。

·給自己休息許可。容許自己去做過於激烈的運動可能會讓懷孕的進程降低。

運動與懷孕

如果妳平時就有慢跑、跑步、或運動的習慣，那麼只要妳的照護醫師允許，妳整個孕程都有可能可以繼續該項運動。在對孕婦運動的研究中發現，孕婦如果以中低強度進行運動，經證實，過熱的問題大部分都不會發生。舉例來說，如果每週跑四次，每次跑約4800公尺，或是更長的距離，速度保持在一公里6分15秒左右，一般來說是安全的。由於激烈運動，降低了給胎兒的輸血量，以致於引發早產的疑慮也未獲得證實。

不過，從另一方面來看，脫水的確會對孕婦和胎兒產生危害，引起子宮收縮。所以在每一節運動之間補充失去的水分是非常重要的。

大多數活動力旺盛的孕婦，即使是很厲害的運動員，都會有把運動強度降低的傾向，特別是接近懷孕後期時。當妳的體重增加，身體的重心就會往前移，韌帶也會變鬆。

要小心進行的活動 在第一孕期後，最好要避免背部會長時間接觸地面的地板活動。因為胎兒的重量可能會讓妳產生血液循環上的問題。長時間站著不動對血液循環系統也是很不好的。

有高度跌倒或腹部受傷風險的活

動也要非常的小心。體操、馬術運動、下坡或滑水，以及強力的球拍運動都有很高的受傷風險。而避免身體接觸性高的運動，像是籃球或足球則是明智的作法。這些運動除了都有跌倒與跟人碰撞的風險外，還經常需要跳躍或迅速改變方向，這樣一來妳拉傷軟骨和韌帶的風險就高了。懷孕時期，這兩個支撐關節的部位本來就會變得軟弱。

水下及高緯度的活動也可能是個問題。浮潛一般來說沒關係，不過懷孕時要避免進行水肺潛水，因為空氣的減壓可能會對胎兒造成風險。緯度在水平面九百公尺以上的登山活動有造成高山症的風險，可能會危及孕婦和胎兒的健康。

產前適合的運動 孩子的出生是個美好的經驗，但是分娩前的陣痛時刻卻可能很難熬。妳的肌肉和關節都會以各式各樣的方式移動並改變，好讓漂亮的小男生或小女生能來到這個世界。

妳可以讓身體為即將到來的生產作準備，讓分娩不那麼辛苦。在懷孕期間，有特定的運動可以幫助陣痛生產時要依賴到的關節和肌肉，預先做好準備。這些特定的運動也可以幫助紓解懷孕期間經常伴隨的疼痛，像是背痛和腿抽筋。

在本書的第二部分，每個月都會精選一個產前運動來介紹，這是一種伸展或柔軟操，可以幫助身體預做準備，並舒緩常見的疼痛。而想法是，先從一個運動開始，每月增加一個新運動到流程裡，不過妳不必非得那麼做。喜歡的話，妳可以一套全做，或根據喜好，隨意變動順序。所以當時間到了，子宮開始收縮，妳的身體也會做好準備了！

懷孕要避免的行為

每天喝三杯咖啡，或者晚餐時來杯紅酒，妳和身體都早就已經習慣了。不過，現在不管喜不喜歡，事情都必須有所改變。懷孕時期，別說要限制妳喜歡或根本已經上癮的東西一點也不好玩，例如下午茶時間喝杯特濃拿鐵，很多其他的事妳還都得照著規矩來。妳很可能知道其中主要懷疑的是什麼 —— 咖啡因、酒精、香菸、毒品。不過，好消息是，懷孕對很多女性來說，是戒除這些風險行為的強烈動機。

控制攝取咖啡因 懷孕時，盡量避免咖啡因最好。至少，也要控制量的攝取。針對這些議題的研究，正反面結果都有。但整體上來講，研究顯示，中等攝取量，也就是每天200毫克（mg）或是更少，相當於一到兩杯咖啡中的含量，一般來說對媽媽和胎兒是沒有有害影響的。

咖啡因的計算

咖啡	咖啡因 （毫克）
• 一般現煮咖啡，8 oz	90-200
• 一般現煮咖啡，去咖啡因， 8 oz	2 -12
• 一般即溶咖啡，8 oz	27-173
• 一般即溶咖啡，去咖啡因，8 oz	2-12

茶	咖啡因 （毫克）
現泡茶	
• 紅茶，8 oz	40-120
• 紅茶，去咖啡因，8 oz	2-10
冰茶	
• 美國亞利桑那綠茶，16 oz	15
• 一般即溶茶包、無糖、1茶匙	27
• 一般即溶茶包、去咖啡因、無糖、1茶匙	1
• 雀巢冰茶、12 oz	26

軟性飲料（無酒精），12 oz	咖啡因 （毫克）
• 7-Up 七喜，一般口味或 diet	0
• Barq's Boot Beer沙士，一般口味或diet	23
• Coca-Cola 可口可樂，經典口味	35
• Diet Coke 健怡可樂	47
• Dr. Pepper樂倍飲料，一般口味或 diet	42-44
• Mountain Dew，一般口味或 diet	54
• Mug Root Beer 沙士，一般口味或 diet	0
• Pepsi 百事可樂，一般口味或 diet	36-38

其他	咖啡因 （毫克）
糖果和口香糖	
• Hershey's 牛奶巧克力棒，1.55 oz	9
• Hershey's 特製黑巧克力棒，1.45 oz	31
冰淇淋	
• Ben and Jerry's 咖啡能量冰淇淋，1.55 oz	84
• Haagen-Daz 咖啡冰淇淋，8oz	58
藥物	
• Anacin，最強效，2錠	64
• Excedrin，特別加強錠，2錠	130
• NoDoz，最強效， 1 錠	200

取材自美國營養資料庫2009年標準值參考表、2007年公眾利益科學中心（Center for Science in the Public Interest, 2007）、2008年毒性分析期刊（Journal of Analytical Toxicology, 2008;）、2007年食品科學期刊（Journal of Food Science, 2007）。

不過，同樣的研究結果並不適用於每日攝取量在500毫克（mg）或更高咖啡因含量的情況，也就是五杯及五杯以上。習慣性攝取如此高含量的咖啡因可能會讓新生兒的體重降低、頭圍變小。而出生體重低也可能讓寶寶難以維持健康的體溫及適度的血糖濃度，因而引發其他問題。

也請不要忘記，咖啡因不是只存在於咖啡中而已。茶、碳酸飲料、可樂、巧克力等也都含有咖啡因。如果想降低每天攝取的咖啡因含量，可以改採

無咖啡因飲料，或是在製作熱的現煮或現泡飲料時，縮短沖泡的時間。舉例來說，以茶袋沖茶時，只泡一分鐘而不要浸泡幾分鐘，這樣最多可以將咖啡因的含量減少一半。

戒掉酒精 如果妳喝酒，胎兒也會喝到。喝哪一類的酒其實不是重點，啤酒、紅酒或其他酒類其實都一樣。只要酒精成分在妳血管裡、酒精就會透過胎盤，傳給寶寶。懷孕期間持續的飲酒會提高流產和死胎的風險，也可能對寶寶造成終身性的損傷。

胎兒酒精症候群是飲酒過量引發的最嚴重問題，可能會引起先天性缺損，如顏面殘缺、心臟疾病、出生體重過低及心智發展遲緩。出生時有胎兒酒精症候群的寶寶也可能會有永久性的生長問題、注意力無法集中、學習障礙及行為問題。

只要知道自己懷孕了，就不要喝酒。如果妳計畫要懷孕，也最好先戒酒。在妳得知自己已經身懷六甲前，懷孕數週的胎兒如果暴露於酒精中就可能已經造成先天性的缺損了。

孩子出生後，少量的酒精還是會透過媽媽的母乳輾轉進入寶寶體內。因此孕婦在停止哺乳之前最好都禁酒。

戒菸並遠離二手菸 抽菸對於孕婦

和寶寶都是危險的。妊娠時抽菸會提高死產、早產、出生體重過輕以及新生兒猝死症的風險。

香菸的煙含有數以千計的有害化學物質,特別是兩種有毒物質——一氧化碳與尼古丁,都會降低輸送給成長中胎兒的氧氣量。此外,尼古丁會讓心跳增快、血壓變高、血管收縮,讓供應給胎兒的營養減少。

懷孕之前最好就把菸戒掉。這樣可以幫助妳把抽菸的習慣完全戒除,即使寶寶出生後也一樣。讓寶寶和妳遠離癮君子吐出來的煙也是聰明的作法。懷孕期間經常暴露於二手菸之中會讓寶寶在出生前和出生後都容易產生健康上的問題。

不要忘了,戒菸永遠不嫌太遲。即使妳是在懷孕後期才戒菸,也都還可以讓寶寶少暴露於危險化學物質中。

遠離非法毒品 任何及一切非法毒品的使用都會對寶寶造成危害。這些東西包括了古柯鹼、海洛因、美沙冬(methadone)、LSD、苯環利定(phencyclidine,簡稱PCP)、甲基安非他命及任何其他聲色場所及黑道上的毒品。

懷孕時,孕婦服食的毒品會傳給胎兒,影響到胎兒的成長以及孩子未來的生長。也可能導致胎兒死於腹中或發生新生兒戒斷症候群,不治療就可能致死。

孕期的合理用藥

希望妳的懷孕過程順利、平安無事。但是,懷孕並不能讓妳遠離每天生活中的所有疾病。妳還是會感冒頭痛,必須處理過敏與關節疼痛的問題。止痛藥和抗組織胺的取得可能很方便,但妳可不願意吃下可能會傷害到寶寶的東西。

那麼,應該怎麼做呢?懷孕時,所有的藥物都應該避免服用嗎?有沒有什麼藥物是使用起來很安全的呢?或是妳還在吃藥,治療仍未痊癒的疾病呢?妳應該停止服藥嗎?

什麼藥物安全? 就一般原則來說,懷孕時盡量小心,不要吃藥最好。有些藥物會導致早期的流產、或妨礙寶寶的發育。懷孕時,經證實可以完全安心使用的藥物很少,不過,很多藥都被證實藥效帶來的好處大於未知的小風險。在服用無論是處方藥物還是成藥的任何藥物前,最好先跟妳的照護醫師查詢一下。他們可以根據妳過去的病史以及有問題的藥物清單,給予妳最正確的決定。藥劑師也可以就一般用藥安全提供妳指導。

雖說某些藥物的確應該避免服用，不過有些藥物還是可以依照需求，被推薦使用的。如果患有必須長期服藥的健康問題，像是氣喘、甲狀腺功能低下高血壓或憂鬱症 —— 在和妳的照護醫師討論之前，不要停藥或改變用藥。他們可以在妳懷孕前、懷孕中和懷孕後協助妳評估用藥的安全。就很多例子來看，繼續用藥可能是最好的選擇。不過，有些情況，孕婦也會被告知不應該

繼續服用某種藥物，或是改用另外一種對孕婦自己和胎兒風險都比較低的藥物。（註：台灣的媽媽也可參考FDA的藥品分級制度。）

接下來所列的藥物包括了一般被認為在懷孕期服用算是安全的成藥、需要在照護醫師監督下謹慎服用的藥物、以及應該要避免服用的藥物。如果妳對任何藥物有疑問，一定要詢問妳的照護醫師。也務必要讓開藥給妳，提供妳醫

藥物指南

狀況	通常安全	謹慎使用	避免
過敏、感冒、流行感冒	噴鼻劑 • Chlorpheniramine（藥名Chlor-Trimeton縮水蘋果酸氯菲尼拉明錠） • 乙醯胺酚（Acetaminophen，藥名Tylenol泰諾或其他，註：如普拿疼。）	• 含天然麻黃鹼（pseudoephedrine）成分的藥物（藥名Sudafed, laritin-D, 及其他），尤其是第一個三月期 • 含dextromethorphan 成分的藥物（藥名Robitussin、Vicks NyQuil、Vicks DayQuil 及其他）	• 含phenylephrine成分的藥物（Tylenol Allergy Multi-Symptom）
便秘	• 洋車前子（Psyllium，藥名Metamucil） • 甘油塞劑（Glycerin suppositories，藥名Fleet浣腸）	• Docusate（軟便劑，藥名Kaopectate）	

狀況	通常安全	謹慎使用	避免
腹瀉		• Loperamide（藥名Imodium A-D宜莫痢膠囊），只能短期使用於第二和第三個三月期，第一個三月期間應避免使用	• Bismuth subsalicylate（抗分泌劑，藥名Pepto-Bismol）
胃灼熱	• 制酸劑（Antacids，藥名Maalox、Tums）	• Ranitidine（藥名Zantac善胃得錠） • Cimetidine（藥名Tagamet泰胃美）	
痔瘡	• 洋車前子（Psyllium，藥名Metamucil）		
疼痛發燒	• 乙醯胺酚（Acetaminophen，藥名Tylenol泰諾或其他，註：如普拿疼。）	• 普羅芬（Ibuprofen，或翻譯為布洛芬，藥名為Advil, Motrin或其他），只能使用於第一和第二個三月期，不得連續使用超過四十八小時。 • only in first and second trimesters and no more than 48 hours of continuous use • Naproxen（藥名Aleve），只能使用於第一和第二個三月期，不得連續使用超過四十八小時。	• 阿斯匹靈（Aspirin）
黴菌感染陰道炎	• 外用抗生素 Clotrimazole	• 抗生素Miconazole（藥名：Monistat陰道劑）	

療照護的所有人員知道妳懷孕的事。

什麼藥物不安全？ 有些藥物被證實對發育中的胎兒傷害非常嚴重，即使胎兒只有數週大。這些在懷孕期間危險性最高的藥物包括：

‧青春痘用藥口服A酸（成分isotretinoin，藥名Accutane）

‧多功能用藥沙利竇邁（成分thalidomide，藥名Thalomid）

‧乾癬用藥口服維生素A酸（成分acitretin，藥名Soriatane）

如果妳正在使用上述任一種藥物，斷藥前盡量避免懷孕。妳的照護醫師會告訴妳停藥的最佳方式，以及懷孕前需要等待多久比較安全。不要沒跟照護醫師講就又重新用藥。

草藥安全嗎？ 當傳統西藥被說「不要」時，轉而求助草藥來紓解疼痛或這時期的其他症狀似乎很有吸引力。或許，會有某種退黑激素可以幫助睡眠呢？利用紫錐菊（echinacea）來預防感冒，覺得如何呢？不要被誤導，認為草藥產品是天然的，「天然的一定最安全」。

事實上，草藥產品必須和大多數藥物等同視之，也就是要避免使用。除非妳的照護醫師說可以使用某種草藥，那才行。因為在懷孕期間，草藥產品可能和西藥一樣危險。由於各式各樣的草藥補充品太多，所知又太少，所以傷害甚至可能更大。

草藥補充品和處方藥及非處方藥不同，它們在保健食品店裡販售，藥品並未

 妊娠小百科 / 問與答

Q：我發現自己懷孕時，還在服用避孕藥。這樣對孩子會造成傷害嗎？

A： 一般來說，懷孕初期還吃避孕藥，讓人擔心的程度並不是太高。這種作法雖不推薦，但在很多意外懷孕的女性的身上倒是常見。

根據美國婦產科學院的說法，懷孕時吃避孕藥並不會提高新生兒先天性缺損的風險。不過2009年的一分研究卻指出，懷孕時期服用避孕丸可能與新生兒出生體重過低與早產風險提高有所關連。

但請別忘記，大多數寶寶還是健健康康的生下來了，一點問題也沒有。如果妳還是對懷孕初期吃了避孕藥心存疑慮，需要更多保證來確認寶寶是平安無事的，可以和妳的照護醫師談一談。

經過美國食品藥物管制局的檢驗及許可，也不需要進行藥品檢驗，而一般產品的安全性和效用則是在檢驗中被認定的。

懷孕通常是個事事但求平安的時期。如果妳已經懷孕，或甚至只是想要懷孕，和妳的照護醫師談談所有的替代或補充療法是很重要的，這其中也包括了草藥的使用。雖說，有些療法可能是安全的，但妳的照護醫師可能還是會建議妳，剩下那些療法還是等孩子生下來後再試吧！

在職時懷孕的對策

如果妳在在職時懷孕，又有害喜、容易疲倦的情況，那麼上班似乎就變成一種苦難了。如果工作情況許可的話，或許可以看看懷孕前三、四個月能否減輕工作的分量。懷孕進入第二孕期後，情況就會好多了 —— 孕吐通常會消失或減輕，元氣會恢復，而整個人也會散發出孕婦的光彩！第三孕期，盡量讓工作輕鬆一點。

對一些孕婦來說，工作是等待寶寶降臨前，可以佔據心思的好方法。以下是一些可以讓孕婦在工作時比較輕鬆舒適的小訣竅，同樣的訣竅也適用於家事上。

消除疲倦感 當身體正為支撐懷孕而超時工作、而在工作日請假又很難時，妳可能會感到很疲憊。下面的辦法可以幫助妳消除一些疲倦。

· **吃含有豐富鐵質和蛋白質的食物**。疲倦可能是缺鐵性貧血的症狀，但調整一下飲食就可以改善了。選擇下面這一類的食物：紅肉、家禽肉、海鮮、綠色葉菜、全穀物早餐麥片和麵食、豆子、堅果及種子。

· **多多進行短暫休息**。起來走動幾分鐘可以讓妳恢復精神。把燈關掉幾分鐘，閉上眼睛、站起身來也可以幫妳重新充電。

· **減少活動量**。一天工作結束後減少活動量可以讓妳獲得更多休息的時間。看看有什麼活動或家事是可以減少，或交給別人代勞的。

· **維持妳的健身習慣**。雖然在經過漫長的一天後，心理上最不想做的就是運動，但是體能活動卻可以幫助妳提振精力，特別是妳的工作如果是在辦公桌前坐一天的話。只要妳的照護醫師說可以，工作後去散個步，或加入產前健身班。

· **早早上床睡覺**。每晚設定目標睡足七到九個鐘頭。懷孕後期，休息時朝左側睡可以改善輸送給寶寶的血流情況，也可以預防自身的水腫。在兩腿之間、腹部之下放置枕頭會讓妳比較舒服。

注意坐姿、站姿、彎腰和搬東西 肚子裡帶著一個不斷長大的寶寶會

讓每天的活動，像是坐下、站立、彎腰和搬東西都不舒服。對膀胱會造成經常性壓迫，拉扯到背部、在腿和雙腳造成水腫。

經常排尿可以紓解對膀胱的壓迫。每隔幾個鐘頭就起來走走可以減輕肌肉的緊繃、預防水腫。不過，妳可能還是得試試其他辦法，讓自己在一整個工作日都感到舒服些，也預防可能的健康風險。下面就是處理一般工作期間，經常性活動的方式。

· 坐姿。如果妳是坐辦公室的工作，椅子就很重要，而且不僅限於懷孕期間而已。當妳的身體重量不斷的增加與改變，妳需要一把可以調整高度和傾斜度的椅子。可調式座椅把手、堅固的椅座和背靠、良好的背部支撐力都可以讓長時間的坐姿更加輕鬆，從椅子上起身也容易。

如果妳的椅子沒有上述的這些選項，那麼從可以做得到的地方分段改良。舉例來說，如果妳需要更多靠墊或背部的支撐，那麼可以採用小枕頭，或去找專門為支撐下背部設計的靠墊。這種靠墊也可以當成車座的支撐，如果車程遠，開車子也會比較輕鬆。

坐的時候最好把腳放在腳凳或箱子上，這樣可以分攤背部的拉力，也可以降低腿部靜脈曲張或血栓形成的機會。使用腳凳也可以幫助降低腳和腿部的水腫。

· 站姿。懷孕時血管會舒張，讓血液循環變大。如果妳站立太久，血管舒張就可能會使血液聚集在妳腿部，導致腿部的疼痛，甚至還會暈眩。站太久也會增加背部的壓力。

如果妳的工作性質必須長時間站立，那麼請把一隻腳踏在箱子或矮凳上，紓解背部的壓力，也減少血液的聚集。雙腳要常常交換站凳子。穿彈性襪、常常休息一下也有幫助。盡量穿低跟、寬跟的鞋子、不要穿高跟鞋或平底鞋。

· 彎腰和搬抬東西。孕婦通常不能搬和之前一樣重的東西。和妳的照護醫師談談，看看妳可以搬抬多重的東西。為了預防並紓解背部的疼痛，彎腰和搬東西時請遵循正確的姿勢（參見57頁）。

避免有害的物質 只要妳本人和妳任職的公司都遵守職業安全健康管理局（OSHA）對有害物質的標準，那麼妳的工作對寶寶就不太會造成風險。

為了安全起見，要了解妳工作場所中暴露的所有物質。如果妳任職於健康照護或製造業，尤其要注意。根據美國聯邦法，企業必須在檔案中準備物質安全資料表，報告工作環境中所有的危

搬東西的正確方式

1. 單膝跪到物品的旁邊。
2. 物品放到兩腿之間，背部盡量打直。
   物品放到曲起的膝蓋上。
3. 讓物品靠近妳的身體，使用腿部的肌
   肉，不是背部肌肉，然後站起來，搬著。

險物質，這分資料員工也要能拿到。

已知會對發育中胎兒造成傷害的物質有鉛、水銀、游離輻射（就是 X 光），以及用來治療癌症的藥物。被懷疑成分有害的化學物質還有麻醉廢氣（anesthetic gases）和有機溶劑（organic solvents），例如苯（benzene），但是研究結果中並未包含。

如果妳的工作場所有可能會暴露於化學物質、藥物或放射線中，要告訴妳的照護醫師。如果妳有使用任何能將暴露程度降到最低的裝置，也請一併告訴照護醫師。這些東西包括了衣袍、手套、面具口罩、以及通風系統。

妳的照護醫師可以根據這些資料來判斷環境中是否存在任何風險。如果有的話，可以採取某些降低或消滅風險的方法。幸運的是，環境因子引起先天性缺損的例子很少。而在可以追蹤到環境因子引發之先天性缺損的極小比例中，大多數都還是在懷孕期間使用了酒精、香菸和毒品──而不是因為工作環境裡的物質。無論如何，不論是已知的、或是懷疑有害的物質，都要盡量避免暴露其中。

旅遊時要明智

妳可能會擔心懷孕會干擾了妳的旅行計畫或暑假，請不必擔心。懷孕又不表示必須一直待在家裡。只要妳健康情況良好，也能注意基本的安全規定，懷孕時旅行通常是安全的。一般來說，孕婦的最佳旅遊時間大概在第二孕期，那時候害喜現象減輕，身體對於肚子裡帶著寶寶也比較習慣了。到了第三孕期之前，妳就會發現，要走動變得比較困難了。

不過，如果妳懷有疾病，像是心臟病，或是以前懷孕時曾經出過問題，照護醫師可能會告訴妳最好不要離家遠，萬一有發生緊急事件才能處理。

在訂定較長的旅行計畫前，一定要告訴妳的照護醫師，因為妳旅行的方式和目的地對於懷孕都有影響。如果妳經常旅行，例如必須出差，請和妳的照護醫師談一下時間表。你們可以一起找出讓旅行更加舒適的方式。

選擇旅行方式時，要考慮到達目的地所需要的時間。一般來說，以最快方式到達最好。但可以理解的是，其他的因素也必須考慮進去，其中包括了費用。

搭飛機旅行 對於懷孕情形健康的孕婦來說，搭飛機旅行一般來說都認為是安全的。不過，在訂飛機前最好還是先詢問一下妳照護醫師的意見。

孕婦搭乘飛機在特定的懷孕狀況

下有可能有提高併發症發生的風險，例如鐮刀型紅血球疾病和血栓類疾病。此外，妳的照護醫師可能會限制妳在36週後進行任何型態的旅行，否則會有早產的風險。

如果妳的旅行時間可以有彈性，最好的飛行時機是在第二孕期時，也就是大約在14到28週之間。這段時間可能是妳感覺最好的時候，而流產和早產的風險也是最低的。搭飛機時，請：

・**查詢一下航空公司對於孕婦旅行的政策**。每家航空公司和目的地國家或地方對於孕婦的規定可能都不一樣。

・**選擇座位**。為了要讓坐的位置最寬最舒服，選座位時請要求走道位置。

・**扣上安全帶**。飛行時，安全帶繫在肚子下方，越過大腿上面。

・**促進血液循環**。可能的話，偶而起身沿著走道來回走動一下。如果妳必須留在座位上，要經常活動一下關節並伸展一下腳踝。飛行時，妳的照護醫師可能會建議妳穿著彈性襪。

・**喝大量的水分**。機艙內濕度低，可能會導致脫水。

飛行時較低的氣壓可能會讓妳血液中的含氧量稍微降低，不過如果妳身體健康的話，應該不致於發生問題。類似的問題還有高緯度飛行時暴露於輻射線之中，這對大多數的旅行者來說不會是問題。機長、空服人員和其他經常飛行的人如果懷孕，照射到的輻射線倒是比較可能超過被認為安全的量。

如果妳在懷孕時必須常常飛行，請和妳的照護醫師討論。他可能會建議妳在懷孕時期要限制飛行時數。

海上旅行 孕婦搭船或郵輪就和以其他形式旅行一樣安全，而很多船艦

 妊娠小百科／要避免的目的地

旅行的時候，要慎選適合的目的地。如果妳覺得要讓自己保持涼爽很難，氣候又熱又濕的地方就不太合適。高緯度的地方會讓人呼吸困難、感覺不舒服，因為那裡氧氣濃度低，對妳和寶寶都不好。如果旅途中要走很多路或站立，妳可能要再三思。

懷孕的時候如果要去開發中國家，也要考慮一下其中的風險。到這些地區去旅行通常需要接受不少預防注射、在食物上有風險，而且水土不服的狀況也比較多。如果妳要到開發中國家，出發前務必先聽取醫師的建議。

上還有醫療設施。要確定妳搭乘的船上全程都有醫師或護士。也要查詢一下妳拜訪的城市裡是否有設備現代的醫療設施，以應緊急所需。大多數的郵輪航線都接受懷孕26週以內的孕婦。

請別忘記，船行的顛簸會讓噁心嘔吐的問題加重。此外，在甲板上走動時必須很小心，因為地板可能會滑，當心不要滑倒或因失去平衡而跌倒。

如果妳擔心會暈船，可以綁防暈船的手環帶。這種環帶是戴在手腕上，利用穴位按摩來預防噁心感。雖說有些女性認為這類手環戴可以代替暈船藥，但還是有人覺得沒什麼幫助。

乘車旅行 乘車旅行時，不管妳是否懷孕，最重要的是一定要繫安全帶！

準媽媽最大的創傷就是導致胎兒的死亡，而孕婦最嚴重的創傷則來自於車禍。下方的安全帶要綁在肚子下方，大腿股溝之上，斜對角的肩帶則穿過兩乳之間。

如果妳要長時間駕車或搭車旅行，要常常停下來舒展一下。即使沒懷孕，花好幾個小時在路上都很累人。可能的話，避免連續保持兩小時以上的坐姿，每天乘車的時間也要限制在六小時以內。每隔兩、三個小時就下來走動幾分鐘可以讓血液不至於聚集在腿部，降低發生血栓的風險。妳也很可能必須常到廁所報到。

一定要多喝水，保持充足的水分。無論是哪種形式的旅行，這點都要做到。

 妊娠小百科 / 旅行的小提示

要讓懷孕時的旅程舒服，妳可以：
· 穿寬鬆舒服的衣服、穿舒服的鞋子。
· 給自己足夠的休息次數、可以上廁所，並有時間出去伸展放鬆一下。
· 帶健康的零嘴在身邊。
· 帶最喜歡的枕頭出門。
· 如果妳是出國旅行，或是進行長距離旅行，一定要帶一份孕婦產檢書在身上。
· 凡事小心謹慎。
· 旅途愉快！

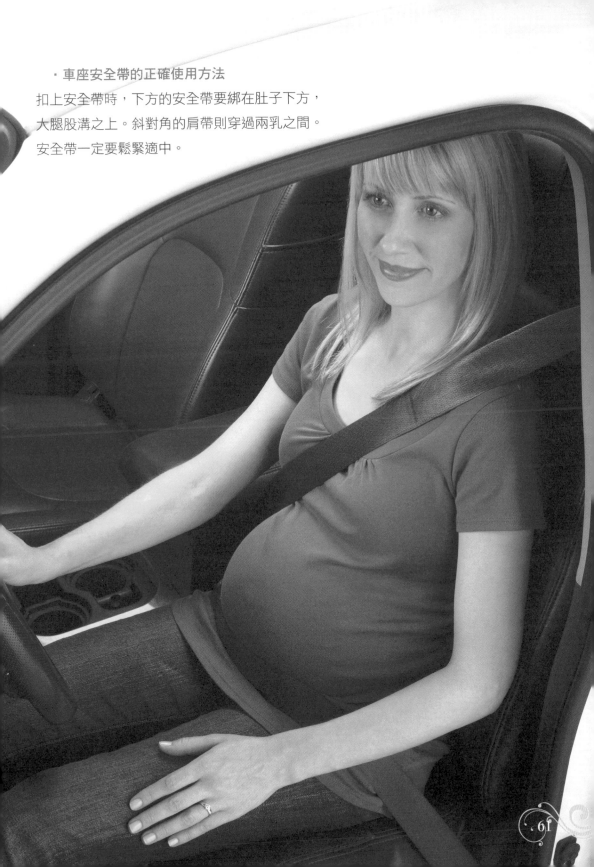

·車座安全帶的正確使用方法

扣上安全帶時，下方的安全帶要綁在肚子下方，
大腿股溝之上。斜對角的肩帶則穿過兩乳之間。
安全帶一定要鬆緊適中。

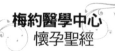
孕期的常見問題

當妳一懷孕，各式各樣的問題全都跑出來了 —— 而這些事情妳在懷孕之前，或許想都沒想過。可以染頭髮嗎？可以在浴缸泡澡嗎？以下就是一些最常被問到的問題。如果上我們的網站，MayoClinic.com，裡面的問題和答案還會更多呢！妳也可以去看由梅約專家執筆的MayoClinic.com妊娠部落格。

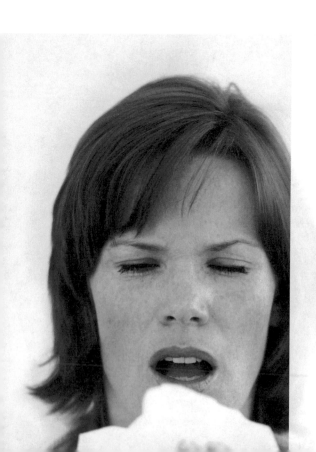

Q 我滑了一跤摔倒了，應該要去看醫生嗎？

A：懷孕期間跌倒很容易造成恐慌，不過妳的身體生來就是為了要保護肚子裡還在發育中的寶寶。如果受傷的情況嚴重到會直接傷害到寶寶，妳一定會先受重傷。

妳的子宮壁很厚，強韌的肌肉會幫助妳保護寶寶的安全。羊水也有靠墊的功用。此外，在懷孕最初的幾個禮拜內，子宮的位置還在骨盆後面，所以保護性更強。所以如果妳真的跌倒了，可以先放寬心，寶寶很可能是沒受傷的。

在大約24週以後，直接對腹部的撞擊就可能會引起併發症，這時就必須進行評估了。

如果妳跌倒後擔心寶寶是否平安，可以去找照護醫師確認。如果有下列情況，請立刻就醫：

· 跌倒後引起疼痛、出血或直接撞擊到腹部。

· 有陰道出血或羊水流出來的情況。

· 妳覺得腹部、子宮或骨盆腔有劇烈的疼痛感或一碰就痛。

· 有子宮收縮情況。

· 妳發現胎兒的運動情形減少。

大多數情況下，寶寶都是沒事。不過妳的照護醫師可能會進行一些測試來確認一切平安。

Q 我應該去打年度流感疫苗嗎？

A：對的，懷孕期間注射流感疫苗是安全的。事實上，美國疾病預防管制局（簡稱CDC）中心還推薦在流感盛行時期（通常是十一月到三月），想要懷孕的女性除非是對蛋嚴重過敏、或是對之前的流感疫苗有強烈的反應，否則都應該去注射季節性流感疫苗。懷孕會讓心肺的壓力增加，懷孕也會影響免疫系統。這些因子加起來會讓流感造成的風險不僅僅侷限於流感本身，還可能引發嚴重的併發症，像是肺炎和呼吸窘迫症。注射季節性流感疫苗可以預防這些可能出現的問題。

施打打流感疫苗的時候，一定要要求注射針劑，不能使用噴鼻劑型的疫苗。針劑是由去活化病毒製成的疫苗，對任何懷孕階段的孕婦和寶寶都是安全的。噴鼻劑型疫苗則是由活性病毒製成，在懷孕時間施用較不適合。針劑型和噴鼻劑型的流感疫苗在懷孕之前施打都沒問題，但若使用噴鼻劑型疫苗，使用後的四個禮拜之內，應該避免受孕。

至於其他的流感注射疫苗，像是2009年的H1N1新流感（或稱豬流感）疫苗，是否推薦注射則因人而異。但一般來說，這些疫苗也推薦孕婦使用的。在懷孕時期，這種新流感引起的併發症，風險比較高，媽媽們有可能可以提供保護給無法接打疫苗注射的寶寶。如果妳對流感疫苗不太確定，那麼盡可能多去瞭解。上妳可以信任的網站，像是美國疾病預防管制局的網站（台灣則是行政院衛生署疾病管制局），並請妳的照護醫師提供建議。

Q 其他疫苗安全嗎？

A：有些安全，有些不安全。除了季節性流感疫苗外，美國疾病預防管制局還建議近十年未接受過破傷風與白喉補追疫苗的人去進行注射。

如果妳要到國外旅行，或者某種感染的風險較高，照護醫師可能會推薦妳在懷孕期間施打其他的疫苗，像是A型肝炎、B型肝炎、流行性腦脊髓膜炎、或是肺炎鏈球菌疫苗。

懷孕期間要避免施打的疫苗有活性病毒製成流感疫苗、人類乳突病毒（簡稱HPV）、麻疹、腮腺炎、德國麻疹以及水痘疫苗。

Q 怎麼治療感冒最好？

A：感冒會讓妳感覺慘兮兮。不僅如此，孕婦還被告知不要吃一般的感冒藥，像是鼻塞藥、咳嗽糖漿和抗組織胺藥物等。反正，這些藥物也不是用來治療感冒本身的，所以當身體在對抗讓妳不舒服的病毒的時候，盡量讓自己保持舒服就好。以下的提示會有幫助：

· 喝大量的流質。水、果汁、茶和熱湯都很好。可以幫助妳補充身體在製造黏液（黏膜的分泌物）或發燒時流失的流質。

· 充分的休息。疲憊會讓身體更困乏。

· 調整房間的溫度和濕度。讓房間保持溫暖，但不要太熱。如果空氣很乾燥，就開個加濕機，讓空氣濕潤一點，紓解鼻塞和咳嗽的情形。加濕機要保持清潔，以免滋生細菌和霉菌。

· 舒緩喉嚨。一日數次用溫鹽水漱口，或喝溫的檸檬水加蜂蜜，這樣可以幫助紓解喉嚨痛和咳嗽。

· 使用鼻用生理食鹽水滴液。想要舒緩鼻塞狀況，可以試試鼻用生理食鹽水滴液。這種滴液藥房可以買得到，有效、安全又溫和。

· 發燒以及身體疼痛可以服用乙醯胺酚。乙醯胺酚（藥名：Tylenol泰諾或其他，註：普拿疼也是台灣常見的乙醯胺酚藥品）是一種退燒止痛的藥，一般認為在懷孕期間使用是安全的。

Q 怎麼治療過敏呢？

A：第一步要先找出對什麼東西過敏，可能的話，不要暴露於這些過敏原中。過敏一般常用的治療方式，包括抗組織胺和鼻塞藥物，都不建議懷孕期間使用。所以要治療流鼻水或鼻塞、以及其他過敏症狀，最好利用自我照護療法。

· 試試Cromolyn。Cromolyn（Nasal Crom）是一種非處方性的鼻噴劑，可以減輕發炎的症狀。它對治療輕微的過敏也有效果，所以常常是是有輕微過敏症狀孕婦不錯的選擇。

· 讓鼻管濕潤。將四分之一茶匙的鹽溶化於一杯溫水之中。把鹽水放在藥房買來的特製瓶罐中，也可以用大的塑膠針筒將鹽水吸起來。靠在洗臉台邊，頭往下，偏向一側。把瓶子或針筒插入上方的鼻孔中，而另外一邊的鼻孔用手指頭閉住。壓瓶或針筒。鹽水溶液就會順著鼻管進入妳的嘴巴裡。將鹽水吐掉，捏鼻子吹氣。頭往另外一邊偏，對另外一邊的鼻孔進行相同的步驟。一天可以清洗數次鼻管。

· 從熱水蓮蓬頭或噴霧加濕器吸收蒸氣。加濕器一定要乾淨，沒有細菌。

· 用手指頭按摩鼻竇。這樣做有時候可以舒緩鼻塞的情況。

如果妳的症狀比較嚴重，上述的方法都不管用，那就找妳的照護醫師商量吧。

Q 我可以使用在藥局櫃台買的抗痘乳膏嗎？

A：懷孕時期冒出來的痘痘並不是什麼特別的面皰。只是，很多女性在懷孕的時候就特別會長痘痘。歸咎原因可能是因為大多數女性油脂的分泌（皮脂）增加了，這在荷爾蒙過剩的時候會發生。懷孕時期治療痘痘最好的辦法就是：

・**一天洗兩次臉**。使用溫和的洗面乳和微溫的水。

・**每天洗頭**。頭髮一定不能落在臉上。

・**使用非油性化妝品**。看化妝品上的說明，像是水性（water-based）、不會造成粉刺（noncomedogenic）或是無致痘性（nonacnegenic）。

・**不要把手放到臉上**。這樣臉上會留下皮膚的油脂和汗水，刺激面皰。

無論是塗在皮膚上或是吞進肚子裡的藥都會進入妳的血管裡，所以懷孕時謹慎用藥是很重要的 —— 即使是櫃台上就能買到的成藥。

孕婦的面皰用藥首選通常是紅黴素（Erythromycin，藥名Erygel）。壬二酸（Azelaic acid，藥名：Azelex、 Finacea）則是另外一種選擇。兩種藥物都是局部用處方藥膏。

至於孕婦使用許多藥房櫃台都買得到的過氧化苯（benzoyl peroxide）產品，看法則不一。雖說還沒有報告證實使用會有問題，不過在懷孕期間使用過氧化苯的安全性，研究還很少。最好的辦法就是和妳的照護醫師談談。

有些特定的面皰用藥，無論如何都應該絕對禁止，因為可能會導致胎兒產生先天性缺損。這些藥物包括了三代A酸（adapalene，藥名：Differin）、A酸衍生物（tazarotene，藥名：Avage、Tazorac），以及口服A酸（isotretinoin，藥名：Accutane)。

Q 我有乳糖不耐的情形，要如何獲得足夠的鈣質呢？

A：很多女性在懷孕的時候，發現自己消化乳糖的能力改善了，特別是在孕程推進的時候。即使妳在平常時候下有乳糖不耐的情形，懷孕以後，妳可能會發現自己居然可以消化牛奶和其他乳製品，而不會出現惱人的現象和症狀。

美國醫學研究所建議十九歲以上的女性，包括孕婦，每日鈣質的攝取量應該為1,000毫克，而十多歲到十九歲以下的懷孕女性則應該是1,300毫克。如果不喝牛奶，也不吃乳製品，這個需求大概很難達到；這些是最佳的鈣質來源。

如果你有乳糖不耐症、討厭牛奶或其他乳製品，可以考慮以下的建議：

・大多數有乳糖不耐症的人在用餐時可以喝一杯牛奶而不會產生症狀。如果一杯的量讓妳很困擾，可以先降低分量，從半杯開始，一天兩次。

・可以嘗試無乳糖或乳糖減量的產品，包括牛奶、起司和優格。

・優格和發酵過的產品，如起司，通常都比正常的牛奶耐受度高。優格中的乳糖已經被優格中培養的活性菌進行部分消化了。

・可以試試乳糖酵素錠，例如Lactaid和Lactrase，這些都可以幫助乳糖的消化。

・吃鈣片。

・選擇其他也含豐富鈣質的食物，像是沙丁魚或帶骨的鮭魚、豆腐、花椰菜、菠菜，以及有添加鈣質的果汁和食物。

Q 我可以染頭髮，或挑染嗎？

A：當妳使用染髮劑時，少量的染料一定會透進皮膚裡。一般並不認為染料會對發育中的寶寶造成傷害。

有幾項研究是針對婦女在懷孕前和懷孕後使用染髮劑的情況進行的。2005年的一分研究指出，懷孕期間使用染髮劑和幾種特定的幼兒癌症可能有

關連，不過，其他的研究並未達成與這種結果相同的結論。大多數的研究人員都表示，懷孕前和懷孕中使用美髮產品，不像會提高幼兒腦瘤發生的風險。

　　如果妳決定在懷孕期間染髮，只要安全進行就不會有害。請人幫妳上染劑，染好之後一定要徹底將頭皮洗乾淨。如果妳擔心懷孕期間染髮會造成問題，那麼就不要染，或者先和你的照護醫師談過，獲得更多資訊。

Q 懷孕期間泡熱水澡、洗三溫暖是否安全？

　　A：泡澡可以幫助你放鬆，舒解肌肉的疼痛而不會造成任何健康上的危害。不過三溫暖就應該避免，而懷孕和熱水澡可能會形成一種危險的組合。在浴缸裡面泡澡十分鐘以上會讓體溫上升到接近攝氏三十九度，會引起過熱的問題。而有些研究則顯示，在懷孕最初的四到六個禮拜期間，孕婦暴露於過高的溫度下，流產和嬰兒神經管缺損的風險都會提高。懷孕期間的任何時間，只要暴露於過高的熱度下，都可能會讓身體過熱，導致血壓降低，危害到寶寶氧氣的供應，讓孕婦頭暈並可能昏倒。如果妳在懷孕期間選擇要泡澡，請遵循下面的步驟：

・泡澡時間不得多於十分鐘。

・不要坐在靠近水龍頭出熱水的地方。

・開始流汗或感覺不舒服就趕快出浴缸。

・如果妳已經在發燒、剛運動過、或是之前用過三溫暖，體溫已經升高了，那麼就不要泡澡。

Q 懷孕期間照X光安全嗎？

　　A：妳可能會很訝異，不過懷孕期間照X光一般來說被認為是安全的。就大多數的情況而言，照X光得到的益處，勝過潛在的風險。

　　懷孕時期照腹部X光，肚子裡的寶寶就會暴露在放射線中。不過如果放射線導致寶寶迅速成長中的細胞發生改變，那麼寶寶產生先天性缺損或疾病，像是後來有血癌的風險就稍微高一些。

　　不過，再怎麼說，懷孕期間照X光一般認為是安全的，只除了對發育中的胎兒有很小的風險。大多數的X光照射，照的部分大致包括了手臂、腿部、頭部、牙齒和胸腔，不會讓生殖器官或胎兒暴露於放射線中。穿上鉛罩袍和領子都能阻擋所有散射出來的輻射線。

　　如果妳需要照X光，就要告訴照護

醫師妳懷孕了，或是可能懷孕了。照護醫師可能會以超音波取代X光。此外，如果你家裡有孩子要照X光，只要妳懷孕或是可能懷孕，都要請別人幫妳抱孩子去照，不要自己來。

Q 我使用手機、電腦或微波爐之類的裝置，需要擔心嗎？

A：這一類的設備使用一種電磁能量，稱之為電磁波能量，是由電波和磁能組成的，會在空間中移動。來自這一類設備的放射線是不同的，而這種放射線也比X光的低得多。

不過，研究人員和環境監控員都推測，隨著暴露在這些設備中的時間加長，例如長時間把手機靠在頭部附近講話，可能會讓自己暴露在有危害程度的電磁波中。例如，已經有報告認為，重度的手機使用者和某些特定型式的腦瘤之間有關連，不過，證據尚未提出。

也有報告認為，孕婦在懷孕期間重度使用手機和胎兒腦部發育受損、以及日後行為的偏差是有關連的。也有研究針對電磁波進行檢驗，認為像是生活環境距離手機基地台很近與懷孕問題之間可能有關連。不過現在還沒有科學證據可以支持的確有關連的說法。

就現在來說，證據顯示，妳沒有感到驚慌的理由。但如果妳還是擔心會暴露在電磁波之中，可以考慮少打點電話，或利用免持聽筒來打電話。

Q 那麼在機場的全身掃描呢？這些對孕婦安全嗎？

A：這一類的掃描器以兩種方式作業，一是使用非游離輻射電磁波，這種型態的能量與用於雷達影像與無線電訊號的類似。這類型的放射線已經使用了一個世紀以上，對健康並無已知的影響。

另外一種型態的掃描器使用的是

「同調回散射」游離輻射，被掃描的人會暴露在微弱、放射量極低的Ｘ光訊號中。從掃描器散放出來的輻射很微弱，無法穿透過身體。不論是哪種型的機器，都沒有證據顯示會對發育中的胎兒造成風險。至於母體，即使重複照射，量也是低到幾乎量不出來。

Q 可以用DEET這種防蚊液來預防蚊子叮咬嗎？

A：DEET在許多常見的驅蟲液中都是主要的成分，只要使用時按照製造商的說明，一般被認為很安全。DEET可以提供有效的保護，避免因蚊子和壁蝨傳染的疾病，像是西尼羅河病毒症和萊姆病。避免這些疾病發生的好處通常來說超過於少量DEET經由皮膚進入血管內的風險。從安全方面來看，盡量減少妳在戶外逗留的時間，尤其是第一孕期，需要待在戶外的所需時間內，也使用濃度最低的DEET。

Q 基本的家用清潔劑使用上安全嗎？

A：經常使用居家一般常見的清潔劑並未發現會對發育中的胎兒造成傷害。不過，在儲藏時就會散出強烈氣味的烤箱清潔劑還是遠離為妙。而且，無論是否懷孕，化學性的物質，像是阿摩尼亞和漂白劑不要混用，因為會產生有毒的煙氣。

清潔時，避免吸入任何氣味強烈、會引起妳注意的煙氣。戴保護手套，以免任何化學物質經過皮膚被吸收。你也可以考慮改用其他的清潔品，像是白醋、蘇打粉或其他不含刺鼻、有毒性化學物質的清潔品。

Q 油漆的煙氣有害嗎？

A：一般來說，要避免暴露於油性漆、以及鉛和汞之中，這些在從表面會剝落的老式油漆中都可以發現。也要避免接觸其他含有溶解劑，像是去漆水這樣的物質。即使妳只是漆一個小房間，或是寶寶的某件家具，都要小心。工作時，環境要有良好通風，將吸入的煙氣降到最低，也要穿保護衣並戴上手套。不要在正在油漆中的區域吃東西。此外，如果有用到梯子，要格外小心。妳改變中的身型可能會讓妳的平衡感喪失。

Q 貓砂箱有什麼事是令人關切的嗎？

A：弓蟲症是一種感染病症，會危害到未出世孩子的健康。它是由一種稱之為弓蟲的寄生蟲所引起。這種寄生蟲會在貓的腸子裡面繁衍，然後隨著貓的糞便排出，主要是進到貓砂箱和花園的土裡。

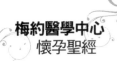

妳在處理有貓糞便的貓砂或土時，可能會染上到寄生蟲。在吃未煮熟的肉類（像生牛肉）時，該動物若染有寄生蟲，妳也可能感染。

為了避免懷孕期間感染弓蟲症，這段期間最好請家人幫妳換貓砂。如果妳必須自己做這些雜事，要戴上塑膠手套，之後並要徹底洗手。在花園做事的時候也要戴上手套。

Q 懷孕會讓人蛀牙，這是真的嗎？

A：懷孕時期的牙齒健康話題並不是太迷人，不過卻很重要。懷孕期間對於牙齒健康的誤解和錯誤資訊是很常見的，不過在產檢時卻往往不會被討論。懷孕期間常見的牙齒健康問題包括了：

· **蛀牙**。懷孕期間，由於口中的酸性增加，蛀牙的風險也會提高。懷孕時的害喜嘔吐會讓牙齒暴露於更多的胃酸之中，會讓問題惡化。

· **牙齒鬆動**。懷孕時期黃體激素和雌性激素濃度的提高，會影響到支撐牙齒的韌帶和骨骼，讓牙齒容易鬆動。

· **牙齦問題**。懷孕時期 荷爾蒙的改變也會引起齒齦炎，也就是齒齦外層組織發炎的現象。齒齦炎如果很嚴重又不加治療，有可能會造成早產或是新生兒

體重過低的情形。

那麼如何保持懷孕期間牙齒和牙齦的健康呢？請遵守基本原則，勤刷牙，用牙線潔牙。經常用含氟的漱口水漱口。如果妳有害喜晨吐的情形，吐完後用蘇打水溶液漱口。一杯的水放入一茶匙的小蘇打粉。

Q 我喜歡水上樂園和遊樂園。懷孕期間需要避免嗎？

A：懷孕時是否要避免去水上樂園和遊樂園玩雖說並無公論，不過玩雲霄飛車或快速滑水道前最好還是跟妳的照護醫師打一下商量。研究指出，懷孕時撞傷會產生強力的剝離效應，像是車禍時突然急煞，有可能導致胎盤與子宮提早剝離（胎盤早期剝離）。胎盤早剝會嚴重的影響懷孕。這類的外力在一般遊樂設施上程度倒是比較沒那麼猛烈。

許多主題遊樂園的設施都禁止孕婦搭乘。如果妳決定去玩，一定要先查查他們的規定。

· **底線**：為求平安起見，懷孕期間，妳可能還是在游泳池畔閒晃，而別去衝上衝下的搭乘瘋狂的急速設施比較好。

第3章

給準爸爸的貼心建議

如果你是等待孩子出生的一方，而不是懷孕的那位，你可能會想，自己在這個什麼都以寶寶為中心的大陣仗下，到底是什麼地位。曾經有過那麼一個時期，大多數即將為人老爸的男人在等待孩子出世時，最大的投入就是幫助受孕，然後十個月後在產房外踱步，等待著孩子出生的消息。但二十一世紀大多數的老爸在伴侶懷孕這件事上，可以投入的事情可以更多，而且實際上也更多，範圍從第一次陪伴去做產檢，到在產房裡面當分娩教練。

即使你不是挺個大肚子、接收所有關注的那一位，在即將擴張的家庭中，要感覺不像旁觀者，而是主動的參與者，你可以做的事情可多呢！懷孕的十個月間是一段非常關鍵的準備期，讓你擁有寶貴的時間，可以好好準備轉換成人父的身分。

雖說本章的對象是即將當爸爸的人，但其中很多資訊也適用於非血親的父親和同性的伴侶。

準爸爸如何參與？

以下是一些讓你從伴侶懷孕開始，就能一起參與的方法：

自告奮勇去買驗孕劑 參與永遠不嫌太早。如果你和伴侶一直在努力做人，即使還沒懷孕，但她認為有此可能，請自告奮勇去買驗孕劑，讓你們可以一起發現喜訊。第一次出現的粉紅色或藍色線條是令人興奮的肯定訊息，你要當爸爸了！

陪同產檢 即使你無法每次在她去看醫師時都陪伴前往，但是第一次產檢、還有要做超音波的那次，請盡量陪同前去。在第一次產檢後，有很多重大的決定要做，某些特定的選擇性檢驗也會有相關的注意事項，兩個人一起聽肯定有幫助。如果你是孩子的生父，請分享你個人、以及家族病史給伴侶的醫師，幫助他判斷對寶寶最佳的產前照護。超音波通常是在懷孕的第18到第20週之間進行的。超音波可以讓你一窺仍在母親體內的寶寶，確認寶寶的健康情況，以及伴侶的預產期。

和伴侶講話 不是懷孕的一方通常都是從懷孕的伴侶直接聽到大部分的消息。兩個人隨著孕程的進展談論情緒的問題和身體的感受，是很重要的。這樣

的談話會讓你比較明白她正在經歷的事情，讓你對懷孕感覺多一些認識。

認識你的寶寶　在幫伴侶按摩肚子時，對胎兒講講話、唱唱歌吧！證據顯示，在媽媽肚子裡的胎兒是可以認得經常聽到的人聲和其他聲音的。從第16週到第20週左右，你可以開始透過伴侶的肚皮感覺到胎兒在動。這對父母親來說，經常是很興奮的時刻。

去上課　產前課程可以幫助你和伴侶了解陣痛和分娩時會發生什麼事，也可以學到如何照顧新生兒。

支持伴侶過健康的生活型態　懷孕時期，要和伴侶結伴一起享受營養均衡的飲食、經常運動，並且充分休息。這樣不僅對媽媽和寶寶好，對你也好。如果你抽菸，那麼不要在你伴侶附近抽，因為二手菸裡面的化學物質對胎兒有害。如果想要更好，可以承諾在胎兒出生之前就戒菸。如果你們都有喝酒的習慣，在她懷孕期間請盡量將你自己的飲酒量減到最低，支持你伴侶禁酒的作法。

一起度過第一孕期

你或許看過那些快樂的懷孕夫妻照，老公的手就放在愛妻微微隆起的肚子上。是的，這一般都是在第二孕期照的。如果這次是你們兩人第一次懷孕，那麼第一孕期最初的幾個禮拜對你們來說就是個挑戰。

首先，雖然你的伴侶看起來和之前一模一樣（肚子得到十二個禮拜以後才開始看得出來），但是她似乎就是發神經了。她可能會在突然之間：

· 看起來好像一直吃到什麼壞掉的東西。

· 看到食物就嘔吐。

· 不斷的問你，為什麼你從沒夢想過一早起來幫她煎蛋和火腿的景象，明明她聞到那味道就不舒服到不行。

· 才吃完飯兩個鐘頭就餓得要命。

・沒理由就亂哭一通。

・一直希望你陪在她身邊，不過，拜託好嗎，天哪，千萬不要碰到她。

・想要一杯三倍濃度的無咖啡因焦糖摩卡，還要豆漿，現在馬上要。

這些都只是懷孕笑料的一部分，不過根本不必心存懷疑，家有小孩的親友一定還可以奉上更多老婆在第一孕期中的這類行為讓你當範例參詳的。

不過想想這個吧：老婆的肚子裡面有個看不見、卻非常神奇的轉變正在悄悄發生。在受孕後的兩週後，增加的荷爾蒙分泌就會導致各種症狀的發生，其中包括了噁心、疲倦、情緒不穩定、嗜吃，以及更多。

幫助伴侶放鬆的小撇步

要幫助伴侶（以及你自己）感到輕鬆一點，你可以考慮以下的小訣竅：

盡量減少會讓她噁心的原因　懷孕期間嘔吐現象常見的名詞「晨吐」或許有些用詞不當，因為有些孕婦在第一孕期中，每天二十四小時、一週七天，無時無刻不在反胃。噁心和反

 妊娠小百科／準爸爸症候群

研究人員發現，某些種類的雄性動物（包括人類），在靠近懷孕的伴侶時，荷爾蒙會產生變化，讓他們的父性直覺增強並加速作用。舉例來說，男人在：

・寶寶降生之前，泌乳激素（prolactin）會增加。這是一種荷爾蒙，可以幫助剛生產完的媽媽分泌乳汁，男性身上也有。

・在寶寶出生之前，你體內的腎上腺素濃度會提高，伴侶陣痛時，濃度甚至會更高。腎上腺素是身體在遇到壓力時分泌的一種荷爾蒙。這種增高的壓力反應也會幫助父親專注在他們新生的孩子身上、並加強與他們的連結。

・寶寶出生後，睪固酮濃度馬上會降低。睪固酮是一種男性荷爾蒙，這意味著男性的專注力會灌注在養育上，而不是競爭行為。

男性身上與懷孕相關的荷爾蒙型態和女性的有相對應的傾向。但是女性的荷爾蒙型態和生產的倒數日期緊密相連，而男性的卻和伴侶的荷爾蒙變化關係比較密切。這意味著伴侶之間的親密程度會影響男性體驗到的生理變化。

有些男性在伴侶懷孕時也會經歷到同情痛（擬娩症候群，couvade），這些症狀包括了體重增加、噁心、疲倦及情緒上的變化。所以如果你發現自己的情感和生理感受都和伴侶的呼應，也不要感到驚訝。

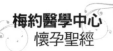
胃通常會在懷孕進入第十四週之後改善，不過，這段期間，你伴侶的日子可能相當難過。可以讓她稍微舒服一點的方式包括少量多餐（不要讓她太餓，噁心會更嚴重）、給她大量的流質（薑汁汽水是個不錯的選擇），也要避免讓她吃到、或聞到會讓她覺得更糟糕的東西。這些訣竅也可以幫助她減少胃灼熱和便秘的問題。晚上睡覺時，在她的床邊小茶几上放個原味蘇打餅，以及她喜歡的飲料，什麼都好，以防半夜或清晨時她覺得不舒服。萬一她突然又改變心意，說可以或不可以吃什麼或喝什麼，順著她的意思做。

幫助她對抗疲倦 當伴侶的身體正為了懷孕而加大馬力時，她的心臟會跳得比較快、比較用力，脈搏也會增快。體內的所有活動似乎就足以讓她筋疲力盡了，所以請幫助她盡量多多休息（但是不要嘮叨念）。從飲食中攝取充足的蛋白質和鐵質、以及白天的體能活動也都能幫助她對抗疲倦。蛋白質和鐵質的優良來源包括了瘦肉、雞肉、豆子和堅果、以及蛋類。

度過情緒的起伏 荷爾蒙的變化會讓你的伴侶情緒起起伏伏，這個很正常。她可能一會兒哭、一會兒笑。不過泰半的時間裡，她可能都不明白自己為何有那種感覺（也跟你一樣挫折）。在這邊，最重要的是要度過這場情緒的風暴。在你和她進入第二孕期後，她的荷爾蒙濃度就會穩定下來，世界也似乎會平靜得多。這段時間內，請多多支持她，不要逼迫她承諾去做什麼，也盡量不要做重大的決定。

這段時間會過去的
從第二孕期開始，多數孕婦的反胃現象就會減輕，元氣也會變好。事實上，第二孕期是許多夫妻覺得很享受的時期，因為早期懷孕的種種不適症狀大多會消失，而肚子也還在一個可以接受的大小。這段時間或許是你們一起做些有趣事情的時期，像是準備嬰兒房。不過你絕對要做到，塗油漆的人是你 —— 準媽媽的身邊可不能瀰漫著油漆的氣味，搬重東西的也是你。你們或許也可以去度個迷你小假期。

懷孕期間性事大解惑

會擔心懷孕期間你和伴侶的性生活可能產生變化，或擔心性生活會不會對胎兒造成影響，是很正常的事。以下就是一些和懷孕時期性事相關的常見問題與答案。

Q 懷孕期間可以行房嗎？ 只要懷孕正常順利的進行，而你的伴侶想要你，你們愛做幾次都可以。懷孕初期，荷爾蒙的起落、疲倦和噁心都可能會讓她性慾低落，即使情況並非一直如此。在第二孕期時，流到她性器官與乳房的血液量增加了，她的性慾可能會重新燃起。不過在第三孕期之前，由於她體重增加、背部又痛，再加上一些其他症狀的出現都會讓她對性愛的熱誠再度被澆熄。不過，每一對夫妻的狀況都不同。你們可以想想，怎麼樣對你們兩人最好。

Q 懷孕期間行房會傷害到胎兒嗎？ 胎兒被你伴侶子宮裡面的羊水保護著，而懷孕大部分的時期，子宮頸更是被子宮頸黏液塞阻塞了。所以性事是不會影響到胎兒的。

Q 懷孕期間採用哪種性愛姿勢最好？ 只要伴侶和你覺得舒服，懷孕期間，大部分的性愛姿勢都是可以的。隨著妊娠的進展，你們可以一起去探索看看哪種最好。與其壓在你伴侶身上，你可能會想躺在她的身邊，或採取在她身下或身後的姿勢。讓你們的創意來主導吧！只要你們兩人都能享受到樂趣，心裡也覺得舒服。

Q 那麼口交呢？ 在懷孕時期，口交是安全的，不過還是有禁忌的，千萬不要對著她的陰道吹氣。因為偶而會出現風堵住血管的情況，也就是空氣栓塞症，對她和胎兒的性命都會造成威脅。

Q 需要使用保險套嗎？ 懷孕時期如暴露在感染性病的可能性中，懷孕的傷害與胎兒的健康，風險都會提高。如果你有性傳染病，或者你們不是單一性伴侶關係，那麼就使用保險套吧！

Q 如果她不想歡愛呢？ 這種情況可能讓人很沮喪，不過請努力記住，事情不會永遠如此的。性關係裡面不僅僅只有交合。如果性行為很困難，或是對她來說不具吸引力，或者是超過了她的極限，那麼可以嘗試擁抱、親吻或互相按摩吧！此外，也從她的角度來觀察一下吧！當你使出渾身解數去誘惑她時，她的目光餘波是否瞟向了堆積如山的髒衣服呢？多考慮一下卸除周遭會讓她感到壓力的俗事吧，這樣她才有較多精力去回應你的進攻。她夜晚是不是都疲倦不堪呢？試著在早上、悠閒的午後或她一日中狀況最

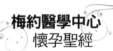
佳的任何時刻去求歡吧！

請體諒她現在可能有的不適，以及必須面對的身體變化。記得提醒她，她對你來說是多麼的美麗（即使你念頭在轉著，這些妊娠紋到底會不會一直不消失啊…）請記住，體貼換來將會是體貼，如果你尊重她的感受，她可能也會覺得對你並非那麼不情願呀！

Q 孩子生下來後，多久可以恢復行房？

不管你的伴侶是自然生產還是採取剖腹產，她的身體都需要時間復原。很多照護醫師都會建議等四到六個禮拜後再行房。這樣她的子宮頸才有時間閉合，撕裂的傷口或會陰切口也有機會復原。

保持親密 你有很多方式可以維持兩人間的親密。白天利用短短的電話、電子郵件或簡訊保持聯繫。一日之計開始前或是還沒上床睡覺前，靜靜的保留幾分鐘給彼此。當你們準備好要做愛時，慢慢的來。如果想避免歡愛後隨之而來的懷孕，那就使用可靠避孕方式吧！

陣痛和分娩的事前準備工作

隨著預產期的逼近，興奮與緊張之情也伴隨而來。你的寶寶不久就要來報到了，但之前，你們還得經過陣痛和分娩過程。身為生產的分娩教練，也就是精

神上的支柱與一般後勤補給協調，你的角色很重要。你必須做好以下的準備：

教育自己了解與分娩相關的知識
了解陣痛的徵兆和症狀，以及伴侶子宮開始收縮後會出現的情況，這些都幫助你將她及時送醫。除此之外，了解在產房會發生的事，可以讓你不至於太驚訝，在必要時面對快速的變化也能應對有方。舉例來說，很多男性都表示，當伴侶需要進行緊急剖腹產時，整個產房突然之間來了很多醫護人員，他們感到迷惘又排斥。了解進行緊急剖腹產手術時會發生的事，可以避免出現類似的感受。（請參閱第十四章，了解更多與陣痛和分娩相關的知識，第十五章中則有更多與剖腹產相關的資訊。）

預先計畫到醫院的路線圖 找出從家中或伴侶辦公室到醫院最短、最安全的路線圖。要訂定一分備用路線圖，萬一交通阻塞，或天候不良時可以使用。準備路線圖時，也要先探查一下醫院的停車狀況（有些醫院對於懷孕的急產婦有代客停車服務），也要知道進醫院後該走哪一邊。最後，但肯定不是最不重要的是，預產期接近時，你車子的油箱裡一定要有滿滿的汽油。

安裝車座嬰兒座椅 要從醫院把你剛出生的寶寶帶回家時，你需要將他

安置在車座的嬰兒安全座椅上。為求保護周全，嬰兒安全座椅應該面朝後，安裝在後座的中間。給自己充分的時間去把嬰兒安全座椅裝好。安全座椅的安裝看似簡單，實有玄機，一定要嚴格遵循安全座椅製造商提供的說明，將安全座椅正確安裝牢固。如果你對正確的安裝方式有疑問，或是需要幫手，美國國家高速公路交通安全管理局的網站上有資訊，你可以去找離你最近的安全座椅檢查站。務必要遵守（〈道路交通管理法規〉）中對於汽車兒童安全座椅的規定。

帶著分娩計畫書　如果你和你的伴侶已經做好一分分娩計畫書，也就是分娩時對於各種作法的喜好，例如，處理疼痛的方式，那麼隨身帶一分，以備不時之需。不過，需要時也要做好臨場應變的打算。舉例來說，你的伴侶到了開始陣痛後，可能還是會要求使用止痛藥，即使當初她在分娩計畫中表示並不需要。

把行李打包好　準備一個包包，將你伴侶喜歡的盥洗用具、或許還有一套新睡衣與她喜歡的音樂等全部放進去，隨時做好準備好。如果你也要陪她和寶寶，把你的過夜用品也打包進去。

管理聯絡問題　無論是透過電話、電子郵件或簡訊，你和你的伴侶一定要能隨時聯繫得上對方，這樣才能及時趕到醫院。也要考慮列好一張親友的電子郵件信箱清單表，到時可以通知親友孩子出生的喜訊。如果你問親友在生孩子時，你最主要的功能是什麼？他們可能會告訴你，發佈最新消息並寄送照片！

陪產時你可以做的事

近來，為人父為人夫的人在陣痛和分娩時幾乎都不會缺席。一般來說，醫院並不會限制生產時誰可以陪產，但

是會限制進產房的人數。

在陣痛和分娩時，你可以給伴侶很多幫助。美國婦產科協會就提供了以下的小提示：在第一階段的陣痛期間，幫忙讓她分心。聊聊你白天的事情，或是一起看部電影。

‧除非她被告知要躺在床上，不然陪著她散散步。

‧計算她子宮收縮的時間。

‧子宮收縮時，提議幫她按摩背部和肩膀。

‧用你從分娩課程學來的放鬆技巧幫助她。

‧在她用力推送的階段鼓勵她。重要的是，當她需要你的時候，你要在身邊，無論她是如何緊扣著你的手，或者出言不遜的罵你。

生產以後 這通常是最棒的部分，是身為人父、人夫和伴侶終於可以好好和孩子在一起的時光。在這個時期裡，你可以積極的參與你家新生寶寶的沐浴、更衣換尿布，哄他抱他。如果你伴侶以母乳哺育，你還可以提供最寶貴的心理支持，第一次總是不容易的——如果你們以奶粉哺育，你可以輪替，幫忙用奶瓶餵寶寶。

你還可以幫忙招待來探訪的親友。如果你的伴侶累了、需要休息，你可以提議帶寶寶和訪客去產科病房的廳堂走走。當伴侶可以正常飲食後，幫她從喜歡的烘焙坊或店裡帶些她喜歡吃的東西，這樣會讓她覺得自己是特別的。

新手爸爸初體驗

常見的焦慮

沒人說這是一件容易的事。當一位新手父親，你可能會擔心：

‧**陪產假或家庭假有限。**如果寶寶出生時你無法休假，那麼要維持正常的工作進度還要找到時間陪伴剛出生的寶寶可能就很難。

‧**新的責任。**新生兒需要持續不斷的照顧和關注。除了餵奶、換尿片和哄著別哭這些讓新手父母手忙腳亂的工作外，父母親還得找出時間做家事和其他日常瑣事。如果你習慣於無拘無束的獨立生活，那麼你可能會懷疑自己到底能不能適應這些新的責任。

‧**睡不安穩。**新生兒會挑戰父母親一覺到天亮的好眠能力。睡眠時間被剝奪很快的就會對新手父母造成不好的影響。

‧**經濟壓力。**寶寶的生產費用、健康醫療費用、尿布錢、衣服、傢具等等林林總總的，累積很快。如果你們搬到了大一點的新房子或是白天上班時找奶

媽照顧孩子，又或者你們之間任何一個人拿了無薪育嬰假或甚至辭職在家照顧寶寶，經濟壓力都會更大。

· **和伴侶相處的時間變少。**有了寶寶就代表有第三者來分享伴侶對你的注意力。這是沒有過的事，會出現被對方冷落了的感覺也不算希罕，特別是如果寶寶是餵母乳的情況下。

· **性生活匱乏。**和伴侶的性生活休止有時會引發憎厭感，讓兩人的關係緊張。

· **憂鬱症。**研究顯示，一些當爸爸的在孩子出世之後也會有短暫的憂鬱症，情況就和當媽媽的類似。

準爸爸可以做的事　你可以積極的開始為爸爸的身分做準備，以減輕焦慮的情況。舉例來說：

· **和伴侶保持對話。**討論寶寶加入後對你們日常生活可能造成的影響、你們彼此的關係，甚至你們兩人以後的工作。也請放開心胸和伴侶分享你對未來懷抱的夢想。

· **建立社交支援網。**懷孕期間，你的伴侶可以從照護醫師、和親友處獲得支持。而在這段時間裡，你們夫妻背後有個支援網是很重要的 —— 尤其當你們是意外懷孕，或者聽多了當父親後的負面故事時。在準備當爸爸時，要找能給你忠告和鼓勵的親友。

· **預先面對經濟問題。**養育孩子很花錢，所以透過儲蓄、預算、以及放棄一些奢侈享受來計畫財源都是有幫助的作法。和財務專員談談或許可以幫助你決定要如何處理養育孩子的費用。

· **思考想成為什樣的父親。**花點時間來想想父母親對你的方式。想一想，父母親和你之間關係的各種角度，而你想跟孩子有什麼樣的關係，以及你可能會有的不同作法。

持續參與育兒工作　寶寶出生後，要找出與新增的家庭成員連繫的方式。舉例來説：

· **和家人一起待在醫院。**如果醫院和你的工作時間都允許，盡量陪伴侶與寶寶一起留在醫院，直到可以抱孩子回家。這樣在寶寶生命中最初的幾天，你覺得自己是重要參與者的感覺會比較強烈。如果你還有其他孩子，安排他們在爺爺奶奶或其他親近的親友家過一晚或幾晚，讓你可以將所有精神專注在媽媽和新生寶寶的身上。

· **輪流照顧寶寶。**輪流幫寶寶餵奶、換尿片。如果你的伴侶是以母乳哺育，那麼晚上幫忙換尿布，或把寶寶帶到伴侶床上。你也可以幫忙用奶瓶餵擠好的母乳，或是在寶寶吃完母乳後，幫他拍

背打嗝，哄他入眠。

· **和寶寶玩。**女性給寶寶的通常是低調、安撫性的刺激，而男性則較會讓寶寶處於喧嘩、比較有活力的活動裡。兩種玩耍的方式都重要，看到寶寶露出笑容就是給自己最大的獎勵。

· **深情對待伴侶。**性生活暫時受限並不表示你和伴侶之間不可以擁抱或親吻。請記住，事實上你的家庭將會發展出一個常態模式，你和伴侶以後還是會再有屬於兩人的時間。

· **保持暢通的溝通。**持續和伴侶討論你正在經歷的改變，而不論事實是否與你想像符合，以及寶寶越來越大以後，你可以做什麼來彼此支持。如果你的伴侶離開了工作崗位，那麼透過電子信件來分享照片和白天發生的有趣故事。也要找出只有兩人相處的時間。你的伴侶要求協助未必一直很容易，所以要鼓勵她把當新手媽媽感受到的困難講出來。

· **尋求幫助。**如果你在處理現在關係的變化上有問題，又或者你覺得很沮喪，可以和諮詢人員或其他心理健康專家談談。

· **放輕鬆。**當爸爸是個挑戰，但你對未來的準備愈充分，寶寶出生後你感受到的自信和支援就愈強。第十九章涵蓋了即將為人父母時，各種方面的準備，包括了如何應付最初幾週、和伴侶的關係可能出現的變化、以及從經濟角度來看養兒育女的一些提示。有機會的時候，閱讀一下那個章節吧。也看看書上提供的建議，這可以幫助你為成為父親而作準備。

你做到了！

恭喜！你做爸爸了，開展在你眼前的是一條全新的道路。一步一腳印，沒有人一次就能學會所有養育小孩的方法，這需要不斷持續的練習。而最重要的是，一定要讓自己和家人在這一路上好好享受。

第二部

懷孕的逐月孕程

　　註：雖然有十月懷胎的說法，妳一直都知道懷孕是九個月，那為什麼我們會列出十個月呢？九個月是懷孕的常見算法，不過懷孕並無法用月份來均分。為了要推測預產期並監督對妳的照護，妳的照護醫師使用的是四十週行事曆（第四章中有更進一步的說明）。如果妳想到大部分月分都是四週，那麼40除以4就是十個月了。不過實際上，有些月分有五個禮拜。所以，如果妳是以月的行事曆方式來追蹤懷孕情況，那麼通常會和九個月比較接近。

　　但是，老實說，照護醫師對於妳現在幾週比較有興趣，因為用月分來看太不精準。所以假如妳說妳是懷孕「第三個月」，那就表示妳懷孕可能九週、十週、十一週，或是十二週。要確定胎兒的成長是否照規律來，照護醫師需要知道確切或是接近的週數。此外，有些產檢在執行上是有短暫的時間限定的（像是在第11到第14週之間）。

受孕前	週 數																
	1	2	3	4	5	6	7	8	9	10	11	12	13	14	15	16	17
基因篩檢1																	
生活型態																	
預約產前檢查																	
第一次產檢																	
例行性的產前檢驗																	
選擇性的產前檢驗2																	
超音波檢查																	
血糖檢驗3																	
B型鏈球菌檢驗																	
分娩課程																	
找托嬰中心4																	
準備好了嗎：母乳或奶粉？紙尿布或布尿布？																	
購買嬰兒用品：安全座椅、嬰兒床、用品及更多項目																	
分娩計畫書																	
陣痛和分娩的準備																	

上色部分代表該時期為檢驗或動作可能會發生的時間。

1. 篩檢及診斷檢驗是否異常，參考第21章。
2. 時間可能會不一樣。大部分的檢驗在第18-20週之間進行。
3. 如果妳是妊娠糖尿病的高危險群，這個檢驗會提前進行。
4. 根據妳居住區域托嬰中心的情況。

週　數																						
18	19	20	21	22	23	24	25	26	27	28	29	30	31	32	33	34	35	36	37	38	39	40

如何反應

以下是整個孕程中，妳可能會遇到的部分問題徵兆和症狀指南，以及應該通知照護醫師的時間點。請記住，如果有任何懷疑，寧可求平安也不要造成遺憾。

徵兆或症狀	什麼時候聯絡照護醫師
陰道出血、陰道點狀出血、或不尋常的分泌物	
・輕微的點狀出血，一天之內就不見	1-3個月內，下次產檢； 4-7個月內，同一天回診； 8-10個月內，立刻回診
・任何時間長於一天的出血	1-3 個月內，24小時內回診； 4-10 個月內或屬於Rh陰性血型，立刻回診
・出血量中量到大量	立刻回診
・伴隨嚴重疼痛、發燒或發冷的任何出血量	立刻回診
・流出妊娠組織物	立刻回診
・偏綠色或偏黃色的白帶、有氣味，或是外陰部發紅、搔癢	24小時內回診
・持續或大量的從陰道流出水狀的液體	立刻回診
疼痛	
・腹部的一側或兩側偶而會有拉扯或捏痛的感覺	下次產檢
・偶而有輕微的頭痛	下次產檢
・頭相當痛，已經造成困擾，而且揮之不去	24小時內回診
・嚴重、持續性的頭痛，尤其還伴隨著暈眩、虛弱、噁心或嘔吐、或是視覺異常	立刻回診
・中度到重度的骨盆疼痛	立刻回診
・任何程度的骨盆疼痛，四個小時了還未停止	24小時內回診
・伴隨發燒或出血的疼痛	立刻回診
・腿部疼痛，有發紅或水腫現象	立刻回診
・子宮收縮，每小時六次以下，二或二小時以上	下次產檢
・子宮收縮，每小時六次以上，二或二小時以上	立刻回診

徵兆或症狀	什麼時候聯絡照護醫師
嘔吐	
・偶而或一天一次	下次產檢
・每天三次以上，無法進食或喝水	24小時內回診
・伴隨疼痛或發燒	立刻回診
其他	
・發燒39度以下	如果發燒持續，24小時內回診
・發燒39度以上	立刻回診
・排尿疼痛	同一天回診
・無法排尿	同一天回診
・輕微的便秘	下次產檢
・嚴重的便秘，三天沒有排便	同一天回診
・情緒持續低落，喪失樂趣	下次產檢
・情緒低落、喪失樂趣、 ・想要傷害自己或別人	立刻回診
・想吃不是食物的東西，如泥巴或土	下次產檢
・手、臉或腳突然腫起來	同一天回診
・體重突然增加	同一天回診
・昏倒或是有視覺異常（模糊）	立刻回診
・疲倦、虛弱、呼吸急促、心悸或頭重腳輕	如果偶而發生，下次產檢；如果持續，同一天回診
・嚴重的呼吸急促	立刻回診
・嚴重的搔癢	下次回診

第4章

第一個月：第1週到第4週

我和我先生一直想懷孕，已經努力了快一年。所以，當我的月經晚來報到，我非常高興。我先生卻很謹慎，他抱持著再等等看的心態。過了幾天，我的月經還是沒來，我就去買了家用驗孕劑來驗。當我去驗孕，看看是否能成為準爸媽時，我先生在客廳等候。我很確定了！一條淡淡的藍線出現在檢驗棒上。我拿給我先生看，他興奮的問：「這是代表或許懷孕了嗎?」沒有什麼或許！我們要準備迎接我們第一個孩子了！

恭喜了！歡迎迎接人生最令人興奮的經歷之一，懷孕。在接下來的四十個禮拜，妳的身體將會經歷一連串神奇的變化。和大多數的新手媽媽一樣，妳對於肚子裡的小東西有點緊張，這再正常不過了。而且，妳肯定有很多問題想問。我的寶寶長相如何？有多大？健康嗎？下一步，該怎麼做呢？為了要回答這些問題之中的一部分，讓大家不要神經兮兮、心懷恐懼，我們將帶您以一週一週的方式介紹這個旅程，說明胎兒是如何不斷的發育並產生變化。我們也會說明部分在妳體內發生的改變，這樣妳就了解應該要期待發生什麼事，並為這些即將到來的事預作準備。

懷孕是個美好的經驗。請靠著椅背舒服地坐回去（不要坐太深）、放輕鬆（盡量輕鬆），並好好享受這個經歷吧！

胎兒的成長

照護醫師計算懷孕第一個月的方式看起來似乎讓人有些搞不清頭緒。這其實是因為妳在第一個月的中期左右才真正受孕。受孕，也就是懷孕的開始，一般不是從第二個禮拜末才算起的。在這之前，妳的身體已經蓄勢待發、進行準備了。

第1週和第2週 看起來似乎有點奇怪，但懷孕的第一週其實是從懷孕前的上次月經期開始計算。為什麼呢？因為醫師和其他醫療專業人員就是從上次月經開始往後推算四十個禮拜，當作妳的預產期。這意味著，即使那時候根本還沒有受孕，他們也把月經期當成懷孕的一部分。受孕通常發生在妳上次月經開始後的兩個禮拜內。

·懷孕前。月經期間，妳的身體會分泌一種叫做濾泡刺激素的荷爾蒙。這種

荷爾蒙會促進卵巢中卵子的發育。卵子是在卵巢中一種稱之為卵泡的小穴中成熟的。幾天後，當月經期結束，妳的身體就會接著分泌一種稱之為促黃體生成素的荷爾蒙，讓卵泡漲大，沿著子宮壁爆開，釋放出卵子，這就叫做排卵。妳有兩個卵巢，不過無論是哪個經期，都只有一邊卵巢會排卵。

當卵子開始慢慢的進入輸卵管，也就是連接卵巢和子宮的管道後，就會在那邊等待精子過來受精。這個在卵巢和輸卵管連結之間、樣子像手指一樣的構造，會在排卵發生時抓住卵子，讓它往適當的地方前進。

如果妳在這段期間之前或之中有交合的行為，那就有可能懷孕。如果受精情況沒有發生，不論理由為何，卵子和子宮內膜碎片就會在月經期間被排出。

·受精。這是一切的起點。妳的卵子和伴侶的精子進行結合，形成一個單細胞，也就是一連串不平凡事件的起點。這個精密的細胞會一再分裂，大約在38週內，長成一個由兩兆個細胞組成的新人兒，也就是妳漂亮的小男生或小女生。

過程就從妳和伴侶的性交開始。當他射精時，會把含有最多達十億個精子細胞的精液送入妳的陰道。每個精子都長著一條長長的尾鞭，競相游向妳的卵子。

這億萬個精子會游過妳的生殖道；從陰道開始，往上經過子宮低開的口（子宮頸），穿過子宮，進入輸卵管。很多精子沿路就會走丟了，只有少數能到達輸卵管。受精就發生於某個精子順利的完成了旅行，並穿透了卵壁。

卵子的營養細胞群有層包覆，稱為放射冠，還有稱之為卵鞘的膠質細胞。為了與卵子結合受精，精子必須穿透這層包覆。這個時間點的卵子直徑只有大約1/200吋，還小到無法看見。

可以試圖去穿透卵壁的精子，數量可達100個，其中有幾個可以開始進入外層卵囊。不過，最後只有一個精子能夠成功的進入卵子。在那之後，卵子的隔膜會開始產生變化，將其他的精子全部鎖在外面。

偶而卵巢中也會有一個以上的卵泡成熟，釋放出一個以上的卵子到輸卵管去。如果每個卵子都和一個精子結合受精，就會導致多胞胎。當精子穿透卵子的中心，兩個細胞就會合而為一，成為一個單細胞體，稱為受精卵。

受精卵有46個染色體，23個來自於妳，23個來自於妳的伴侶。這些染

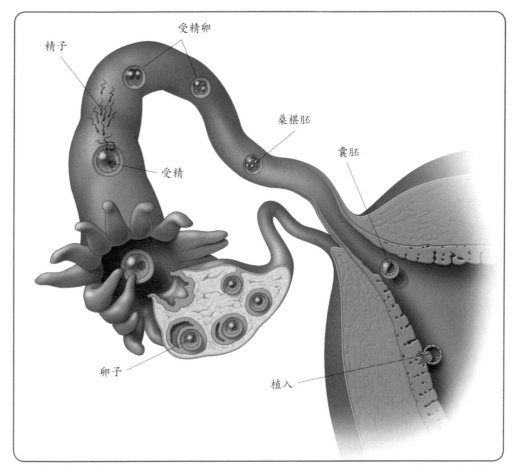

色體包含了千萬種基因。基因物質就像藍圖，決定了妳家寶寶的性別、眼睛顏色、髮色、體型大小、臉部特徵，以及，至少某一程度的智商和個性。受精程序現在完成了。

第3週和第4週 受孕後，就必須立刻開工幹活兒了。過程的下一步是細胞分裂。在受精後的12小時內，這個單細胞的受精卵就會分裂成兩個細胞，然後兩個再各自分裂成兩個，以此類推，所以每隔十二個小時，細胞的數量就會加倍。

當受精卵逐漸從輸卵管移動到子宮時，細胞分裂還在持續。在受精的三天後，受精卵會變成有 13到 32 個非特定性細胞的叢集，並聚集成一個小小的桑椹形狀。在這個階段，妳發育中的寶寶被稱做是一個桑椹胚，並且脫離輸卵管，進入子宮。

受孕後的四到五天後，發育中的

妊娠小百科／生男生女？

會生男孩還是女孩呢？當許多夫妻得知即將為人父母後，這是最常問的問題之一。

寶寶的性別在受孕的那一剎那已經決定了。46個組成寶寶基因的染色體中，有兩個是用來決定寶寶性別的，被稱做性別染色體。這染色體一個來自於妳的卵子，另一個來自於妳伴侶的精子。女性的卵子裡只含有X性別染色體，而男性則是有X或Y性別染色體。

如果在受精那一瞬間，與卵子相遇的是含有X性別染色體的精子，那妳的寶寶就是個女孩。如果是含有Y性別染色體的精子和卵子結合，寶寶就是個男孩。所以決定寶寶性別的一直都是父親的基因。

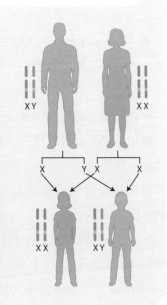

寶寶（現在有大約五百個細胞了），會到達目的地，也就是妳的子宮。在那之前，它已經從一團厚實的細胞變成一組細胞，排列在充滿液體的小洞穴周圍，稱之為囊胚。囊胚的內部是密實的細胞團，將來要發育成胎兒的。細胞的外層則稱為滋養層，將會變成胎盤，在胎兒成長時提供養分。

囊胚在到達子宮後，有一段時間會附著到子宮表面，然後釋放出酵素將子宮內膜溶掉，讓囊胚得以在那邊著床。這情形通常是在受精後一個禮拜後發生的。在受精後第十二天之前，囊胚就穩定的在新家著床了。它會緊緊的黏住子宮內膜，也就是從血液中吸收養分的地方。

受精後大約十二天內，胎盤就會開始形成。最初是從囊胚壁露出的小小芽狀物，而從這些芽狀物則會發育成佈滿密密麻麻小血管的波浪組織團，稱為絨毛。這些團狀物會長在子宮的微血管之間，最後佈滿大部分的胎盤。

受孕後十四天，也就是從上次月經開始後四個禮拜，妳的胚胎大約有0.1公分長。它現在可以分為三層組織，而所有的組織和器官就是從這邊開

始發育的。

‧**外胚層**。這最外層會變成一個沿著胚胎身體中線生長的溝槽，稱之為神經管（neural tube）。胎兒的腦部、脊椎、脊椎神經和骨幹就是從這裡發育起來的。

‧**中胚層**。細胞的中層會形成胚胎的心臟和最初的循環系統 —— 血管、血球和淋巴管的雛形。骨骼、肌肉、腎臟、卵巢或是睪丸的基礎也是在這裡發育的。

‧**內胚層**。細胞的內層會變成一條簡單的管子，與黏膜（mucous membrane）。胎兒以後的肺、腸、和膀胱就是從這條管子發育出來的。

妳的身體變化

懷孕的第一個月，妳並不會覺得和平時有什麼太大不同。那是因為早期的懷孕症狀一般要到第二個月的月中才會出現。

發生怎樣的變化、哪裡 即使妳沒感受到自己懷孕了，也別傻傻的被愚弄。妳的身體裡面已經開始在產生許多變化了。

第1週 在受孕前，選擇好的生活型態，讓身體為懷孕和為人母做好準備，讓妳的寶寶在生命之初就擁有最好

的開始。準備懷孕時，不要抽菸、喝酒、或吸毒。如果妳正在服用處方藥，請照護醫師告訴妳懷孕期間的用藥方式。

每天吃一顆含有至少400微克葉酸的維生素補充品是個好主意。適量的葉酸可以降低胎兒發生神經管缺損的風險，而神經管則是胚胎形成腦部、脊椎、脊椎神經和骨幹的元件。脊柱裂是一種先天性脊椎缺損，會讓胎兒的脊椎骨（vertebrae）融合異常，這是神經管缺損的其中一例，如果有適量的葉酸，大多可以避免。

第2週和第3週 當妳排卵，卵子被釋出到輸卵管中時，過程中會有荷爾蒙參與 —— 雌性激素和黃體激素，讓妳體溫微微上升，子宮頸腺的分泌也會改變。

在受精發生之後，妊娠黃體這個圍繞著發育中胎兒的小構造，會立刻開始成長，並分泌小量的黃體素，支援妳的妊娠，並防止子宮收縮。黃體素也會促進子宮壁中血管的生長，這對胎兒養分的提供很重要。

受精後大約四天後，像手指一樣的突出構造會變成胎盤，開始分泌大量稱之為人類絨毛膜性腺激素的荷爾蒙。這種荷爾蒙會刺激卵巢持續分泌

雌性激素與黃體激素，而導致子宮、子宮內膜、子宮頸、陰道和乳房都產生變化。最後，胎盤組織會開始負責分泌雌性激素與黃體激素。人類絨毛膜性腺激素會先在血液中被偵測出來，隨後在尿液中也可驗出。家用的驗孕劑可在受孕後六到十二天，從尿液樣本驗出懷孕。

當妳發育中的寶寶一路穿過輸卵管，將自己植入子宮內膜中，也就是受孕後約一個禮拜後，子宮內膜就會開始變厚，厚到足以支撐寶寶。寶寶植入後，妳可能會發現有點狀的出血，少量的經血或是略黃的白帶分泌物，因而錯認為正常的月經開始。這種點狀的少量出血來自於發育中的寶寶自行植入於子宮內膜時，可能出現的少量出血。正式來說，在這個時候，妳已經懷孕了，不過因為錯過一個經期，對你來說還太早。

如何推算預產期

請使用下頁的表格來看懷孕時期的大事列記。舉例來說，如果妳上次月經來潮的第一天是三月二十七日，那麼妳被推算出來的預產期就是一月一日。

如果妳上次月經來潮的第一天，日期並未列在表上，請找出最新近的

列出日期，再依照規則調整其他的日期。舉例來說，如果妳上次月經的第一天是四月四日（離表格中列出的四月三日，只有一天），那根據推測，妳的預產期就是一月九日（離表格列出的預產期一月八號只有一天）。

在受精的最初幾天，流產的情況很常見，而流產的女性甚至常常還不知道自己已經懷孕。據科學家估計，有四分之三的流產是因為植入失敗所致。在受孕後的第一個禮拜到十天間，感染、暴露於有害的環境因子，如毒品、酒精、藥物和化學物品，都可能干擾到植入的過程。不過，大部分的情況，流產都是因為不明因素，不是任何人所能控制。

第4週 即使是在懷孕的這麼初期，也就是受孕幾天後，妳的身體也已經開始產生重大的生理變化了。

· 心臟和循環系統：妳的身體會馬上開始製造更多的血液來攜帶氧氣，並提供養分給胎兒。在一開始的十二週中，增加的量最多，那時是懷孕期中對循環系統要求最高的時期。在懷孕期結束之前，妳血液的量會增加百分之三十到五十。為了要應付增加的供血量，心臟必須跳得更強更快，所以妳每分鐘的脈搏也可能多加15下之多。這些變化都

91

第 1 週	第 3 週	第5 -10 週		第 12 週	第23週	第 40 週
若妳上次月經的第一天是	受孕日期大約是	先天性缺損風險最高的時期		流產風險提高	有些早產兒已可以開始存活	(完整孕程)預產期
		器官開始形成	主要器官已經形成			
1月2日	1月16日	2月6日	3月13日	3月27日	6月12日	10月9日
1月9日	1月23日	2月13日	3月20日	4月3日	6月19日	10月16日
1月16日	1月30日	2月20日	3月27日	4月10日	6月26日	10月23日
1月23日	2月6日	2月27日	4月3日	4月17日	7月3日	10月30日
1月30日	2月13日	3月6日	4月10日	4月24日	7月10日	11月6日
2月6日	2月20日	3月13日	4月17日	5月1日	7月17日	11月13日
2月13日	2月27日	3月20日	4月24日	5月8日	7月24日	11月20日
2月20日	3月6日	3月27日	5月1日	5月15日	7月31日	11月27日
2月27日	3月13日	4月3日	5月8日	5月22日	8月7日	12月4日
3月6日	3月20日	4月10日	5月15日	5月29日	8月14日	12月11日
3月13日	3月27日	4月17日	5月22日	6月5日	8月21日	12月18日
3月20日	4月3日	4月24日	5月29日	6月12日	8月28日	12月25日
3月27日	4月10日	5月1日	6月5日	6月19日	9月4日	1月1日
4月3日	4月17日	5月8日	6月12日	6月26日	9月11日	1月8日
4月10日	4月24日	5月15日	6月19日	7月3日	9月18日	1月15日
4月17日	5月1日	5月22日	6月26日	7月10日	9月25日	1月22日
4月24日	5月8日	5月29日	7月3日	7月17日	10月2日	1月29日
5月1日	5月15日	6月5日	7月10日	7月24日	10月9日	2月5日
5月8日	5月22日	6月12日	7月17日	7月31日	10月16日	2月12日
5月15日	5月29日	6月19日	7月24日	8月7日	10月23日	2月19日
5月22日	6月5日	6月26日	7月31日	8月14日	10月30日	2月26日
5月29日	6月12日	7月3日	8月7日	8月21日	11月6日	3月5日
6月5日	6月19日	7月10日	8月14日	8月28日	11月13日	3月12日
6月12日	6月26日	7月17日	8月21日	9月4日	11月20日	3月19日
6月19日	7月3日	7月24日	8月28日	9月11日	11月27日	3月26日
6月26日	7月10日	7月31日	9月4日	9月18日	12月4日	4月2日
7月3日	7月17日	8月7日	9月11日	9月26日	12月11日	4月9日

第 1 週	第 3 週	第5 -10 週		第 12 週	第23週	第 40週
若妳上次月經的第一天是	受孕日期大約是	先天性缺損風險最高的時期		流產風險提高	有些早產兒已可以開始存活	(完整孕程)預產期
		器官開始形成	主要器官已經形成			
7月10日	7月24日	8月14日	9月18日	10月2日	12月18日	4月16日
7月17日	7月31日	8月21日	9月25日	10月9日	12月25日	4月23日
7月24日	8月7日	8月28日	10月2日	10月16日	1月1日	4月30日
7月31日	8月14日	9月4日	10月9日	10月23日	1月8日	5月7日
8月7日	8月21日	9月11日	10月16日	10月30日	1月15日	5月14日
8月14日	8月28日	9月18日	10月23日	11月6日	1月22日	5月21日
8月21日	9月4日	9月25日	10月30日	11月13日	1月29日	5月28日
8月28日	9月11日	10月2日	11月6日	11月20日	2月5日	6月4日
9月4日	9月18日	10月9日	11月13日	11月27日	2月12日	6月11日
9月11日	9月25日	10月16日	11月20日	12月4日	2月19日	6月18日
9月18日	10月2日	10月23日	11月27日	12月11日	2月26日	6月25日
9月25日	10月9日	10月30日	12月4日	12月18日	3月5日	7月2日
10月2日	10月16日	11月6日	12月11日	12月25日	3月12日	7月9日
10月9日	10月23日	11月13日	12月18日	1月1日	3月19日	7月16日
10月16日	10月30日	11月20日	12月25日	1月8日	3月26日	7月23日
10月23日	11月6日	11月27日	1月1日	1月15日	4月2日	7月30日
10月30日	11月13日	12月4日	1月8日	1月22日	4月9日	8月6日
11月6日	11月20日	12月11日	1月15日	1月29日	4月16日	8月13日
11月13日	11月27日	12月18日	1月22日	2月5日	4月23日	8月20日
11月20日	12月4日	12月25日	1月29日	2月12日	4月30日	8月27日
11月27日	12月11日	1月1日	2月5日	2月19日	5月7日	9月3日
12月4日	12月18日	1月8日	2月12日	2月26日	5月14日	9月10日
12月11日	12月25日	1月15日	2月19日	3月5日	5月21日	9月17日
12月18日	1月1日	1月22日	2月26日	3月12日	5月28日	9月24日
12月25日	1月8日	1月29日	3月5日	3月19日	6月4日	10月1日

妊娠小百科 ／ 可以決定寶寶性別嗎？

有沒有辦法可以影響寶寶的性別呢 ── 提高生男或生女的機會呢？

簡單的回答就是，沒有。想影響寶寶性別，一般夫妻可以做的實在不多。數不清的民間偏方都說，從女性的飲食、受孕時的性交姿勢等等著手，就能影響寶寶的性別，但這些理論都無法獲得證實。同樣的，專家也研究過利用排卵時機做愛會影響性別的說法，像是排卵期幾天前性交會生男孩，接近排卵期就會生女孩，結果都沒用！

有極少數的夫妻會面臨非常痛苦的問題，他們必須知道他們的某種遺傳特質是否會遺傳給特定性別孩子的，通常是男孩。有這種特殊情況的夫妻可以借助昂貴、高科技的方式來影響受孕生女的機會。舉例來說，

‧植入前胚胎遺傳診斷。利用這種技術（一般都是和試管嬰兒胚胎植入術vitro fertilization一起併用）可以在胚胎植入母體子宮之前就先檢驗特定的基因疾病和性別。

‧精子篩選。各種精子篩選的技術（需要進行人工授精artificial insemination或試管嬰兒胚胎植入）也可以用於降低遺傳基因性疾病的可能，也可以選擇孩子的性別。

先拋開可行性不談，這些技術很少被應用於唯一動機為個人理由想選擇寶寶性別的情況。

是妳懷孕初期為何會非常疲倦的主要原因。妳可能會發現自己吃完晚餐就想上床睡覺，或是白天也需要小睡。

‧乳房：懷孕期間身體首先的變化之一就是乳房的感覺不同了。妳會覺得漲痛、刺痛或一壓就痛，或者感覺變得比較豐滿或沈重。妳也可能會認為乳房和乳頭已經在開始變大了，這是有可能的。這些變化都是受到雌性激素和黃體激素分泌增加的刺激所致。

妳可能也會注意到乳頭周圍的棕色或紅棕色皮膚（乳暈）範圍開始變大、顏色也變深了。這是因為血液循環增加以及色素細胞增長所致，這個變化可能會是身體上的永久改變。此外，乳暈上還會出現一個個小隆起，稱之為蒙氏結節。它們會分泌潤滑及抗感染的物質，以保護餵乳期間期的乳頭和乳暈。

· 子宮：妳的子宮變化會很迅速，這並不令人訝異。子宮的內膜會加厚、內膜上的血管也會開始變大，以便提供養分給成長中的胎兒。

· 子宮頸：在這麼早期的階段，妳的子宮頸，也就是子宮的開口、寶寶即將會出現的地方，就已經開始變柔軟，顏色也改變了。第一次產檢時，妳的照護醫師可能會以這方面的變化，來確認懷孕。

妳的情緒反應

可以預期妳會時時鬧情緒，因為實際上就是會如此。懷孕可能是令人興奮、無聊、滿足、又傷腦筋的，有時候這些情緒會全部一擁而上。妳很可能會經歷一些從沒有過的意外情緒，有些令人舒心，有些則擾人心神。

錯綜複雜的感覺　無論妳這次懷孕是否在計畫之中，都可能產生矛盾的感覺。即使妳非常渴望懷孕，也可能會擔心胎兒是否健康、妳是否適應媽媽這個角色。妳也還可能擔心，生養孩子會讓財務需求增加。不要因為出現這樣的感受就覺得被打倒。這些擔心都是自然又正常的。

情緒起伏不定　當妳開始為懷孕進行調適，並準備接下新的責任時，心情可能一天高亢、一天低落。妳的情緒可能從歡欣鼓舞跌到精疲力竭，從快樂無比轉成憂傷抑鬱，在一天之內大起大落。情緒波動的部分原因來自於生理上的壓力，因為胎兒正在妳肚子裡面成長。另一部分原因則可能是疲勞。情緒產生變化也應該是某些特定荷爾蒙以及妳體內的新陳代謝改變所致。

為了要滿足成長中的胎兒需求，妳在懷孕期間會分泌各種不同濃度的荷爾蒙。透過現在我們還無法完全瞭解的機制，這些荷爾蒙的變化 —— 黃體激素、雌性激素和其他荷爾蒙在突然之間的濃度起落，很可能就是造成懷孕期間情緒不穩定的原因。由甲狀腺和腎上腺所分泌之荷爾蒙造成的效果，可能也扮演了一個角色。

伴侶和家人給妳的支持，當然也會強烈影響到妳的情緒。

伴侶的反應　如果妳對懷孕的感覺是複雜的，妳的伴侶很可能也一樣。他可能想到即將有女兒或兒子來共享充滿愛意的關係而高興萬分。不過，和妳一樣，他也可能會為了財務上的挑戰而擔心，或是害怕寶寶將會永遠改變你們的生活型態。這些感覺都很正常。鼓勵伴侶把他的懷疑或擔憂挑明出來，誠實面對他自己的感覺，無論是好還是壞。

妳和伴侶之間的關係 變成準媽媽會剝奪妳扮演其他角色和關係的時間。有時，妳的伴侶可能想歡愛，妳卻興趣缺缺。如果妳的伴侶在臥室求歡被拒，就可能認為妳在排斥他。事實上，妳可能只是累了、感到難過或擔心。在懷孕期間，妳和伴侶之間產生誤解和衝突是無可避免、也是正常的，就和其他時期的關係一樣。

體諒和溝通是避免衝突，或將衝突降到最低的關鍵。開誠布公、誠實的跟妳伴侶講明，才能預見你們關係中的壓力，並將其降到最低。

預約產前檢查

如果妳在家驗過孕，結果顯示妳已經懷孕，那現在就是和妳選定要在懷孕期間提供妳產科照護的醫師訂下第一次產檢的時間了。無論妳選擇的是家庭醫師、婦產科醫師、或助產護士，選定的人都要在妳整個孕程中治療妳、教育妳，讓妳感到安心。從懷孕一開始，就和妳的照護醫師發展穩定密切的關係吧！妳的照護醫師會很享受懷孕和生產帶來的喜氣，也會想要讓妳的喜氣多多益善。想知道如何選擇一位最適合妳的醫療照護人員，請參見26頁。

妳和照護醫師的第一次的產檢，主要重點在於評估妳本人的整體健康狀況、看胎兒和妳自己是否有任何風險因子，並確定妳懷孕了多久。

做好功課 第一次產檢時，照護醫師會檢查妳過去和現在的健康情況，包括所有的慢性病，之前懷孕時遇過的所有問題。

在第一次產檢前，妳可以把月經的細節、避孕措施、家族病史、工作環境和生活型態等等都寫下來。有些照護醫師在第一次產檢時會安排只有妳（準媽媽）和他兩個人的一對一會談，之後才邀請妳的伴侶一起參加。這樣妳才有機會私下和他討論想保持私密的事，包括所有健康以及過去的交往問題。

第一次產檢也是妳提問題的機會。想到什麼想問的事，先寫下來，要問比較容易。在產檢之前把想法收集起來，比到時再來動腦筋要簡單些。

本月精選運動

坐著轉身

1. 坐在地板上，兩腳交叉。
2. 用左手握住右腳或右腿，慢慢把
   妳的上半身往右轉。維持幾秒鐘
   的時間。
3. 換手做，重複上述動作，這次轉
   到左邊。
4. 做五到十次。

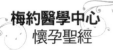

第5章

第二個月：第5週到第8週

聽起來或許像陳腔濫調，但當事情發生在妳身上、在妳體內，那真的太神奇了，感覺就像是個奇蹟。我不斷的想，哇，小東西怎麼知道要怎麼做？我肚子裡面這個小小的胚胎竟然知道如何長大、吸收養分、如何增生並分裂細胞，形成小小的心臟、小小的肺、小手以及小腳等等。如果我必須記住這類的事：「喔，我得確定把能看見、會呼吸、還有手臂會彎曲的能力給它」，那鐵定完蛋！但現在我只需要繼續過著對這些毫無概念的快樂生活，這超級複雜的奇蹟就自行在我肚子裡面發生了。」

—莉莉

不錯，懷孕前幾週的日子簡直可以說得上是輕鬆寫意。事實上，發現這個大新聞伴隨而來的所有興奮感還挺有趣的呢！不過，請做好準備囉，這個月，事情要開始產生變化了。妳很快就會「感覺」到自己已經懷孕了。懷孕的第二個月是大部分孕婦最疲倦倦怠的時期。妳會發現自己一直跑廁所，次數算都算不清，整天噁心個沒完。

胎兒的成長

懷孕的第五到第八週，胎兒的細胞快速的增生，並開始執行特定的功能。這個特製化的過程稱之為細胞分化。必須把所有不同的細胞都製造出來，才能組成一個人類。而分化的結果就是，胎兒主要的外在特徵也開始成形。

第5週 寶寶不再只是一團細胞，現在要正式叫做胚胎，開始長成獨特的型態。胚胎有三層。外層的溝槽會發育並閉合形成神經管，之後再發育成腦部、脊椎、脊椎神經和骨幹。這個溝槽是沿著身體中線長的，從胚胎的頭到尾。神經管閉合是在胚胎中段開始的。它會從那裡往上、往下延長，像個雙向拉鍊。頂端部分會變厚，形成腦。

心臟和循環系統是從胚胎的中層細胞開始形成的。胚胎中間一個圓鼓的地方會發育成寶寶的心臟。在一週結束前，最早的血管元素和血管就會形成，兩種都在胚胎與發育中的胎盤裡。胎兒的第一次心跳在受孕後的21到22天間發生。妳和照護醫師還聽不見，不過可

能可以在超音波上看到跳動。在這些改變後，循環開始了，循環系統成為器官系統中第一個開始發揮作用的系統。

胎兒也有一層內層細胞，會形成肺、腸、和膀胱。在這個禮拜裡面，發生在內層細胞的事不多。這些部分要成形還要等一陣子。

受孕那一刻鐘，囊胚是個單細胞受精卵，要用顯微鏡才看得到。但到了懷孕的第五週，也就是受孕後的第三週，囊胚就大約有1/17吋長了，大約是筆尖的大小。

第6週　懷孕的第六週，胎兒迅速成長，大了約三倍。這是臉部特徵形成的早期階段。視囊，也就是後來會形成眼睛的地方，開始發育。會形成內耳的管道也開始成形。嘴巴的開口也會由臉的上端和兩側的組織往內生長形成。嘴巴之下是長脖子的地方，這是一些小小的皺摺，最後會長成寶寶的脖子和下顎。

懷孕的第六個禮拜結束前，沿著胎兒背部成長的神經管就會閉合完成。腦子開始迅速生長，填入現在已經形成、正在長大中的頭部。胎兒的腦也正在發育成獨特的區位。

在胸膛的前面，胎兒的心臟正在將發育尚未完全的血液打到主要血管中去，心跳也以規律的節奏進行。消化和呼吸系統的雛形開始成形。此外，四十個小小的組織區塊正沿著胎兒的中線發育，形成日後寶寶背部和兩側的連結組織、肋骨與肌肉。會長成手臂和腿的小芽團現在也看得見了。

到懷孕的第六週結束前，也就是受孕後的第四週，寶寶大約有1/8吋長。

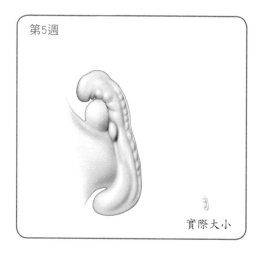

第5週

實際大小

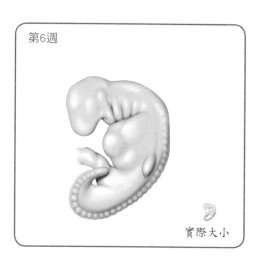

第6週

實際大小

第7週 這個禮拜,寶寶和胎盤間的生命聯繫 —— 臍帶已經清晰可見了,就從靠近寶寶植入子宮那側附近開始。臍帶含有兩條動脈血管和一條大靜脈。含有養分和豐富氧氣的血液就經由那條靜脈從妳的胎盤輸送到寶寶體內,再由兩條動脈送回胎盤。一個血球大概要花三十秒來完成整趟行程。

這周已經開始比較複雜了。脊髓液循環所需的小穴和通道已經形成。寶

 妊娠小百科／壓力會造成流產嗎?

一直以來,壓力都被懷疑是造成早期流產的可能原因之一,但卻沒什麼證據可以支持這個理論。已知的懷孕中,據估計,有百分之十到二十是以流產作為結束。一般來說,早期的流產是因為胎兒染色體異常,或胚胎發育時發生其他問題所引起。而造成早期慣性流產的原因還包括了:

- 父母之一染色體異常
- 凝血問題
- 子宮或子宮頸異常
- 荷爾蒙失調
- 干擾到植入的免疫反應

如果妳擔心早期流產的問題,那麼請把心思放在好好照顧自己和寶寶上,避免所有已知道會有流產風險的事,像是抽菸和喝酒。

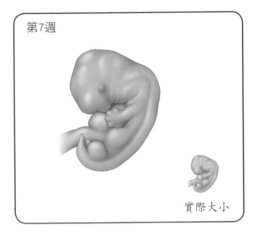

第7週

實際大小

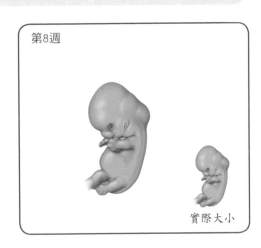

第8週

實際大小

寶成長中的頭骨還是透明的。如果妳可以從放大鏡看到，就可能會看到寶寶小小的、發育中的腦部平滑的表面。

寶寶的臉在這一週開始變得更有型

了。嘴巴的小洞、小小的鼻孔、耳朵的凹痕、眼睛的虹膜色彩，現在都看得到了。寶寶眼球的晶體正在形成中，耳朵中間的部分會將內耳與外面的世界連接。

 妊娠小百科／**應該避免什麼？**

在懷孕的第五到第十週中，妳發育中的寶寶是最脆弱的。這段期間，寶寶所有的主要器官都在形成之中，胚胎如果受到傷害，就可能導致重大的先天性缺損。可能會造成傷害的事物包括了：

畸胎原 舉例來說，會造成傷害的有害物質包括了酒精、特定的藥物和興奮劑。請避免。

感染 懷孕初期，病毒和細菌都可能傷害妳的寶寶。寶寶只可能透過母親受到感染，但是有些可能會造成嚴重先天性缺損的病症，妳染了病，卻甚至完全沒感覺到。疫苗和天生的免疫力可以保護妳免於很多可能有害的感染傷害。但採取適當的謹慎作法，避免讓自己暴露於像是水痘、麻疹、腮腺炎、德國麻疹或巨細胞病毒這一類的疾病中，是有道理的。

放射線 高劑量的游離輻射，像是治療癌症的放射線療法，會傷害妳的寶寶。反之，低劑量的放射線，像是X光診斷，通常不會明顯提高胎兒先天性缺損的風險。不過為求安全起見，懷孕期間除非必要，還是不要照X光得好，這就好像除非必要，否則不要接受醫療手術或吃藥。如果妳有嚴重的健康問題，而照X光可以提供重要的資訊，那最好還是照吧。和妳的照護醫師商量一下。除非照射的範圍很大，否則即使妳是在懷孕初期，診斷性X光的好處可能大於壞處。如果妳是在不知道自己有身孕的狀況下照X光，不要驚慌。胎兒因為接受太多放射線而引起問題的可能性很低。

營養不良 懷孕時飲食習慣太差會傷害到寶寶。某種特定的養分攝取太少也會影響到細胞的發育。不過，即使妳因為每天噁心嘔吐而讓熱量的攝取受到了限制，初期的胚胎也不可能會因為熱量缺乏而受到傷害。每天一定要吃一顆含有至少400微克葉酸的維生素補充品。這會降低寶寶罹患脊椎裂或其他神經管缺損疾病的風險性。

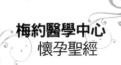

寶寶的手臂、腿、手和腳都在成形中，手指頭和腳趾頭大概還要一個禮拜才會開始。上個禮拜才冒出來的手臂隆起已經發育成肩膀，以及手的部分，看起來就像小小的槳。

懷孕進入第七個禮拜，妳的寶寶現在有1/3吋長了，比鉛筆的橡皮擦頭大一點。

第8週 寶寶的手指頭和腳趾頭雖然還是蹼狀，不過本週開始形成了。寶寶的小手臂和小腿現在正在長長，也更定型。蹼狀的手腳是很明顯的。手腕、手肘和腳踝也是清楚可見。寶寶甚至還能把手肘和手腕曲起來。眼皮正在形成中，在長成之前，寶寶的眼睛看起來會是一直張開的。這也是寶寶的耳朵、上嘴唇、和鼻尖開始認得出形狀的禮拜。寶寶的消化道繼續生長，特別是腸。心臟的功能和循環現在發育得比較完整了。寶寶的心跳大約每分鐘150下，大約是成人的兩倍。

懷孕第八週，寶寶的長度剛好超過1.2公分。

妳的身體變化

懷孕第二個月，身體開始產生巨大的變化。這個時間，妳開始要經歷懷孕初期帶來的不適和困擾了，像是噁心、胃灼熱、疲倦、失眠和頻尿。但是不要讓這些症狀把妳打敗，請將它視為懷孕正在正常進行的徵兆。

發生什麼事，哪裡？ 荷爾蒙是控管懷孕許多層面的化學訊息傳導物質，而本月，妳的荷爾蒙則進入高期。整個懷孕期間都在釋放的荷爾蒙在做兩件事：影響寶寶的成長，並送出訊號，改變妳身體器官作用的方式。事實上，懷孕期間荷爾蒙的變化幾乎影響了妳身體的每一個部分。

．消化：噁心、嘔吐，也就是一般稱之為害喜的現象是妳本月經歷到，與荷爾蒙改變相關的最大變化。引起害喜

 妊娠小百科 / 點狀出血

懷孕最初的十二個禮拜內，妳有可能會有陰道出血的現象發生。數據顯示，孕婦當中約有百分之二十五的人會有些許出血（點狀出血）的情形。不過，數據也顯示，這之中只有大約一半的人會流產。（想了解更多點狀出血和陰道出血的詳細資訊，請參見424頁。）

噁心嘔吐的原因到底是什麼還不知道，不過消化系統為了因應高荷爾蒙濃度進行的改變，幾乎可以確定扮演了一個角色。黃體激素增加會讓食物通過消化道的速度變慢，因此，胃清空的速度也多少變慢，讓妳更容易噁心及嘔吐。雌性激素也對腦部直接產生作用，引起噁心。害喜的現象下面會討論。

・**心臟和循環系統**：妳的身體繼續製造更多血液來攜帶氧氣及養分來供給寶寶。這種造血量增加的情況，會持續整個孕程，不過本月和下個月的量會特別高，因為循環系統的需求很大。除了這方面的努力外，妳的血管也進行更迅速的擴張，所以循環系統的血液量只是稍微短缺而已。為了對應這些改變，妳的心臟持續的跳得更用力、更快。血液循環的這些改變會引起像是疲倦、頭昏、和頭痛這一些徵兆或症狀。

・**乳房**：由於受到雌性激素和黃體激素分泌增加的影響，妳的乳房會持續的變大，因為乳房裡面的乳腺在長大。妳也可能注意到，妳的乳暈，也就是乳頭四周呈棕色或紅棕色的環形區域，開始變大，顏色也加深。這是血液循環提高的結果。妳可能會覺得乳房有些漲痛、刺痛或一壓就痛，也可能覺得乳房變得比較豐滿而沈重。

・**子宮**：如果妳是初次懷孕，妳的子宮以前大約是一個梨子的大小。現在子宮開始擴大了。在妳生寶寶的時候，大約會是原來的1000倍大。在本月和下個月，子宮還是會在骨盆腔裡面。不過由於它一直加大，所以妳想排尿的次數可能會變多。而當妳擤鼻涕、咳嗽或是大笑時，也可能會漏尿，這純粹是位置的關係。在懷孕的最初幾個月，妳的膀胱就直接位在子宮的前方偏下。子宮漲大，膀胱就受到擠壓了。

・**胎盤**：也是持續的長大，並緊緊附在子宮上，有時候還會導致輕微的出血，但這算是正常的。不過，如果有這種情形，請讓妳的照護醫師知道。

・**子宮頸**：本月，妳的子宮頸顏色轉成偏藍，並持續變軟。在整個懷孕過程中，子宮頸會漸漸變軟，為分娩時必要的變薄和張開做準備。在懷孕的第七週之前，子宮就會造好子宮黏液塞。懷孕期間，這個構造會把子宮頸管塞住，防止細菌進入子宮。這個塞子在懷孕晚期會變鬆並流掉，一般是在妳子宮頸開始變薄，頸口開始張開，準備陣痛的時候。

對抗害喜

害喜現象是懷孕最恐怖的面向之一。幸運的話可以逃掉，不過大多數孕婦可都躲不過。害喜現象指的就是懷孕時期噁心又嘔吐的情形。英文的用詞晨吐有些誤導，因為這種情況並不限於早上，而是日夜都可能發生。

有害喜現象的孕婦據估計約有百分之50到90的比例。害喜最常見於懷孕的第一孕期，特徵是伴隨或是不伴隨著嘔吐的噁心。害喜的徵兆和症狀一般是從懷孕的第五週到第八週開始的，有時候甚至提早到受孕後兩週。害喜現象常會持續到第十三到第十四週，不過有些孕婦在第一孕期後，害喜現象還是持續下去。

害喜通常不需要治療 —— 雖說一些居家的療法，像是小零嘴、白天隨時喝一口薑汁汽水，都可以舒緩噁心的情況。不過，也有一些罕見的害喜情況嚴重到被歸類成妊娠劇吐（hyperemesis gravidarum），需要住院治療，打點滴並用藥。

荷爾蒙及其他更多 害喜的原因並不完全清楚，不過懷孕期間荷爾蒙的改變被認為影響重大。害喜狀況可能出現在所有孕婦身上，不過妳如果有下列情況，就更可能會出現：

· 妳因為暈車暈船、偏頭痛、特定的味道或口味，或者懷孕前暴露於雌性激素中（像是吃避孕藥）而有過噁心或嘔吐的經驗。

· 上次懷孕就曾經害喜。

· 妳懷著雙胞胎或多胞胎。

 妊娠小百科／暖身效果

如果妳曾經懷過一次胎，妳會發現和上次同期相比，這次的身形比較大。妳也會發現，這次副作用的出現時間也比較早。

妳可以把這種情況稱為暖身作用。就跟吹氣球的道理一樣，氣球吹第二次或第三次都比較容易。懷過一次孕，妳子宮擴大的速度比較快、也比較容易擴大。妳腹部的肌肉和韌帶已經撐開過一次，所以當子宮第二次擴大，這些部分也更容易撐展。

這種情況的缺點是懷孕的症狀出現得比較快，例如，和第一次懷孕相比，這次懷孕對骨盆腔造成壓迫的時間和背痛出現的時間都比較早，因為這次子宮漲大得比較快。

本月精選運動

　　向後伸展

1. 雙手雙腳並跪，手臂伸直，直接放在肩膀下。

2. 慢慢往後弓起身體，頭往下朝膝蓋方向，手伸直。

3. 維持數秒，然後慢慢回復到四肢的跪姿。重複五到十次。

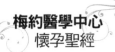

研究顯示，有害喜現象的孕婦比較不會有早期懷孕中止的情形。不過，這並不代表妳沒有害喜現象就有流產的風險。有些女性對於伴隨妊娠荷爾蒙增加而來的噁心感，免疫力較佳。

如何舒緩作嘔情況 想要舒緩害喜現象可以：

- **慎選食物。** 選擇含醣量高、脂肪低又容易消化的食物。有鹹味的食物有時候也有幫助，像是含有薑的食品，如薑汁棒棒糖。

- **常吃小零嘴。** 早上起床前，吃幾片蘇打餅乾，或一片乾吐司麵包。每天斷斷續續的吃，少量多餐而不要吃三頓大餐。胃裡空空更容易噁心。

- **喝大量的流質。** 小口的喝水或薑汁汽水。舔食硬的糖果、冰塊或冰棒也有幫助。

- **注意引起嘔吐的因素。** 避免接觸到會讓妳噁心想吐的食物或氣味。房間保持良好的通風，不要有廚房油煙的味道，那會讓噁心更嚴重。

- **吃孕婦維他命的時候要注意。** 如果妳在吃了孕婦維他命後會作噁，那麼晚上吃，而且配著零食吃。吃完維他命後嚼嚼口香糖，或舔舔硬糖果也會有幫助。如果這些都沒用，和妳的照護醫師商量是否可以改吃不含鐵質的孕婦維他命。

- **試試指壓和針灸。** 雖然還未經實驗證實一定有效，不過有些孕婦發現這一類的療法對於紓解害喜現象挺有效的。指壓是在身體的特定穴位施壓刺激。指壓手環在藥房買得到，不需要處方箋，這是專門用來刺激手腕上特定一個穴位的。這個動作被認為可以減輕噁心的情況。針灸則是把髮絲一樣細的針插入妳的皮膚。有些孕婦覺得有效，但是要施針必須先和領有執照的針灸師預約。

妳的情緒反應

懷孕是一趟心理的旅程，也是生理的旅程。妳依然是妳父母親的女兒，但很快的，妳也要成為妳自己孩子的母親了。妳有新的角色要扮演，也會擁有新的身分。面對這項事實，妳的情緒可能既是壓倒性的正面，也是令人挫折的負面。

預期 預期是轉型成為母親正常的一部分。從懷孕早期起，妳就開始在收集各式各樣如何成為好媽媽的資訊，而這些資訊的基礎就來自於兒時妳受到母親對待教養的方式，以及對其他所遇到家庭的觀察。從小被養育的記憶，加上妳個人對於理想母親的想法，都會化成一幅幅影像儲存著，讓妳在預先想

命。

像自己當母親的風格時，可以抽取運用。

在預期的時候，妳可能會幻想寶寶的模樣。這些想像不是在浪費時間，而是妳和寶寶情感上聯繫的開始。

憂心和疑慮 懷孕的第二個月，一開始得知懷孕喜訊時的興奮之情可能已經被恐懼感所淹沒。如果妳在懷孕之前就已經做出會傷害寶寶的事情了要怎麼辦？妳頭痛時吃過阿斯匹靈，要怎麼辦？那晚餐時還喝了紅酒咧？那回感冒呢？如果妳有這些疑慮，請找照護醫師分憂，這樣妳會比較寬心。

妳也會為其他事情感到憂心。妳應該怎麼應付懷孕的事呢？工作上會不會出現問題呢？妳可以熬得過陣痛和分娩的痛苦嗎？寶寶會健康嗎？這些憂心的事可以和妳的伴侶討論。如果妳藏在心裡不說，憂心忡忡會造成妳們關係的緊張。在妳們兩人都需要來自親密、充滿愛意關係中的溫暖時，憂心卻可能製造距離感。

有些孕婦在懷孕初期做過令她煩惱又焦慮的夢，或出現這類感覺。這些想法看起來似乎沒麼意義，也毫不理性，不過卻是正常又極為常見的。對大部分的新手母親來說，這樣的想法是會過去的。不過如果這種惱人的想法和感覺一直揮之不去，而妳也覺得苦惱，可以考慮跟照護醫師商量一下。他可能會推薦妳去看心理治療師或諮詢師，幫助妳管理這類的想法。

產前檢查

見妳照護醫師的時間終於來了。第一次產檢是令人興奮的。這次檢查可能是耗時最久、也最詳細的一次。因此，在預約時，行程上請預留充分的時間（可達三個小時），這樣檢查時才不會感到匆促。妳或許還會遇到幾位不同的人員，包括護士和其他的醫療行政人員。

第一次和照護醫師的產前檢查讓妳有機會可以檢視妳的整體健康狀況、生活型態並談論生產。要讓第一次的產檢發揮最大的作用，請記住以下的提示：

· **要積極主動。** 討論生活型態可以進行怎樣的改善，以確保懷孕的過程健康順利。可能的話題包括：飲食、運動、和菸酒。

· **不要保留不說。** 對懷孕和分娩有任何疑慮或恐懼都提出來說。這些恐懼和疑慮愈早被提出，妳的心就愈快平靜。

· **誠實。** 要對妳的照護醫師說實話。妳能獲得的照護品質大多得看妳提供了哪種品質的資訊。

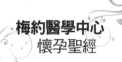
接下來會怎樣？ 大多數孕婦的產檢是每隔四到六週進行的，一直到懷孕的第八個月。之後的產檢會變得比較頻繁。如果妳有慢性病，像是糖尿病或高血壓，就需要更密集的產檢來監控自己和寶寶的健康。

•**病史**：第一次產檢時盡量收集妳過去和現在的健康情況是妳照護醫師最大的目標之一。他會檢查妳過去和現在的健康情況，其中包括了是否有任何慢性病，以前懷孕是否有過什麼問題。赴診時要準備回答妳在健康和生活型態上各個層面的問題。

在討論病史時，妳也會有機會問到自己對懷孕有的問題。如果妳有把不斷出現的問題記下來，那麼第一次產檢時就可以帶去。

•**體檢**：體檢的項目可能會包括身高體重、血壓，還有對妳一般健康的整體評估。骨盆腔的檢查也是這次評估的重要項目之一。一種叫做陰道窺管的器具則會被用來檢查妳的陰道，讓子宮頸，也就是妳子宮的開口可以被清楚的檢視。子宮頸的變化和子宮的大小都可以幫助照護醫師來判斷妳懷孕了多久。

當陰道窺管還在作用位置時，照護醫師會輕柔的從妳的子宮頸上收集一些細胞和黏膜來進行子宮頸抹片檢查，篩選是否有感染。子宮頸抹片檢查可以檢查出是否有子宮頸癌前期或子宮頸癌的異常現象。子宮頸感染，像是淋病和披衣菌這類的性病會影響到妊娠和寶寶的健康。在陰道窺管拿出來後，照護醫師會將戴著手套的兩隻手指插入妳

妊娠小百科 / 第一次產檢的清單

第一次和照護醫師討論妳的病史時，可能會包含以下的話題：

- 上次懷孕的細節
- 兩次月經的間隔期
- 使用的避孕方式
- 正在服用的處方藥或成藥
- 是否過敏
- 曾經罹患和現在患有的問題或疾病
- 曾經動過的手術
- 妳的工作環境
- 妳的生活型態和行為方式，像是運動、飲食、是否抽菸或暴露於二手菸中、是否喝酒或使用興奮劑
- 是否有性傳染病的風險因子，像是妳或伴侶是否有一個以上的性伴侶
- 妳或妳伴侶的血親 —— 父母和兄弟姊妹，過去或現在的健康問題，如糖尿病、高血壓、狼瘡（lupus）或憂鬱症
- 妳的家族、或雙方的家族中是否有嬰兒患有先天性的畸形或基因性疾病
- 家庭環境的細節，像是妳在家時是否覺得很安全，受到家人的支持

的陰道檢查妳的子宮頸，而另外一隻手則會壓在妳腹部上，檢查子宮和卵巢的大小。會進行這種檢查的部分原因是要評估妳產道的大小，好預測將來在分娩時會不會發生困難。不過，現階段還很早，要準確預測是有困難的。

妳對於骨盆腔檢查（就是一般稱的內診）可能有所了解，很多女性都知道的。檢查時，要盡可能的放輕鬆，慢慢的、深深的呼吸。如果妳緊張的話，肌肉就會緊繃，那麼檢查就更不舒服

了。請記住，一般標準的內診只要幾分鐘就可以結束。

在進行過內診和子宮頸抹片檢查後，妳會有一點陰道出血的狀況，特別是看診後的24小時內。出血應該只是一點點輕微的點狀出血，或是稍微多一點而已，通常一天內就會消失。會出現這種情況是因為子宮頸由於懷孕已經開始變軟，所以進行子宮頸抹片就容易出血。出血是從子宮頸外面發生的，所以對寶寶不會有危險。如果妳有疑慮，請

和照護醫師談一談。

・**檢驗室的檢查** 第一次產檢時進行的例行性檢驗室檢查包括了驗血，這是要檢查妳的血型（A型、B型、AB型或O型）以及RH因子（RH陰性或陽性），也檢查妳之前打過的疫苗，現在是否還有免疫效果，像是德國麻疹和B型肝炎。妳的血液也會進行紅血球抗體篩檢，最常進行的是RH抗體篩檢。這類型的抗體會讓寶寶出生後罹患貧血和黃疸的風險提高。血液也會進行人類免疫缺乏病毒檢驗，這種病毒會引起愛滋病。對於水痘、麻疹、腮腺炎和弓蟲症是否仍具有免疫力的檢驗也可以一起進行。有些女性還會篩檢是否有甲狀腺的問題。血液檢驗一般只要扎一針，抽一筒血液樣本就可以進行所有的檢驗了。

妳也可能會被要求提供尿液樣本檢體。分析尿液可以得知妳的膀胱或腎臟是否有感染，需要治療。尿液樣本也可以檢查糖份是否增加，指的就是糖尿病，以及蛋白質，看腎臟是否有病。

如果不確定懷孕了多久、是否為子宮外孕（參見484頁），或是可能懷有多胞胎，第一次產檢時也可能會照超音波。

雙胞胎、三胞胎、四胞胎或更多

妳可能有懷一個孩子的準備，但如果是兩個，或三個呢？對一些孕婦來說，本月造訪照護醫師可能帶來令人驚訝的消息，就是她們懷上了雙胞胎、三胞胎，或甚至更多胞胎，稱之為多胞胎妊娠。

懷多胞胎通常在第一次照超音波時就會發現。孕婦什麼時候進行第一次超音波攝影依醫療中心的不同而有所差異。在某些地方，第一次產前檢查就會照超音波，不過其他地方可能會在第二次或第三次產檢時才照。妳多早開始產檢也是影響的因素。

如果妳的照護醫師在妳第一次產檢時就為妳進行超音波，而那時妳懷孕已經兩個禮拜以上，那麼妳很可能早早就會發現自己懷有多胞胎。在懷孕八個禮拜，甚至更早之前，使用超音波就能發現大多數的多胞胎妊娠。進行超音波檢查時，音波會照出子宮和寶寶（或是寶寶們）的影像。多胞胎妊娠的生理徵兆包括子宮比正常大，以及極度的疲倦與噁心。如果妳的照護醫師懷疑妳懷有多胞胎，就會進行超音波檢查來確定。

懷多胞胎女性的人數正在上昇

中,主要是因為兩個原因。首先,愈來愈多的女性年過三十才懷孕,而多胞胎則較常發生在三十歲以上的女性身上。其次,使用助孕藥物並輔以生殖技術會產生更多的多胞胎。

多胞胎是如何製造的 雙胞胎有兩種:同卵雙胞胎和異卵雙胞胎。同卵雙胞胎發生在一顆受精卵分裂,發育成

兩個胎兒的情況下。在基因上,兩個寶寶是一模一樣的。他們的性別一樣,長相也一樣。

異卵雙胞胎發生在兩個卵子分別被兩個不同精子授精的狀況下。在這種例子裡,雙胞胎可能是兩個女孩、兩個男孩、或一男一女。在基因上,這對雙胞胎和其他的兄弟姊妹情況比較類似。

 妊娠小百科／異卵 vs 同卵

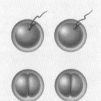  

異卵雙胞胎:也是最常見的一種,發生在兩個卵子分別被兩個不同精子授精的狀況下。

同卵雙胞胎:發生在一顆受精卵分裂,發育成兩個胎兒的情況下,而兩個胎兒擁有一模一樣的基因組合。

在懷孕早期就能透過超音波判斷雙胞胎是同卵雙胞胎，或是異卵雙胞胎。胎盤和內膜的樣子是判斷時的關鍵。三胞胎產生的方式有幾種，大多數情況是母親排出三個不同的卵子，而由三個不同的精子授精。另一種可能則是一個受精卵分裂成兩邊，製造出一對同卵雙胞胎，而第二個卵子則由第二個精子授精，生出第三個異卵的寶寶。也有可能是一顆卵子分裂成三邊，生出三個同卵的寶寶，不過這種機率微乎其微。

四胞胎或更多胞胎最常源自四個或四個以上的卵子被不同精子授精的狀況下。這通常和使用助孕藥物或輔助的生殖技術有關。

懷多胞胎對媽媽的意義

如果妳懷著雙胞胎、三胞胎或更多胞胎，懷孕的一些副作用會讓妳更不舒服。噁心、嘔吐、胃灼熱、失眠和疲倦會更麻煩。由於寶寶成長需要更多空間，妳也會有腹痛和呼吸急促的問題。懷孕後期，妳的恥骨可能會受到壓迫。恥骨是位在骨盆腔最下面前方的構造。

懷多胞胎也意味著，妳將會更加頻繁的去見妳的照護醫師。多胞胎妊娠往往需要特別的照護。照護醫師會更密切的追蹤寶寶成長的狀況，也更密切的監控妳的健康狀況，並在出現問題前先分析發生的可能性。

由於要提供養分給一個以上的寶寶，所以孕婦營養的攝取和體重的增加就更形重要。如果妳懷了雙胞胎，妳的照護醫師可能會推薦妳每天多攝取300卡以上的熱量。對懷著雙胞胎的孕婦，美國婦產科協會推薦要增加的體重在17到29公斤間。不過，如果妳在懷孕前體重就已經過重，那麼推薦增加的體重會少些。如果胎兒數更多，推薦的增加體重還會更高，這得看妳懷了幾胞胎、懷孕時體重是多少。

懷多胞胎，母親容易有紅血球數量過低（貧血）的情況。因此，照護醫師可能會推薦妳每天吃含有60到100微克元素鐵的補充品。妳也可能被要求要限制活動，像是工作、旅行和運動。

多胞胎可能的併發症

懷有一個以上的寶寶，發生某些懷孕併發症的機會也會提高。在多數情況下，多胞胎寶寶都可以健康的出生，尤其是雙胞胎。不過，寶寶的人數愈多，產生併發症的可能性就更大。這些包括了：

·**早產**　三十七週前，收縮就會開始，子宮頸會開始打開，這就是所謂的早產。大約百分之六十的雙胞胎，和更高比例的多胞胎在懷孕三十七週之前就會出生。雙胞胎平均的懷孕期是三十五

週，三胞胎則在三十二週前，有時候還更早。幾乎所有胎兒數比較多的妊娠都會有早產的情形。提前報到的寶寶出生時體重過低（低於2500公克）的機率比較大，也容易有其他的健康併發症。因此，照護醫師大概會密切監控妳所有早產的徵兆，妳自己也一樣。（關於早產，請參見166頁。）

· **子癲前症**　子癲前症是一種發生於妊娠中的病症，會使血壓升高，在懷多胞胎的母親身上較為常見。子癲前症的徵兆和症狀包括了體重快速激增、頭痛、腹部疼痛、視力問題、及手腳腫脹等。如果妳出現這類問題，馬上和照護醫師聯絡，這很重要。

· **剖腹產**　多胞胎採用剖腹產的機會較高。不過，在美國，雙胞胎孕婦進行陰道分娩的比例大約有一半。如果妳懷有兩個以上的寶寶，照護醫師都會推薦採剖腹產，這是讓胎兒安全順產最好的方法。

· **雙胞胎兒輸血症候群**　這是一種只發生在同卵雙胞胎身上的病症。病症是當胎盤上的血管連接到兩個寶寶的循環系統時，其中一個接收到的血液太多，而另一個則太少。接收到太多血液的寶寶可能會長得太大，造成循環系統血液的負荷過重。另一個雙胞胎則小些，生

長較慢、也有貧血情形。

有時候，患有這種病症的雙胞胎必須提早生產，特定的治療也會有幫助。利用羊膜穿刺術去除過多的羊水會有些助益。某些專門的醫院則利用雷射手術將血管之間的連接封掉。

· **連體嬰**　非常罕見。連體嬰是同卵雙胞胎分裂不完全所致。在過去，有這種狀況的雙胞胎常被稱為暹羅雙胞胎。連體嬰有可能是胸部、頭部或骨盆腔相連。在某些例子裡面，雙胞胎還共用一或多個內部器官。連體嬰在出生後可以進行外科手術來分開。手術的複雜性要看雙胞胎相連的是哪部位，共用的器官有多少。

第6章

第三個月：第9週到第12週

我覺得自己的身體正在幫我回想當孩子的感覺，為媽媽的角色預先鋪路。我每隔三個小時吃一次、老是渴望不需要的東西、累了就哭，而且我變得有點自戀哪。

—— 雅娜

女生，要撐下去啊 —— 妳的感覺和行為都會開始轉好！當妳進入懷孕第一個三月期中的最後一個月時，懷孕早期的徵兆和症狀，像是疲倦、肚子餓、噁心、頻尿等都達到了高峰期，有可能會把妳打敗。不過，再幾個禮拜，情況就會開始好轉。對很多女性來說，第一個三月期最糟糕，熬過去後，剩下來的懷孕期就相當舒服了。

胎兒的成長

在這個時間點上，寶寶依然非常的小，只有大概一吋長，不過改變得很快喔。在第三個月中，他會開始顯現出比較像人類的樣子。

第9週 本週開始，寶寶會開始擺脫蝌蚪的模樣，開始有個人形了。在脊椎骨末端的胎尾會開始縮小並消失，臉也更圓了點。和身體其他的部分相比，

寶寶的頭會顯得很大，縮在胸前。他的手腳會繼續形成手指和腳趾，手肘也會比較明顯。乳頭和毛囊也正在成形。胰臟、膽管、膽囊和肛門已經形成了，腸子也正在變長中。內生殖器官，像是睪丸或卵巢本週會開始發育，但是外生殖器的男女特徵還不明顯。

本週可能會開始動，但幾週內妳都還感受不到。懷孕進入第九週，也就是受孕後第七週，的體重仍然只有3.54公克重。

第10週 在第十週之前，所有重要的器官都已經開始在成形。胎尾已經完全消失，的手指頭和腳趾頭已經完全分開了。骨架上的骨頭正在形成中。的

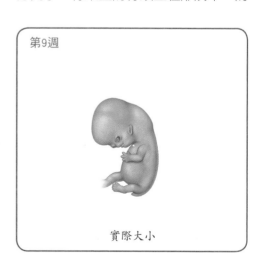

第9週

實際大小

眼皮現在發育的比較好了，所以眼睛看起來是閉著的。外耳開始露出最後的形狀。現在也開始長牙床了。他的腦部現在成長得比較迅速。本週大約有25萬個新神經原會在每分鐘內被製造出來。如果是男生，睪丸會開始分泌男性荷爾蒙睪酮素。

第11週 從現在開始到足月，都被正式稱做胎兒。他所有的器官系統都已經就位，生長變得很迅速。從懷孕的第十一週到第二十週，也就是一半的時期，胎兒的體重將會成長三倍，長度也會長三倍。為了要適應這樣的成長速度，胎盤的血管會長得很粗，數量也更多，以便提供養分給胎兒。本週，胎兒的耳朵會往上移到頭這一邊，生殖器官也會迅速發育。外部生殖器一個小小的組織蕾將會開始發育成陰莖或陰蒂及

大陰唇，而這些器官很快就辨識得出來了。

第12週 當臉頰和鼻子變得更明顯時，胎兒的臉在本週輪廓會更清楚。本週手指甲和腳指甲也會出現。胎兒的心跳率每分鐘會增加幾下。到了懷孕的第十二週，胎兒的身長大概將近7.6公分了，體重則約22.7公克。本週是第一孕期的最後一個禮拜。

妳的身體變化

懷孕的第三個月是第一孕期的最後一個月。懷孕初期一些不舒服和麻煩事，像是害喜、疲倦和頻尿，本月會特別嚴重。但馬上就結束了，至少會一陣子。大多數的孕婦懷孕初期的副作用在

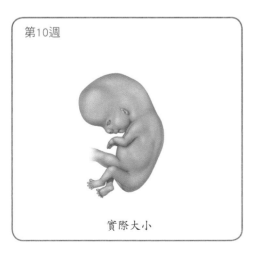

第10週

實際大小

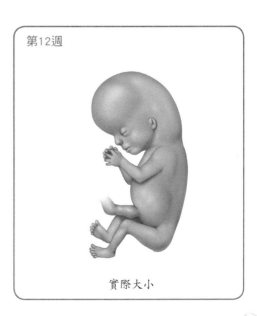

第12週

實際大小

進入第二孕期後都會減少很多。

發生什麼事，哪裡？ 本月荷爾蒙的分泌會持續增加，但是改變正在發生。到了懷孕的第十二個禮拜結束前，由胎兒和妳胎盤分泌的雌性激素與黃體激素會比妳卵巢分泌的多。

荷爾蒙分泌持續增加會繼續引發妳不舒服的徵兆和症狀，像是噁心嘔吐、乳房痛、頭痛、昏睡、頻尿、失眠和睡覺作夢。噁心和嘔吐可能會特別嚴重。如果妳有害喜的情況，那麼這一整個月都會持續。不過很多孕婦害喜的現象從下個月月中開始消失。

·心臟和循環系統 整個懷孕期間，血液的製造量都會一直增加，但是從本月月末開始，速度會慢下來，但心臟仍然會維持更強力、更迅速的跳動。循環系統的這些變化還是會繼續引發不受妳歡迎的生理徵兆和症狀，如疲倦、頭暈和頭痛。

·眼睛 懷孕時，身體的體液會增加，讓妳的眼睛外層（眼角膜）加厚。這個變化會在懷孕約十個禮拜左右變得明顯，並持續到寶寶出生後約六個禮拜。在這同時，眼睛內部的液體，稱為眼壓，在懷孕期間會降低百分之十左右。因為這兩個原因，妳可能會有輕微的視線模糊問題，但分娩後，視線就會恢復正常。

·乳房 在雌性激素和黃體激素分泌持續增加的情況下，妳的乳房和裡面的乳腺會繼續生長。乳暈，也就是乳頭周圍的棕色或紅棕色區域，也會變大、顏色變深。乳房會繼續漲痛或一壓就痛，但壓痛的情況可能會稍微舒緩一點。乳房也會感覺更豐滿而沈重。

·子宮 到了懷孕的第十二週，子宮會嵌入骨盆腔裡。如果光看妳外表，可能看不出妳懷孕了。即使如此，妳還是可能會出現懷孕相關的徵兆和症狀。這一整個月，由於妳子宮持續變大，緊靠著膀胱，所以會繼續頻尿。本月過去後，子宮會漲大到出了骨盆腔，對膀胱造成的壓迫就不會那麼大了。

·骨頭、肌肉和關節 妳的下腹部可能會繼續覺得一陣一陣的疼痛、痙攣或被拉扯。這是因為支撐子宮的韌帶正在撐展，以便適應子宮的生長。第二孕期，一邊或另外一邊突然刺痛是很平常的事，突然的動作通常是引起這種疼痛的原因。這種疼痛是因為拴繫子宮和腹壁的圓形韌帶正在進行伸展所致。不會造成什麼傷害，但會疼痛。

·體重 什麼都增加 —— 胎兒的體重、妳的胎盤、羊水、身體多製造出來的血液、體內組織累積的水腫、以

及變大的子宮和乳房，都會讓妳在懷孕的第十二週結束時，體重增加大約0.9公斤。體重大量增加是在懷孕的下半期，尤其是第33週以後。在這個時間點上，妳的體重大概是以一個月0.45公斤左右的速度增加的。

妳的情緒反應

過去兩個月來，妳的情緒都集中在懷孕的消息和體內所有的變化上。現在，木已成舟 —— 至少在某個程度上已經成為事實，妳在情緒上可能會有一點改變。本月當妳的小肚子開始突出後，妳的注意力可能就會被吸引到體型的改變上。有些女性很喜歡懷孕後身體的改變，有些女性則相當掙扎。

處理對體型的心態 體型和身體功能的改變會影響妳的感覺。在第一孕期之中，妳的身體開始囤積脂肪，大部分是在腰部以下。此外，一邊乳房大約會增加快一磅的重量。在這段期間內，妳的身體可能看起來或感覺起來不像自己的。如果這是妳的頭一胎，體態的改變可能會讓妳特別感到困擾。由於我們的文化強調輕盈窈窕，所以妳可能對發生在自己身上的改變並不喜歡。簡單說，妳覺得自己變胖，不迷人了。

如果妳不去在意並珍惜體內正在發生的改變，那麼可能就無法享受和伴侶間的性愛，甚至會不想要了。如果妳有這種感覺，請記住幾件事。大多數的孕婦在懷孕期間對交合雖然還抱持著興趣，但是其實興致是降低的。這很正常。此外，說來妳或許不信，但妳的伴侶對於妳懷孕後身體上的改變可能會很興奮。問問他吧！

 妊娠小百科／散發懷孕的光彩

這個月內發生的事情不是全是「壞」的。增生的血液量和人類絨毛膜性腺激素一起發生作用後，妳會散發出懷孕的光彩。血液量增加會讓更多的血液來到血管之中，讓膚色看起來更紅潤。此外，人類絨毛膜性腺激素和黃體激素這兩種荷爾蒙會讓臉部皮膚的腺體分泌出更多油脂，讓妳的肌膚看起來更加光滑細嫩。不過，如果妳懷孕前，平常月經期間就有面皰的問題，現在會更加出油，也會更容易有面皰。

產前檢查

本月，妳很可能會跟妳的照護醫師安排第二次的產檢。這次的產檢內容和第一次大多類似，但是時間上比較短。

如果妳的第二次產檢安排在懷孕的第十二週左右，妳的照護醫師可能會試著聽聽看胎兒的心跳聲。如果胎兒還聽不到心跳也不用驚慌。現在時間還太早。

產前檢查項目：要、不要、不確定？

這個月進行產檢時，妳的照護醫師可能會就和妳談到胎兒異常篩檢的問題了。產前檢查是為了評估胎兒的健康而執行的檢查，通常是以驗血和照超音波的方式進行。不過，有些產檢項目是可以加選的，其中有些是高度推薦或是必要的。在美國的某些州，法律上有強制規定，像是HIV愛滋病或其他性病的檢驗。

許多孕婦對於產檢項目都有疑問，這非常正常。產檢正是和醫生討論這些疑問的好時機，這樣萬一要決定是否做某些檢測項目時，妳就能在知情的情況下進行。產前檢查項目通常是在懷孕的第十週到第二十週之間進行，時間是依照項目而決定。有些項目需要在非常特定的時間進行。有些孕婦是一次全做，有些只做部分，主要是做必要或推薦項目。（產前檢查的詳細資訊，請參見第21章。如果妳的照護醫師沒和妳討論檢查的優缺點，不要怕、直接問。）

生男或生女：妳想知道嗎？

接下來的幾週內，妳很可能會進行超音波檢查。這令人非常興奮，因為這是妳第一次看到正在妳身體裡面成長的心肝小寶貝。根據醫師的安排，以及妳的產檢項目，妳在第十一週到第二十週之間都可能進行超音波檢查。如果妳的超音波檢查時間接近第二十週，幫妳進行檢查的醫療人員就可以判斷胎兒的性別了。問題是，妳想知道嗎？

在照超音波之前，和伴侶討論一下是否想馬上知道胎兒的性別，還是要等到寶寶出生。這個決定沒有對錯。有些父母想立刻知道性別是出於實際的理由 —— 要幫寶寶準備房間和做其他安排比較容易，又或者，他們只是不想一顆心懸著。也有些人不要知道寶寶的性別，而在出生那一刻享受驚喜。

如果妳想讓性別保持秘密，請讓妳的醫療團隊知道，這樣他們幫妳檢查時才不會不小心洩漏。如果妳決定早點知道，請別忘記，用超音波檢查性別，答案並非絕對，尤其如果超音波是在早期進行的話。超音波偶而也會有出錯的時候，讓男生變成女生！

妊娠小百科／**懷孕期間的性事**

　　懷孕助長了妳在在性愛方面的興趣嗎？還是性愛已經變成妳心中最不重要的事了？無論是哪種情況，關於懷孕期間的性事，以下所提的妳都應該知道。

　　懷孕期間可以行房嗎？　只要懷孕正常順利的進行，妳愛做幾次都可以──只是妳未必一直都想要。懷孕初期，荷爾蒙的起落、疲倦和噁心都可能會讓妳性慾低落。在第二孕期時，流到妳性器官與乳房的血液量增加了，妳的性慾可能會重新燃起。不過在第三孕期之前，由於妳體重增加、背部又痛，再加上一些其他症狀的出現都會再度澆熄妳對性愛的熱忱。

　　懷孕期間行房會導致流產嗎？　很多夫妻都擔心，懷孕期間的性事會造成流產，尤其是第一個三月期。但，性事不是重點。早期流產通常都是因為染色體異常，或胎兒在發育時期遭遇了其他問題──和妳做或沒做愛根本沒關係。

　　懷孕期間行房會傷害到胎兒嗎？　妳發育中的胎兒被妳子宮裡面的羊水保護著，而子宮頸黏液塞更是在大部分的懷孕期間都塞住妳的子宮頸。行房是不會影響到胎兒的。

　　懷孕期間採用哪種性愛姿勢最好？　只要妳覺得舒服，懷孕時期大多數的性愛姿勢都是可以的。懷孕期間，可以試試看哪種姿勢最好。與其背部朝下躺著，或許可以側躺在妳伴侶身邊，或是採上體位，在他上面，正面對他。

　　高潮會導致早產嗎？　高潮會使子宮收縮，但這種子宮的收縮和陣痛時感受到的收縮是不一樣的。如果妳的懷孕情況正常，高潮（無論有沒有交合），似乎都不會提高提前陣痛或早產的風險。類似的道理，性事看起來也不會催動陣痛，即使預產期已經近了。

　　有哪些時候是應該避免行房的嗎？　雖然大多數的孕婦在整個懷孕期間多可安全行房，但有時候還是小心點好。妳的照護醫師會建議妳在下面的情況下不要行房：

- 妳有早產的風險
- 有無法解釋的陰道出血時
- 羊水已經開始漏了
- 子宮頸提早打開（子宮頸閉鎖不全）
- 妳的胎盤將子宮頸開口部分或全部蓋住了（前置胎盤）

本月精選運動

側撐

1. 左躺，用左前臂撐起身體，左邊肩膀直接靠在左邊手肘上。右手靠放在身體上。

2. 維持這個姿勢幾秒，然後下靠到地板上。做五到十次。

3. 另一側重複進行。

第7章

第四個月：第13週到第16週

我們熬過第一孕期了，真是大解脫！我和我先生現在告訴別人我懷孕的事，已經感到比較自在了。我的肚子也開始突出來囉，好好玩。現在我覺得比較舒服，人也比較有精神，不再整天噁心頭昏。

—— 艾美

熬過第一孕期，還有兩個呢！對大多數孕婦來說，第二孕期一開始通常就會讓人舒一口氣。妳已經熬過了懷孕的第一孕期，也就是一般最容易流產的時期，來到懷孕早期症狀（疲倦和噁心）正要開始消退的時間點。

第二孕期一般被認為是懷孕最輕鬆的時段，因為大多數孕婦都有這種感覺。所以，好好享受這段時光吧！出門去做妳喜歡的事情，甚至可以去渡假或是計畫出遊。面對它，這是妳掙來的。

胎兒的成長

進入第二孕期時，胎兒所有的器官、神經和肌肉都已經形成了，並開始一起發揮功能。成長迅速的持續著，不過在這個時間點上，胎兒仍然很小，體重還不到85公克。

第13週 胎兒的眼睛和耳朵現在已經清晰可辨了，雖說眼皮還閉合著以保護發育中的眼睛。眼睛大概要到三十週左右才會再度張開。會發育成骨頭的組織現在正圍繞在妳胎兒的頭部周圍，在手和腳之間。如果本週妳有機會可以窺見胎兒，可能會看到小小的肋骨。

現在的胎兒已經可以用抖動的方式移動身體、彎曲手臂、踢腿。但是，除非胎兒長得更大一點，否則妳是感覺不到的。胎兒也可能會把大拇指放到嘴巴裡，不過吸手指要更晚一點。

第14週 胎兒的生殖器官是本週動作最多的所在。如果妳懷的是男生，那麼現在發育中的是他的攝護腺。如果是女生，那麼她的卵巢正在往下腹部移動，進入骨盆腔。此外，由於甲狀腺已經開始作用了，胎兒本週會開始製造更多荷爾蒙。在本週結束前，胎兒嘴巴的根部（顎）會完全長成。

第15週 在胎兒頭皮上的眉毛和頭髮本週會開始出現。如果妳的寶寶將來是黑髮，那麼頭髮毛囊會開始製造色素，賦予頭髮黑色。

胎兒的眼睛和耳朵已經有小寶寶的樣子了，而且耳朵在頭部的位置雖然還有點低，但也幾乎要到達最後的定點位置了。胎兒的皮膚正在增添毛囊和輔助的腺體，不過還很薄。

組成胎兒骨骼系統的骨頭和骨髓本週仍繼續發育。肌肉的發育也還在持續中。到了本週結束前，胎兒將可以握拳。

第16週　骨骼和神經系統已經發育出足夠的連繫，可以讓四肢和身體接受信號動作。此外，胎兒的臉部肌肉也已經發育成熟到可以做出各式各樣的不同表情。胎兒在子宮裡面，可能斜眼睥睨著妳，或是對妳皺眉頭，雖說這些動作還不是有意識的情緒表達。

當更多的鈣質被存入骨頭中後，骨骼和神經系統繼續發育。如果妳懷的是個小女生，那麼好幾百萬個卵子本週正在形成卵巢。從十六週開始，胎兒的眼睛對光就有感應了。

妳可能還不知道，不過胎兒已經經常一陣一陣的打嗝了。打嗝這個動作通常在胎兒呼吸，帶動肺部運動時出現。因為胎兒的氣管裡面充滿的是液體、不是空氣，所以打嗝不會發出打嗝特有的聲音。

懷孕進入第十六週，胎兒身長在10到13公分之間，體重略輕於85公克。

妳的身體變化

本週是有時會被稱做「懷孕黃金期」的開始，這種稱法其實還蠻恰當的。懷孕早期的副作用威力開始消退，而第三孕期的不適感則還沒出現。此外，現在妳懷孕的風險大幅降低了。在這段期間，很多人都有新的感受。

發生什麼事？哪裡？　從懷孕最初那幾個星期開始的變化進行得更多、更快了，對其他人來說也更明顯了。妳的荷爾蒙

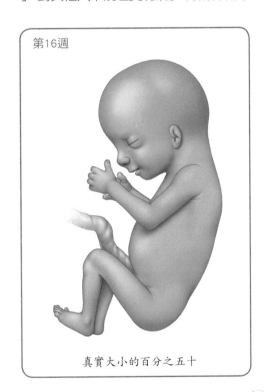

第16週

真實大小的百分之五十

濃度本月會繼續增加,影響胎兒的成長和妳體內每一個器官。以下就是一分總覽,列出體內正在發生的事。

· **心臟和循環系統** 妳的循環系統繼續快速擴張,導致妳血壓降低。在懷孕的最初24個禮拜,妳的收縮壓(systolicre,上面高的數字)可能會掉5到10毫米汞柱,舒張壓(diastolic,下面低的數字)則會掉10到15個毫米汞柱。在那之後,血壓會逐漸回復到懷孕前的水準。所以,要知道,大熱天、泡了熱水澡或是淋了熱水浴後,妳可能會頭昏腦脹,覺得好像要昏倒。這是因為熱度會讓妳皮下的微血管擴張,讓回流到心臟的血液量暫時減少。

妳的身體本月會繼續製造更多的血。現在妳造出來的血大多數是血漿,也就是血液的液體部分。在懷孕最初的二十個禮拜,妳製造血漿的速度會比紅血球快。直到紅血球有機會趕上、在數量上超越之前,妳的血液濃度會比較低。

如果本月妳未能獲得身體製造更多紅血球所需的鐵質,妳就會貧血。貧血是因為血液中的紅血球數量不足,無法讓血紅蛋白攜帶足夠的養分到身體的組織去。貧血也會讓妳疲倦、容易生病,不過除非貧血情況非常嚴重,不然應該不至於傷及胎兒。懷孕的設計機制是,即使妳本身獲得的鐵質不足,胎兒卻是足夠的。

· **呼吸系統** 妳的肺活量本月因為受到荷爾蒙黃體激素的刺激,所以會變大。每次呼吸,妳肺部吸入的空氣量都比之前多了百分之三十到四十。這樣的變化會讓妳的血液能夠攜帶更大量的氧氣到胎盤和胎兒那裡。此外,也能讓妳的血液比平時從體內排掉更多的二氧化碳。

妳可能也會注意到,現在呼吸的速度比剛開始懷孕時還要快上一點,也

 妊娠小百科／「充血」的問題

體內流著的的血液量增加會讓鼻子和牙齦出現新的不適副作用 —— 充血(congestion)問題就是肇因於靜脈和動脈的血流量過多。

妳的鼻內組織可能會腫漲而脆弱。鼻內膜則分泌出更多黏液,導致鼻塞。即使以前沒發生過,妳也可能會流鼻血。刷牙時牙齦流血也不要太驚訝。很多孕婦都出現牙齦變軟或出血的情況(參見389頁)。這些問題都不會對妳或胎兒造成傷害。

本月精選運動

壓背部

1. 站立，背部靠在牆上，雙腳打開與肩同寬，離牆壁幾吋。
2. 下腰部壓靠到牆上。持續幾秒。
3. 重複5到10次。

可能開始有呼吸急促的經驗。三分之二的孕婦都經歷過這種情況，這是從懷孕大約第十三週開始的。這是因為妳的腦部正在降低血液中二氧化碳的濃度，以便讓更多的二氧化碳能從胎兒身上，轉移到妳身上。為了要做到這點，腦部會調整妳的呼吸量和速率。

為了要因應肺活量的增加，妳的肋骨架懷孕期間會變大，周長大概會增加5到7.6公分。

· 消化系統　黃體激素和雌性激素這兩種荷爾蒙量的增加，有讓身體的平滑肌有鬆弛的傾向，包括了妳的消化道。而導致的結果就是消化系統變遲緩了。將嚥下的食物從食道推送至胃部的動作變慢了，妳的胃也需要更長的時間才能清空。

消化速度變慢是為了要讓養分有更多的時間被吸收進入血管，送給胎兒。但不巧的是，當子宮擴張、和其他器官一起擠在肚子裡時，消化速度變慢就會引起胃灼熱與便秘，也就是懷孕最常見、也不舒服的副作用。本月，妳就可能會開始出現這種副作用，也可能會開始有胃灼熱的情況。便秘的事也大致一樣，大概有至少一半以上的孕婦會受到影響。

· 乳房　本月妳的乳房和裡頭的乳腺還是因受到雌性激素與黃體激素分泌的增加刺激，而持續長大。乳暈周圍的皮膚變深的情形現在特別明顯。雖說這種增加的色素在分娩後會消褪一些，但是和妳懷孕前相比，顏色還是偏深。乳房依然會漲痛、一壓就痛，感覺更豐滿與沈重。

· 子宮　現在妳是在第二孕期了，子宮的位置比較高、也比較靠前，讓妳的重心改變。妳可能開始調整自己的姿勢和站立的方式，而自己卻還無知覺。妳有時候還會覺得自己好像快翻倒了。這很正常。寶寶生完以後，妳就能恢復原來優雅的妳了。

當妳的子宮變得太大，骨盆腔容納不下時，妳的內部器官就會被推擠，偏離原來的位置。四周的肌肉和韌帶也會產生較大的緊張度。這種成長可能會引起疼痛。

由於子宮的壓迫是在腿部的靜脈上，妳可能會出現腿部抽筋的情況，尤其是晚上。妳也可能會注意到妳的肚臍開始突出來了。這也是成長中的子宮壓迫所致。在分娩完後，妳的肚臍幾乎確定可以回到原來的位置。

本月，妳的下腹部也可能會出現疼痛的現象。這可能和子宮擴張，旁邊的韌帶和肌肉撐展開來有關。這樣的伸

展對於妳和胎兒不會構成任何威脅。

· **尿道** 黃體激素會讓輸尿管的肌肉鬆弛,讓尿流減緩。輸尿管就是將尿液從腎臟送到膀胱的管子。此外,妳擴大中的子宮會進一步壓迫到妳的尿流。這些變化,加上這期間尿液中本就容易排出更多的葡萄糖,所以膀胱和腎臟就更容易發生感染了。

如果妳排尿的次數甚至比正常還多,排尿時有灼熱感或覺得好像發燒了,那麼有可能是尿道感染了。把徵兆和症狀向妳的照護醫師報告。腹部疼痛和背痛也可以是尿道感染的徵兆。懷孕時期,如果感染了尿道炎,即早發現並治療特別重要。如果放著沒治療,懷孕後期有可能會早產。

· **骨頭、肌肉和關節** 妳的骨頭、關節和肌肉會為了能懷寶寶而調整。支撐腹部的韌帶會變得更有彈性,骨盆腔骨頭間的關節也會開始變軟、變鬆。最後,這些改變都會讓妳在開始陣痛分娩時,骨盆腔容易擴張,讓寶寶能通過。但對現在來說,這些變化只會讓妳背部疼痛而已。

脊椎骨的下面部分會開始向後彎,以便承擔胎兒生長時,妳身體重心的轉移。沒有這樣的改變,妳可能就會跌倒。姿勢的改變也會拉扯妳的背部肌肉和韌帶,造成背部些微的疼痛。

· **陰道** 妳會注意到,本月陰道的分泌物更多了,因為陰道細胞快速的汰換生長著。這些細胞加上正常的陰道濕度就會形成薄薄的白色分泌物。分泌物酸度很高,被認為可能是要抑制有害細菌的生長。

懷孕期間荷爾蒙的改變會干擾陰道正常的微生物平衡,讓某種微生物比其他種類的生長得更快。這會造成陰道的感染。如果妳陰道的分泌物顏色偏綠或偏黃,味道濃烈或伴隨外陰部的發紅、搔癢和發炎,請和妳的照護醫師聯繫。不過不必太擔心。陰道感染在懷孕期間很常見,很容易治癒的。

在沒先和照護醫師談過前,不要使用殺真菌的成藥來治療。因為其他的陰道感染,徵兆和症狀和真菌感染很類似,治療前最好先請醫師幫妳判斷是哪種陰道感染再開始治療。

· **皮膚** 懷孕期間常見的現象就是皮膚變黑了。妳可能會注意到以下部分區域的皮膚有變黑的跡象,乳頭上或乳頭周圍、外陰和肛門(會陰)之間、肚臍周圍、腋下和大腿內側。如果妳膚色深,這些改變會更明顯些。皮膚顏色變黑在生產後幾乎都會褪去,但有些地方和妳懷孕之前相比,顏色還是偏深。

妳可能也會注意到，臉部的膚色有輕微變黑的情況。這種情況稱之為肝斑或孕斑，大約有一半左右的孕婦會出現這種情況，而其中又以黑髮雪膚的孕婦為大多數。斑通常會出現在前額、太陽穴、臉頰、下巴和鼻子，不像其他色素沈澱的改變那般強烈，而且通常在生產過後就會完全消褪了。外出時，防曬很重要，特別是臉部。暴露在太陽下正常皮膚也會變黑。

妳可能也會注意到手掌和腳底有點發紅搔癢的情況，這被認為是雌性激素的分泌增加所引起的。有些孕婦的大腿和腳還會出現偏藍、烏青的斑塊，腳冷的時候尤其如此。皮膚的這種變化是由於雌性激素荷爾蒙增加所致，寶寶生完後就會消失。

・**體重**　本月，妳每週大約會重0.2公斤左右，加起來接近1公斤。如果妳體重增加的情況有點變化也不必驚訝，因為一個禮拜多，一個禮拜可能就會少。

妳的情緒反應

現在妳已經穿不下牛仔褲，胎兒的心跳聲也聽得見了，所以胎兒對妳來説似乎真實了很多。妳也很有可能會覺得身體比較舒服、有元氣。這真的很不錯！

感覺效率不錯　打鐵趁熱。當妳的情緒和精力都提升的時候，開始關心一下懷孕的「居家」細節吧！如果妳對於自己和伴侶的分娩課程有興趣，現在是看看有什麼選擇的時候。現在也是熟悉產假和育嬰假政策的好時機。如果妳還沒想過，趁現在好好想想日後回去工作時，孩子照顧的問題。妳可能覺得時間還早，不過有些地區和城市，公立托嬰中心的名額很難找，早早開始尋找才

是上策（參見130頁）。

當妳開始處理這些細節時，可能會發現要專注有點困難，甚至還覺得自己注意力無法集中，老是忘東忘西的。無論妳在懷孕前組織力多好（或沒組織力），這都是很正常的現象。昂首闊步度過這些模糊時刻吧！幾個月後，妳就會做回以前的自己了。

購買孕婦裝

當妳肚子開始變大，就會發現很多衣服都穿不下，或是不合身了。懷孕兩、三個月的時候，妳可能套上自己的布袋裝或甚至穿上老公的襯衫就打發了，不過，妳很快就會發現自己得買孕婦裝了。好消息是，在現在懷孕，時間真好！流行變化瞬息萬變，現在的孕婦裝可是非常時髦的。懷孕的妳還是可以有型有款！

當妳進行採購時，請記住下面幾點：

· **妳的肚子才剛要變大。**現在先別買太多，買妳需要、夠用的就好，不要買過頭。過不了多久，妳可能還會想再添購衣物呢！

· **事先計畫。**別忘了，妳的肚子會變大。如果現在穿剛好，一、兩個月後就穿不下了。如果妳整個孕期都想穿某件衣服，尺寸就得買得夠大。

· **考慮直條紋。**當妳往橫的發展，衣服就要找直條紋，而不要橫條紋的，這樣看起來才會苗條些。深色的衣服穿起來也會顯得比較苗條。

· **不一定非得限制在孕婦裝不可。**妳可能會發現，有些一般衣服的大號也很適合。

產前檢查

本月造訪妳的照護醫師，項目包括了追蹤胎兒的成長狀態、確認預產期，並看看妳在健康上還有什麼問題。

妳的照護醫師可以測量妳子宮的大小，來判斷胎兒有多大年紀。檢查的方式稱作量子宮頂高度，也就是從子宮的頂部到恥骨的距離。妳的照護醫師可以輕輕的敲打並壓妳的腹部，找出妳的子宮頂，測量從那點沿著腹部前面到妳尺骨的距離。

除了進行子宮頂高度檢查外，他還可以檢查妳的體重和血壓，詢問妳經歷過的徵兆和症狀。如果妳還沒使用一種特殊的胎心音儀器，稱為都卜樂胎兒心率儀的聽過寶寶的心跳，那麼這次也可以聽到。

事先考慮孩子的照顧問題

對很多職業婦女來說，寶寶出生後應該怎麼辦是個很難抉擇的決定。和很多準媽媽一樣，妳心裡可能在掙扎是要回去工作呢，還是在家照顧寶寶。如果決定回去工作，那要全職還是兼職呢？

在1960年代和70年代之前，一般都會期待女性成為自己孩子最主要的照顧者。但隨著越來越多的女性走出家庭去工作，在家當媽媽事實上變成一個渴望，但實際上是否能如此安排，則是個問題。當更多女性回到職場，那麼尋找托兒照顧就變成懷孕待辦事項上的一個項目了。

如果妳知道自己在孩子生下來後要重回職場，那麼早點開始找托兒的場所永久不嫌太早。如果妳不確定自己是否回去工作，那麼下決定前，或許先看看自己能有什麼樣的選擇。考慮時請顧及下面因素：

‧**預算** 要去瞭解托兒的費用，這會影響妳的預算。如果費用上不容許，那麼就有創意一點吧。或許妳的伴侶或妳可以調整工作時間、或工作行程來減低托兒時數的需求。

‧**妳的期望** 開誠佈公的和有機會成為妳托兒保母的地方討論妳的偏好和期望，從孩子的規矩到尿片。舉例來說，妳想用拋棄式紙尿布還是布尿片呢？如果妳選擇了布尿片，那麼保母可以適應嗎？還有什麼事是對妳特別重要的呢？

‧**家人之力** 如果所愛的人建議要幫妳照顧寶寶，那麼認真考慮他的提議。不過這種安排時可能產生的情緒問題也要列入考量。妳的家人可能非常樂意給妳許許多多的建議，多到比妳希望的還多！妳可不希望這樣的安排讓家人的關係產生間隙。

托兒的選擇 托兒的選擇不少。舉例來說，有些大公司在公司內部設有員工的托兒中心。不過，對大多數的女性來說，她們的選項則包括了以下：

‧**在家照顧** 透過這種安排，有人會到家裡來幫妳照顧孩子。看你們怎麼安排，這個人選可以和你們住在一起。幫妳在家照顧孩子的人，可能是親戚、保母及安親工讀生。安親工讀生（au pairs）通常是以交換留學生簽證身分來美國，以提供美國當地家庭照顧兒童為交換條件，換取住宿、膳食，以及少數零用金的外國學生。聘請在家照顧型的托兒照顧好處是，孩子可以待在家裡，妳可以訂定自己的標準，而且彈性比較高。不過，身為一位雇主，妳在法律及

財務上都有應盡的義務。

‧**保母托育**　很多人都在家提供服務，照顧一小群孩子。提供保母托育的家庭通常必須符合政府法律在安全和清潔方面的標準。將孩子託給保母托育，孩子可以在居家環境與其他的孩子共處，而家長支付的費用也通常會比在家找人照顧或是送到育嬰中心便宜。保母的素質不一，所以實地去拜訪托育家庭的環境，並參考這位保母現在與之前客戶的意見就很重要了。

‧**托兒中心**　托兒/托嬰中心是有組織的機構，裡面的人員是經過訓練，專門來照顧孩子的。這些托兒/托嬰中心一般都要符合政府的法律規定。托兒中心的好處包括了，可以和其他孩子互動社交、玩具和活動的選擇多、而且備員充足，所以要找備援照顧也不必擔心。孩子如果稍微生病了，托兒中心不會讓妳送來，而且他們通常會要求妳要準時接送。選擇托兒/托嬰中心時要考慮每位保母照顧的孩子人數。如果一位大人要照料的小孩人數太多，那麼妳希望孩子能得到的個別注意就得不到了。

下決定　將自己的所有選擇全部都考慮過，不要怕問問題，或回去拜訪第二次，甚至第三次。

找到讓妳放心的托嬰地點後，妳才能帶著信心回去工作，知道自己的孩子將會被好好的照顧著。很多媽媽在生完寶寶剛回去工作時，心裡往往會因為離開寶寶而充滿罪惡感，或是覺得寶寶

妊娠小百科／台灣的合格保母

在台灣，透過保母系統是為孩子選擇合格保母的一個好途徑。而家庭年收入低於113萬元以下家長，如果選擇將家中2歲以下幼兒交與加入保母系統的合格保母托育，更可獲得不同的補助。

根據2011年修正的《兒童及少年福利與權益保障法》規定，3年後要從事保母者必須具備「領有保母技術士證照」、「高中職以上幼保、家政、護理相關科系所畢業」或「領有126小時保母專業訓練課程結業證書」三項資格其一。而後兩類放寬資格的保母，未來也將可加入保母系統。

保母系統的網址為http://cbinursery.ntunhs.edu.tw/，有需要者可自行上網查詢。

以後會和照顧他們的保母比較親近而感到焦慮。不過，不必擔心，妳還有時間和寶寶在一起的。母子、父子之間相繫相連的先性是很獨特的，無法被取代。

工作與家庭之間的平衡　就算不是不可能，但要評估母親工作對寶寶的影響實在很難。研究報告的意見很分歧。有些研究發現，孩童行為與孩童的母親若在他幼年時期工作，母子間的連結都有輕微的負面影響。不過，也有其他兒童專家肯定，在高品質的幼兒托育團體中提供的社交環境，對於兒童日後學會和同輩與其他成人的互動效果是肯定的。

研究還有另外一個發現（其實也是常識），父母和孩子之間的關係如果是充滿愛意的，效果也很正面。影響父母和孩子關係中最關鍵的或許不是在相處時間的量上面。整天在家的家長也不會把所有時間都花在與孩子的互動上。他們還有很多雜事得辦、有碗盤要洗、有衣服要折，還有許多其他的家事得處理。

不管妳的選擇是什麼，只要妳覺得快樂又滿足，都會影響孩子。如果妳厭惡自己的安排，或是覺得有受騙的感覺，那麼這些情緒就會傳遞到孩子身上。

如果妳還不確定孩子生下來後，要不要返回職場，那個這裡列的就是妳必須考慮的事項。請記住，在下決定時沒有對或錯，但或許是最適合妳的決定。和妳的伴侶與做不同選擇的親友討論吧，然後為自己和家人做出最好的決定。妳或許會發現，一段時間後，隨著周圍環境的改變，妳的選擇可能也會跟著改變。

・財務需求　有時候女性工作是為了滿足最基本的需求而不得不為之，妳可能就是沒辦法選擇留在家裡不工作。即使金錢不是一切，但要維持家庭的基本開銷卻是必要的。如果妳需要這分收入，那麼與長期忍受在金錢上的壓力相比，有些時間不在孩子身邊可能還是比較好的。

如果妳或妳的伴侶收入足以維持家計，妳可能就會覺得不必兩個人的時間都得被工作和家庭切割。如果沒有收入對妳的壓力比想像來得大，那麼妳或許可以考慮兼職的工作，或者可以在家從事的工作。

・想續留在職場的慾望　一直以來都賣力工作，以求獲得特定位階，或是工作對她們來說意義重大的女性，要放棄工作比較會心有不甘。妳可能很渴望、也享受在才智上的挑戰與來自家庭以

外、職場上成人之間的互動。因為工作上的這些需求被滿足，妳才覺得在家庭中較能發揮作用。如果妳在職場很快樂，在家也快樂的機會也就高。

・**想當全職母親的慾望** 和前項剛好相反，或許妳覺得工作只是一分工作。又或者，你重視你的工作，但認為自己孩子主要由自己來照顧比保住工作更重要。如果妳真正的慾望是希望留在家裡照顧孩子，試試看是否辦得到。

・**妳管理壓力的能力** 要同時身兼母親與家庭以外的工作需要精力。有些人可以把來自這不同角色的雙重壓力處理得很好，有些人則是很掙扎。

想想看，妳能把這多重的角色與責任處理得多好。如果妳工作，還可以給孩子妳想給孩子的注意力嗎？妳在工作與家庭的表現會因此變差嗎？妳能獲得親友們的支持，幫忙度過比較辛苦的時候嗎？不快樂的媽媽就會讓家裡不快樂！

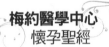
第8章

第五個月：第17週到第20週

這真是最奇妙的感受！就像有人輕輕地從裡面搔了我一下癢。突然之間，我發覺裡面動了一下，但手還沒來得及放在肚子上就消失了。這些小小的碰觸是我一天中的喜悅。我的寶寶在動，我感覺得到！

—— 凱莉

懷孕的第五個月通常會帶來另一波妊娠的喜悅。對很多媽媽來說，這是她們第一次感覺到寶寶在肚子裡面動的時候！這個胎動通常像是安心的招呼 —— 感受到寶寶在動代表一切安好。現在，不僅僅是妳肚子越來越大了，寶寶也在肚子裡面搔妳癢呢！

胎兒的成長

第五個月，妳的小男孩或小女孩開始更努力豐滿起來。雖說，寶寶還是非常小，但他卻慢慢開始變得更像妳夢想中的孩子。當妳接近懷孕的中間點，肚子裡的孩子重量卻還不到450公克！

第17週 寶寶頭皮上的眉毛和頭髮繼續出現。寶寶也開始一陣一陣的打起嗝來。雖然妳聽不見，不過可以感覺得到。如果這是妳第二個寶寶，應該更

可以感覺得到。

本週，寶寶皮膚下的褐脂肪將開始發育。這種脂肪會讓寶寶在出生後，也就是從子宮到外面世界、溫度明顯改變時（至少是有溫差的情況下），保持身體的溫暖。寶寶在懷孕的後面幾個月裡，脂肪還會再添加幾層。

第18週 在第十八週時，寶寶的骨頭會開始變硬，這個過程稱為骨化。寶寶大腿和內耳中的骨頭是最早開始骨

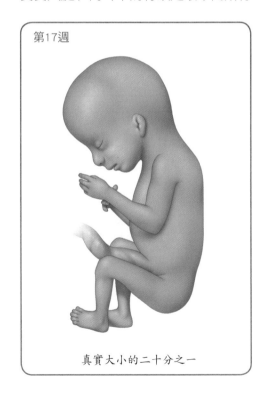

第17週

真實大小的二十分之一

化的。現在當內耳的骨頭已經發育到足以開始作用，而神經末稍也從寶寶腦部勾連到耳朵上後，寶寶已經聽得見聲音了。他可以聽到妳的心跳、妳腸胃轆轆作響的聲音、或是血液流經臍帶的聲音。寶寶甚至會被太大的吵雜聲所驚嚇。

妳家小寶貝現在也開始會吞嚥了。寶寶在子宮裡，每天可能都吞下不少的羊水。科學家認為此舉可能對於讓羊水維持在適當、穩定的水準有所幫助。

第19週　在第十九週，寶寶的皮膚開始被一層滑滑的、白色的脂肪狀外膜所包覆，這稱為胎兒皮脂。胎兒皮脂可以保護寶寶細緻的皮膚，讓皮膚不會龜裂或刮傷。在胎兒皮脂下是柔細如羽絨般的毛髮稱之為胎毛，胎毛會覆滿寶寶的皮膚。

寶寶的腎臟現在也已經發育成熟到足以製造尿液了。尿液被排到羊水袋中，也就是子宮中的水袋，裡面包著寶寶和妳的羊水。寶寶的尿液和妳的尿液不同，它是完全無菌的，因為他就生活在一個無菌的環境裡。所以即使寶寶吞下了含著尿液的羊水也不是問題。

他的聽覺現在已經發育得很好了。寶寶現在或許已經可以聽到很多不同的聲音，甚至連你們的對話都能聽見。

在所有的對話中，媽媽的聲音是最清楚的。如果妳對寶寶唱歌或講話，認為他會注意到是很合理的推斷。不過寶寶到底能不能分辨某些特定的聲音倒還不太了解。

寶寶的腦部持續發育出數百萬個運動神經元、神經，來幫助肌肉和腦的溝通。因此，寶寶現在可以進行有意識的肌肉運動，像是吸拇指、動動頭，也能做無意識的運動。妳現在可能可以感受得到這些胎動，也可能感受不到。不過，就算還感受不到，也快可以了。

第20週　本週寶寶的皮膚在胎兒皮脂的保護下會變厚，也會發育成好幾層。皮膚層包括了最外層的表皮層、中間的真皮層，這層佔了皮膚的百分之九十，以及最深層的皮下層，這一層大部分是脂肪。

寶寶的毛髮和指甲也繼續的生長著。如果本週妳有機會一窺寶寶，妳看到的會是一個外型非常像嬰兒的胚胎，頭皮上有著淡淡的眉毛和毛髮，四肢也發育得相當不錯了。

現在已經到了懷孕的中間點了，妳可能已經可以開始感受到寶寶的胎動了。把這個日期記錄下來，下次產檢時告訴妳的照護醫師。寶寶現在大約有15公分長，體重大約250多公克，比半

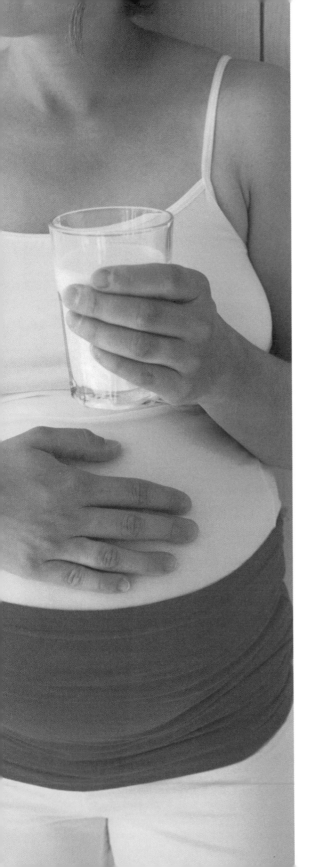

磅多一點。

妳的身體變化

　　懷孕到了中期，妳的子宮也擴大到肚臍去了。除非妳身高很高，否則現在妳的身孕看起來應該相當明顯了。最初，妳或許還認不出寶寶的胎動。有些女性把這些胎動形容成胃裡有「蝴蝶在飛」，或是胃在轟轟的作響。這種早期的胎動是完全沒有規則可循的。懷孕後期，這類胎動會比較固定。

　　發生什麼事，哪裡？　和之前幾個月一樣，本月妳的荷爾蒙濃度會持續增加，影響寶寶和妳體內所有的器官系統。

　　・心臟和循環系統　妳的循環系統持續快速的擴張，導致本月與下個月分，血壓都會比一般正常來得低。

　　妳的身體繼續製造出更多的血液。多製造出來的血液，大部分是血漿，也就是血液中液體的部分。更後期時，妳的身體會開始提高紅血球的製造量，前提是，妳的鐵質攝取量要充足。如果妳每天攝取的鐵量不足以供應紅血球製造量提高時所需，缺鐵性貧血，也就是紅血球數量不足的病症是可能發生的。這個病症通常在懷孕第二十週之後發生，妳會變得很累，也容易生病。但

如果情況不是太嚴重，是不太會傷害到寶寶的。

　　妳會繼續出現其他惱人的副作用，像是鼻塞、鼻子流血、以及刷牙時牙齦出血。這些改變都是因為送到妳鼻管和牙齦的血流量增加所致。

．呼吸系統　受到黃體激素的刺激，妳的肺活量本月會持續增大。每一次呼吸，妳肺部吸入的空氣量都比從前要多上百分之四十。妳的呼吸也會稍微加快。很多孕婦都會發現自己的呼吸變得有些急促。

．消化系統　在懷孕荷爾蒙的影響下，妳的消化系統還是持續遲緩。因此，子宮擴大、胃灼熱和便秘的情況還是可能會繼續。有這種狀況不是只有妳，如果這讓妳聽起來感覺好一點的話。一半的孕婦都有胃灼熱和便秘的情況。

．乳房　本月乳房的改變還是會特別引起注意。由於更多血液的流入以及裡面的乳腺持續長大，現在妳的乳房大約比懷孕之前大了兩個罩杯。而乳房裡面的血管也變得比較清晰可見。

．子宮　不用說，子宮還是持續在擴大中，在二十週之前就會長到妳肚臍的位置了。當子宮漲到最大時，會延伸到妳的恥骨與肋骨架底部。現在妳漲大的

子宮幾乎已經要影響妳身體的重心了，因此也會影響到妳站、移動和走路。妳會覺得自己很笨重，也可能會持續感到疼痛，尤其是背部和下腹部。

　　到了二十週左右，妳的腹股溝就會開始出現一種拉扯、或是刺入的痛感，或是身體下側會出現強烈的痙攣，尤其是在妳突然做了什麼動作，或伸手拿東西的時候。這種痛感通常是因為支撐子宮的圓形韌帶（參見417頁）被撐展開來所致，一般來說會持續個幾分鐘就消失，不會有造成什麼傷害。不過，如果還是繼續痛，跟妳的照護醫師討論一下還是比較好。

．尿道　因為妳的尿液流速還是維持緩慢的速度，所以尿道感染的可能性還是有的。因為懷孕，妳排尿的次數比正常時候多。不過如果排尿時伴隨著灼熱感、疼痛、發燒或背痛，可能就是尿道發生感染了。請和妳的照護醫師聯繫。

．骨頭、肌肉和關節　支撐妳的腹部的韌帶變得更有彈性，而且骨盆腔骨頭的關節也持續在變軟變鬆。此外，妳的下脊椎可能也正在往後彎，以便支撐妳，不讓妳往前跌。這些改變加在一起都可能讓妳腰痠背痛。

　　懷孕時期，任何時間都可能出現腰痠背痛的問題，但是最常從第五個月

137

到第七個月之間開始。妳會發現這種疼痛可能只是討厭而已。不過,如果妳在懷孕之前就有背部的問題,那麼懷孕以後疼痛可能會更加劇烈、干擾到妳日常的活動。(想了解更多與背痛相關的資訊,請參見387頁。)

·陰道 陰道會持續有分泌物。這種薄薄的、白色的分泌物是由子宮頸腺體荷爾蒙及陰道肌膚的作用所引起。這在懷孕期間是很正常的,沒什麼好擔心。不過如果分泌物顏色偏綠或偏黃、有強烈的氣味、或伴隨著外陰部的發紅、搔癢和發炎,請和妳的照護醫師聯繫。這些是陰道感染的徵兆和症狀。

·皮膚 臉部和乳頭周圍皮膚稍微變黑的情況還是可能會持續。這些變化大多沒什麼好擔心的。痣有變化,或是出現新痣倒是例外。如果妳出現了新痣或是舊痣體重本月,妳每週大約會重0.45公斤左右,加起來將近2公斤。到第二十週之前,妳體重大約會增加4.5公斤。

妳的情緒反應

懷孕第五個月帶來的是真實感。不僅是妳的肚子持續的長大中,連肚子裡寶寶的胎動也感受得到了。不必懷疑,寶寶正生龍活虎的在裡頭踢著呢!

寶寶在動! 在懷孕的第二十週(如果妳之前曾懷孕,那時間可能更早)之前,妳可能就可以感受到寶寶的胎動。這些早期的胎動對大部分的孕婦來說,都是樂趣以及再次確認後安心的來源。和早期提醒妳已經懷孕的噁心疲勞相較,是更令人愉快的一種方式。時間抓得好的話,妳的伴侶也可以把手放在妳肚子上來感受寶寶的胎動。

妳或許會想,在懷孕的這個時間點上,可以寶寶溝通了嗎?這可難說!不過,播放柔和的音樂給寶寶聽,或輕聲細語的跟寶寶說說話肯定沒什麼壞處的。此外,妳也會覺得開心呢!

產前檢查

本月造訪妳的照護醫師,重點將再次擺在寶寶成長狀態的追蹤上,並看看妳在健康上還有什麼問題。一般的體檢步驟還是會進行 —— 量體重、血壓以及測量子宮頂高度。如果記得妳第一次感受到寶寶胎動的日期,請告訴妳的照護醫師。這個日期會是最能準確判斷寶寶年齡的資訊拼圖一角。

如果妳已經決定要進行羊膜穿刺,現在也正是妳進行檢查的時候。執行羊膜穿刺術是有特定理由的,不是例行檢驗。先和妳的照護醫師好好討論這

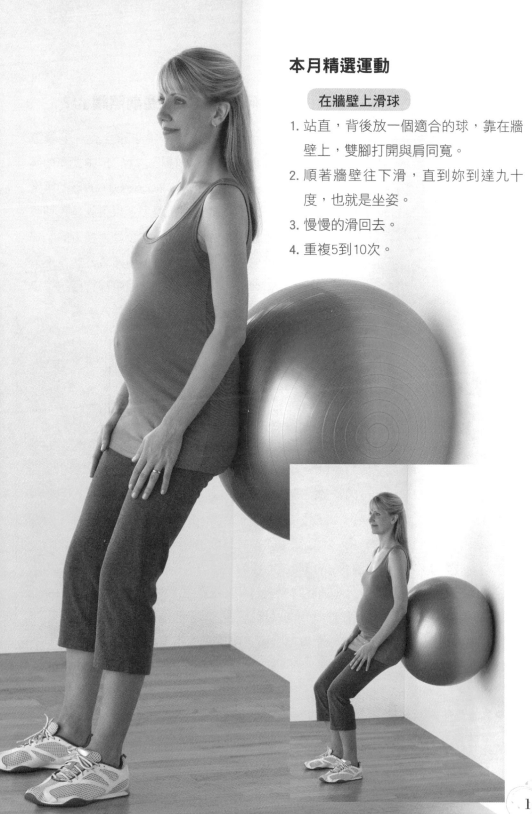

本月精選運動

在牆壁上滑球

1. 站直，背後放一個適合的球，靠在牆
   壁上，雙腳打開與肩同寬。
2. 順著牆壁往下滑，直到妳到達九十
   度，也就是坐姿。
3. 慢慢的滑回去。
4. 重複5到10次。

項檢驗的優點、風險以及限制，這是很重要的。進行羊膜穿刺會從包圍著寶寶的羊水袋裡取出羊水樣本，進行檢驗，看胎兒是否有特定的某些基因異常現象，如唐氏症。（想了解更多與此檢驗以及其他產檢項目相關的資訊，請參見第二十一章。）

何謂「集中式產前照護」？

在梅約醫學中心和全美許多醫療場所裡面，一種稱之為「集中式產前照護」（centering pregnancy）的產前照護方式是越來越普遍了。以下就是這種照護運作的方法：一群預產期接近的孕婦會經常會面（無論懷的是第一胎還是第四胎），而且整個孕程中都持續的、定期的見面。伴侶也歡迎加入。

 妊娠小百科 / 問與答

Q：所謂的「嬰兒腦」（孕期健忘症），是否真有其事呢？

A：並沒有足夠的資料支持嬰兒腦真的存在。這個名詞是用來描述懷孕及初為人母時，女性的記憶力或思考力會受到損害的說法。研究人員之所以開始研究嬰兒腦這種理論，是因為孕婦經常表示她們在懷孕期間，或是剛當上媽媽不久，在認知上會產生變化，特別是有健忘的毛病。研究檢視了懷孕或初為人母期間女性思考能力的變化，不過產生的結果還挺矛盾的。有些研究顯示，懷孕期間、生產過後、以及初為人母時，女性的記憶力會因為懷孕而有所損害，這可能是因為荷爾蒙的變化、睡眠時間被剝奪、或是處理生活上重大改變產生的壓力所致。不過，也有研究顯示，懷孕和初為人母對於認知並無負面影響。

由於這種「嬰兒腦」的觀念流傳很廣，所以一些專家認為孕婦和新手媽媽容易對每天認知上的疏失特別注意，結果她們就自認為有思考能力上的問題了。因此，如果妳是一位孕婦或新手媽媽，不要認為自己會有認知下降的情況。請記住，要變成一位母親，在生理和心理層次上都需要轉化。當妳在適應時，請多多專注在懷孕、為人母以及未來的旅程的正面面向上吧！

在每一次「集中式產前照護」的會面中，參與者都會進行體重和血壓的測量，然後和各自的護士、助產士、或其他醫療人員有一對一的個別時間，以便提出任何個人的問題或疑慮、並檢查寶寶的成長狀況，聽取寶寶的心跳聲。在個別時間結束後，這一群人會再聚集在一起。有時候討論小組專題，有時候則是有客座人員來進行講話。

這種會面最主要的重點還是在於與其他同期孕婦之間的互動，也就是和妳有著相同問題、挫折感與喜悅的孕婦們。基本上，小團體中的人員會互相學習。舉例來說，當照護醫師告訴妳，妳會腰痠背痛是一回事，但從其他孕婦口中得知她們也會腰痠背痛、以及她們是處理這問題的步驟如何又是另外一回事了。

群體產前照護可以建立社群感，這和傳統的分娩課程班或講演不同。在所有的寶寶都出生後，這個小團體通常還會召集一次團圓聚會，讓大家交換生產的故事、彼此欣賞一下對方的寶貝，並分享團體的喜悅。

臍帶血銀行

懷孕的時候，妳可能聽過或讀過所謂的「臍帶血銀行」，然後心想是不是應該也要收集臍帶血，或是考慮收集。以下就是關於這程序的一些資訊。

寶寶臍帶裡面的血液含有非常豐富的幹細胞，而幹細胞就是製造所有細胞製造的來源。收集臍帶血是在寶寶剛出生後，把臍帶血從從臍帶中拿出保存起來，以備日後可以進行幹細胞移植。收集寶寶的臍帶血對於媽媽或寶寶的風險就算有，也是非常的低。如果臍帶血沒被收集保存或是進行研究，就是被丟掉了。

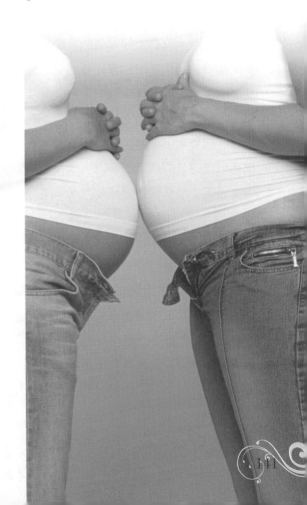

公立vs 私立 在美國，收集臍帶血主要有兩種途徑。第一種是利用公立的臍帶血銀行。公立臍帶血銀行可以收集並儲存有病症之個人的臍帶血，以便將來可能可以提供治療。第二種則是私立的臍帶血銀行。任何願意付錢購買服務的家庭都可以讓私立的臍帶血銀行來幫家族成員監管臍帶血的收集及儲存事務，而臍帶血也會被儲存起來，供該家族使用。

應該要考慮儲存嗎？ 將臍帶血捐贈給公立的臍帶血銀行做公益是助人的大好機會。沒有血緣關係的捐贈者提供的臍帶血可以用來治療許多病症，包括了白血病，與各種新陳代謝方面的疾病。捐贈臍帶血給公立臍帶血銀行不必支付任何費用。不過，妳必須選擇有設備可以處理公立銀行臍帶血捐贈作業的特定醫院或機構進行分娩。

為了可能的私人用途，將臍帶血存到私人機構的作法是有爭議性的。這種作法費用通常相當可觀，而妳孩子將來用到自己臍帶血的機會也很低。而且，就算妳的孩子將來可能需要進行幹細胞移植，從他身上收集的臍帶血是否還有活力、是否還適合移植也都無法保證。

美國小兒科學會（簡稱AAP）鼓勵捐贈臍帶血給公立的臍帶血銀行，但並不鼓勵以私人用途為目的收集臍帶血。美國小兒科學會在反對私人臍帶血收集的建議中表示，「孩子在未來會需要用到自己幹細胞的機會預估是從千分之一到二十萬分之一。私立臍帶血銀行鎖定的是情感上正值脆弱時期的父母親，而事實是，可以借助幹細胞來治療的大多數病症都已經存在於該嬰兒的臍帶血裡面了。不過，美國小兒科學會倒是建議有較年長兒童患有可能可以因臍帶血移植而受惠的父母進行私人的臍帶血收集，例如，該年長兒童患有先天性免疫缺陷。

如果妳正在考慮進行臍帶血的收集，無論是公立或私立臍帶血機構，都請跟妳的照護醫師說。他可以回答妳可能會有的問題，並讓妳更深入了解妳有的選擇，以便在知情的狀況下做決定。

第9章

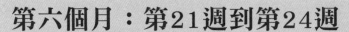

第六個月：第21週到第24週

現在對別人來說，我懷孕的樣子已經很明顯了。我不太喜歡大家不確定我是懷孕，或只是「重了幾公斤」。美麗動人、保持好身材對我來說一直都很重要，所以我努力的適度飲食和運動，不讓體重增加太多。有些時候，某些日子過起來就是比較順心。我認為現在我感覺更好了這個事實是有幫助的。我開始真正興奮了起來，對寶寶長什麼樣子也多有想像。我想我的寶貝會是個金髮藍眼的小女生！

—— 泰莎

度過了兩個，還有一個 —— 幾乎！這個月是妊娠第二期的最後一個完整月分，也就是說，妳的孕期來到這裡，幾乎已經過了三分之二。跟前面兩個月一樣，現在胎兒的成長速度更快了。事實上，如果妳的小男生或小女生在本月出生，存活的機率大約有百分之五十了，而且每過一個禮拜，存活的機會就愈高。

胎兒的成長

胎兒大部分的器官不是已經發育完成、就是接近完成的時刻，胎兒依然長得很小。但到了本月月底，終於能突破450公克的一磅關卡了。

第21週 本週胎兒開始吸收羊水裡面的少量糖分，羊水則是胎兒在白天吞嚥下肚的。胎兒的消化系統已經發育成熟到足以處理這些糖分，所以糖分會通過消化系統吸收。不過，糖分的處理只是做到分子階段而已，胎兒的養分供應還是完全仰賴胎盤。

還有本週，胎兒的骨髓會開始製造血球。截至目前為止，負責製造紅血球的一直是肝臟和脾臟，而現在骨髓將加入一起作用。

第22週 味覺和觸覺本週會有進展。味蕾開始在胎兒的舌頭上形成，而胎兒的腦和神經末稍則已經成熟到足以處理觸覺。如果妳本週有機會一窺寶寶，妳可能會看到他正在玩著自己新發現的觸覺 —— 他在感覺自己的臉、吸大拇指或觸摸身體其他的部位。

胎兒的生殖系統也在持續發育中。如果妳懷的是男生，本週他的睪丸會開始從肚子往下降到陰囊去。如果妳懷的是女生，那她的子宮和卵巢現在已經就定位，而且陰道也發育了。妳的寶

貝女兒已經開始製造自己繁殖生命所需的所有卵子了。

到了懷孕的22週，胎兒從頭到臀大約有19公分長，體重大約有450公克。

第23週 懷孕的第23週，胎兒的肺部快速發育，開始為將來在外面的生活而預作準備。肺部開始製造一種以後會讓肺泡成行排列的物質，稱之為肺部界面活性劑。這種物質可以讓肺泡輕易的膨脹，也可以讓肺泡不會塌下，在消氣時也能黏在一起。

如果胎兒在這個時間點之前出生，

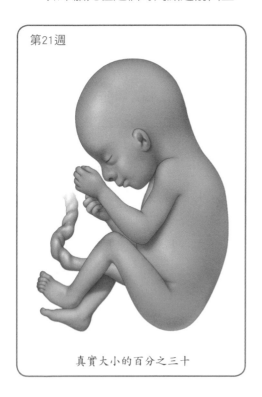

第21週

真實大小的百分之三十

那麼肺部就沒機會發揮作用。不過如果是現在出生，肺部在出了子宮後，也有可能可以發揮某種程度的功能。不過，若要不借助輔助而能自行處理呼吸，胎兒則需要更多肺部界面活性劑才行。

此外，胎兒肺部裡面的血管也在成長發育中，為未來的呼吸預作準備。胎兒已經開始做出呼吸的動作了，不過只是測試性質，他還是透過妳的胎盤接受氧氣。在出生之前，胎兒的肺部裡面都是沒有空氣的。

雖然胎兒看起來已經很像個寶寶了，不過還是瘦弱又纖細的。他的體脂肪很少，身體薄薄的，皮膚幾近透明。懷孕後期，當脂肪的製造功能趕上皮膚的製造時，胎兒就會長在這層皮膚裡，變得看起來更像嬰兒。

在第二十三週出生的寶寶如果在新生兒加護病房接受了適當的醫療照護，有時候是可以存活下來的。不過併發症很常見，一般也很嚴重。從好的一面來看，早產兒的長期遠景每年都在進步，因為新生兒醫學領域的知識正持續擴大中。不過無庸置疑的，如果是在現階段，寶寶還是盡一切可能的留在子宮裡要好得多。

第24週 本週開始，胎兒對於自己在妳羊水袋裡是上下顛倒，還是右面

朝上已經開始有感受了。這是因為胎兒的內耳，也就是控制體內平衡的地方，已經發育了。

到了懷孕的第24週前，胎兒的身長已經有21.5公分，體重約680公克。在第24週出生的寶寶，存活的機會高於50至50，而且每過一週，存活的機率還會提高。不過，併發症很常見、也很嚴重。

妳的身體變化

妳本月可能會注意到的一件事是，胎兒第一次的踢腳可是跟上個月那種蝴蝶撲翅，胃裡面有蝴蝶那種感覺相差太多了。

發生什麼事，哪裡？ 在懷孕的前五個月，妳體內黃體激素的濃度會略高於雌性激素的濃度。從這個月開始，雌性激素的濃度就會趕上了。在第21或22週左右，這兩種荷爾蒙的濃度會大致相同。

·心臟和循環系統 本月妳的血壓或許還是會繼續比正常時來得低。到了第24週後，就應該會恢復到懷孕前的水準。這是因為本月妳的身體繼續製造更多的血液，填滿很鬆的血管。紅血球的製造應該會趕上血漿的製造速度了。

妳還是會繼續有鼻塞、流鼻血、和牙齦出血的問題，因為增加的血液量還是會流到妳的鼻管和牙齦。

·呼吸系統 為了要因應肺活量的增加，妳的肋骨架也在增大中。到寶寶出生以前，肋骨架大約會擴張約5到7.6公分，也就是2到3吋。孩子出生後，肋骨架就會恢復到懷孕之前的大小。

胎兒也在推擠妳的橫膈膜。不過妳胸腔半徑的擴張已足以補償這種壓迫還綽綽有餘。妳的呼吸還是會稍快，但急促的現象或許已經減少了。

·乳房 妳的乳房已經準備好可以分泌乳汁了。即使時間還這麼早，妳還是可能會看到水狀、或是偏黃色液狀的小小滴狀物出現在妳乳頭上。這種早期的乳汁稱之為初乳，裡面有從妳體內載入的活性、抗感染的抗體。如果妳以母乳來哺育，初乳將會是寶寶出生後幾天內的食物。

乳房的血管仍然還是清晰可見，在皮膚內以粉紅或藍色的線狀呈現。

·子宮 本月，大約是懷孕的第22週，子宮會開始練習陣痛和分娩。子宮會開始運動本身的肌肉塊以練就足夠的力量來應付等在面前的大工程。這種暖身型的收縮稱之為希克斯氏收縮，是偶發性、無痛的收縮，感覺像是在子宮頂上、或下腹部及腹股溝部分擠壓。

希克斯氏收縮也稱為假性陣痛。這是因為這種收縮和真正陣痛時的收縮非常不一樣。希克斯氏收縮發生的時間不規律，長度和強度也不一。而真正的陣痛收縮有一定的模式可循、痛的時間會越來越長、強度也會增加，間隔更密集。

不過這也就是說，希克斯氏收縮很有可能會被錯認為真正的陣痛。如果妳出現了讓妳會關切的收縮情況，請和妳的照護醫師聯絡，特別是如果收縮會痛，或是一個小時之內就發生了六次以上。希克斯氏收縮和真正陣痛間的不同在於對妳子宮頸造成的效果。希克斯氏收縮時，子宮頸不會有變化。但是當真正的陣痛發生時，子宮頸就會開始打開（擴張）。妳可能得去找妳的照護醫師來判斷陣痛是否是真的。

（想了解更多與希克斯氏收縮相關的資訊，請參見395頁。）

・**尿道**　妳發生尿道感染的可能性還是持續著。排尿速度減緩是因為子宮正在變大，而輸尿管的肌肉變鬆弛所致。輸尿管是把尿液從腎臟送到膀胱的管道。如果妳認為自己可能有尿道感染的現象，請與妳的照護醫師聯絡。

・**骨頭、肌肉和關節**　支撐妳的腹部的韌帶會持續的撐展，而骨盆腔骨頭的關節也持續的變軟變鬆，為孩子的分娩而預作準備。此外，妳的下脊椎可能也正在往後彎，好讓妳不會因為成長中胎兒的重量而往前跌。這些變化加在一起都可能讓妳的背部和臀部都痛起來。

・**陰道**　陰道還是會持續有薄薄的、白色分泌物，味道淡淡的，或是沒有味道。如果妳的分泌物顏色偏綠或偏黃、有強烈的氣味、或伴隨著外陰部的發紅、搔癢和發炎，請和妳的照護醫師聯絡。

・**體重**　本月，妳每個禮拜可能會重上0.45公斤，一個月下來重了接近兩公斤。妳也可能在某一週重了1磅半，而接下來的一週只重了半磅，這沒什麼好擔心的。只要妳體重增加的情形保持相對的穩定性，不要突然大起大落，那妳就做得很好了。

妳的情緒反應

妳可能會發現（不然伴侶或許也會告訴妳！），妳情緒起伏的情況已經有改善了。這可能是因為荷爾蒙的分泌速度已經趨於平緩，而妳對體內的改變也較能適應了。不過，當預產期更接近後，起伏的情緒可能會被恐懼感所取代。

假性陣痛還是真正的陣痛？

收縮的特質	假性陣痛	真正的陣痛
收縮頻率	· 不規律 · 持續度並不密集	· 有規律的模式 · 會密集發生
收縮的長度和強度	· 不一定 · 強度通常是弱的 · 不會越來越強	· 發生時至少持續30秒 · 會越來越長 · 會越來越強
活動期間收縮改變的方式	· 只要妳走動、休息、或改變姿勢，通常就會停下來	· 無論如何就是不會消失 · 活動，例如走動時還可能更強
收縮的位置	· 集中在下腹部和腹股溝	· 從背部繞到腹部 · 從整個下背部發出來，擴到腹部高處

面對生產恐懼 本月妳可能會開始對分娩過程產生恐懼感。事實上，這種感覺可能已經出現一陣子了。「如果我沒能及時趕到醫院怎麼辦？在陌生人面前裸露身體時，我要怎麼應付？如果我陣痛時失控，要怎麼辦？如果寶寶出了什麼差錯怎麼辦？」

妳的伴侶心裡面盤桓著地可能也是某些相同的問題。準父母常常和他們伴侶有相同的疑慮，只是不願意承認而已。每個人都認為自己一定要為對方堅強。妳的伴侶可能也會擔心妳在陣痛和分娩時出差錯呢！

找時間坐下來，把心中感到害怕的事情都列表寫下來，也請妳的伴侶做同樣的事。然後把兩張表拿來比較，並帶去找妳的照護醫師分憂。分享是有幫助的。當妳把恐懼分攤出去，對妳的影響就會變小。

享受親密關係 如果妳和大多數的孕婦一樣，那麼和懷孕初期相較，妳現在對於性愛的興致會比較高昂，甚至比懷孕之前興致更高。這是因為妳現在身體比較舒服、睡得較好、也比較有元氣。趁這感覺仍然持續的時候，好好享受吧 —— 在寶寶出來嚴重妨礙你們性生活之前。這種高昂的性慾絕對不是放諸眾人皆然的，妳也可能完全感受不到。當妳進入懷孕的最後幾個月，性慾可能又會不振了。

本月精選運動

用球來讓骨盆腔傾斜

1. 坐在地板上,背部壓靠著健身球,雙腳放在地板
   上,雙手放在身體兩側。
2. 將背部腰間的部分往上推,持續幾秒鐘。回復到
   起始位置。
3. 重複5到10次。

產前檢查

到了現在，妳的產檢開始變得像是例行公事，不過這沒關係。變成例行公事就代表一切順利，孕程按照進度進行。上次產檢時，妳的照護醫師可能會用子宮頂高度 —— 也就是子宮頂上到恥骨間的距離，來判斷子宮的大小。本月，妳的子宮頂高度大約會在21到24公分之間，粗估與妳的懷孕週數相當。

除了檢查子宮頂高度外，照護醫師可能也會幫妳量體重和血壓，並測量胎兒的心跳率。照護醫師還可能會問妳現在有沒有出現什麼徵兆或症狀。

報名分娩課程

如果這是妳的頭一胎，那麼一想到即將到來的陣痛和分娩，妳可能就會開始緊張，甚至還會害怕。這很自然。畢竟，妳從未經歷過這種事啊！那麼要怎樣才能消除緊張，冷靜下來呢？去上分娩課程吧！如果妳還沒有報名任何分娩課程，現在正是報名的好時機。分娩課程可以幫助妳和妳的伴侶為陣痛和分娩做好準備。這種課程，大部分的醫院、助產所都有，所以下次產檢時問一下吧！一般來說，這類課程的安排如果是每週一到兩節課，時間就是幾個禮拜；

如果是全天課程，大約一、兩個周末。

妳可能會學到陣痛的徵兆、陣痛時止痛的選擇、分娩位置、孕婦產後及新生兒的照護，包括母乳哺育方面的資訊。在上課時，妳也會學到身體在陣痛和分娩時會發生的事，這樣一來正面的感覺就會凌駕過恐懼。如果妳是第一次為人父母，那麼分娩課程可以安撫妳恐懼的情緒，回答妳很多問題。

此外，妳可能會被帶去參觀即將進行分娩的設施，作為課程的一部分，所以當大日子來臨時，妳就知道該往哪裡走，對即將發生的事也比較有概念。妳也可能會遇上和妳有類似問題與疑慮的懷孕夫妻，這還挺令人安慰的。如果妳打算在陣痛和分娩時身邊要有陣痛教練，像是妳的伴侶或其他所愛的人，那麼請他和妳一起參加這個分娩課程。

不同的分娩類型 某些分娩課程還包含了特定的分娩方式，像是剖腹產、剖腹產後陰道產以及多胞胎產。也有提供複習課程給只想複習基本資訊的父母親。

其他的課程在本質上比較一般，或者也會側重在某些特定的分娩方式。舉例來說，如：

·**拉梅茲** 拉梅茲的目的是要提高妳相信自己能夠順產的信心。拉梅茲課

程可以幫助妳了解如何以讓陣痛能順利
進行、又讓妳較感舒服的方式來處理疼
痛，而方法包括了專注式的呼吸、動作
和按摩。這種方法建立的基礎想法是以
女性的內在智慧來引導度過整個分娩過
程。

・**布拉德利**　布拉德利法強調分娩是
一個自然過程，鼓勵孕婦信任自己的身
體，而整個妊娠期間的重點都擺在飲食
和運動上。這種課程教導妳管理陣痛的
方式是透過深呼吸、各式各樣的放鬆技
巧、以及來自伴侶或陣痛教練的支持。

　　許多其他的分娩課程都從這些受
歡迎的方法中借取重要元素。此外，妳
可能也會發現還有一些另類的分娩方
式，包括了催眠分娩法和水中分娩法。

該找什麼樣的課程　要找由認證
分娩教育師教授的課程。這位教師可能
是護士、助產士或其他領有認證的專業
人員。班級可能採小班制，一班不超過
八到十對夫妻，以方便討論並可以針對
個人進行教導。課程內容應該要詳盡，
對陣痛和分娩的各個層面都要說明，新
生兒的照護也要包括在內。不過一定也
要記得詢問價格。

　　分娩教育課程一般是推薦給懷孕
接近六、七個月的人，不過，在進入陣
痛期前的任何時間上課都有幫助。

妊娠小百科／未雨綢繆：先替寶寶找好照護醫師

在孩子尚未出世前就先想好要找誰照護寶寶的醫療健康是個好主意。妳會有一位可以打電話請教新生兒各種照護問題的人（大部分的新手父母都有一籮筐的問題）。如果妳心裡還沒有人選，可以找有小孩的親友推薦。妳自己的照護醫師也是絕佳的參考來源。

醫療人員的種類　基本上，有三種資格的人可以提供兒童醫療照護：家庭醫師、小兒科醫師和小兒科執業護士。

家庭醫師　家庭醫師提供的照護適用於各個年齡層的人，包括了兒童。他們曾接受成人與兒童的醫療訓練。家庭醫師可以從孩子嬰兒時期一直看護到他們長大成人，並且有能力處理大部分的疾病。如果妳家其他的人也是看同一位醫師，醫師對你們全家的視角就更全面了。如果妳已經有信任的家庭醫師，請問他是不是也看嬰幼兒。

小兒科醫師　許多父母親都會選擇小兒科醫師來照護孩子的健康，因為照顧兒童本來就是小兒科醫師被訓練擔任的事。小兒科醫師專攻從嬰兒期到青春期的兒童照護。從醫學院畢業後，他們得經過三年的住院醫師訓練。有些醫師還進一步接受更專門的副科訓練，如過敏、感染性疾病、心臟科及心理。如果妳的孩子有健康上的病症，或需要特別的醫療照顧，小兒科醫師的幫助特別大。

專科執業護士　執業護士是註冊登記的護士，曾經接受過進階專科醫療範圍的訓練，例如小兒科或家庭醫學科。從護士學校畢業後，執業護士在其專業領域上必須經過一系列正式的教育課程訓練。小兒科執業護士的專長在於嬰幼兒、兒童和青少年的照護。在美國，大多數的小兒科執業護士都可以開立處方箋及醫療檢驗單。他們和醫師及醫療專業人員都有密切的工作配合關係。（註：在台灣，醫療處方箋與檢驗單只能由醫師開立。）

要考慮的事項　無論妳選擇的是哪一種醫護人員，相處起來安心愉快是很重要的。在寶寶出生前，妳可能會希望見過幾位不同的醫護人員。而想要多了解的地方包括了：

- 該人員具有何種資格？
- 除了禮貌外，妳對他的評價如何？
- 該位人員回答妳問題時，妳是否滿意？
- 妳的照護醫師或護士聯絡的方便度如何？無論是透過電話或預約。
- 如果妳隸屬於某個照護計畫，該醫護人員是否為計畫網中的成員？

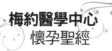

第10章

第七個月：第25週到第28週

在我們懷孕的「蜜月」階段，我們對胎兒的事情，實際上是一無所知。所以，我們就讀書，讀很多書！我記得有一章裡面描述了寶寶不同的哭聲，所以我從寶寶的哭聲裡就可以判斷他是餓了、尿布濕了、或只是單純的無聊而已。告訴妳，在我還沒換過任何一片尿片前，就可以說出不同型尿布疹之間的差別。我還可以丟臉的告訴妳，那時候用哪一牌的娃娃車對我來說真的很重要。hip moms店裡賣的媽媽時髦用品，我全都想要，此外還要外加一只酷酷的尿布包以及寶寶背帶。當時我們到底買過什麼，我有一半都記不得了。我很確定，妳一定可以猜到事情後來是怎麼演變的。妳家寶寶才不管妳的名牌娃娃車或是時髦又令人敬畏的換尿布墊。如果妳想買，可以，不過東西是妳要的。寶寶只需要舒舒服服的、被餵得飽飽的，最重要的，被好好的愛著。

—— 佩蒂

妳現在已經在家伸展了，這是美國一句俗諺，意思是到了最後一個階段，也就是妳已經到了懷孕最後第三孕期了（實際上是三個半月）。而且「伸展」這個字彙還用得真恰當！這幾個月將是胎兒長大到可以量計的時期，而且，沒錯，妳自己的肚子也在伸展、撐開。

胎兒的成長

本月，妳的小男生或小女生體脂肪會增加得更多，讓皮膚看起來比較平滑，不會那麼皺巴巴。皮膚也會開始出現一點顏色了。

第25週 這個時候，胎兒的手已經完全發育完成了，有迷你的小指甲，手指也能彎曲，握成小小的拳頭。本週，小寶寶或許正在用他們的手來探索身體其他的部分。妳的小可愛正在探測子宮裡面的環境和結構，包括了臍帶。不過，手上神經的連結還要很久，所以如果他想握住大腳趾頭，就算現在成功握到，也是偶而。

第26週 胎兒的眉毛和眼睫毛現在已經完全形成了，而頭上的頭髮也變長、髮量變多了。這個時期的胎兒看起來仍然是紅通通、皺巴巴的，不過隨著日子一天天的過去，皮下脂肪會累積得

更多。接下來的十四個禮拜，直到出生之前，胎兒的體重會繼續增加，皺巴巴的外層皮膚也會與身體更密合。

胎兒的腳印和手印現在都長好了。構成眼睛的所有元件也已經發育完成，但是胎兒大約還有兩個禮拜的時間可能才會張開眼睛。到了第26週之前，胎兒的體重在約在680公克到900公克之間。

第27週　到了第27週前，胎兒已經有出生時的模樣了，只是現在體型較為單薄瘦小，皮膚顏色也紅了一點。此時胎兒的肺、肝臟和免疫系統還未完全發育成熟，但也接近了。如果寶寶是本週出生，存活的機率至少有百分之八十五。

這一周開始胎兒會辨認妳，還有妳伴侶的聲音。不過要聽清楚可能還有點困難，因為他的耳朵上還覆蓋著皮蠟、也就是厚厚的脂肪層，可以保護皮膚免於龜裂或擦傷的物質。胎兒要透過子宮中的羊水聽聲音也是有點困難，情形就和妳在水中聽聲音類似。

第27週時，胎兒現在的長度是懷孕第十二週時的三到四倍。

第28週　胎兒過去好幾個月來一直閉合著的眼睛，從這周起已經開始可以睜開和閉眼了。如果妳本週有機會一窺寶寶，可能看得出他眼睛的顏色。但

是，寶寶出生後的六個月內，眼睛顏色常會改變，特別是藍色或灰色的眼睛。因此，現在眼睛的顏色未必是將來長大以後的眸色。

這一週胎兒的大腦持續的發育，而且迅速擴長。此外，皮膚底下的脂肪層也繼續累積。

胎兒睡眠和清醒的時間現在已經規律了，不過作息並不像成人，甚至也不若新生兒。他一次可能只睡二、三十分鐘。當妳坐下或躺下時，最有可能會注意到他的活動情況。

到了懷孕的第二十八週，也就是第七個月的月底，胎兒從頭頂到臀部的長度大概有25公分，體重約900公克。

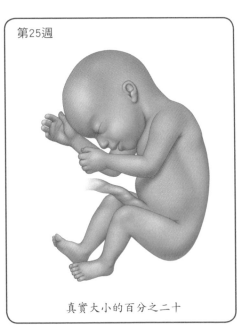

第25週

真實大小的百分之二十

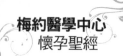

妳的身體變化

看著自己的肚子越撐越大，妳或許會想到底還有沒有空間可以讓子宮繼續長？有的，身體是非常奧妙的。

發生什麼事，哪裡？ 本月分，妳的子宮會擴長到肚臍和乳房的中間。胎兒的活動力開始增加，尤其是下半個月開始。

· **心臟和循環系統** 妳的血壓開始增高了，正在回復到懷孕之前的水準。此外，妳的胸口也可能會急速跳動或感到砰砰直跳 ── 好像心跳不穩的樣子。當子宮更大時，血液回流到心臟的情形可能會受到阻礙。這種感覺可能會讓妳很擔心，不過通常不是什麼嚴重的事，懷孕後期常常就會減少了。不過，如果妳有這種感覺，請告訴妳的照護醫師，特別是如果妳有胸口痛或呼吸急促的情況。

· **呼吸系統** 受到黃體激素的刺激，妳的肺活量本月會持續增加。呼吸的改變讓妳的血液有能力比平時攜帶更多的氧氣進去，也攜帶更多的二氧化碳出來。結果，妳的呼吸還是會持續的稍微加快，有一點呼吸急促的情況。

· **消化系統** 食物通過消化系統的動作還是持續遲緩，而擴大中的子宮也會繼續的擁擠，壓迫到腸道。因此，妳還是可能持續有胃灼熱或便秘的情況，或是兩種情況都有。

· **乳房** 妳可能會注意到乳暈的周圍長出小小突出的皮膚腺體，這是身體為哺乳預先做出的準備。當哺乳的時間到來時，這些腺體就會分泌油脂來讓乳頭與乳暈保持濕潤並變得柔軟，讓妳在哺乳時，乳頭不會皸裂、破皮。

· **子宮** 本月分，妳的子宮會長到肚臍和乳房的中間點了。事實上，子宮佔據了從恥骨到肋骨架底部之間的範圍。

胎兒本月活動力可能更強了，特別是從下半個月開始。對很多胎兒來說，活動力最高的時間是從第27週到第32週之間。他們已經大到足以打出有分量的一拳，而且他們也有空間可以這麼做。隨著活動量的增加，妳要判斷是假性陣痛、真實的收縮還是胎兒在拳打腳踢就變得困難了。請記住幾件事，假性陣痛的節奏是無法預期的，長度、強度與何時發生都是都不規律的。真正的陣痛是有模式可循的 ── 收縮會愈來愈長、愈來愈強、間隔也會更密集（參見395頁）。如果妳發生了會讓妳產生疑慮的收縮情況，請和妳照護醫師聯絡。

· **尿道** 由於妳的子宮還在擴大中，

輸尿管肌肉也是鬆弛的，所以尿液流速還是持續持緩，因此尿道發生感染的風險還是持續。如果妳的排尿次數很頻繁、也有灼熱、發燒、或者尿液的氣味或顏色產生變化的情形，那妳可能就發生尿道感染。請和妳的照護醫師聯絡。

‧**骨頭、肌肉和關節** 支撐妳的腹部的韌帶本月的彈性更大了。這最後會讓妳在分娩時骨盆腔容易擴張，讓胎兒通過。不過，現在由於韌帶缺乏平時的支撐力，所以背部拉傷的風險會提高。

骨盆腔的關節也可能因為這種新的彈性而受傷。痛處會發生在骨盆腔的中間偏前，或是背部中線的任何一側。

‧**陰道** 陰道分泌物會增加。如果分泌物是稀薄、白色的或是沒有味道，那就沒什麼好擔心的。

‧**體重** 本月分，妳每週的體重大約會增加快半公斤，加起來會重二公斤左右。妳所增加的體重大部分不是脂肪，而是胎兒體重的增加、增大的胎盤、更多的羊水與累積在體內組織中的水腫體液。

妳的情緒反應

從現在開始到寶寶降臨的那一天為止，天天都是令人興奮的日子，不過可能也會有點壓力。妳會忙著買東西、裝修嬰兒房、參加分娩課程，產檢的次數也更頻繁。不過，懷孕最後的三個月，對妳的體力也是一項新的需索。

‧**享受短暫的休憩** 慢下步伐、坐下來、讓自己放輕鬆 —— 在妳還能夠的時候。在最後幾個月的瘋狂和不適還沒開始之前，盡情享受一下本月的妊娠時光吧！妳可以把想法寫在日誌裡、播放輕柔的音樂或和胎兒輕聲細語講講話。拍一些照片，日後可以讓寶寶欣賞他在媽媽肚子「建構中」時，媽媽的模樣。隨便做什麼都好，只要能讓妳陶醉在懷孕的情緒和感受中。

產前檢查

本月產檢時，妳的照護醫師應該就可以告訴妳胎兒在子宮中的位置是頭朝下、腳朝下還是屁股朝下了。腳朝下或是屁股朝下的姿勢一般稱做「胎位不正」。不過，話說回來，胎兒還有很多時間可以改變胎位，或許也會再改。所以如果聽到胎兒現在胎位不正也不要太擔心。

妊娠小百科／懷孕後失去了個人空間

懷孕時會發生一些有趣的事。屬於個人的界線似乎消失了，妳不再擁有個人的隱私。妳的肚子是眾人有趣的遊戲，而遊戲對象從阿梅姑婆到在居家裝潢超市跟妳問候的人。

我的家人摸一摸或輕輕拍拍我肚子，我是完全沒關係的。不過，如果是家人以外的人摸我肚子，我就會膽顫心驚。我必須承認，當肚子裡面的胎兒重達四千多公克時，高聳的肚子看起來就是超誘人的目標。我開始變得善於眼觀四方，注意三姑六婆現身的跡象：迅速接近中、雙手往外張開，面露微笑，嘴裡吐出，「喔，妳該不介意…，」，然後陌生人的一雙手就已經在拍我肚子了。我會試著先把自己的手放在肚子上，遮擋有計畫的攻擊，只是常常功敗垂成，鮮有成功的。我覺得這些人當中，身材嬌小的老太太身手最是俐落。

另外一個神奇的現象就是大家不再顧及妳的感受，或者對妳的感受不敏感。這件事以不同的方式出現，結果也都不好。懷孕會讓別人，親友、鄰居以及完全不認識的陌生人對妳評頭論足，擅自議論你的大小。她們會說，妳肚子看起來真大，是不是懷了雙胞胎啊！有些人就是愛隨便講話又白目，覺得可以任意議論他們認為妳增加了多少體重。

這個奇特經驗的第三部分最讓我感到挫敗。懷孕會讓所有妳認識的女性（還有一些不認識的）都跑來告訴妳她們自己或親友的可怕經歷。我們是很脆弱，容易受傷的，尤其當懷的是頭胎時。但這些心存善意的女性卻拿九十二小時的陣痛、讓她們癱瘓了兩天的硬脊膜外麻醉、以及經歷外陰切開術或縫針後，屁屁再也回不去從前的等等，將恐懼敲入我們的靈魂裡。我也絕對不會忘記那一小群告訴我以母乳哺育有多痛、不舒服又耗費時間的女人！

我呢，當然有我的推薦。看看這位正在跟妳談話的女人。她只有一個孩子嗎？她還在用母乳哺育她那九個月大的孩子嗎？聽到什麼都不要相信，對所有的事情都抱持一個保留的態度。我強烈建議大家不要成為那樣的一個人。如果妳覺得這種現象已經開始把妳吸進去了，要抗拒守住！

── 瑪麗，
一位母親暨梅約診所助產護士

本月精選運動

抬腿

1. 手腳一起跪在地上,用手撐起上半身,雙手打開與肩同寬。

2. 舉起妳的右膝,然後右腿往後伸直,與地板平行。背不要弓起。

3. 兩邊分別重複5到10次。

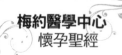

懷孕到了這個時間點，有些孕婦有可能會早產，所以妳也要開始提高警覺。早產就是在第37週結束前，子宮收縮就會開始將子宮頸打開。這麼早出生的寶寶體重通常比較輕，少於2500公克，所以有出現健康問題的風險。早產的徵兆包括了：

• 子宮收縮的感覺像是肚子縮緊。

• 收縮時伴隨著下背痛，或是下骨盆腔和上股溝感覺沈重。

• 輕微的點狀出血或流血，陰道裡漏出像水一樣的液體，或是分泌物濃稠還帶有一點點血。本月產檢時，妳也可能會進行妊娠糖尿病篩檢，看看是否有妊娠糖尿病。這是一種暫時性的糖尿病，有些女性在懷孕時會發生。此外，如果妳血液的Rh值是陰性，妳可能會被要求進行Rh抗體檢驗，並接受第一支抗RH因子球蛋白的注射（簡稱RhIg）。

妊娠糖尿病篩檢 妊娠糖尿病篩檢通常是在懷孕第24到第28個禮拜時進行的檢驗，不過如果有風險因子，照護醫師可能會早一點幫妳進行篩檢。檢驗時，妳會先喝下一整杯的葡萄糖溶液，然後一小時後，從手臂上的靜脈抽血，檢查血糖濃度。如果檢查結果有異常，妳可能必須進行第二次的檢查。

如果妳需要進行第二次檢驗，會被要求要禁食一晚。當妳到了照護醫師的診療室時，妳會喝下另外一種更濃的葡萄糖溶液。接下來的三小時期間，妳會被抽幾次的血，進行幾種不同的血糖值測量。研究顯示，在第一次葡萄糖檢驗結果呈現異常的孕婦中，只有少數人會被診斷患有妊娠糖尿病。

如果妳被診斷出有妊娠糖尿病（參見438頁），那麼剩下的懷孕期間，妳必須小心控制血糖，胎兒才不會長得太大。妳也需要定期檢查血糖。

Rh抗體檢驗 Rh因子是一種在紅血球表面發現的蛋白質。有百分之八十五以上的人是Rh陽性。沒有這種因子的人就是Rh陰性。

當妳沒懷孕的時候，Rh的狀態對妳的健康不會有影響。如果妳是Rh陽性，懷孕期間，妳也沒什麼好擔心的。不過如果妳是Rh陰性，而胎兒是Rh陽性（如果妳的伴侶是Rh陽性，這種情形就可能發生），就可能導致一種叫做Rh血液因子不合症的問題。

如果妳本身是Rh陰性，那麼從本月開始，妳可能就會接受一種抗RH因子球蛋白的注射（簡稱RhIg）。這種注射就像保險。RhIg會把所有浮游在妳血管周圍的Rh陽性細胞包覆起來，避免這些細

胞被當成外來者。只要沒有Rh因子可以對抗，那抗體就不會形成。請把這種作法當作是先發制人的一擊，先行防範避免Rh抗體的形成。（參見432頁）

母乳或奶粉哺育哪一個好？

如果妳還沒決定寶寶出生後，要以何種方式哺育寶寶，那現在或許是思考的時間了。很明顯的，以母乳哺育是養育新生兒最佳的方式，好處無窮。梅約診所的專家群很鼓勵妳親自以母乳哺育。不過，要看妳的環境，有一些特定的因素會讓妳不得不考慮以奶粉哺育。

對某些女性而言是個難下的決定

有些女性一開始就知道自己要以何種方式哺育（要以母乳親餵還是用奶瓶餵奶），有些人則還在三心二意的掙扎。如果妳是那些尚未決定要以母乳還是奶粉哺育的女性之一，那麼現在正是時候可以做一些研究，了解妳的選擇。事先知道自己計畫如何哺育，可比寶寶出生後再決定來得好。

 妊娠小百科／問與答

Q：以母乳哺育後，乳房下垂是不是無可避免的事呢？我很擔心以母乳哺育的代價是賠上我的胸部。

A：以母乳哺育會不會對胸部造成影響呢？會想到這件事是很正常，不過要有信心。研究顯示，以母乳哺育不會對乳房的形狀或大小造成負面影響。

不過，乳房下垂倒是個關切點。在懷孕期間，支撐乳房的韌帶會因乳房變得更加豐滿、沈重而撐展開來。這樣的撐展會讓乳房在懷孕期間之後出現下垂的狀況—無論妳是不是以母乳哺育都一樣。乳房下垂的情形會隨著接下來的懷孕次數而變得更明顯，尤其是如果妳的乳房本來就大。其他會造成乳房下垂的原因還包括了老化與抽菸 — 這兩件事都會讓皮膚的彈性變差。體重過重也會造成類似的影響。

請記住，母乳對大多數的寶寶來說都是很理想的食品。不要讓對乳房下垂的恐懼造成你不以母乳哺育。在人生中的任何階段中想維持乳房的外觀，請選擇健康的生活型態，這包括了每天例行的體能活動，健康的飲食。如果妳有抽菸習慣，請醫師幫忙你戒菸。

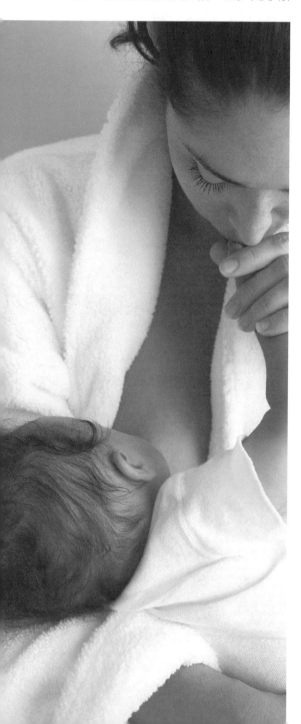

如果妳認為自己偏向於以奶粉哺育寶寶，那麼在落實決定前，至少先了解母乳哺育的方式及其優點。本書的第22章是進一步了解哺育選擇的絕佳來源。該章涵蓋了與母乳哺育相關的各種問題與話題，也提供了以奶粉哺育的各種資訊。對於一些偏向於以奶粉哺育的母親來說，捨母乳而取奶粉會造成很大的罪惡感，讓她們覺得自己不是好媽媽，或者沒把孩子的需求擺第一。如果妳是屬於這一群，那麼這種負面想法對妳沒有好處，對寶寶也不好。不要讓自己充滿了罪惡感。妳能夠做的就是閱讀這兩種哺育方式的資訊，然後欣慰的了解，自己是在知情的狀況下做出決定的。

如果讀過第22章之後，妳還是沒能決定要怎麼做，那麼以下是建議：先試著用母乳哺育。可以的話，先以母乳哺育幾週。如果這個方式不適合妳，妳隨時可以喊停並換成以奶粉哺育。這樣一來，妳會因為知道自己曾經嘗試過而感到滿意。而且，誰知道呢，或許這次的經驗和妳想像中極為不同。

以母乳哺育是讓妳和寶寶產生緊密聯繫的美好方式，而且經科學證明，能夠促進妳和寶寶在情感上的幸福感。當然了，不透過母乳餵哺的方式，妳也能跟寶寶建立充滿愛意的緊密聯繫，只不過妳放棄了可以朝該方向發展的寶貴工具而已。

第11章

第八個月：第29週到第32週

在懷孕的這個階段，我的感覺真的很好。我通常有兩天會覺得動力和精神都不錯，不過到了第三天就發現必須慢下來、輕鬆一下或是小睡補眠。我後來也注意到，即使還沒吃飽，我吃過東西以後會覺得很撐、感覺不舒服。在最近的產檢約診中，我發現胎兒喜歡橫著躺，因為他長得越來越大，需要更多空間，所以我才會有那種被撐得超開的感覺。

—— 羅莉

隨著預產期的逼近，妳的妊娠會開始變得有點不舒服，如果之前還沒開始的話。在第八個月的時候，由於胎兒開始迅速長大，妳會有大腿痙攣、骨盆腔受到壓迫、背痛增加、腳踝腫脹以及痔瘡的情形。但這些疼痛都是指標，告訴妳，妳就快看到那個神奇的小東西了。

胎兒的成長

過去兩個月來，胎兒已經在進行最後的修整工作了，也就是在他完全發育成熟前需要發生的剩餘步驟。

第29週 胎兒主要的部分都已經發育完成了，所以開始迅速的增加體重。隨著空間變擁擠，妳感受到他拳打腳踢的情況或許不如稍早之前。胎兒正在發展他睡眠和清醒的週期。在他睡覺的時段，就會安靜下來。

第30週 胎兒體重增加時，皮膚的脂肪層也會增加。從現在到懷孕的大約37週左右，胎兒的體重每個禮拜會增加大約220公克。胎兒從本週開始也會以重複的節奏開始讓橫膈膜動起來，練習呼吸。這種運動方式會讓胎兒打嗝，所以當胎兒持續進行這種運動時，妳偶

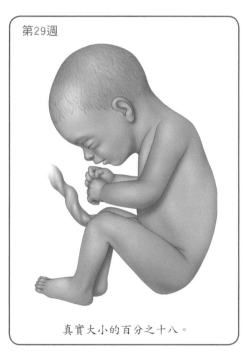

第29週

真實大小的百分之十八。

而會注意到子宮會因胎兒的打嗝而輕微的抽動，感覺起來像是小小的抽搐。

懷孕進入第三十週，胎兒的體重大約有1360公克了，從頭到臀部身長大約26、27公分。

第31週 第31週，胎兒的生殖系統持續的發育。如果胎兒是男生，睪丸會從靠近腎臟的位置，沿著腹股溝，進入陰囊裡面。如果胎兒是女生，陰蒂會相當明顯了。不過陰唇還很小，不足以蓋住陰蒂。

胎兒的肺現在發育得更好了，但尚未完全成熟。如果胎兒是本週出生，或許還要在新生兒加護病房中待上六個禮拜，借助呼吸器來輔助呼吸。不過，因為胎兒的腦部已經比幾週前成熟多了，所以腦內出血的風險已經降低一些了。

第32週 胎毛，也就是胎兒皮膚上柔軟如羽絨般的毛髮本週已經開始掉落了。在接下來的幾個禮拜，胎兒大部分的胎毛都會掉落。在寶寶出生時，妳只會在他的肩膀或背部看到一些殘留。

有些孕婦會注意到本週胎兒運動的方式有些改變，現在他已經大到在子宮裡面覺得擁擠了。雖然胎兒還是跟以前一樣動來動去，又捶又踢地進行不同的運動，但是力道似乎沒有之前強。對大多數孕婦來說，這種情況在第三十四週會變得更明顯。

妳有時候也會想檢查檢查胎兒的運動狀況，尤其是當妳注意到他的活動量減少時。檢查時可以坐下來，開始計算胎兒多長動一次。寶寶的踢或動可能會覺得有點受到束縛，這是因為子宮內部的空間受限所致。如果妳發現兩個小時內的動作少於十次，那麼請跟妳的照護醫師聯絡。

到了第三十二週之前，胎兒的體重已經有1800公克了，從頭到臀部身長大約29公分。雖說沒有人會歡迎孩子早產，不過寶寶如果這個時後生下來，幾乎都能存活下來，而沒有會威脅性命的併發症。

妳的身體變化

本月分，妳的子宮會繼續朝肋骨架底端擴大過去，產生新的生理變化、徵兆與症狀。妳也會發現自己更容易疲勞了。

發生什麼事，哪裡？ 本月分，妳會注意到妳的頭髮發生變化，髮量似乎更豐盈、頭髮也更有光澤。這是因為頭髮的生長週期所致。一般來說，頭髮每個月會長1.2公分，維持這種狀況二到八個月後，進入休止期，停止生長、然後掉落。懷孕期間，妳的頭髮停留在休止

期的時間有變長的傾向。（註：由於休止期變長，停留在頭上尚未掉落的時間也往後延，因為每日的落髮量較少，因此髮量比較豐盈。）但是寶寶出生後，妳的頭髮休止期會變短，然後每天就會掉落更多頭髮。分娩幾個月後，妳的髮量甚至會變得較為稀疏，不過最後還是會再恢復正常。

·**心臟和循環系統**　為了達到懷孕的需求，妳的身體會製造比平常夠多的血液，心臟也比平常跳動得更快。只是，不好的是，循環系統為了支援胎兒成長所進行的改變，可能會引起一些新的、讓妳不舒服的副作用。當妳的靜脈血管變粗以因應血流量的增加時，可能會突起來，讓妳發現皮膚表面之下有偏青、

 ## 妊娠小百科／胎動的改變

　　大多數的孕婦都會知道自己胎動的模式，當胎動的頻率或強度改變時也會跟著調適。在寶寶出生前的最後幾天，妳可能會注意到胎兒的活動有稍微減少。在懷孕晚期，妳感受到的胎動數通常都會逐漸下滑。胎兒在子宮裡面可以活動的空間減少，特別是當他的頭往下轉入骨盆腔之後。

　　此外，胎兒會隨著孕程建立胎動和睡眠模式，妳在一到三個小時的時段內，可能會注意到胎兒的活動次數有增加或減少的情況。雖說胎兒在子宮中活動力不是很強，健康情形也可能是非常良好的，但胎動次數減少也可能是出事的徵兆。胎兒在最後一個三月期胎動明顯減少許多，可能代表胎兒發生危險了，原因可能是臍帶或胎盤發生了問題。

　　胎動減少時的自我照護　如果妳對胎兒的活動情況很關切，那麼做一下其他活動放鬆一下吧！坐下來喝一杯果汁或是一般的汽水，不要喝健怡汽水。專注在胎兒的胎動上。就大多數情況而言，妳會發現胎兒的活動力比妳感覺中還好。幾乎所有的胎兒每小時都起碼會動四次。

　　何時就醫　如果妳對胎動減少很擔心，那麼請聯絡妳的照護醫師。妳可能會被問到感覺到胎兒上次胎動是什麼時候、過去這兩個小時以來，妳感覺到幾次胎動。照護醫師可能會檢查胎兒的狀況。通常來說，一般都沒事。如果發現了什麼問題，胎兒有可能必須提前生產，或是採取其他步驟。提醒妳，當察覺胎動有異時，立刻採取行動可以避免發生嚴重的問題。

偏紅的線條，尤其是在大腿和腳踝的部分。

‧**靜脈曲張** 有些孕婦會出現靜脈曲張的問題，這是因為血管瓣膜脆弱所引起。這種情況一般都出現在懷孕晚期的幾個月裡。在這段時期裡，腿中的靜脈擴張了，而子宮也大到壓迫了靜脈（參見427頁）。妳的靜脈曲張還可能變成蜘蛛網狀。這些小小的紅點連結著突起的線條，從點中央放射出來，就像蜘蛛的腳一樣，這是血液循環增加的另一種後果。臉、脖子、上胸腔或手臂上也可能會出現。寶寶出生後幾個禮拜後，這種情況可能就會消失。

‧**出現痔瘡** 如果妳真的運氣欠佳，有可能還會出現痔瘡。這是肛門上發生的靜脈曲張，是因為血流量增加以及長大中的子宮壓迫力變高所引起。便秘會讓發生痔瘡的風險更高。有些孕婦是懷孕後才第一次長痔瘡。對於懷孕前就長了痔瘡的孕婦來說，懷孕會讓痔瘡變得更大、也更麻煩。此外，妳可能會注意到妳的眼簾和臉部都變得有點浮腫，這種情況大多發生在早上。這也是血液循環增加的結果。

‧**呼吸系統** 妳的橫膈膜，也就是位在肺部之下那又寬又平的肌肉，現在被擴大的子宮推離了原來的正常位置。因此，妳有可能會覺得呼吸急促，好像空氣沒吸飽。這可能會讓妳惶惶不安，但妳不用替胎兒擔心。妳的肺活量或許被重新安排過，不過妳的呼吸現在更深沈了。每次呼吸時，妳都比懷孕前吸入更多空氣到肺部。

‧**乳房** 妳的乳房本月會持續長大。雖然說有時妳會覺得多出來的體重好像都長到了乳房，其實不然。在整個孕程中，妳成長中的乳房只佔了所增體重中的450 到 1360公克。而這些額外的重量中只有一小部分來自於脂肪。乳房所增加的重量中，大部分來自於變大的泌乳腺和增加的血液循環。

從懷孕之初，妳的腦下垂就讓妳的泌乳激素，也就是荷爾蒙中的一種，開始準備並刺激乳房中的腺體分泌乳汁。在接下來的幾個禮拜裡，妳就會開始製造初乳。初乳是含有豐富蛋白質的物質，可以在寶寶人生中的最初幾天滋養他。如果到目前為止，妳的乳房都還沒分泌過初乳，那麼這個月也會開始了。不過，有些孕婦在懷孕的時候，初乳是不會滴漏出來的。所以不要因此以為這是妳無法分泌乳汁餵養寶寶的徵兆。

‧**子宮** 本月分，妳的子宮還是會繼續製造假性陣痛，練習陣痛與分娩。別忘了，假性陣痛收縮是零星分散的，真正

本月精選運動

下背部伸展

1. 兩手、膝蓋和頭與背部成一直線。
2. 從胃部位置往上拉,背部稍微弓起。
3. 以此姿勢維持數秒鐘,然後放鬆,背部盡量放平。
4. 重複5到10次。

165

妊娠小百科／**注意早產**

本月持續有早產的風險。以下是需要注意的徵兆：

· 子宮收縮，可能不會感到疼痛，覺得好像腹部一陣收緊，

· 伴隨著下背部疼痛的收縮，或覺得下骨盆腔和上腹股溝有沈重的感覺

· 陰道分泌物有變化，例如出現了輕微的點狀出血或出血，水狀的液體從陰道滴漏出來，或是有濃稠帶血絲的分泌物。

如果妳發現收縮次數每小時在六次以上，每次至少維持45秒，那麼即使收縮不痛，也請聯絡妳的照護醫師或醫院。如果妳的陰道出血，腹部還有痙攣或疼痛的情形，尤其要緊。

的陣痛收縮則會有循序漸進的模式。真正的陣痛會變得愈來愈長、愈來愈強、愈來愈密集。如果妳收縮的情況讓妳心有疑慮，請聯絡妳的照護醫師，特別是當妳很痛、或是一小時內收縮五次以上時。

· **尿道** 由於妳的子宮還在擴大，對膀胱的壓迫增加，所以本月如果有漏尿的情況也不要驚訝，特別是當妳大笑、咳嗽或是擤鼻涕的時候。這是懷孕最惱人的副作用了，但是不會一直持續下去的。寶寶一生下來通常症狀就會消失。

妳還是持續有發生尿道感染的風險。如果妳排尿的次數比正常情況多，排尿時有灼熱的情況、或是發燒、腹部疼痛或背痛，請和妳的照護醫師聯絡。這可能是尿道發生感染的徵兆和病徵，不應該被忽略。

· **陰道** 本月分，如果任何時候陰道出現鮮紅的出血情況，立刻聯絡妳的照護醫師。出血可能是發生前置胎盤的徵兆，這種狀況是子宮擴大時，胎盤部分或完全覆蓋了子宮開口，並從子宮頸撕裂開來（參見445頁），是緊急的病症。是否有前置胎盤大多可以在懷孕早期，透過超音波檢查出來。

· **骨頭、肌肉和關節** 在妳的骨盆腔範圍中，骨頭之間的關節現在變得更

鬆弛了。這是分娩前的必要準備，但可能會讓臀部疼痛，不過或許只有一邊會痛。由於子宮不斷變大引起的下背痛可能會讓加劇不舒服的情況。

長大中的子宮可能也會壓迫到妳的兩條坐骨神經，這是從下背部往下到腿，延伸達腳的神經。坐骨神經受到壓迫可能會讓妳臀瓣、臀部或大腿內側產生疼痛、刺痛或麻木的感覺，稱之為坐骨神經痛。坐骨神經痛很討厭，不過是暫時性的，通常也不會太嚴重。

· **皮膚** 腹部的皮膚可能會因撐展、繃緊而變得又乾又癢。大約有百分之二十左右的孕婦會有腹部，或是全身發癢的情況。如果癢得厲害，皮膚上還發紅、出現斑塊，那妳可能是出現一種稱為PUPPP的病症了。PUPPP全名是pruritic urticarial papules and plaques of pregnancy，中文名稱為妊娠搔癢性蕁麻疹樣丘疹及斑塊，也稱為妊娠多形性皮疹，通常先出現在肚子上，然後擴散到手臂、腿、臀瓣或大腿內側。科學家並不清楚PUPPP發生的原因，但似乎有家族性，而且也較常發生在第一次懷孕的孕婦，以及懷著雙胞胎或多胞胎的孕婦身上。

· **妊娠紋** 妳可能也會注意到乳房、

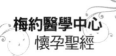

✚ 妊娠小百科／找出舒服的睡姿

　　當肚子不斷的變大，睡覺也變得更難了。除了胃灼熱和背痛會影響睡眠外，要找出令人舒服的睡姿也變得很難。睡覺時要臉朝下已經不可能。平躺也不舒服，因為子宮的所有重量都會壓在脊椎和背部的肌肉上。此外，懷孕晚期一般也不建議平躺睡覺，因為這樣會壓迫到大血管。

　　這個時間點，最好的睡姿是側睡。最好採左邊的側睡方式，因為這樣可以讓最多的血液流過，不過睡那邊都沒關係。妳可能會發現最舒服的睡姿是側躺，膝蓋彎起來，然後膝蓋下面擺一個枕頭。有些孕婦也喜歡在肚子下面擺一顆枕頭。或者妳也可以嘗試全身型的枕頭。

　　很少有人整晚的睡姿是維持不變的，所以如果妳醒來發現自己是平躺著睡的，不要驚慌，妳還沒做出什麼會傷害胎兒的事。只要轉到側身繼續睡就好。

168

腹部，或許還有上臂的皮膚上出現了粉紅、偏紅或是紫色的交錯紋路，稱之為妊娠紋（參見420頁）。和大家一般相信的正好相反，妊娠紋未必與體重的增加有關，而似乎可以相當確定是因為皮膚被撐展開來，再加荷爾蒙腎上腺皮質醇增加，導致皮膚的纖維彈性變差所致。科學家也認為，基因遺傳在是否會出現妊娠紋上扮演了重要角色。無論妳做什麼，妊娠紋都是無法預防的，因為它是從皮膚深層的連結組織中出現的，所以在皮膚上塗抹乳液或油膏是沒用的。一段時間過後，妊娠紋就會褪成淡淡的粉紅或灰色條紋，不過不太會完全消失。

・**體重** 本月分，妳每週大約會重快半公斤，加起來會重大約2公斤。這個月，妳可能會發現自己的手上出現了灼熱、麻木、刺痛或疼痛的感覺，這是腕管綜合症的症狀，部分孕婦在體重增加、身體變得浮腫後會出現的一種結果。由於體重增加，體內的體液也增加，手腕上的腕管內神經便受到了壓迫，引起腕管綜合症。這在寶寶出生後就會消失。

妳的情緒反應

只要再過幾週，妳就要為另一個新生的小人兒負責了。因此，妳感到前所未有的焦慮，如果這是妳第一個孩子，情況尤其如此。

處理產前焦慮 要抑制焦慮的情況，請把寶寶出生前要先做好的決定檢視一次。

・寶寶以後要看小兒科醫師還是家庭醫師？

・妳打算要餵母乳還是奶粉？

・如果寶寶是男生，妳要讓他去割包皮（參見245頁）嗎？

先全面清查這些問題，了解自己的立場，會覺得比較能夠掌控情勢。此外，這麼做，當寶寶到來時，妳的新責任好像也才不會那般令人心生畏懼。

此外，現在妳所感受到、對新生寶寶即將到來的自然期待，也會讓妳難以入眠，或是好好睡一整夜。如果妳在晚上覺得心緒煩躁或焦慮，試著做一下妳在分娩課程中學到的放鬆運動。這些運動可以幫助妳休息，現在就做，也是為未來的大事做很好的練習。

產前檢查

本月將是妳以每月一次頻率拜訪

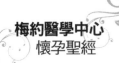
照護醫師的最後一個月。從下個月開始，妳很可能要更常去看妳的照護醫師，一開始是雙週一次，然後變成每週一次，直到寶寶出生。在本月的產檢中，照護醫師會再次檢查妳的血壓和體重，並問妳沒有什麼徵兆或症狀。醫師也會請妳描述胎兒胎動的情形，以及活動的時間表，也就是胎兒什麼時候活動、什麼時候安靜。和其他時候的產檢一樣，妳的照護醫師會透過測量子宮來追蹤胎兒成長的狀況。

基本的嬰兒用品

現在來一點好玩的，如果妳還沒開始買東西的話，現在購物時間到了。接下來的幾個禮拜，妳會花很多時間在購買寶寶的用品上。妳很可能已經買一些東西了。當妳在街上逛街時，那種期待並興奮有個小男生或小女生可以打扮、或玩耍的心情是很難忍住的——所以要不買東西實在很難。妳就是抗拒不了！

不過有幾樣東西妳在購買時要特別注意，因為那是必須以安全為首要考量的東西。務必要確認妳購買的嬰兒車在設計時是以盡可能讓寶寶安全為目的的。

購買嬰兒安全汽座 嬰兒最重要的裝備之一就是車用嬰兒安全座椅，妳把寶寶從醫院帶回家的第一趟車程馬上就會用到。在美國，每一州的法律都規定必須使用車用嬰兒椅，正確而持續的使用更是父母親保護兒童最佳的方法之一。在移動的車輛中，把嬰兒或幼兒抱在膝蓋上絕對不是安全的作法。而且，嬰兒也絕對不應該乘坐在裝有乘客安全氣囊的汽車前座。

車上安置嬰幼兒最安全的地方在後座。而且兒童座椅面向朝後裝置是很重要的，那是車上安置嬰兒唯一安全的地方。萬一發生碰撞，椅面朝前的寶寶頭部和頸部受到碰撞而受傷的風險較高，因為頭會往前推送。

・兒童車用安全座椅的種類 嬰兒用的車用兒童椅有兩種：嬰兒專用座椅和可調式嬰幼兒座椅，這種座椅嬰兒和幼兒都適用。

・嬰兒專用汽車安全座椅 這類座椅是針對體重不超過9公斤的嬰兒設計的，實際的重量依照座椅而有不同。這類座椅最適合新生兒，而且也最適合尚未成熟的嬰兒。很多型式的底座都是可脫離式的，讓妳可以把寶寶連嬰兒椅一起帶出車外，而不必重新安裝底座。這種嬰兒椅的底座是安裝連在車上的，而嬰兒椅則可以輕易的卡入底座。

嬰兒專用安全座椅有五點式安全護帶，可以提供最佳的保護。安全護帶是可以將寶寶安全固定在座椅上的帶子。安全護帶從嬰兒的肩膀，各自越過一邊大腿，交叉穿越跨下，然後扣住。如果妳家裡有舊式的三點式安全護帶車用安全椅，只要孩子可以被適當的綁束住，也是可以持續使用的。較小的嬰兒無法以三點式安全護帶安全的加以綁束。

・**可調式嬰幼兒安全座椅**　市面上也有比嬰兒專用安全座椅更大、更重的嬰幼兒安全座椅，適用於體重18公斤以下的兒童。現在所有的可調式嬰幼兒安全座椅都採五點式安全護帶設計。雖說使用可調式嬰幼兒安全座椅可以省下一筆錢，不過嬰兒專用安全座椅在使用上比較容易，也適合新生兒。

・**選擇汽車安全座椅**　妳怎麼知道要買怎樣的汽車安全座椅呢？最佳的安全座椅就是符合孩子年齡、身高體重、能夠被正確安裝、使用也容易的安全座椅。

購買時，多看幾種型號。當妳找到喜歡的座椅時，先試試看。調整一下安全護帶和扣環。務必要清楚使用方式。可能的話，在真正購買之前，先試著在車上安裝一下。

使用鋪有軟墊布料材質的汽車安全椅，寶寶用起來比較舒服。現代的兒童安全座椅廠商提供不同的設計來滿足大多數可能的品味：素色、格子和動物花樣等等。請記住，寶寶很容易把東西搞髒，所以即使不是絕對必要，可清洗式的材質也有加分的效果。有些鋪有軟墊的布料需要手洗，用曬衣繩晾乾。如果是這種情況，請確定妳不用拆除太多部分就能把軟墊布料部分脫離。

在購買汽車安全座椅時，還需要注意一些其他重點：

・寬版、無法扭轉的帶子。萬一發生撞擊時，可以扭轉的保護帶在束縛兒童的效果較差。

・兩片式胸前剪裁。可以保護孩子，孩子很難自己脫離。

・**前安全護帶調整**　有些汽車安全座椅在前面有一種機制，可以讓妳調整前安全護帶的鬆緊度。

・部分的汽車安全座椅都有特別添加一層泡棉或是特別的塑膠，萬一發生車禍時可以提高對頭部的保護。這層泡棉或塑膠是嵌在安全椅殼中頭部的周圍。

避免常見的錯誤　以下是一些和

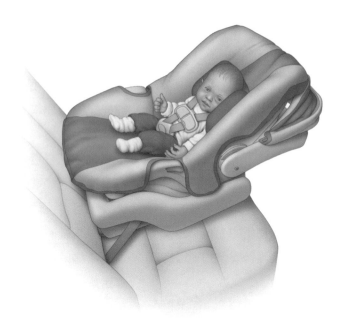

嬰兒專用汽車安全椅

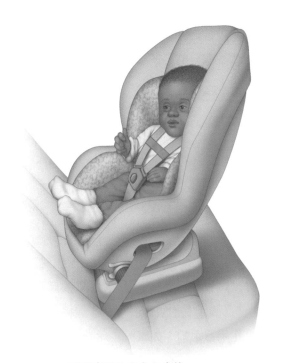

可調式嬰幼兒安全座椅

汽車安全座椅相關而父母親常犯的錯誤，以及避免的方法。

· **沒有搜尋過某二手汽車安全座椅過去的歷史就購買。**如果妳在考慮購買二手的汽車安全座椅，請確認該安全座椅符合安全標準、有說明書、沒被原廠叫回重修過、沒事故、也沒明顯裂痕或零件掉落的。如果妳對該安全座椅的歷史不清楚，不要使用。

· **把安全座椅裝置在錯誤位置。**放置兒童安全座椅最安全的地方就是車後座，遠離安全氣囊的地方。如果前座的安全氣囊爆出來，就會衝擊到放在前座、面朝後的安全座椅背後，也就是寶寶頭部所在，導致嚴重或致命的傷勢。把安全座椅放在裝有側面安全氣囊的後座門邊，也一樣不適合。如果妳後座只要放一個兒童安全座椅，那就放在後座的中間。

· **扣住孩子的方法不正確。**在安裝座椅前，請先閱讀製造商提供的說明書，確保安全座椅被緊緊的固定鎖住，前後或左右的位移不會超過2.5公分，而且座椅的面要朝正確的方向。要花時間正確的把孩子固定在座位上。把安全護帶或胸部扣夾平均的扣在孩子的腋下，不要置於腹部或頸部。

· **以不當的方式讓小孩直立。**請根據製造商的說明，讓安全座椅往後傾，通常是45度角左右。這樣萬一發生車禍，新生兒的頭部才不會因撞擊而往前急撲。

· **太早讓安全座椅轉向面前。**當孩子愈來愈大以後，妳要忍住把孩子安全座椅轉向，讓他臉朝前，妳可以從照後鏡看到他臉的衝動。在孩子體重未達13.5至18公斤前，一般還是建議妳坐車時讓他的臉朝後。

· **把兒童汽車安全座椅當作備用的兒童床。**請記住，安全座椅不是嬰兒床。2009年的一分研究顯示，新生兒在汽車安全座椅中坐直，可能會壓迫到他的胸腔，讓氧氣濃度變少。雖說在行進時，孩子在安全座椅中扣緊是必須的是，不過如果妳不在車上，不要長時間讓孩子睡在汽車安全座椅中，或在那邊休息。

購買嬰兒床 因為新生兒起碼有一半的時間在睡覺，所以把妳兒子或女兒安置在哪裡睡覺可不是一件小事。如果嬰兒被放在不安全的嬰兒床上，那可是會發生事故的。買或借一個嬰兒床時，要確定嬰兒床符合美國消費者產品安全委員會和美國小兒科學會的安全指南規範。

從2011年六月起，活動側護欄式

嬰兒床在美國已經不能再販賣了。消費者產品安全協會最近投票制訂了一條新的聯邦嬰兒床安全規範，不再准許側邊活動式護欄可以放下的嬰兒床設計。

在美國，過去十年來，數十個嬰兒死於這種活動側護欄式嬰兒床。這種嬰兒床的設計可能會讓嬰兒被夾住，窒息而死。

有些夫妻也會購買可攜式嬰兒床，或是嬰兒圈欄方便旅行時使用。如果妳想買的話，請記住，可攜式嬰兒床和永久式嬰兒床不同，不受相同的聯邦安全需求規範，因此小心檢查該床，並確認其安全性是非常重要的。

・**嬰兒床的安全性**　務必要確定妳買的嬰兒床符合這些需求：

・嬰兒床的床墊要夠牢固，與床體完全密合，寶寶才不會被夾在床墊與床體之間。如果妳可以把二隻手指探進床墊和嬰兒床的側邊之間，那麼該嬰兒床就不應該使用。請使用底部能與嬰兒床完全密合的專用床墊。

・螺絲、角扣、或其他的金屬五金部分不能有掉落、鬆脫、破損或安裝不正確的狀況。

・嬰兒床的護欄條間距不應寬於6公分，也就是大約一個汽水罐的寬度。

・床的角柱不應高於0.15公分才不會勾到寶寶的衣服。

・油漆不應有裂紋或剝落。所有表面都應塗以無鉛漆。

・使用寶寶專用寢具，取代毯子。

・嬰兒床上不要放枕頭、羽絨被、棉被、羊皮、填充枕墊，或是像枕頭的填充玩具。這些東西可能會導致窒息。

・懸掛式嬰兒床玩具應該遠離寶寶可以接觸到的範圍。

購買嬰兒背巾　當妳手忙著做其他事的時候，嬰兒背巾可以讓妳把寶寶靠在妳身上。背巾的種類形形色色，有前背式、斜背式和後背式。對剛出生幾個月的寶寶來說，前背式和斜背式的背巾特別有用。不過當寶寶體重到達7到9公斤時，可能就變得太重，不能用這方式背了。所以當寶寶比較大，也比較能支撐自己的身體後，後背式的背巾是最好用的。

前背式的背巾是由兩條肩帶支撐一個深口的布質座位所組成。斜背式背巾則是用一條寬布纏過身軀，再由一條肩帶支撐。有些父母親覺得斜背式背巾重又累贅，不過有些人則非常喜歡。

・**背巾的安全性**　選購寶寶的背巾時，請留意這些特質：

・妳要的是能安全抱住並支撐寶寶的背巾。所以請找頭部有加軟墊支撐的。

・背巾務必要讓妳和寶寶都感到舒適。所以要找肩帶寬又有加軟墊的，腰帶或臀部帶也要加軟墊，帶子要能調整，讓腳穿過的洞不要太緊。請確定斜背式的不要大到讓寶寶包進去就找不到。

・使用是否簡單？務必確認妳能輕鬆的背和脫。

・背巾的布料質地要耐用、清洗容易。棉質是不錯的選擇，因為溫暖、柔軟又可以洗滌。

・選擇讓寶寶可以把臉朝內及朝外的背巾。

・要找有口袋或是拉鍊袋的背巾，這樣才方便放一些常用的東西。

第12章

第九個月：第33週到第36週

我和我太太很晚才有孩子：我四十一歲，我太太三十六歲。我很擔心內人即將經歷的身體變化，對於她必須忍受懷孕帶來的種種不適，我也感到不捨。不過，從另一方面來看，透過超音波看到胎兒成長，或是用手摸她的肚子，感受胎兒在拳打腳踢真是太棒了，這讓我覺得一切都是真實的。或許，懷孕要持續十個月是一件好事，因為我們才有時間為家庭新成員的到來做好準備。

—— 西爾凡

本月會是個忙碌的月分，妳為了新生寶寶的到來而在家中、生活上和自己身上做著種種準備。期待折磨著妳，還有妳的背、妳的腳和幾乎所有其他的一切！懷孕晚期的不適症狀現在可能到達了高點。不過請記住，妳的不屈不撓和耐心很快就要獲得回報了。

胎兒的成長

這些日子胎兒體重增加的速度幾乎和妳有得比，大約是一週220公克。

第33週 接下來的四個禮拜是胎兒拼命長大的時期。下個月當懷孕進入

尾聲時，體重增加的速度會略微減緩。在第33週，胎兒幾乎是完全發育完成了。眼睛的瞳孔可以對光線產生反應，縮小和放大。胎兒的肺也發育得完整多了，所以本週如果出生的話，情況也會樂觀多了。雖說本週出生還是不太受到歡迎，不過這個週數出生的大多數寶寶都已經是健康的了。

第34週 保護胎兒皮膚的白色蠟質外膜（胎兒皮脂）本週會變厚。寶寶

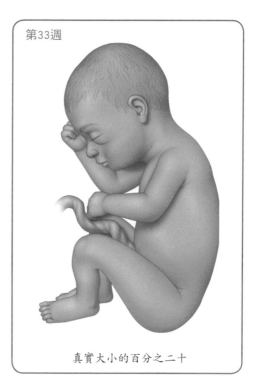

第33週

真實大小的百分之二十

出生時，妳還可以親眼在他身上看到胎兒皮脂的一些痕跡，特別是在寶寶的手臂下、耳朵後面和腹股溝部分。這同時，過去幾個月來長在他皮膚上的柔軟、如羽絨般的毛（胎毛）也幾乎掉落殆盡。在懷孕期進入第34週的同時，寶寶重約2500公克，從頭頂到臀部的身長約31.7公分。

第35週 胎兒繼續增重，在全身各處累積脂肪，尤其是肩膀附近。胎兒體重增加最快的時期會是接下的三個禮拜，每個禮拜最多可到約220公克。由於子宮內部擁擠，本週妳感受到的胎動較少。因為空間太擁擠，所以這個體型較大也較強壯的胎兒要給妳一拳也比較困難，不過妳或許可以感受他很多伸展、翻滾和扭動的情形。

第36週 在第36週期間，胎兒會繼續增添皮下脂肪。如果妳本週有機會一窺胎兒，妳會看到一個幾乎可以用圓滾滾來形容的胎兒，有著一張小小、圓圓的臉。胎兒臉部豐滿是因為近期脂肪的囤積以及有力的吸肌已經完全發育完成，準備可以動作了。

到了懷孕的第36週，也就是懷孕第九個月的尾聲，胎兒體重約2700公克或更重一點。

妳的身體變化

胎兒很大了，可能會干擾到妳的睡眠。妳的肌肉會因為帶著這個大負擔而痠疼不已。把所有情況合在一起，妳大部分時間可能都會感到很疲累。如果妳已經精疲力竭了，那就休息一下吧！把腳抬起來休息再放鬆。疲勞是身體告訴妳必須慢下來的方式。

發生什麼事，哪裡？ 本月分，妳的身體會為了準備陣痛和分娩而辛苦工作。

・循環系統 因為妳的橫膈膜被往上推，那種空氣吸不飽的感覺可能會持續下去。如果胎兒本週下降到子宮較低的位置和骨盆腔（有些人會有這種情形），那麼呼吸可能會容易一點。

・乳房 乳房內部的泌乳腺會繼續生長，而讓乳頭和乳暈附近皮膚保持濕潤的小小泌油腺現在可能會更明顯。

・子宮 本月胎兒會在子宮中的定好位置，準備朝大出口位置前進。如果胎位正（大部分的寶寶胎位都是正的），他的頭部會朝下，手和腿緊縮起來抱胸 —— 妳也做好可以生產的準備了。事實上，妳甚至可能真的會感覺到胎兒在往下降，深入骨盆腔，為分娩做準備，這稱之為「入盆」（lightening），但

英文的lightenin（變輕）一詞倒是有誤導之嫌。雖說妳的上腹部可能感覺較輕鬆了，但其實骨盆腔、臀部和膀胱的壓迫情況更嚴重。

有些孕婦，特別是懷頭胎的媽媽，在分娩前幾個禮拜就會開始「入盆」，不過其他人還是在開始陣痛的當天才會感受到。胎兒什麼時候會入骨盆腔是很難講的，甚至連妳是不是會注意到也很難說。

· 消化系統　如果本月有胎位下降的情形，那麼妳可能會發現某些腸胃的問題已經獲得一些改善了，如胃灼熱或便秘。不過，並非所有孕婦都有所謂「入盆」的情形。當胎兒持續長大，即使他往下降入產道，還是會繼續壓迫妳的肋骨下方。

· 尿道　由於胎位下降，妳尿道的問題可能會更嚴重。當胎兒下降到骨盆腔更深處，妳的膀胱會受到更大的壓迫，感覺很像要一直上廁所。在懷孕晚期的最後幾週，妳一個晚上可能得爬起來上好幾次廁所。寶寶生完後，這種情形幾乎就會立刻消失。

· 骨頭、肌肉和關節　妳身體的連結組織持續變柔軟、變鬆弛，為即將到來的陣痛和分娩預作準備，骨盆腔的範圍尤其明顯。妳會覺得兩隻腿好像要跟身

體拆開了 —— 從記錄上來看，是沒有這種先例的。

不要放棄妳的運動，不過本月分運動時要很小心。因為上述的柔軟和鬆弛情況會持續，所以肌肉和關節很容易受傷。

由於子宮漲大所引起的臀部或下背疼痛情形還是會繼續。妳也會有坐骨神經痛的問題，那是臀部或大腿內側的刺痛或麻木感，起因是子宮壓迫到坐骨神經。胎兒如果降入骨盆腔，這種疼痛還會更強烈。

· 陰道　陰道本月分會開始擴張。擴張在陣痛出現前幾個月、幾天或是幾小時前都可能開始，每一位孕婦的情形都不一樣。在擴張期間，妳會覺得陰道有尖銳、刺痛的感覺。這並不意味著妳在陣痛。這種疼痛的原因尚未完全清楚，不過對妳和胎兒不會造成威脅。懷孕後期陰道疼痛通常不是什麼值得擔心的問題，但是妳可以告訴照護醫師妳有多不舒服。

本月分妳幾乎一定會產生一些收縮（陣痛疼痛）的情況。收縮很可能完全不會造成困擾，或甚至不會注意到。不過如果妳有痙攣的感覺，同時子宮似乎又有緊縮、變硬的感覺，那就要注意一下這種收縮是否有規律

性，以及出現的頻率。練習性的或是假性的收縮是無法預期的，即使經常出現，也不會有固定的節奏。真正的收縮出現的次數頻繁，五分鐘，甚至更短時間內就出現一輪，而且會在規律的間隔重複出現。

· **皮膚** 懷孕引起的一些皮膚變化，本月份可能會變得更明顯，其中包括了：

· 靜脈曲張，尤其是妳的腿部與腳踝

· 蜘蛛網狀血管，尤其是妳的臉部、頸部、上胸腔或手臂。

· 腹部或全身又乾又癢。

· 妊娠紋出現在乳房、腹部、上手臂、臀部或大腿內側各處。這些變化，很多都在寶寶出生後就會褪色或消失。不過有些妊娠紋雖然會褪成淡淡的灰色紋路，卻會殘留下來。

· **體重** 這是體重激增的一個月，妳每週大約會重快半公斤，加起來會重大約2公斤。

身體迎接分娩的準備

除了每月的運動外，這邊還有幾項對妳陣痛有益的運動。這些運動針對的是在陣痛和分娩時將會承受最多壓力的肌肉。

凱格爾運動 骨盆底的肌肉是幫忙支撐子宮、膀胱和直腸。利用凱格爾運動來進行調整可以幫助妳紓解懷孕最後幾個月的不適，也可以幫助妳將兩種常始於懷孕期間，到懷孕期結束都還可能持續的常見問題，症狀減到最輕：漏尿和痔瘡。強化骨盆底肌肉群的力量可以降低尿失禁發生的風險，無論是懷孕期間或產後都很有效。

· **運動方式** 先認明骨盆底肌肉群 —— 也就是圍繞在陰道和肛門周圍的肌肉。要確定妳找到的肌肉是正確的，可以在上廁所小號時先憋尿。如果妳把排尿動作停下來，妳就已經找到正確的肌肉了。不過，千萬不要把憋尿變成一種習慣。在排尿或是膀胱很漲的時候做凱格爾運動事實上會讓妳的肌肉力量變弱；也可能導致膀胱排尿不完全，發生尿道感染的風險就會提高。

如果妳找不到正確的肌肉群，可以試試不同的技巧。把一根手指頭放在陰道裡，當妳擠壓時，陰道就會緊縮。妳擠壓的這些肌肉就是妳的骨盆底肌肉。

認清哪些是骨盆底肌肉後，清空膀胱，然後採坐姿或站姿。然後用力的緊縮妳的骨盆底肌肉。以固定的間隔頻率進行，每次五秒，一輪大約四到五次，然後增加到每次肌肉可以收縮到10秒，兩次收縮之間放鬆10秒。

每日做三回，每回10次的凱格爾運動，另外再做三輪迷妳凱格爾運動。快速的數到10或20，每數一個數字就做一次骨盆底肌肉的縮放。在做凱格爾運動時，不要用到腹部、大腿內側和臀部的肌肉，這樣會讓原本想調整的骨盆底肌肉肌力變糟，而且也不要摒住呼吸。只要放鬆，專注在陰道和肛門周圍肌肉的縮放就好。

會陰按摩 會陰按摩是在陣痛開始之前幾個禮拜，開始按摩陰道開口和肛門之間（會陰）的區域，幫助這些部位的組織進行撐展，以利分娩。這種運動可以幫助減輕胎兒頭部從陰道開口出來時的疼痛，甚至可以幫助妳，讓妳不需要在胎兒頭冒出來的時候在會陰再切一口，加大陰道開口（會陰切開術）。助產護士長久以來一直都很推薦會陰按摩。雖說還沒有確切的證據顯示這種按摩可以避免會陰的劇痛，但有些研究則指出效果不錯。

· **運動方式** 先用熱水和肥皂把手徹底洗乾淨，指甲一定要剪。雙手大拇指上塗一些溫和的潤滑油，然後把拇指插入陰道裡面，朝直腸方向下壓，伸展撐開該部分的組織。每天重複做八到十分鐘。如果妳願意的話，妳的伴侶也可以幫妳進行這個程序。當妳按摩會陰時，可能會有一點灼熱感或不適，這是正常的。不過如果開始感到刺痛就要停止。

· **還有幾點要提醒一下**：如果妳覺得這個會陰按摩作法讓妳不舒服，可以不做。而且就算妳做了，也無法保證妳一定不用進行會陰切開術。一些特定的分娩狀況，像是胎兒很大或胎位不正，都可能需要進行會陰切開術。

妳的情緒反應

這個月，妳對於陣痛什麼時候開始以及即將發生的分娩經歷可能想很多。這個時候愈來愈緊張是可以理解的，對胎兒是否健康的憂慮與恐懼也是。妳也可能花時間認真的去的思考，分娩會是怎樣的疼痛法。實際發生時有多痛？會持續多久？妳要怎麼應付才好？

做好陣痛的心理準備 妳對陣痛和分娩會產生焦慮感，這是可以預期的，不過想想看，每天都有女人在陣痛、生孩子呀，這是個自然過程。要幫助妳做好心理準備，並保持平靜，妳可以

· **自我教育。**了解生孩子時身體會經歷的事，會讓妳在事情真正發生時，減輕緊張和恐懼的感覺。恐懼和緊張程度降低，疼痛也會減少。分娩課程是結識其他準媽媽的絕佳場合，妳也可以學

本月精選運動

上階梯

1. 背部打直，兩腳的重心放在腳掌心，小心上
   一階的階凳。
2. 回到起始位置。
3. 換另外一隻腳先上階梯，重複上述步驟。做
   5至10次，或做到妳感到疲倦。

習到在陣痛和分娩時，妳自己身體的變化。此外，請務必閱讀本書中與陣痛及分娩相關的章節。

· **和有正面分娩經驗的女性談談。**向她們學習在她們陣痛和分娩過程中覺得有用的技巧。

· **告訴自己妳只能盡力而為。**過程會怎麼進行得看環境和妳本身的力量。生孩子的方法沒有對或錯。

· **讓自己熟悉在陣痛期間可以紓解疼痛的各種選項。**請閱讀第23章，更深入了解陣痛和自然生產技巧上可以使用的止痛藥物。不過將來會用什麼、不用什麼，先不要有先入之見。除非到了分娩的時刻，否則妳也不知道自己會需要什麼。所以最好是先了解，但仍保持彈性作法。

產前檢查

本月，妳或許會見妳的照護醫師兩次。和之前的產檢一樣，他很可能會幫妳量體重和血壓，並檢查胎兒的活動力和胎動。照護醫師還會量妳的子宮大小，在本月的前半個月，大約會是33到34公分之間，大約和妳的懷孕週數相當。

鏈球菌檢驗 懷孕到了現在，如果妳還沒進行過乙型鏈球菌篩檢，那麼照護醫師現在會幫妳做。這個檢驗一般稱為乙型鏈球菌篩檢。檢查時，一般會從陰道和直腸裡面取一點檢體，進行細菌檢查。乙型鏈球菌在妳體內通常不會產生危害，不過對妳雖然沒有危險，有這種細菌的孕婦卻可能在分娩時把細菌傳給寶寶。新生兒尚未有適當的免疫系統可以和此菌共生而沒有併發症的風險。如果發現乙型鏈球菌，在妳開始陣痛時，一般都會立刻投以抗生素，以降低寶寶發生細菌感染的風險。（註：台灣自101年4月15日起，國民健康局已全面提供35至37週孕婦乙型鏈球菌篩檢補助，每位孕婦補助500元，但對經濟弱勢（低收入戶、中低收入戶，設籍山地原住民地區、離島偏遠地區）之孕婦，則不再收取差額。）

檢查胎位 本月進行產檢時，照護醫師會檢查寶寶的胎位。胎兒在懷孕第33週時所在的位置極可能是生產時的位置，看是頭先、臀部先、還是腳先。不過，如果妳生過幾個孩子，那麼胎兒在最後幾週胎位還發生改變的可能性就較大。要測定胎兒在子宮中的位置為何，照護醫師會檢查胎兒，看是胎兒身體的哪一部位在骨盆腔的最下面，準備好要先被生下來。這稱之為先露部分。

要判定胎兒的先露部分為何，照護醫師會小心謹慎的壓你腹部的外面。預產期接近時，如果還不確定胎兒的先露部分是什麼，照護醫師還會施行陰道檢查。進行陰道檢查時，照護醫師會探入陰道裡面去感受胎兒是身體的哪部分在子宮頸開口之上。如果這樣照護醫師還是不清楚胎位，就會使用超音波。

如果胎兒是頭部先，那麼妳準備好可以生產了。如果胎兒是臀部先或是腳

 妊娠小百科／分娩計畫書清單

分娩計畫書可能包括以下的詳細資訊：

· 什麼時候到醫院或助產所？

· 要帶什麼？ —— 妳最喜歡的睡衣、個人用品、音樂、產前產後乳房專用霜、以及聯絡電話號碼。

· 與分娩有關的疑慮。

· 分娩的時候期待的事。

· 陣痛和分娩時支持妳的人。

· 自然的止痛偏好 —— 沖澡、生產球（birthing ball）、音樂、微暗的燈光、散步、搖椅

· 偏好的醫療止痛方式 —— 硬脊膜外麻醉或其他。

· 藥物的使用目標 —— 不要用藥、一些用藥、看情形。

· 水分補充的偏好 —— 陣痛時妳希望啜飲一點水、不限制喝水、或不要從嘴巴攝取東西？

· 助推或分娩的位置 —— 坐在床上，平躺病並使用扶手、側躺曲蹲

· 剖腹產偏好 —— 不過醫師還是會根據當時情況，來做最好的判斷。

· 分娩時的偏好 —— 妳想從鏡子裡面觀察自己嗎？想要家人在一旁看嗎？

· 一生產完後的偏好 —— 妳想要寶寶直接就被抱給妳，還是先用包毯包住再給妳？

· 是否想幫寶寶割包皮。

· 計畫如何哺育寶寶？

· 病房內或護理上的偏好。

· 產婦與新生兒的後續照護方式。

· 新生兒第一次洗澡與檢查時，是否要在場。

· 對剖腹產的偏好。

先，那麼就是所謂的「胎位不正」了。

如果胎兒不是位在骨盆腔太下面的位置，照護醫師還會在分娩前的幾個禮拜，努力讓胎兒轉成較理想的位置，這種動作稱為體外迴轉術。照護醫師會在腹部上的幾個點施壓，嘗試將胎兒轉回適當的位置。藥物也經常會被用來放鬆子宮，紓解疼痛。體外迴轉術通常是預產期前二到四週進行的。

擬定分娩計畫書

寫分娩計畫書是要鼓勵妳在陣痛和分娩尚未開始前先多想一想。妳可以把自己對於陣痛、分娩和產後照護的喜好記錄下來。分娩計畫書也可以提供妳一個機會，讓妳和照護醫師討論妳的喜好。

請記住，妳的分娩計畫書不是刻在石頭裡一成不變的東西。分娩時會如何進行，事情要發生什麼變化，沒有人可以預測。舉例來說，妳可能認為自己不要任何止痛措施，但到了實際陣痛時妳就改變心意了。不過了有分娩計畫書，妳可以確保，在合理的範圍內，妳的分娩經驗會與妳的預期盡可能相近。

妳的照護醫師可能會要求妳填寫一張偏好的意願書。又或者，妳也可以利用自行建立、或是在分娩課堂中寫好的分娩計畫書。妳的希望一定要和照護醫師討論過。

控制分娩疼痛 如果妳還沒決定如何處理伴隨分娩而來的疼痛，那麼現在是該好好想想了。沒錯，生小孩超痛的 —— 不過，這種痛也是可以管理的。為了讓妳的分娩盡可能的順利，最好知道當時疼痛來臨時，妳想怎麼處理。

知道自己有什麼選擇 控制陣痛相關的疼痛，選擇很多。有些孕婦會去上課，學習呼吸和放鬆的技巧，她們就靠這些技巧來管理疼痛。而另外一些孕婦則喜歡用止痛藥。止痛藥有兩類：舒緩型止痛藥，這是減輕疼痛程度的，另外一種是麻醉型止痛藥，這是阻斷疼痛的。妳還可以選擇合併使用，也就是呼吸技巧外加止痛藥。妳也可能在陣痛的前期，也就是較容易的部分，不用藥物，然後在後期疼痛加劇時再使用止痛藥。

想弄明白哪種方式才是對妳最好的，請先了解妳所有的選擇，然後再下決定。也請跟經歷過分娩陣痛的朋友談談，問問她們覺得那種最好。不過最重要的，別忘了，這完全是妳自己的選擇。

（關於各式止痛選項的詳細資訊，以及對每種方式可以抱持的期待，請參見第23章。）

第13章

第十個月：第37週到第40週

　　我認為大自然讓我們對陣痛產生期待的方式是讓懷孕的最後的一個月非常不舒服。我還可以忍耐幾個禮拜，不過絕對是蓄勢待發，準備好要生寶寶了。

── 克莉絲

　　第十個月！懷孕不是應該只有九個月嘛！到底怎麼回事啊？如果妳剛好錯過前面的說明，我們在第二部分的簡介中解釋過，為什麼本書把懷孕分為十個月，而不是九個月。從現在開始，妳隨時都可能生產了。不過，懷孕的正式認定是四十個禮拜完成。

胎兒的成長

　　在最後這幾個禮拜，妳的子宮停止漲大了，胎兒也變得圓滾滾的。在最後這幾週，體重增加的情況因孩子的個別差異而有所不同。有些胎兒硬是比別人多增加了一些重量。

　　第37週　在本週結束前，胎兒就被認為是足月了。他還沒有完全停止成長，不過體重增加的速度已經趨緩。由於脂肪已經在皮膚下生成，所以胎兒的身體已經慢慢愈變愈圓了。寶寶的基因似乎會影響出生時的大小。如果妳懷的是小男生，即使是孕期的時間長度接近，體重也比女生來得重。

　　第38週　最近這幾個禮拜，胎兒的發育主要集中在器官功能的提昇上。胎兒的腦部和神經系統功能每一天都愈來愈好。不過這個發育的過程會持續一整個童年期，甚至繼續到十幾、二十歲左右。這個月，胎兒的腦部已經準備好要管理呼吸、消化、進食並維持適當的心跳率這些複雜的工作了。

　　懷孕進入第三十八週，胎兒的平均重量大約是三千公克左右，從頭到臀部身長約35公分。

　　第39週　以前覆蓋在胎兒身上大部分的皮脂和胎毛都已經掉落光了，不過妳在胎兒出生時還是看得到一些痕跡。胎兒皮下現在已經有足夠的脂肪，再加上妳也貢獻了一些幫助，可以維持自己的體溫了。這些脂肪會讓寶寶擁有出生時妳看到的那種健康、胖嘟嘟的模樣。

　　雖說身體其他部分已經迎頭趕上，不過胎兒的頭還是他全身最大的部分，那也正是為何胎兒從頭先生出來是最理想的。

妳會繼續供給胎兒抗體、蛋白物質,保護他對抗細菌和病毒。這些抗體可以透過胎盤從妳身上傳給胎兒。在寶寶生命的最初六個月,這些抗體會幫助他的免疫系統對抗感染。這些抗體有些也透過母乳給寶寶。在懷孕的

第三十九週前,胎兒的體重一般約在3175至3400 公克之間。到了現在,每個胎兒之間的個別差別已經很明顯了。第三十九週的胎兒體重範圍從2720至4080公克都有。

第40週 這個禮拜就是妳的預產

 妊娠小百科／寶寶是怎麼出來的?

理想,也是最常見的生產位置如下。在這種姿勢下,寶寶的頭部以最小的體積帶領通過產道。

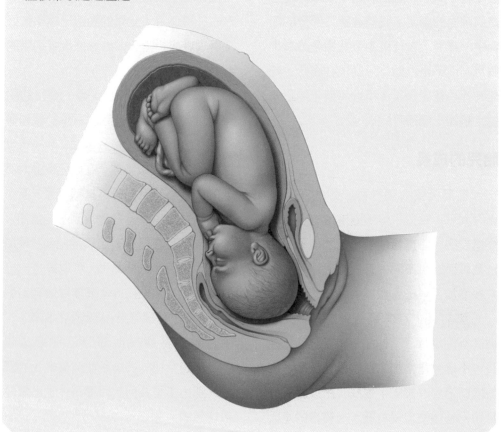

期了。耶～不過，只有百分之五的孕婦會在預產期生產，大多數的孕婦不是晚一個禮拜，就是早一個禮拜。要保持耐心，雖然妳所有的工作都已經做好，但這並不容易！

當陣痛期接近時，寶寶為了做好出生的準備，身體會發生許多變化，其中包括了荷爾蒙的激升。這樣可以維持寶寶在出生後的血壓和血糖濃度，同時也在跟妳的子宮進行溝通，告知時間到了。

陣痛開始後，每一次子宮收縮，寶寶準備回流到胎盤的血液，量都會稍減一點。這些干擾的次數只要不是太頻繁、時間也不要維持太久，寶寶都可以應付過去。寶寶在出生時經歷的變化真的非常神奇。之前經歷的一切和這美好、光輝燦爛的事件相比，都只是序曲。

懷孕第四十週，胎兒的平均重量大約在3175至3400 公克之間，如果腿完全伸直的話，身長大約有46至52公分左右。妳的寶寶體型或許比這個平均值大或小，但依然是正常又健康的。

妳的身體變化

懷孕前，妳的子宮重量大約只有56、57公克，能支撐的重量不到14公克。但足月時，子宮的重量可以乘上20，到大約1130公克左右，而且可以撐展到足以支撐住胎兒、胎盤和大約1.14公升的羊水。

發生什麼事，哪裡？ 本月的月底，在經過四十週的成長和變化後，妳馬上要經歷陣痛和分娩過程，生出一個新人兒了，一個獨一無二的小男生或小女孩了。

· **循環系統** 妳還是會有呼吸急迫的感覺。如果在陣痛開始之前胎兒就下降到骨盆腔裡面（頭胎的媽媽比較容易如此），那麼橫膈膜上的壓迫感就會變小。不過，許多孕婦整個孕程還是都有呼吸急促的問題，因為胎兒在長，會壓迫到肋骨架下。

· **消化系統** 和過去幾個月來一樣，妳的消化系統會持續的以緩慢的節奏運作。妳依然會有胃灼熱和便秘的問題。如果胎兒本月胎位下降，那麼這些現象都會獲得改善。只要對胃的壓迫變小，消化方面就會容易一些。

· **乳房** 受到雌性激素和黃體激素這兩種荷爾蒙的影響，妳的乳房已經準備好可以哺育寶寶了。隨著預產期的逼近，妳的乳頭可能會開始滴出初乳，也就是乳房剛分泌出來的偏黃色蛋白質液。在孕程中，有些孕婦的乳頭反而會陷進去，凹到乳房裡。如果妳出現這種情形，不要擔心。授乳諮詢人員可以幫

助妳讓乳頭準備好，以便哺乳。

· **子宮** 本月分，妳子宮漲大的情形會告一段落。當妳接近足月的時候，子宮就會從恥骨範圍延伸到肋骨架底部。如果這是妳的頭一胎，在陣痛開始之前幾個禮拜，胎兒可能還會下降到骨盆腔更深處（入盆）。如果妳已經生過孩子，那麼入盆和陣痛的開始時間點會靠得比較近。

· **尿道** 妳可能會發現，要一夜好眠真的很難，因為整晚得頻頻起來上廁所。妳可能還會繼續漏尿，尤其當妳大笑、咳嗽或擤鼻子的時候。忍著點吧，妳的懷孕期就快要結束了。

· **骨頭、肌肉和關節** 這個名稱很相稱的荷爾蒙鬆弛激素，會由胎盤分泌出來，繼續把讓妳三個骨盆骨撐在一起的韌帶加以鬆弛並放鬆。這樣一來分娩時，骨盆才能打得更開，寬到讓胎兒的頭部足以通過。但現在，鬆弛激素呈現出來的效果就是讓妳的四肢感到笨重又鬆軟。

如果妳的胎兒在陣痛開時前幾個禮拜就胎位下降了（頭胎母親很常見的情形），那麼妳的骨盆關節可能會感覺受到壓迫或是疼痛。

· **陰道** 在接下來幾個禮拜中的某個時間點，妳的子宮頸會開始打開（擴張），而這時間可能在陣痛前幾個禮拜或幾個鐘頭前。妳的子宮頸開口最後會從0公分撐開到10公分大小，讓妳可以把寶寶推送出來。當妳的子宮頸開始擴張以後，陰道裡可能偶而會出現尖銳的刺痛感。會陰部分，也就是陰道開口和肛門之間的部位，也可能會覺得受到壓迫，並產生疼痛或陣陣尖銳的刺痛感，這是因為寶寶的頭正壓著妳的骨盆底。

當子宮頸變薄並鬆弛後，懷孕期間以來一直堵住子宮頸開口，防止細菌進入子宮的子宮頸黏液塞也可能會鬆落。子宮頸黏液塞鬆落和陣痛是否開始之間並無密切關連性。鬆落的情形最早從陣痛開始前的兩個禮拜就可能出現，但也可能就發生在陣痛之前。發生的時候，妳會注意到出現了濃稠的分泌物，或是纖維線狀的黏膜，顏色呈透明、粉紅或夾帶血絲。如果妳沒注意到這些變化也不用擔心。有些孕婦在子宮頸黏液塞鬆落的時候根本沒發覺。

有不少孕婦在陣痛開始前，羊水囊就會破掉或滴漏。這些在寶寶出生時提供緩衝作用的液體有的是滴滴答答的流出，有些則大量直瀉。如果妳發生這種情況，請遵循妳照護醫師的指示。只

孕期體重的分配

以下就是妳增加的體重分配的細項情形。

・胎兒	2950 到 4080 公克
・胎盤	680公克
・羊水	900公克
・乳房變大	450 到 1360公克
・子宮變大	900公克
・脂肪儲存與肌肉發育	2720到 3630 公克
・血流量增加	1360到 1815公克
・體液量	900 到 1360公克
・總重	10.9到 14.7公斤

要妳羊水破掉（破水），他可能會想立刻評估妳和胎兒的情況。在這同時，什麼都不要做，因為可能會導致細菌進入妳的陰道。意思是，無論理由為何，都不要使用衛生棉條，或進行性交。

如果從陰道流出來的液體不是透明無色的，請馬上通知妳的照護醫師。舉例來說，如果陰道流出來的液體偏綠、偏黃或是有惡臭，那可能是尿道感染的徵兆，或胎兒把一些胎糞排入羊水中了。

・**體重** 事實上本月分，胎兒體重增加得比較慢。所以妳會發現自己體重增加的速度變慢，或甚至停止了。有些孕婦在懷孕後期，體重甚至會往下掉個半公斤左右。在預產期來臨前，妳的體重大約會增加11.5到16公斤左右。

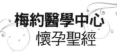

**梅約醫學中心
懷孕聖經**

妳的情緒反應

到了這個時間點，妳對懷孕可能感到很厭倦了。因為找不到一個舒服的睡姿，所以睡眠有問題。好不容易慢慢睡著，每兩至三個小時，膀胱又把妳叫醒。時間似乎是靜止不動的。

要處理這樣的無聊和不適，就是讓自己保持忙碌。找一件事情來做、閱讀最近的暢銷書、或花點時間和親友聚會。到大日子來臨，妳開始陣痛前，讓心情保持活躍，日子會過得比較快。再者，誰知道，下次當妳再度擁有這麼多屬於自己的時間又會是什麼時候呢？

產前心情放鬆法

事實是：妳對陣痛愈是恐懼、愈感焦慮，陣痛就愈困難。壓力會在體內造成一連串反應，因而實際影響到陣痛。教導分娩的指導師稱這個為「恐懼 — 緊張 — 痛苦週期」。不要讓自己的壓力過大，妳必須找到能讓自己放鬆的方式。而方法有很多，放對的音樂可以讓妳心情平緩。傍晚清涼的夜風、或是翹腳看一部好玩的電影都能讓人放鬆。

讓自己平靜的技巧 很多不同的放鬆方式都可以幫助妳保持一顆平靜的心。漸進式的肌肉放鬆法、觸摸放鬆法、按摩和引導式意象法只是其中的一些選擇。妳在分娩課程班上可以學到這些技巧，不過以下可以讓妳迅速的溫習一下：

‧**漸進式肌肉放鬆法。**從頭或腳開始，一次放鬆一組肌肉群，往身體的另外一端進行。

‧**觸摸放鬆法。**從太陽穴開始，請妳的伴侶用手穩定的、溫柔的、輕輕施壓按住幾秒。然後移動到頭殼底部、肩膀、背部、手臂、手、腿和腳。當妳伴侶觸摸身體的每一處時，放鬆該區的肌肉群。

‧**按摩。**請伴侶幫妳按摩背部和肩膀，然後順勢往下到手臂和腳，之後，在眉毛和太陽穴繞小圈運動。這些動作會讓妳的肌肉放鬆、腦子釋放出腦內啡，這是一種促進幸福感的化學物質。多試驗幾種不同的技巧，直到妳找讓自己舒服的按摩方式。

‧**引導式意象。**想像自己身處一個能讓自己放鬆又充滿幸福感的環境 — 一個特別的、平靜的想像之地。專注在細節上，如香味、色彩、或皮膚的感受。可以播放自然或輕音樂來促進想像。

‧**冥想。**利用這種心靈和身體的技巧

時，妳會把注意力集中在呼吸或重複某個字、句、或聲音上。這是為了干擾一般會佔據意識的種種雜念而進行的。當妳正常的念頭被暫時中止，就會進入身體放鬆、心靈平靜的境界。

‧**呼吸技巧**。用鼻子吸氣，想像清涼、純淨的空氣正進入妳的肺部。用嘴巴慢慢吐氣，想像自己把所有緊張都吹送出去。用比正常速度更慢或更快的兩種方式練習。在陣痛時，這兩種技巧，以及其他的技巧都可以同時使用。

本月分要經常練習放鬆的技巧。練習時，周遭環境務求平靜，讓妳感到舒服。需要的話可以使用枕頭，或放些輕音樂。

產前檢查

從現在開始，妳會每週見一次照護醫師，直到寶寶出世。如果照護醫師為妳進行一次或甚至更多次的骨盆檢查，也不要訝異。這種檢查可以幫助他了解胎兒現在的胎位：在子宮裡面是頭先、腳先或是臀部先。大多數的寶寶都是頭先露的胎位。預產期接近的時候，照護醫師可能會用「下降」和「先露部分」這樣的醫學名詞來說明。「先露部分」是寶寶身體中下到骨盆最下面部分的醫學名詞。而「下降」指的就是先露部分在妳骨盆中下降了多少。

在進行骨盆腔檢查時，照護醫師也會檢查妳的子宮頸，看看它開始軟化的程度，也看看它開了多少（擴張）並薄（薄化）了多少。這個資訊會以數字和百分比來表示。舉例來說，妳現在開了3公分（cm），薄了百分之三十。當妳準備把胎兒推送來時，妳的子宮頸是開10公分，薄化程度百分之百的（註：台灣也常用開幾指的說法，一指一般約2公分，五指就是全開了。）。

不過，不必太看重這些數字。妳可能要幾個禮拜才開3公分，或是直接進入陣痛，之前都沒有任何擴張和薄化的情形。不過，子宮頸的測量度可以讓照護醫師知道如果妳需要催生的話，很可能要進行催生。

出現緊急徵兆需就醫 懷孕的最後一個月，下列這些徵兆和病症都需要立即的醫療照護。

‧**陰道出血** 如果本月任何時間，陰道出現一兩滴鮮紅的血，請立刻打電話給妳的照護醫師。這可能是胎盤早期剝離的徵兆，是胎盤從子宮內壁剝離的嚴重問題，是非常緊急的醫療狀況。不要把這種出血和一般做完骨盆檢查的輕微出血，或見血情況搞混。

· **持續、劇烈的腹痛** 如果妳的腹痛持續又劇烈，立刻聯絡妳的照護醫師。雖說比較不常見，但這種情況也可能是胎盤早期剝離的徵兆。如果除了疼痛外，妳還伴隨著發燒和陰道分泌物，那麼可能是發生感染了。

· **胎動減少** 胎兒活動的力度在出生前幾天多多少少會減少，這是很正常的。幾乎就像是胎兒在休息，養精蓄銳，為大日子儲備力氣。不過，胎動也不該一下子減少太多。胎動的頻率一下子減太多可能是出現問題的徵兆。想檢查胎動情形，請向左側躺，計算一下胎動的次數。如果妳發現胎動次數低於一小時四次，或是無論如何妳還是擔心胎動減少，請打電話給妳的照護醫師。

過了預產期還不出來怎麼辦？

預產期到了，也過了，而妳仍在懷孕中。這是怎麼回事啊？雖說預產期這個日期似乎有種神奇的特質，但它到底是經過算計的猜測，預測寶寶什麼時候最可能到來。所以在預產期之前，或之後一、兩個禮拜分娩都是非常正常的事。事實上，預產期過了兩個禮拜以上還繼續懷孕，才能被正式標為「預產期超過」，也稱為「過期妊娠」。

如果有以下的情況，妳就比較可能會有預產期過期的情形：

· 上次月經開始的確切日期不知道，所以預產期也就不準。

· 這是妳的第一胎。

· 之前也有過預產期過了還沒生的情形

· 過期妊娠似乎有家族性傾向。

· 肚子裡是個男孩。

有極少數的例子，預產期超過是因為胎盤或胎兒出了問題。

預產期過了，妳還是要繼續產檢，妳的照護醫師也會繼續監測妳的健康情況。他會檢查妳的子宮頸，看看是否開始有變薄或擴張，即將陣痛的情形。如果預產期超過一個禮拜以上，妳的照護醫師會用一種電子式胎兒監視器來追蹤胎兒的心跳或用超音波來觀察胎動，並測量羊水的量。

輕推寶寶一把 有時候早生比晚生好 ── 尤其是當照護醫師顧慮到妳或胎兒的健康狀態，又或是當妳的預產期已經超過兩個禮拜以上時。

為什麼兩個禮拜會引起關注？因為懷孕到了這個時間，胎兒的大小可能會讓自然的陰道生產變得複雜。有些例子，胎盤的老化會危害到胎兒在子宮中繼續生長的能力。過期不生的胎兒也比較可能會吸入胎便，造成出生後呼吸上

本月精選運動

推牆壁

1. 面牆站立，手放在牆上，大約與肩
   膀同高。雙手雙腳打開與肩同寬。
2. 慢慢的彎曲手肘，往胸口降，直到
   下巴碰到牆壁。稍微維持一下這個
   姿勢。
3. 回到起始點。重複5到10次。

的疾病或感染。

如果妳的預產期過了，妳的照護醫師可能會建議催生 — 採取一些步驟，讓妳開始陣痛。妳可能會被施予藥物，協助子宮頸軟化並打開。如果妳的羊水囊仍然完整，照護醫師可能會用薄薄的塑膠勾子在囊上開個小洞來破水。這個過程不會造成傷害，但是當羊水囊破的時候，妳可能會感覺到有一股溫暖的液體流洩出來。

需要的話，妳也可能會被施予藥物，促進子宮收縮。常用的藥物之一是Pitocin，這是一種合成的催產素，會引起子宮的收縮。劑量可依照所需收縮的力道和頻率而調整。

（與催生相關的詳細資訊，請參見450頁。）

第14章

陣痛與生產

懷孕的最後幾個禮拜，感覺除了等待之外…還是等待。如果寶寶過了預產期還不生，情況尤其如此。如同妳對陣痛開始的預期一樣，時間彷彿靜止了。

產前等待可以做的事

所以，當妳等待小傢伙的到來前，要做什麼呢？做好準備！以下是待辦事項清單。

重新檢查妳的分娩計畫書　陣痛是苦差事，真的不是做決定的好時機。所以事先和妳的照護醫師討論他偏好的方式，與一般操作習慣。舉例來說，什麼時候會用藥物來加速陣痛呢？如果生產姿勢不是採傳統的平躺方式，妳的照護醫師覺得可以接受嗎？在什麼狀況下，他會動手切一刀，加大陰道開口（會陰切開術）呢？

此外，請先問清楚，當妳開始陣痛時，什麼時候應該通知照護醫師呢？妳應該直接到醫院、先打電話給醫院，或是先打電話到照護醫師的診療室呢？醫師是不是有什麼其他步驟要妳先做的？

而且，別忘了，不是什麼事都能依照計畫進行。大多數第一次生產的孕婦對於事情到底會怎樣，並沒有很確實的了解，所以自認她們在應付陣痛過程時可以處理得比實際上好。此外，問題也可能毫無預警的出現。控制妳可以控制的，但是無法控制的時候就順其自然吧！

醫院事先掛號　問問妳計畫要去生產的醫院或助產所能不能事先掛號。先把必要的書面資料填好、保險相關事宜整理清楚，當大日子終於來臨時就不必還要費事了。面對吧！在子宮收縮時處理書面文件可不是什麼好玩的事。

整理行李　因為妳的預產期不是確定不變的，所以上醫院之前，先把隨身行李打包好，會是個好主意。以下是一些妳可能會希望隨身攜帶的東西：

・有馬錶功能的手錶或手機應用小程式，可以計算收縮時間。

・襪子或便鞋 —— 待產室裡通常都很冷。

・眼鏡 —— 妳必須把隱形眼鏡摘掉。

・潤唇膏，以免嘴唇太乾燥。

・相機或攝影機。

· 前開式睡衣或睡袍，方便授乳。

· 罩袍。

· 哺乳用胸罩，如果妳打算用奶瓶餵奶粉，那就準備有支撐效果的胸罩。

· 內衣內褲。

· 盥洗用具、化妝品和吹風機。

· 回家時穿的寬鬆衣服 —— 大約是懷孕中期穿的外出服。

· 寶寶的外出服，包括帽子。

· 寶寶的包毯。

如果妳還不想把所有東西都放進妳的行李中，例如，妳的化妝用品，那麼請列一張清單，到時候離開前可以輕鬆的收拾一下就走。正常來說，妳是不用匆忙趕著到醫院的 —— 妳甚至還可能有時間先沖個澡，但是先把所有東西整理好最好。此外，準備好車用嬰兒安全椅好把寶寶帶回家。

嘗試放輕鬆 大多數女性都是抱持著期待又緊張的複雜心情來面對懷孕的終點。不過，試著讓自己不要擔心。女性的身體是為適應陣痛與分娩而打造的。陣痛，labor如英文字面意思，是勞力的意思，那倒是真的。不過妳可以嘗試放輕鬆，讓這個經驗盡可能的順利進行。

很多女性在懷孕的最後幾個禮拜突然精神大振，這是一種通常被稱做「築巢反應」的行為。妳會發現自己可能發狂般的打掃家裡，或急著去做已經拖了很久的事。即使想到回到一個整潔乾淨的家很誘人，也別讓自己累壞了。

好好品嚐這段寶寶來臨前的時光吧！用一頓美好的晚餐或好玩的外出來犒賞自己。讓自己沉醉在喜愛的嗜好裡。讀一本好書。抱一抱伴侶。用輕鬆的方式讓自己忙碌一下來打發時間。

陣痛來臨身體如何準備應對？

當妳正在為寶寶的到來進行最後的準備時，妳的身體也正為了陣痛與分娩而進行準備。當陣痛接近時，妳的身

妊娠小百科 / 常見的5大問題

和妳的照護醫師討論陣痛和分娩時，任何問題都不要羞於啟齒。舉例來說，妳可能在想：

Q1：如果我在陣痛時想上廁所怎麼辦？

A：有些孕婦可以每隔幾小時起身排尿，妳的照護醫師也會鼓勵妳這麼做，因為漲得滿滿的膀胱會減緩胎兒下降的速度。當妳子宮在收縮時，要感覺膀胱漲滿是有點困難的，特別是如果妳還做了麻醉時。或者，妳也可能會不想動，生怕移動以後會讓收縮更痛。妳的照護團隊可以給妳夜壺或幫妳插導尿管，幫妳清空膀胱。在生孩子時，偶而也會發生少量糞便隨著一起排出的情形，這很正常，沒什麼好擔心的。

Q2：我的恥毛會被刮掉嗎？

A：不太會。以前，為即將生產的孕婦刮掉恥毛是標準作業流程，是為了清理要生產的部位。現在就算有人刮毛，也是很少了。妳不用事先在家裡刮好。

Q3：我必須在一堆陌生人面前赤身裸體嗎？

A：陣痛的時候，照護妳的團隊會定時對妳進行陰道檢查，看看妳的進度。生產以後，小兒科醫師也可能會在場，檢查寶寶的狀況。妳的待產房或產房中有誰，主要取決於妳。幫忙接生的醫療專業人員幾乎每天都要幫產婦分娩，他們對於生產時亂七八糟的可怕場面司空見慣了。在某些大學附屬醫院，如果產婦同意的話，可能也會有醫學生在場見習分娩。請記住，醫學生也是專業人員，可以伸手幫忙，或提供額外的支援，所以請把他們在場這件事當成優點。

Q4：如果我在陣痛時大聲吵鬧怎麼辦？

A：陣痛是身體的行動，需要妳的參與。在陣痛的考驗中，很可能會拼命用力或聲嘶力竭的吼叫，發出吵鬧聲。分娩很少有安靜進行的，這件事情要花費太多體力和精神了，很難期待妳能安靜。所以在陣痛和分娩中吵鬧是再正常不過的了。協助妳生寶寶的醫療專業人員一點也不會被嚇到。

Q5：陣痛會傷害到胎兒嗎？

A：在陣痛和分娩最困難的時候，寶寶被擠壓、推落到狹窄的陰道去。胎兒必須扭轉前進，通過母親的骨盆通道。不過，這不太會傷害到胎兒。在陣痛最強的時候，胎兒的心跳會間歇性的變慢，以應付這趟旅程的壓力。這在預料之中，不嚴重的。

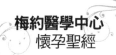

體也在進行一些變化，向妳預告寶寶可能就快誕生了。

陣痛的徵兆 要觀察的一些變化包括了：

· **入盆** 預產期逼近時，妳可能會感覺到胎兒更深入妳的骨盆了。這種自然的步驟稱為「入盆」。妳腹部的側面看起來也會有變化──肚子位置似乎變低了，而且也更往前傾。妳或許還會發現，橫膈膜受到的壓迫減輕了，所以妳呼吸起來比較容易。不過，這樣換來的代價是胎兒進入骨盆後，體重和胎位對膀胱造成的壓迫更嚴重了。當胎兒頂著妳的骨盆底時，妳會感到一陣陣疼痛。而且妳的身體重心會變得更低，會讓妳稍微失去平衡。

如果妳並未感覺到胎兒下降，不要擔心。有些孕婦是感受不到這些變化的。特別是本身胎位就比較低的孕婦。和第一次懷胎的情況不同，在後續的妊娠中，入盆發生的時間一般都會晚得多。胎兒可能會在陣痛開始前幾個小時才下降，有些甚至在陣痛之中下降。

· **假性陣痛** 在懷孕的第二、第三孕期，妳可能偶而會出現通常是無痛的子宮收縮──感覺子宮一陣緊，一陣鬆。如果妳把手放在肚子上，情況特別明顯。這種假性的陣痛就是希克斯氏收縮，這是妳的身體替陣痛暖身的方式。子宮要鍛鍊肌肉群，養出力量，以應付未來的大工作。預產期靠近的時候，這種收縮通常會更強，有時候甚至還會痛。

· **落紅** 懷孕期間，妳的子宮開口（子宮頸）被一團濃濃厚厚的黏膜塞住，這塞子會在子宮頸和陰道之間形成一道屏障，阻擋細菌進入子宮引起感染。但在懷孕幾週、幾天、或甚至只有幾個鐘頭前，這個塞子會被排出，妳可能會出現所謂的「現血」情形，也就是少量帶著血絲、偏棕色的黏膜會從陰道漏流出來。有些孕婦是不會發現這個塞子流掉的。雖說陣痛可能還要一個禮拜或是更久才會開始，但落紅是一個徵兆，表示後續的事可能很快就要發生了。

陣痛開始的徵兆 這是照護醫師最常聽準媽媽問的問題之一，「我怎麼知道陣痛開始了？」妳也可能聽見別的媽媽說，「妳就是會知道了啦！」但妳還是覺得這句話實在不太能讓人安心。有些小小的徵兆通常是宣告陣痛的開始，但是讓妳知道陣痛開始了的是陣痛的疼痛──妳肯定會感覺得到的！

· **子宮頸變薄變軟** 陣痛開始的徵兆之一就是子宮頸開始變薄（薄化）並且變軟（成熟），準備要分娩。陣痛持續

198

進行時，子宮頸實際上會從大約一吋，也就是2.54公分左右的厚度變成像紙張一樣薄。薄化的程度是以百分比來測量的。如果妳的照護醫師說，「妳的薄化度大概百分之五十」，意思就是妳現在子宮頸的厚度大約是原來的一半。當妳的子宮頸薄化度達到百分之百時，表示妳已經完全薄化，準備可以分娩了。

·**子宮頸擴張** 妳的照護醫師也會告訴妳，妳的子宮頸開始打開了（擴張）。擴張程度是用公分來測量的，在陣痛過程中，子宮頸開的程度會從0公分到10公分（參見213頁）。子宮頸變薄、變軟、擴張通常出現在其他陣痛徵兆之前，發生的時間可以在實際收縮開始之前的幾天，甚至幾個禮拜之前。初

 妊娠小百科／先露部位、胎位和下降程度

在懷孕快要結束的時候，照護醫師可能會用一些醫學專有名詞和妳說明，像是胎兒的先露部位、胎位和下降程度等。

先露部位 指的是胎兒進入骨盆的部分，舉例來說，像寶寶的頭或腳。在懷孕期間，胎兒是浮在子宮中，可以多多少少自由改變位置的。不過，懷孕在進入第32到第36週間，理想的話，胎兒就會轉向，變成頭往下的姿勢，就是陣痛和分娩的準備位置。不過，有時候胎兒也可能頭上腳下的（胎位不正），或是側躺（橫位）在子宮中的。

胎位 指的是胎兒先露部位和母親骨盆之間的關係。胎兒是臉朝上或朝下，又或是向左或向右。一般來說，最喜歡的生產胎位是左後腦前置姿勢（left occiput anterior position）。

下降程度 指的是在準備生產時，胎兒的頭進入骨盆穴的程度。下降程度是以公分計算的，每次下降以一公分為單位。胎兒在骨盆穴高位時，我們說這是下降程度5。下降程度是 0 的胎兒就已經在骨盆的一半了。真正的陣痛開始時，胎兒的頭繼續穿過骨盆到達+1、+2 和 +3等下降程度。到了下降程度+5。寶寶的頭已經頂出來，完成骨盆穴的穿越，從陰道冒出來了。對大部分懷頭胎的孕婦來說，在陣痛開始時，寶寶的下降程度已經是0了。但對要生第三胎或第四胎的孕婦來說，陣痛幾個鐘頭了，這種情況可能都還沒出現呢！

次懷孕的孕婦，子宮通常先薄化，再擴張。但是之後的妊娠通常是相反的。

· **破水** 在陣痛期間的某個時間點，胎兒所在的羊水袋就會開始漏水或破掉，為胎兒提供緩衝作用的羊水就以滴漏或直洩的方式流出陰道。

　　妳可能害怕自己會在公共場合破水，然後開始陣痛。不過事實上，很少有孕婦會大量破水的；就算有，也通常發生在家裡。大多數的孕婦羊水破掉時，常常都已經到了活動期陣痛，那時人已經在醫院了。事實上，在妳陣痛的時候，照護醫師甚至可能為妳破水，好讓程序進行下去，或是讓他得以更仔細的監看胎兒。

· **子宮收縮** 在陣痛開始之初，子宮會開始擠壓（收縮）。子宮收縮正是讓胎兒下移到產道的力量。產前陣痛的疼痛（收縮）通常由痙攣或下背部及腹部的不舒服開始，而且就算妳換了姿勢也不會停止。隨著時間過去，收縮會愈來愈強，也愈來愈規律。想分辨假性與真正的陣痛，可以參考以下：

· **收縮的頻率** 使用手錶或鐘來計算收縮的時間 —— 從一個收縮開始算到下個收縮的開始。真正的陣痛會是一種規律的模式，而且也會愈來密集。假性的陣痛，收縮是不規律的。

· **收縮的長度** 量一下每次收縮從開始到結束的時間長度。真正的收縮每一次持續大約30到45秒，並且會逐漸加長（大約可到75秒），強度也會增強。假性陣痛收縮的長度和強度則不一。

臨盆時間到了!?

　　當妳開始發生規律的陣痛時，接下來的問題就是：該是上醫院或助產所的時候了嗎？還是要先打電話給照護醫師呢？

　　妳的照護醫師或許會給妳一分說明，告訴妳什麼時間點該打給什麼人。舉例來說，妳可能會被告知，當妳收縮到走不動或講不出話的時候，打給妳的照護醫師。很多孕婦都被告知要在收縮每隔五分鐘就一次的一小時後，到醫院或助產所去。如果妳的陣痛似乎有持續加快或破水的情形，那就必須早點上醫院。

　　預產期接近的時候，車子的油箱要加滿油。如果妳不確定到醫院或助產所得花多久時間，甚至可能要先跑一次。如果妳家裡還有其他孩子，請先安排一位親友到家裡來，以防妳半夜必須離家上醫院。

假警報

妳也可能在出現了規律性收縮、而且收縮間隔五分鐘後上了醫院或助產所，不過到達以後，收縮就停止了。如果妳的收縮不是處於所謂的「活動期陣痛」，而子宮頸也還沒開，可能就會被叫回家。萬一發生了這種事也不要覺得難為情，更不要感到挫敗。當成一次很好的練習就好了。

有時候，要分辨是否是真正的陣痛還挺麻煩的。有懷疑時，打電話給妳的照護醫師，或是上醫院。如果妳破水了，大多數的照護醫師都會要妳上醫院。如果妳對健康情況有任何疑慮，早點上醫院或助產所總比晚去好。

妊娠小百科／妳可以讓陣痛開始嗎？

大多數孕婦都聽過至少一個以上可以讓陣痛開始的民間方法。或許妳也聽過一些可以讓陣痛提早開始的說法，像是：

- 經常散步
- 性交
- 運動
- 使用通便劑
- 刺激妳的乳頭
- 吃辛辣的食物
- 在顛簸的路面上開車
- 禁食
- 被驚嚇
- 吃蓖麻子油
- 喝花草茶

請記住，大部分的民間方法都沒什麼科學根據，而且沒用，有些甚至還說錯。舉例來說，禁食對妳和胎兒真的不好。不過，有少數幾個法子倒是有點科學根據的，例如，刺激乳頭可能會引起子宮收縮，效果和寶寶出生後馬上餵食母奶是差不多的。從生物學上來看，性交會引起子宮收縮似乎有道理，因為精液中有些成分與催生藥物的類似，但這並不代表妳的照護醫師就會建議妳去試試這兩種方法中的一種。一般來說，最好的辦法就是耐心等待，讓一切順其自然的發生。

如果妳被叫回家，那麼很可能用不了多久，真正的陣痛就會開始，而妳就會回到醫院 —— 這一次會留下了。

產程的各個階段

產程是一連串的事件所組成，或者可以說是一個過程，時間從一個小時左右到24小時，甚至更長。產程會持續多久，影響的因素很多。就一般規則來說，第一胎的陣痛比較久。這是因為第一次當媽媽的女性子宮的開口（子宮頸）和產道（陰道）彈性沒那麼大，因

 妊娠小百科 **生產醫療儀器的用途是做什麼的？**

如果妳從沒住過院，可能會覺得四周的醫療環境有點嚇人。不過瞭解身邊發生的事情後，妳就能放輕鬆些了。以下就是一間典型產房中常見的醫療儀器及用品清單、以及每個東西在產程中的用途。

產床 產床（分娩用床）通常是一個離地較高的單人床。產床是依實用目的設計的。床可以升高或降低，床的尾端可以拿掉，方便生產。這種床可能有護欄讓妳在推送的時候可以抓。大多數的產床都有可以拉開的腳鐙。在生產的時候，有時候腳鐙蠻有用的，如果產後妳需要縫針，腳鐙可能也需要。

胎兒監視器 這個儀器可以記錄妳子宮的收縮和胎兒的心跳率。外面的胎兒監視器上有兩條寬寬的帶子可以繞接在你的肚子上。高接在子宮之上的是用來測量並記錄你子宮收縮頻率的。另外一條皮帶，通常環束在你的下腹部，是用來記錄胎兒心跳率。這兩條皮帶都會連接到一台可以同時顯示並印列上述兩種追蹤數據的監視器上，以便觀察之間的互動。胎兒監視器可以顯示胎兒現在的狀況。有些特定的模式則意味著陣痛可能正對胎兒產生負面的影響，需要介入處理。

血壓監視器 這個裝置可以測量妳整個陣痛和分娩過程的血壓。妳要在手肘上方的手臂上纏上一個圈扣，連結到測量儀器。

其他項目 妳的產房中可能還有其他會讓妳更舒適的東西，像是搖椅或生產椅、腳凳或球。妳也可以多要求一些枕頭、毯子和毛巾。有些產房還有水龍頭或沖澡設備，可以讓妳在陣痛時使用。過程中的某個時候點，嬰兒搖籃會被拿進產房，讓孩子一出生就可以放進去。

此陣痛和生產都比較久。生第一胎的孕婦產程通常在12到24小時之間，平均是14小時。而生過孩子的女性，產程通常在4到8小時之間，平均是6小時。

產程會持續多久，進展情形如何因人而異，每次生產也不同。不過，即使產程每次都不同，事件發生的順序還是幾乎一樣。產程可正式分成三個自然階段。第一階段發生在子宮自行打開子宮頸，讓胎兒降下來。第二階段是推送和分娩 —— 生下妳的寶寶。第三階段則是排出胎盤（產後）。

第一階段 產程的第一階段是所有階段中最長的，而這階段本身可分成三個時期 —— 早期陣痛、活動期陣痛和過渡期。

・**早期陣痛** 早期陣痛是子宮頸從0公分擴張到超過3公分多一點的時期。這個期間通常是陣痛強度最低的時候。早期陣痛從收縮開始，收縮情況因人而異，而且差異性很大。子宮收縮會讓子宮頸變薄，並拉高繞在胎兒頭上。重複的收縮實際上是再把子宮頸撐展到滿開的10公分，這個開口的寬度已經大到足以讓寶寶的頭穿越了。

一般來說，早期陣痛的收縮每次持續的時間在30到60秒之間。可能規律或不規律，而間隔的時間則可能從五分鐘到20分鐘不等。陣痛的強度通常是中度到中強。妳可能會背痛、噁心、也可能會腹瀉。有些孕婦表示陣痛開始時肚子有暖暖的感覺。

早期陣痛可能會持續好幾個鐘頭，所以妳必須有點耐心。妳的子宮頸在擴張前必須先變軟。當妳子宮開始收縮時，陣痛未必會一起開始。妳可能會

 妊娠小百科 / **產前陣痛的感覺像什麼？**

除了和月經的痙攣或許有點像之外，產前陣痛（子宮收縮）和妳之前經歷過的疼痛都不一樣。這是因為妳對子宮肌肉的收縮感並不習慣。

收縮通常始於子宮的高部位 —— 和橫膈膜很接近 —— 然後往下放射到腹部，進入下背。妳可能會覺得下腹、下背、臀部或大腿內側上方疼痛。這種感覺被形容成是一種疼痛的感覺、受到壓迫、漲滿、痙攣和背痛。

對某些女性來說，產前陣痛的感覺似乎和很強烈的月經痙攣相似。而有些人則是覺得完全不同。

先有好幾小時不規則的、疼痛的收縮，甚至要好幾天，子宮頸才會開始擴張，尤其如果妳懷的是第一胎的話。

·**妳有什麼感覺** 當第一次真正收縮開始時，妳可能就激動得頭昏了。不過，話說回來，這同時妳也可能會為未知的事情而感到害怕。試著讓自己放輕鬆吧！

·**妳可以做什麼** 在子宮收縮的頻率和強度都還沒有高起來前，先做做雜事，看看電視或電影，打電話也好。妳可能想在椅子上放鬆，或是起來到處走走。散步是一個好活動，因為可以幫助妳紓解妳的不適。妳可能也會發現沖個澡或是聽聽可以讓人放鬆的音樂也有幫助。喝水或吃點小點心是沒有關係的。

如果妳的下背正在痛，試試用冰袋或熱敷，也可以冷熱交替。用網球或桿麵棒在下背部施壓按一按。

收縮的時間和強度可以讓妳瞭解什麼時候該上醫院或助產所，或是打電話給妳的照護醫師了。

·**到了醫院或助產所以後** 妳可能會被帶到妳自己的房間，通常是一個產房，在那裡完成妳的入院手續。當妳換上醫院的袍子或自己的睡衣後，妳可能會被檢查，看看子宮頸開多大了。妳可能會被連上胎兒監視器去計算妳子宮收縮的時間和胎兒的心跳率。妳的生命跡象，也就是妳的脈搏、血壓和溫度，在整個陣痛分娩的過程中會被一直定時檢查。

分娩姿勢

分娩姿勢沒有所謂的哪一種最好。當妳開始陣痛的時候，試試各種姿勢，找出最舒服的就可以。傾聽身體的

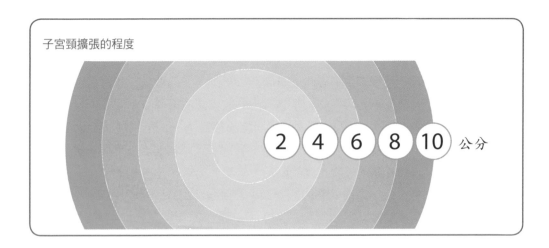

子宮頸擴張的程度

2 4 6 8 10 公分

聲音，找出感覺最好的。給妳一個小提示，給每種新姿勢一個機會試試看吧！在適應一個新姿勢前，前面幾次的收縮可能會覺得比較強烈。和妳的想法可能剛好相反，陣痛或分娩時，仰臥平躺通常是不推薦採用的，因為整個身體的體重都會壓迫在主要血管上，減少了輸送到子宮的血液量。以下就是妳可能會想試試看的各種分娩姿勢。

前傾　如果妳的背痛，採用前傾式可以讓妳舒服些。雙腿張開跨坐在椅子上，或往前傾靠在桌子或櫃子上。

搖晃　坐在一把堅固的椅子上、床沿、或是生產球上，輕輕的往前搖，然後再往後。有節奏的動作會讓妳比較舒緩。

跪姿 使用生產球或一疊枕頭，跪在地板上，手臂和上身枕在球或枕頭上。

手膝跪姿 這個姿勢不會壓迫到脊椎，可以減輕背痛程度，也會讓胎兒的氧氣供應量提高。

跨姿 單腳跨在一張堅固的椅子上。在下次子宮收縮的期間，稍微往抬高那隻腳的方向靠過去。如果椅子太高，用凳子。

蹲姿 蹲姿可以幫助妳把骨盆打開，給胎兒更多空間可以旋轉，通過產道。在推送的時間來臨時，妳也可以比較有效的使力。使用堅固的椅子或蹲姿握把（squatting bar）。

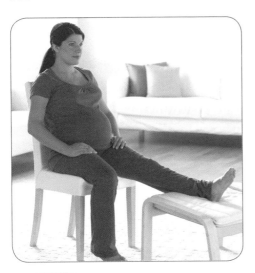

坐姿 坐在一張堅固的椅子上，另外一隻腳擱在另外一張凳子上。在每次子宮收縮的期間，身體傾向抬高的那隻腳。

半坐姿 用枕頭撐住自己，或請妳的伴侶坐在妳後面支撐妳。在每次子宮收縮期間，身體往前傾，膝蓋往身體方面縮。

側躺 左面向下側躺，兩個膝蓋之間放一或多個枕頭。採用這種姿勢，供應子宮的血流量最高，也可以減輕背痛。

搖擺 子宮收縮時靠在伴侶身上讓他支撐妳，或將妳的手繞在他脖子上，開始搖擺，好像你們正在慢慢的跳著舞。

妊娠小百科 / 讓產程加速或變慢的因素

影響產程進展的因素很多，包括了：

寶寶頭的大小 因為頭顱的骨頭是沒辦法縮合的，而胎兒頭的形狀和大小則是在妳骨盆裡面塑形，然後穿越產道（陰道）的。如果頭是以笨拙的不佳角度穿越，那麼就可能影響到產程的時間長度。

胎位 胎兒並不是一直都很配合的 —— 他們的頭不一定在最理想的位置，有時候會胎位不正，臀部或腳先來，甚至還可能在子宮裡橫著。參見第28章。

子宮頸變薄、擴張的能力 在大多數的產程中，子宮頸都會照預期擴張，但是打開的速度差異性就很大了。

藥物 有些特定的止痛藥可以止痛，不過也會阻撓產程。有些照護醫師相信如果這些藥物可以盡早舒緩疼痛，讓妳能多些休息，也就能以較好的體力來生寶寶。有些藥物會干擾妳推送的能力，讓有效度打些折扣。

骨盆的形狀和空間 骨盆必須有足夠的空間，讓胎兒的頭能夠穿越。幸好，一般來說，胎兒的大小通常都和媽媽很匹配。舉例來說，骨架較嬌小的女性，胎兒通常有較小的傾向。不過也有很少數的例子，骨盆腔的大小會成為生產的難題，讓產程變慢。

推送的能力 因為妳是用腹部肌肉的力量來幫助推送的，所以妳的體型如果較佳，能夠幫上的忙就愈多。如果妳的產程很長，而妳也已經疲憊不堪，推送能力就會變差。

體力狀況 如果妳進入產程時是健康、經過充分休息的，那麼就會有較多的體力來應付整個子宮收縮過程。如果妳生病了或很疲倦，又或者早期的陣痛時間拖得太長，那麼要開始進行推送時，妳可能已經虛脫無力了。

妳所持的看法 如果妳的看法正面，在陣痛和分娩過程中也主動積極的參與，那麼妳會應付得比較好，過程也會進展得比較快。

來自醫療人員和分娩教練的支持 他們可以加強妳應付陣痛和分娩時的技巧。關愛的支持氣氛會讓妳的心情平和，幫助妳保持鎮定。

妳的手背或手臂上可能會被打上靜脈點滴注射。點滴是以一條塑膠管連接到一個裝著液體的容器袋，而裡面的液體則會滴入妳的體內。容器袋被掛在一個移動式的架子上，當妳散步或進浴室的時候可以推著走。這透過靜脈注射打入妳體內的液體是為了補充水分之用。必要的話，裡面也可以加藥。

子宮的收縮可能會以規律的方式開始或停止，然後暫停一段較長的時間。如果有這種情況，妳的照護醫師可能會建議妳先小睡一下，或是出去散個步，之後再推進。如果陣痛還沒再度開始，而妳也還沒破水，照護醫師可能會幫妳破水。

·**活動期陣痛**　在這個階段期，妳子宮頸擴張的程度大約是從3、4公分，開到接近7公分。子宮收縮會變強，時間也會變長，每次持續45秒到一分鐘左右，甚至更長。中間的間隔可能是三到四分鐘，或甚至只有兩到三分鐘。子宮收縮之間的休息時間比較短。

好消息是，妳的子宮收縮在更短的時間內正在完成更多的事。當妳的子

妊娠小百科／產前背痛

有些孕婦會有產前背痛的情況，很強烈的背痛，尤其是在活動期陣痛和過渡期。產前背痛常發生在胎兒進入產道時採取的姿勢不佳時。胎兒的頭可能壓迫到媽媽的尾骨。不過這不一定是唯一原因。有些孕婦的背就是比別人感覺要緊張。要舒緩產前背痛可以：

·請妳的分娩教練幫妳在下背部施以反向壓力。請他幫妳按摩該區域，或用手或指節直接施壓。

·如果妳有把網球或桿麵棒帶在身邊，可以把它放在尾骨下，進行反向施壓。

·請妳的分娩教練幫妳的下背進行熱敷或冷敷，不論冷熱，只要妳覺得舒服就好。

·改採讓妳比較舒服的姿勢。

·可以的話，沖個熱水澡，或直接用溫水噴在下背。

·如果妳希望嘗試止痛的話，可以要求使用止痛藥。

宮頸繼續打開，胎兒已經在往下移動，通過骨盆腔了。在子宮頸開到四公分時，第一次分娩的產婦子宮擴張的程度，平均來說一個小時至少有一公分。如果妳之前已經生產過了，產程還會更快。平均來說，活動期陣痛持續的時間從三個鐘頭到八個鐘頭。

在活動期陣痛中，妳偶而會被進行骨盆腔檢查，看看子宮頸變化的情況。妳的生命跡象也會進行經常性的定時檢查。如果妳的羊水囊還沒破，那麼當妳的子宮頸進一步擴張後也會破的。不然，妳的照護醫師也會幫妳破水。

·**妳有什麼感覺**　在活動期陣痛階段，妳的收縮可能會更痛，背部的壓力也會更大。現在，在收縮的時候，妳可能說不了話了。在兩次收縮之間，妳可能還可以講講話、看看電視、或聽聽音樂什麼的，至少在活動期陣痛的初期階段是如此。妳可能會為即將開始發生的事情感到興奮，並受到鼓舞。

當產程繼續，妳的陣痛繼續，而疼痛也加劇時，妳的興奮之情會被認真取代。微笑不見了，妳的心神也專注了起來。妳覺得很累、無法休息。有些女性表示覺得自己變得敏感而易怒。妳的情緒可能會累積到一個點，覺得不想說話，甚至想擁有安靜的空間，調暗燈光，讓自己能夠完全隨自己心意專注在眼前的工作上。

在活動期陣痛中，妳可能會需要妳的分娩教練給妳更多的協助，在子宮收縮起落時，尋求他的鼓勵。又或者，妳的反應可能會完全相反。妳會抗拒所有的碰觸或指引，一心只想專注、好好的控制。

·**妳可以做什麼**　好好利用妳的呼吸和放鬆技巧。如果妳沒有練過或學過自然的分娩技巧，妳的健康照護團隊也會知道一些可以幫助妳度過這辛苦階段的技巧。讓他們有機會試試吧！不過，沒有一種萬用政策是適合所有人的，所以如果建議的方法不適合妳，可以請他們再給其他的建議。

有些孕婦發現，當疼痛感變強的時候，搖搖椅、搖生產球、沖個熱水澡或沐浴都可以幫助他們在子宮收縮的間隔之間放鬆。改變姿勢也可以幫助胎兒下降。有些孕婦發現散步有幫助。如果散步讓妳覺得舒服，那就繼續，在收縮的時候，停下來呼吸。改變一下妳的活動內容，因為沒有那種單一的方式可以全產程有作用。如果這些方法都沒效，請不要害怕要求使用止痛藥。

在兩次子宮收縮之間，努力把注意力放在放鬆技巧上吧！這樣才能讓妳

在陣痛和分娩的每一個階段都保持活力。陣痛不會永遠持續下去的，而且，說真的，熬過陣痛和分娩的唯一方式就是用最大的決心和專注力，趕快讓它過去。

在活動期陣痛時，妳或許會有點輕微的噁心感。不過在產程進行之中，大多時候都不會鼓勵妳去吃喝的。如果不想讓口舌喉嚨太乾，可以舔舔冰塊或硬糖果。嘴唇上也可以塗護唇膏，以保持濕潤。

·過渡期 第一階段的最後一個時期就稱為過渡期。這是時間最短，但是最難熬的一個時期。在過渡期陣痛時，妳的子宮頸會將剩下的3公分打開，從7公分擴張到10公分。

在過渡期階段，妳的子宮收縮力道會加強，收縮之間的休息時間也非常短，短到好像只匆匆的吸一口氣，下次收縮就開始了。子宮收縮的強度幾乎立刻衝到頂，而且現在每次會持續60到90秒。事實上，感覺起來就像收縮從來沒消失過。

過渡期是一段辛苦的時間，妳很可能會覺得下背部和直腸受到很大的壓迫。此外，還會噁心、也會嘔吐。前一分鐘妳覺得很熱、流了汗，下一分鐘就又冷又打寒顫。妳的腿開始發抖或痙攣，這情形相當常見。

寶寶分娩的時間愈近，妳在止痛藥的選擇上愈有限，不過妳還是有一些選擇的。請相信妳的照護醫師，相信他會幫妳決定止痛藥。

·妳有什麼感覺 過渡期階段可以去得很快。妳可能在轉眼之間就已經挺過，準備開始推送了。在這個階段，不用擔心自己已經精疲力盡，或是有些被壓垮了。這都很正常。請努力盡量集中注意力。在可以安全推送之前，請先把妳可以控制的肌肉都先放鬆，保留力氣。

·妳可以做什麼 在過渡期階段，把注意力集中在如何度過每次的收縮。請先專注在度過每次收縮的前半段，如果這樣有幫助的話。在收縮達到高峰之後，下半段就會容易一點。如果妳的子宮收縮情況有在進行監看，妳的伴侶可以看著進展情形，讓妳知道收縮什麼時候已經到了高峰，妳最困難的部分什麼時候過去。

在過渡期間，妳可能不想讓收音機或電視這類的東西來讓妳分心。不要去想下一個收縮。只要每一次子宮收縮的時候，好好承受就好。

如果妳有想推送的衝動，先盡量忍著，直到妳被告知子宮頸已經全開。

這樣可以預防子宮頸被撕裂或發生腫脹，因而使得分娩被拖延。當身體告訴妳要往下帶時，要抗拒這種感受是很難的。要對抗推送的衝動，可以快速呼氣，或大聲喘氣。

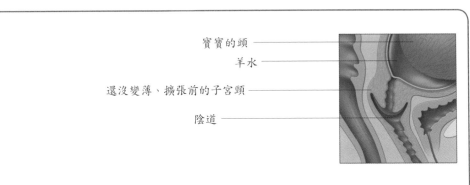

 寶寶的頭 ——
羊水 ——
還沒變薄、擴張前的子宮頸 ——
陰道 ——

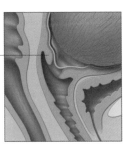 子宮頸
變薄60%
打開1-2公分 ——

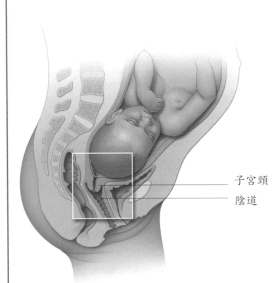 子宮頸
陰道

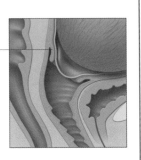 子宮頸
變薄90%
打開5-6公分 ——

如果妳把子宮頸想像成高領毛衣的領子，妳就可以想見它撐展，套到寶寶頭上的樣子。這三組插圖說明了產程中，子宮頸會變薄（薄化）、打開（擴張），讓讓寶寶可以通過。

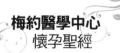
 妊娠小百科 / **寶寶是怎麼出來的？**

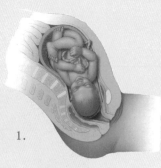

1.

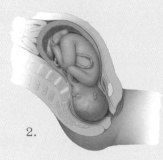

2.

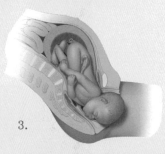

3.

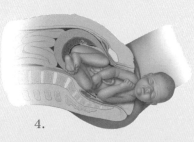

4.

人類的骨盆腔形狀很複雜，讓胎兒在陣痛分娩時，可以在裡面順利地修正位置。骨盆腔最寬的地方是從左到右，以及上面（入口），以及臀部的前面到後面（出口）。胎兒的頭最寬的部分是從前面到後面，而肩膀則是從一邊到另一邊最寬。因此，胎兒在通向並穿越產道時必須一路扭動並轉身。

因為幾乎每位媽媽骨盆腔最寬的地方都在入口的一邊到另一邊，所以大部分的胎兒在進入骨盆腔前就會看向左邊，或看向右邊（插圖1）。骨盆腔出口最寬的方向是從前到後，所以胎兒的臉幾乎都一直朝上，或是朝下（插圖2）。這種位置的修正是陣痛力量的結果，而阻力則來自於產道。

除了進行轉身修正外，胎兒同時還會更往下降到陰道。最後，寶寶的頭頂終於出現（露頭），把陰道開口撐開（插圖3）。當陰戶已經被撐展到夠大，寶寶的頭就會出現了 —— 通常是先把頭探伸出來，抬起下巴離開胸，然後從妳的恥骨下冒出來。寶寶出來的時候通常是臉朝下的，不過當肩膀轉向要從相同路線出來時，臉很快就會轉向一邊（插圖4）。

接下來，肩膀會以一次一邊的方式出來，然後在更猛力的一個滑衝後，身體的其他部分就會被娩出 —— 現在妳可以抱著自己新生的寶寶了。

妊娠小百科 / 如何啟動產程？

事實上，這問題的答案或多或少還是個醫學上的謎。妳的身體就是會知道，大部分的時候很準確的知道，什麼時候胎兒已經夠成熟、可以出來子宮外面生活了。

我們現在對於產程開始的了解是，妳的身體會製造並分泌一種特定的化學訊號，稱之為前列腺素。這種訊號會讓妳的子宮頸變薄、變軟並擴張，然後在適當的時候，某種東西會叫妳的身體大量製造並分泌前列腺素。當前列腺素的濃度夠高的時候，子宮的收縮就會開始變得頻繁而強烈。而頻繁強烈收縮則會讓身體轉而製造更多的前列腺素。這種週期加速就會進入產程。

這些步驟非常可能是從交錯複雜的相互影響衍生出來的 —— 一種存在於寶寶的腺體系統、胎盤和母體子宮之間的交互對談。這些開始動作以後，就會讓前列腺素的分泌增加。

第二階段：寶寶的出生 子宮頸一旦完全擴張，而妳被指示以後就可以推送了。在寶寶的頭頂（露頭）出現在陰道口之前，母親推送一、兩個小時不是什麼罕見的事，特別是第一次生產的媽媽。之後要讓寶寶生出來，可能還得幾分鐘、並且還要推送幾次。在寶寶的頭被推送出來後，妳或許會被指示要暫停推送一下，讓照護醫師確認寶寶的臍帶是沒有纏繞的。

當妳被告知不要推送時，要停可能有點困難，不過請妳努力忍住。以大聲呼氣代替推送可能會有用。暫先緩住可以會讓妳的陰道有時間來撐開，而不是被撕裂。要讓自己持續保有動機，可以把手放下來，感受一下寶寶的頭，或是透過鏡子看寶寶。現在，妳已經很接近了！當妳被告知可以推送時，再推一推，寶寶就生出來了！

‧出生後立刻進行的事 出生的時候，寶寶還透過臍帶與胎盤相連。父母親通常可以幫忙替臍帶結紮並剪斷。如果妳想幫忙，請務必先讓醫療人員知道，然後他們就會告訴妳怎麼做。剪臍帶一般不是特別急迫的。先在臍帶上紮兩個結，然後用剪刀在兩個紮之間剪斷，剪的時候是不會痛的。如果臍帶剛好繞在寶寶的脖子上，那麼在肩膀推生

出來前，可以先把臍帶紮好並剪斷。

寶寶在出生之後，會立刻被放入妳的懷裡或肚子上。不過，寶寶偶而也會先被抱給護士或小兒科醫師進行評估和觀察。

最後，寶寶會被量體重並進行檢查。他會被擦乾，包在毯子裡面保持溫暖。「阿帕嘉新生兒評分表」（APGAR scores，參見241頁）會在一分鐘後和五分鐘後兩個時間點進行並記錄。身分手環會被放到寶寶身上，這樣在嬰兒房裡才不會被搞混。這只是許多安全防護中的第一步，確保身分不會被弄錯。

在大多數情況下，妳都可以在寶寶出生後立刻抱著他，以母乳哺育他。但如果寶寶出現任何徵兆，需要協助，例如呼吸困難，那麼他就需要在嬰兒房中進行更徹底的評估。

第三階段：排出胎盤 寶寶出生後，很多事情都同時在發生。妳和妳的伴侶正在慶祝出生的興奮。你們兩人的壓力都解除了、覺得鬆了一口氣，陣痛和分娩終於都過去了。這同時，當寶寶第一次呼吸，美妙的初次啼哭聲傳入妳耳中時，某位醫療人員正在幕後替寶寶進行檢查呢！

第三，也是產程的最後一個階段就是排出胎盤。胎盤是在子宮內部的一個器官，透過臍帶，連結到寶寶身上，是在整個懷孕期間提供寶寶養分的器官。

對大部分的夫妻來說，胎盤，也稱胞衣，是沒什麼重要性的。不過對於接生的醫護人員來說，讓產婦排出胎盤，確認母體不會流血過多是很重要的。

• **發生的事** 在寶寶出生後，妳的子宮會繼續收縮，不過很溫和。這些子宮收縮是必要的，理由有幾個，其中之一就是要幫助妳把胎盤排出。

通常在分娩完五到十分鐘，胎盤就會從子宮壁上剝離。妳最後的幾次子宮收縮會把胎盤推出子宮，落到陰道。妳也可能會被要求要多推送一次以便把胎盤排出，排出胎盤通常會湧出少量的血。有時候，胎盤要多達三十分鐘才會被剝離、排出。

妳的照護醫師在妳生下寶寶後會幫妳按摩下腹。這是為了要促進子宮收縮，幫助排出胎盤。在胎盤排出後，妳可能會用打針或是打點滴的方式注射催產劑（oxytocin），促進子宮收縮。分娩後的子宮收縮非常重要。有時候還需要添加一些藥物來幫助妳穩固子宮。

• **妳的感覺** 當子宮在收縮，排出胎盤時，妳應該不會感到太痛。最難的部

分可能是等待胎盤排出時的耐性。照護醫師為妳進行的深度按摩可能會讓妳覺得痛。

・妳可以做什麼　在接到指示的時候，妳可以推送，幫助胎盤排出。當妳推送的時候，妳的照護醫師可能會輕輕的拉動與胎盤相連的殘留臍帶。在大部分的情況中，排出胎盤是分娩例行的一部分。不過，如果胎盤沒有同時從子宮壁剝離（**仍保留胎盤**），那麼就可能會產生併發症。萬一發生這種情形，照護醫師就必須探到子宮裡，用手把胎盤取出來。

胎盤取出後，妳的照護醫師就會加以檢查，看看胎盤是否正常而完整。如果不完整，他還得把仍在子宮裡面的殘餘部分取出。偶而也可能有需要進行手術才能把剩餘的胎盤清除乾淨。如果沒有清除乾淨，仍有殘留可能會導致出血及感染。

在分娩後，妳的照護醫師會把胎盤丟棄。大多數女性都沒見過胎盤，如果妳有興趣看的話，可以要求。胎盤一般呈圓形、紅色，直徑大約15 到20公分左右，重量約570公克。

多胞胎的妊娠的胎盤可能有不只一個胎盤需要排出。不過也可能只有一個胎盤，但多條臍帶相連。

・最後　對多數的母親來說，所有為了將寶寶帶到這世界來的種種準備、痛苦和努力，在懷中抱著寶寶時，很快就會被拋諸腦後了。這是妳生命中最有意義的時刻之一。現在妳變成一位母親了，一個小小的新人兒已經在妳家庭中擁有自己的位置，這真的是一個絕對的奇蹟。請好好品嚐這個時刻，珍惜它、擁抱這份喜悅，因為生命中很少有其他的喜悅能夠與其相比。

如果你是分娩教練

你的身分可能是準爸爸、伴侶、父母親、兄弟姊妹或朋友。無論你其他的角色是什麼，身為分娩教練的工作就是要在陣痛和分娩的時候支持準媽媽，無論是在身體上或情感上。以下是你幫得上忙的地方。

在早期陣痛階段　在分娩的第一階段期間：

・計算她的子宮收縮的時間　測量從一次子宮收縮開始到下一次的時間，加以記錄。當收縮的間隔變成五分鐘一次，並且以這頻率持續一個小時後，就是該打電話給照護醫師，或是上醫院的時候了。

・讓她保持鎮定　子宮收縮一旦開始，你們兩人可能都會緊張起來。畢

竟，這是你們期待了十個月的重要時刻。不過，在陣痛和分娩時，你的目標是要讓準媽媽放鬆。這表示，你自己必須先盡量保持鎮定。請一起深呼吸幾次。在兩次收縮之間，練習從分娩課程中學來的放鬆技巧。舉例來說，建議她讓肌肉放柔軟，或專注在下顎與手的放鬆上。輕柔的幫她按摩背部、腳或肩膀。

·**讓她分心** 建議做些活動，像是看電視或散步，讓你們兩人先不要一心只想著陣痛。講笑話也是個讓她分心的好辦法。在適當的時候，笑一笑吧！

·**問她需要什麼** 如果妳不知道該為伴侶做什麼，問她要做什麼才會讓她感到舒服。如果她不知道自己要什麼，盡量做些你認為或許會讓她好受一點的事。不過，如果她不接受你的建議，或在子宮收縮的時候只是專注於身體上的事，別往心裡去。

·**鼓勵她** 每次子宮收縮的時候，給她鼓勵、讚美她。告訴她，每次收縮過後，陣痛一刻刻過去，看到寶寶的時候就更近了。你不可以做的就是批評她，或假裝這種痛根本不存在。即使她沒抱怨，也她需要你的同情和支持。

也請你照顧自己 要讓自己保持體力，可以每隔一些時候吃些點心。不過要尊重伴侶可能不想你在她面前吃東西，或是離開她身邊去吃東西的心情。如果你在陣痛和分娩的任何時間感到頭昏，坐下來，把情形告訴醫療照護團隊的人。

在活動期陣痛階段 當陣痛進行到下一個階段：

·**讓房間安靜** 可能的話，讓待產房或是產房的房間盡量保持安靜，關上房門、燈光調暗。有些產婦覺得陣痛時聽輕音樂可以讓身心放鬆。

·**幫助她度過子宮收縮** 學會看出伴侶子宮收縮什麼時候開始。如果她有接上胎兒監視器，請教別人如何讀取上面的資料。或者，把手放在你伴侶的肚子上，去感受一下子宮顯露出來的緊繃狀況，然後提示一下伴侶，子宮收縮就要開始。在每次子宮收縮的高峰和低潮時，你也可以鼓勵她。如果對她有幫助的話，在辛苦的子宮收縮時刻，陪著她一起呼吸。

努力讓她感覺舒服一點，看是要幫她按摩腹部或下背、施以反向壓力，或任何一種學來的技巧。

有些產婦不喜歡陣痛時被人碰觸，所以要了解你伴侶的情況。如果她不舒服，可以建議她換個姿勢，或散步（如果可能的話），幫忙推進產程。如果被

允許的話，給她水或冰塊。如果她喜歡的話，用清涼的濕布蓋在她的眉毛上。

・**當她的聲援團**　盡可能當她和醫療團隊的傳聲筒。不要怕問與她產程進度相關的問題、任何程序或對藥物需求的說明。如果你的伴侶要求止痛藥，請和她的照護醫師討論可以採用的選擇，無論公開或私下都好。提醒您，陣痛不是耐痛度的測試。如果產婦選擇使用止痛藥，並不表示她在熬過陣痛這方面是失敗的。

・**持續不斷的鼓勵她**　當產婦到了活動期陣痛期間，她可能會感到非常疲累與不舒服，或許還會激動潑辣了起來。和在早期陣痛階段一樣，要支持她、不斷以這類的言語來鼓勵她：「上次收縮妳挺過去了，真棒！」或是「妳做得太棒了，我真為你感到驕傲。」

・**不要介意**　在陣痛時期說的話通常不是有心的。如果伴侶對你細心安慰她的建議好像很生氣，或是對你提出的問題沒有反應，也不要介意往心裡頭去。你在場對她來說已經是安慰了，有時候她需要的不過如此。

在過渡期階段　在這個陣痛非常辛苦的階段：

・**繼續幫助她度過子宮收縮的時刻**　在過渡期階段，胎兒會往下進到產道，這也是媽媽最辛苦的時候。現在正是給她更多鼓勵和讚美的時候。提醒她，一次應付一個收縮就好。如果對她有幫助的話，每次子宮收縮的時候都跟她講講話，陪她呼吸。有些產婦在子宮收縮變強的時候，不希望有人在旁邊提點。如果需要的話，給她空間。事實上，只要握住她的手，和她眼神交會，或是告訴她「我愛妳」可能就勝過千言萬語。

・**以她的需求為優先**　在整個陣痛和分娩過程中，要留心她的需求。允許的話，給她水或冰塊。幫她按摩身體。定期建議她換個姿勢。不斷告訴她產程進展的情形，以及她做得多好。這個時候好好照顧她，肯定比用錄影機拍下一切或是打電話給親戚朋友重要。

在推送和分娩階段　當你們走到這最後時期時：

・**幫助引導她推送及呼吸**　利用醫療團隊的提示，或是你從分娩課程學來的技巧，在她推送的時候引導她呼吸。在她用力推送的時候，你或許可以支撐她的背，或握住她其中的一隻腳。

・**在她身邊**　當她開始要用力推送時，許多事情可能會很快發生。或者，也可能得斷斷續續推送好幾個鐘頭。在她準備要開始推送的時候，不要覺得醫療團隊掌控了一切，而你會阻礙到他

們。你在場是很重要的，尤其在產程接近完成的時候。

指出她的進度　當寶寶的頭露出來時，如果被允許的話，請拿著鏡子，讓她可以看到自己的進度。或者告訴她，寶寶就快被生出來了！

·**想要的話，可以由你剪臍帶**　如果你有機會剪臍帶，不要慌張。要怎麼做，醫療人員會給你很清楚的指示。如果你對做這件事感到不舒服，不要覺得有壓力還勉強去做。

·**恭喜！**　寶寶出生後，好好享受你們間的牽繫吧！但是不要忘記給你的伴侶她最值得的讚美，也請好好恭喜自己，做得好！

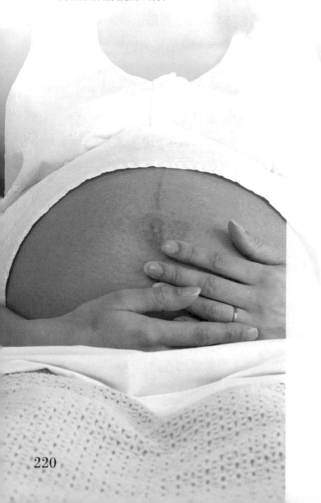

第15章

認識剖腹產

有時候，以自然產方式生產並非最好的選擇。而剖腹產（也稱帝王切開術，或英文稱之為C-section），則是以外科手術的方式在產婦肚子上劃一刀，將寶寶抱出來，而不是經由陰道分娩。最近的數字指出，現在採取剖腹產分娩方式的佔全部分娩的百分之三十。有些產婦之所以採計畫性剖腹產是因為妊娠的併發症，或是之前生產已經進行剖腹產了。而有些孕婦則是選擇以剖腹產代替陰道產（參見第24章）。不過，在許多分娩的例子中，剖腹產的需求一直到了陣痛開始後才變得明朗。了解該有哪些預期可以幫助妳在萬一需要剖腹產時，有心理準備。

什麼時候需要剖腹產？

為什麼需要採取剖腹產，有很多不同的原因。有時候，決定採剖腹產與母體的健康有關，有時候則是顧及到寶寶。有時候母親和胎兒雖然都健康，但還是採取了這個手術。這種情形稱之為自選剖腹產，是具有爭議性的。

母體部分

·**產程進展不正常** 醫師採取剖腹產為寶寶接生最常見的原因之一就是，產程進展未如預期 —— 進行得太慢，或是完全停滯不前。產程遲緩或陣痛速度不正常的原因很多。妳子宮收縮的力度可能不足以讓子宮頸完全擴張。又或者是，胎兒的頭根本太大，卡著出不了骨盆腔。

·**妳有嚴重的健康問題。**如果妳有糖尿病、心臟病、肺部疾病或高血壓，可能就要採剖腹產。如果孕婦有這些病症，狀況就可能出現，因此讓寶寶提前產下比較好。如果陣痛啟動（催產）不成功，那麼就必須進行剖腹產了。如果妳有嚴重的健康問題，在懷孕期結束之前先充分和妳的照護醫師討論妳有的選擇吧！

另一種少見卻必須採用剖腹產的原因是要保護胎兒，避免受到單純性疱疹感染。如果母親的生殖道有疱疹，可能就會傳給出生的寶寶，導致嚴重的疾病。採取剖腹產可以避免那類併發症的發生。

·**妳懷著多胞胎。**懷著雙胞胎的孕婦，大約有一半會採取剖腹產。根據雙胞胎的胎位、預估的體重和妊娠週數，

雙胞胎是可以採用陰道產的。三胞胎和多胞胎的情況通常就完全不同了。研究顯示，絕大多數的三胞胎都是採剖腹產的。每一個多胞胎的妊娠情況都是獨特的。如果妳懷了多胞胎，請跟妳的照護醫師討論，一起決定哪種生產方式對妳最好。請記住要保持彈性。即使在檢查時，兩個寶寶都是頭朝下，第一個孩子產下之後情況也可能改變。

· 胎盤發生問題。如果胎盤有以下兩種問題，保證一定得開刀：胎盤早期剝離和前置胎盤。

胎盤早期剝離是陣痛開始之前，胎盤就從子宮內壁剝離了，這對胎兒和妳都會造成生命威脅。如果電子胎兒監控器發現寶寶沒有立即的麻煩，那麼妳可能會住院，進行密切監控。如果寶寶處境危險，那麼可能就必須立刻進行剖腹生產了。

前置胎盤是胎盤的位置落在子宮較低的部分，部分或完全遮蔽了子宮的開口。胎盤不能先被娩出，因為這樣一來胎兒就沒有辦法存取到氧氣了。因此，幾乎一定會進行剖腹產。

· 之前進行過剖腹產 如果妳之前採取過剖腹產，那麼可能還必須再進行過一次。但情況並非一定如此。有的時候，即使之前採取了剖腹產，之後也可以進行陰道產（參見第25章）。

胎兒部分

· **寶寶的心跳模式不正常。** 在產程中，有些特定的胎兒心跳模式會讓人感到放心，有些則可能意味著胎兒的氧氣供應有問題。如果心跳模式讓人產生疑慮，照護醫師可能就會建議妳進行剖腹產。當胎兒沒能獲得足夠的氧氣、臍帶被壓迫到、或是胎盤並未發揮理想功能時，都可能導致胎兒心跳模式不正常。

有時候，胎兒心跳模式不正常並不意味著胎兒有真正的危險。但有些時候，則代表發生了嚴重的問題。產科最困難之處就是判定哪一種狀況是真正的危險。妳的照護醫師可能會利用特定的手法，例如按摩胎兒的頭，來看看是否會讓心跳率改善，協助判定風險的程度。

決定是否需要進行剖腹產，要考慮的變數很多，例如在生出孩子前，陣痛可能還要持續多久，心跳模式不正常是否因為還有其他問題。

· **寶寶是難產胎位。** 寶寶的腳或臀部比頭先進入產道，這就是所謂的「胎位不正」。有這種情況的胎兒大多採剖腹產，因為採陰道產會提高併發症發生的風險。有時候，照護醫師在陣痛開始之前可以透過腹部來推胎兒，讓他移動到

比較好的位置，避免必須進行剖腹產。如果妳的胎兒是橫向跨躺在子宮之中，這種胎位就稱為橫位產，必須進行剖腹生產。

　　（想得知更多與「胎位不正」及「橫位產」相關的資訊，請參見第28章。）

　・胎頭的位置不理想。就理想的情形來說，胎兒的下巴應該往下靠在胸腔上，這樣後腦杓，也就是直徑最小的部分才會在前面帶領。如果胎兒的下巴抬高了，或是頭部轉向，讓有著最小直徑的部分不是在前面帶領，那麼較大直徑的頭就必須能夠穿越妳的骨盆才可以。有些產婦即使胎兒臉朝上，不是朝下，也不會發生問題，但是其他人就可能會出問題了。

　　在決定採用剖腹產之前，妳的照護醫師可能會叫妳把手、膝蓋和臀部抬高離床，這種姿勢會讓子宮往前，似乎有幫助胎兒轉身的效果。有時候，照護醫師還會藉由陰道檢查，或使用鑷子，試著幫胎兒的頭轉向。

　・臍帶發生問題。如果破水，在寶寶被生出來之前，臍帶就有可能通過子宮頸滑出去了。這種情況稱為「臍帶脫垂」，對胎兒會構成非常大的危險。當胎兒被壓靠在子宮頸上時，來自於突出臍帶的壓迫可能會阻斷胎兒氧氣的供應。如果臍帶在子宮頸完全擴張之後滑出，而且生產是急產的話，那麼妳還有可能可以透過陰道生產。不然的話，剖腹產是唯一的選擇。

　　類似的道理，如果臍帶纏繞在胎兒的頸部，或是位在胎兒的頭和妳的恥骨之間，又或者妳的羊水量已經減少了，每次子宮收縮都可能會擠壓到臍帶，讓輸送到胎兒身上的血液流量和氧氣變慢。發生這些情況時，剖腹產會是最佳的選擇，特別是如果臍帶受到壓迫的時間拉長，或是很嚴重的話。這些情況通常是心跳模式不正常的原因，但一般來說，不到分娩後，是沒辦法確切得知臍帶位置的。

　・胎兒太大。有些胎兒太大了，無法安全的通過陰道分娩。如果妳的骨盆腔小得不正常，胎兒的頭可能無法通過，那麼胎兒的大小尤其值得關切。如果妳有妊娠糖尿病，胎兒的體重可能就會過重。而胎兒如果過大，很可能就必須進行剖腹產。

　・胎兒有健康問題。如果胎兒在子宮中時就被診斷出患有疾病，像是脊柱裂，那麼妳的照護醫師可能會建議進行剖腹產。請和妳的照護醫師討論適用於妳個人狀況的選擇。

剖腹產風險大嗎？

剖腹產是大手術。雖然一般認為非常安全，但和其他所有的手術一樣，會有一定的風險。有一點很重要必須記住，那就是剖腹產通常是為了解決會威脅到生命安全的併發症才進行的，因此採取剖腹產的產婦本就預期可能發生較多的併發症。

【產婦的風險】

生孩子本身就有一定的風險。而採取剖腹產的風險通常比陰道產高。

· **血流量增加。** 一般來說，採用剖腹產的血流量大約是陰道產的兩倍。不過，剖腹產倒是很少需要輸血的。

· **對麻醉的反應。** 手術時使用的藥物，包括麻醉藥，有時候會引起預期之外的反應，包括了呼吸的問題。雖然罕見，不過也曾有過因為全身麻醉導致產婦將胃內物吸入肺部，引起肺炎的病例。不過剖腹產大多不會使用全身麻醉，而進行時也會很小心的避免這些併發症。

· **對膀胱或腸道的傷害。** 這類的外科手術傷害是很罕見的，不過也被認為是剖腹產的併發症。

· **子宮內膜炎。** 這種病症是子宮內膜產生發炎和感染的情形，是剖腹產最常見的併發症。當一般滋生在陰道的細菌跑到子宮裡面時，就會發生這種病症。

· **泌尿道感染。** 泌尿道感染，如膀胱和腎臟感染等，是剖腹產併發症中排名第二的併發症，僅次於子宮內膜炎。

· **腸功能降低。** 在某些病例中，麻醉使用的藥物和止痛藥可能會讓腸道的功能在術後變慢，導致暫時性的腹脹、脹氣和不適。

· **腿、肺部或骨盆器官產生血栓。** 施行剖腹產，靜脈血管形成血栓的風險是陰道產的三到五倍。 如果放著不治療，腿部的血栓塊可能會被送到心臟和肺部，阻塞血流，導致胸痛、呼吸急促、或甚至死亡。血栓現象也可能發生在骨盆腔的血管。

· **傷口感染。** 剖腹產傷口感染率依手術而有不同。如果妳酗酒、有第二型的糖尿病或過胖，那麼剖腹產後發生傷口感染的機會就會比較高。

· **傷口裂開。** 傷口如果受到感染或是癒合不佳，就可能會沿著手術的切口裂開。

· **植入性胎盤和子宮切除術。** 植入性胎盤的胎盤在子宮壁內附著得太深、太牢了。如果妳之前也採用剖腹產，那麼在後來的妊娠中，發生植入性胎

盤的風險就會提高。植入性胎盤正是現在剖腹產後進行子宮切除術最常見的原因。

· **再度入院**。和採陰道產的產婦相比，施行剖腹產的產婦在產後兩個月內再次入院的可能性高了兩倍。

· **死亡**。產婦剖腹產的死亡率非常低，估計大約是十萬分之二。不過大約還是陰道產的兩倍。

【 胎兒的風險 】

剖腹產對胎兒也有潛在的風險。

· **早產**。採取自選剖腹產時，妊娠的

 妊娠小百科 / 自選剖腹產好嗎？

有些健康的孕婦在第一胎時便選擇剖腹產 —— 一般都是想避免陣痛和陰道產可能產生的併發症。有時候醫師之所以建議採用剖腹產，甚至是因為可以挑選產婦和醫師本人都方便的時間。

這種剖腹產的施行不是因為健康理由，而是因為害怕或是希望避免不便才採用的。這不是進行剖腹產的好理由。

當自選剖腹產愈來愈普遍，爭議性也就愈高了。更多相關資訊，請參見第24章。

 妊娠小百科 / 剖腹產有什麼限制嗎？

大多數的女性可以安全的施行到三次的剖腹產。不過，每次進行剖腹產時，複雜度都比前次更高。不過，對某些女性來說，手術產生併發症的風險，像是感染或大量出血，一次只比上次略高一點。如果妳在施行第一次剖腹產之前就經過了又長又辛苦的陣痛過程，那麼再施行一次剖腹產可能會讓妳在身體上少受些折磨，即使復原過程的時間至少也同樣長。但對其他的女性來說，例如有明顯內部疤痕的孕婦，再度施行剖腹產，一次的風險都比一次提高不少。

重複施行剖腹產對很多孕婦很有吸引力。不過，如果妳已經進行過三次剖腹產，那麼想再多生孩子之前，謹慎評估再次施行剖腹產的風險就很重要了。

週數是否準確很重要。如果寶寶太早出生，可能會有呼吸困難和體重過低的問題。

· **呼吸問題**。以剖腹產方式生的孩子比較可能有輕微的呼吸問題，稱之為「暫時性呼吸急促症」。這種病症的特徵是產後的最初幾天呼吸異常急促。

· **胎兒受傷**。施行剖腹產手術時，偶而會發生意外，傷害到寶寶。

剖腹產預期中會發生的事

無論妳的剖腹產是計畫的，還是臨時決定的，都可能會依照以下的程序來進行：

準備工作 讓妳進行手術準備時，會有一連串的討論和步驟。不過如果情況緊急，有些步驟會被省略，甚至完全不管。

· **麻醉選項**。麻醉科醫師或麻醉專科護士會到妳醫院的房間來討論妳的麻醉選擇。脊椎麻醉、硬脊膜外麻醉和全身麻醉都可以用於剖腹產。脊椎麻醉和硬脊膜外麻醉會讓妳的身體從胸部以下麻痺，而妳的人在手術期間可以保持清醒。妳只會感到一點點痛、或是根本不會痛。而麻醉藥也不會進入到胎兒的體

 妊娠小百科 / **如何處理預臨時決定的剖腹產手術？**

對妳和伴侶來說，突然意外獲知需要進行剖腹手術，對你們兩人來說可能很有壓力。在一瞬之間，妳對分娩的預期可能被完全改變。更糟的時，這消息通常是在妳已經陣痛了很多個鐘頭，又累又洩氣時才被告知。此外，妳的照護醫師可能也沒多少時間可以對妳說明步驟，並回答妳的問題。

擔心妳和寶寶在剖腹產手術中情形會如何是人之常情，但不要因為這些擔憂阻礙了讓你們更好的機會。幾乎所有的母親和寶寶在剖腹產後復原情況都很良好，少數有一點問題。雖然妳可能比較希望進行陰道產，但是請提醒自己，寶寶和妳的健康遠比分娩方式還要重要。

如果妳對排定的再度剖腹產感到焦慮，請和照護醫師、分娩指導員或妳的伴侶討論。和他們分享妳的感受可能會減輕妳的擔憂。告訴自己妳以前就成功做過手術了，現在可以再做到的！這一次的復原可能比以前來得容易，因為妳知道會發生什麼事。

內，或是只有一點點。

脊椎麻醉和硬脊膜外麻醉之間的差異很小。利用脊椎阻斷法時，止痛藥物會被注射到脊椎神經周圍的體液中。而採硬脊膜外麻醉時，藥物則是注入脊椎周圍充滿體液的空間。硬脊膜外麻醉要大約20分鐘左右才會生效，麻醉時間可以非常長。而脊椎阻斷法可以生效得比較快，但效果通常只能持續大約兩個鐘頭。

全身麻醉時妳會完全失去知覺，在胎兒必須以很快速度被抱出的緊急剖腹產時可能會使用。有些藥物會流入寶寶體內，不過通常不會造成任何問題。全身麻醉對大部分的寶寶都不會產生任何影響，因為母親的腦部迅速的吸收了絕大部分的藥物。必要的話，也可以給寶寶藥物，以抵抗麻醉可能引起的任何作用。

‧**其他的準備工作。**當醫師、麻醉師和妳本人決定好要使用哪種麻醉方式後，準備工作就如火如荼的進行。典型的準備項目包括了：

‧**點滴注射。**妳的手或手臂上會被注射點滴，讓妳在手術期間和術後接受點滴液和藥物。

‧**抽血檢驗。**妳會被要求抽血，送到醫院的檢驗室作分析，讓醫師對妳手術前的完整狀況更加清楚。

‧**制酸劑（antacid）。**妳會被投以制酸劑來中和胃酸。這個簡單的步驟可以大幅降低萬一妳在麻醉時嘔吐，胃內物進入肺部，造成傷害的可能性。

‧**監視器。**妳的血壓在手術期間會一直被監看。妳的胸前也可能被貼上電極，連接到心臟監視器，以便在手術期間監看心跳率和心律。妳的手指可能會被夾上一種血氧飽合度監控儀，來監控妳的血中氧氣濃度。

‧**導尿管。**你的膀胱會被插入一條細細的管子，將尿液引出去，讓妳的膀胱在手術中保持淨空狀態。

剖腹產手術與術後

‧**手術房。**大多數的剖腹產都是在特別為該手術設計的產科手術房進行的。氣氛可能和妳進過的產房很不同。因為外科手術是一種團隊作業，所以那裡會有很多人。萬一妳或寶寶出現任何複雜的醫療問題，現場可能會有來自幾個不同醫療團隊的成員。

‧**做好準備。**如果妳要進行硬脊膜外麻醉或脊椎麻醉，可能會被要求坐起身來，背部弓起來，或是側躺，身體捲起。麻醉師可能會先用殺菌消毒劑擦抹妳的背部，然後注射藥劑，讓該區麻痺。之後再將阻斷藥劑以針頭注射方式插入兩段脊髓骨、以及脊柱旁的硬組織之間。

妳可能會透過針頭，被注入一劑藥，然後針頭就取出。或者，麻醉醫師也可能會將一條細導管，透過針頭插入，然後將針頭抽出，再將導管固定在妳背部。這樣妳就可以視需要，被重複施以麻醉藥劑。

如果妳需要進行全身麻醉，那麼所有手術的準備都要在妳進行麻醉之前就做好。麻醉醫師可能會將藥物打入妳的點滴中來進行施藥。當妳被麻醉後，妳會仰躺，雙腳被安全的固定住。一個三角楔形的枕墊可能會被放在妳背部的右下方，讓妳的臉朝左。這樣會讓子宮的重量往左移，讓子宮的血流較順暢。

妳的雙手也可能會被往外張開，固定在加有墊子的枕子上。護士為幫妳刮除腹部上的毛髮，如果恥毛可能會干擾到手術的進行，部分的恥毛可能也會被修剪。護士也會用消毒液幫妳擦肚子，並覆蓋無菌布。妳的下巴下也會被覆上一條布，好讓手術範圍保持乾淨。

· **腹部切口。** 當妳準備好後，手術醫師就會切第一道口。這道切口是腹部切口，在肚皮上，大概會有15公分長，會劃開妳的皮膚、脂肪和肌肉，到達腹腔的內膜（腹膜）。出血的血管會利用熱（熱灸）來封住，或閉合。

腹部切口的位置取決於幾個因素，像是本次剖腹產是否為緊急手術刀，還是之前腹部上面已經有過傷疤了。胎兒的體型大小或胎盤位置也是列入考慮的因素。最常見的切口為：

低位橫切口（Low transverse incision）
也稱為比基尼切口，這種切口彎過下腹部，沿著想像的比基尼底褲線走，是大家最愛採用的腹部切口。這種切口的癒合良好，手術後痛感最少。這種切口之所以受到喜愛也是因為美觀，以及能夠提供手術醫師低位妊娠子宮的良好視線。

低位縱切口（Low vertical incision）
有時候，這種切口是最好的選擇。低位縱切口可以讓下位部分的子宮更快被接觸到，讓手術醫師可以用更快的速度將寶寶抱出來。偶而有些時刻，時間是最重要的。

· **子宮切口。** 腹部切口完成後，手術醫師會把膀胱暫移到子宮較下面的位置，讓切口切在子宮壁上。妳的子宮切口不見得會和腹部切口的類型相同。子宮切口一般比腹部切口來得小。

和腹部切口一樣，子宮切口的位置也取決於幾個因素，像是本次剖腹產是否為緊急手術刀、胎兒的體型有多大、以及胎兒或胎盤在子宮內部的位置。

低位橫切口是在子宮低位部分下一橫向口，這是最常見的切口方式，大多數的剖腹產都採用此方式。這種方式讓探入非常容易、流血情況比開口在子宮高位置少，對膀胱造成傷害的風險也較低。這種切口形成的疤痕較強壯，意味著將來產程中再度裂開的危險較低。

在某些情況下，採取縱向的子宮切口是比較適當的。如果妳的胎兒在子宮中是腳先、臀先或側面（胎位不正或橫位產），就可能採用低位縱切口，這種切口下刀處的子宮低位組織較薄。如果妳的手術醫師認為妳的切口必須延伸到高位縱切口的話，也可能會採用。有時候醫師會把這種切口稱為「傳統切口」。

傳統縱切口可能的優點是要從子宮中抱出胎兒比較容易。必要時，也可能會施行傳統切口，以避免對膀胱造成傷害。而認定本次是最後一次妊娠的產婦也可能決定採用這種切口。

‧**產出**。子宮有了開口後，下一步就是要打開羊水囊，讓寶寶可以盛大露面。如果妳意識清楚，在寶寶被拉出來的時候，或許會感覺到有拖、拉、或壓迫力量。這是因為妳的手術醫師要盡量讓妳的切口能夠保持最小。妳應該不會有任何痛感。

在寶寶生出來，臍帶也被紮好後，寶寶可能會被交給醫療照護團隊的另外一個成員，讓他先確保寶寶的鼻子和嘴巴裡沒有羊水，呼吸也是正常的。只要再幾分鐘後，妳就可以見到寶寶的第一面了。

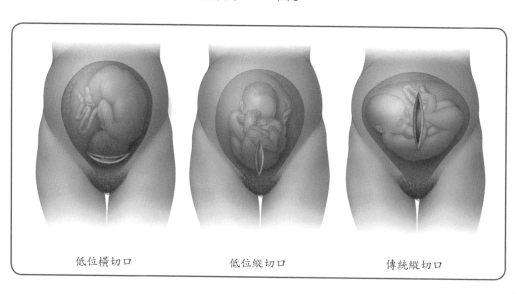

| 低位橫切口 | 低位縱切口 | 傳統縱切口 |

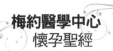

·**產後**。寶寶被產下後，下面一步通常是從子宮中剝離並取出胎盤，然後一層一層將切口縫合。

縫在妳體內器官和組織上的線會自行溶解，不必拆線。但皮膚上的切口，手術醫師可能會用線縫合，或是使用一種釘書機，這種釘針是小小的金屬釘，中間彎曲，可以把切口的邊拉在一起。在這修補期間，妳可能會覺得上面在發生一些動作，但是不會痛。如果妳的切口是以釘書針閉合的，在妳出院回家前，醫師或護士會用一把很小的鉗子把針夾出來。

·**見到寶寶**。一場剖腹產手術典型的花費時間是大約45分鐘到一個鐘頭，而寶寶很可能在手術開始的最初五分鐘或十分鐘就生出來了。如果妳很想要，而且意識也清楚，那麼當手術醫師在閉合妳子宮和腹部的切口時，妳可能可以抱著寶寶。最低限度，妳也可以看到寶寶舒服的窩在伴侶的懷抱裡。在把寶寶交給妳或妳伴侶前，醫療團隊的人員會先把寶寶的鼻子和嘴巴吸理乾淨，做第一次的阿帕嘉新生兒評分表。這是在產後一分鐘後，對寶寶的外表、脈搏、反射性、活動力、以及呼吸進行快速評估的一份檢查表。

恢復室 手術後，妳會被推到恢復室。在那邊，直到麻醉藥褪去，妳的狀況穩定下來之前，都會有人監控妳的生命跡象。這個過程一般要一兩個鐘頭。待在恢復室期間，妳和妳的伴侶可能會有幾分鐘單獨和寶寶在一起，互相認識一下。

如果妳選擇要以母乳哺育，想要的話，在恢復室裡面就可以餵第一次了。如果要餵母乳，愈早開始愈好。不過，如果妳是全身麻醉，手術後幾個小時，妳可能還是頭昏眼花、很不舒服。最好等到妳神智較為清楚，並吃了止痛藥以後再餵比較好。

手術之後

在恢復室待了兩三個小時後，妳很可能就會被移入產科病房。在接下來的二十四個鐘頭內，妳的照護醫師和護士會監控妳的生命跡象、腹部敷料的狀況、製造的尿液量，以及產後的出血量。在住院期間，醫療照護團隊會繼續小心的監控妳的健康狀況。

復原 剖腹產的標準住院天數是三天，不過有些產婦在術後兩天就出院了。在妳住院的期間以及返家之後，好好照顧自己、加速復原的速度是很重要的。大多數進行剖腹產的產婦都復原得很好，就算有問題，也是很少。

・**疼痛**。在住院期間，妳會被施以止痛藥。妳可能不想手術後吃止痛藥，尤其是，如果妳還打算用母乳餵寶寶的話。不過當麻藥褪掉以後，使用止痛藥是很重要的，這樣可以讓妳保持舒適。在妳開始復原的前幾天，也就是切口開始癒合時，舒適特別重要。

如果妳到了要出院回家的時候還會痛，妳的照護醫師會開少量的止痛藥給妳，讓妳帶回家去。

・**飲食**。在手術剛結束的頭幾個小時內，妳可能只被允許吃冰塊或啜一點水。當妳的消化系統恢復得比較正常以後，妳就可以喝一些流質，並開始吃一些容易消化的東西了。妳在排氣後，就知道自己可以進食了。排氣是消化系統甦醒、恢復工作的跡象。通常在手術後一天，妳就可以開始吃固體食物了。

・**散步**。手術後幾個小時後，如果還不是太晚，妳可能會被鼓勵要去稍微散個步。散步可能是當時妳最不想做的事情，但這對妳的身體有益，是復原重要的一部分。散步可以幫助妳清肺、促進循環、提高癒合，並讓妳的泌尿和消化系統恢復正常。如果妳肚子漲氣會痛，散步可以幫助紓解。在第一次短短的散步後，妳可能還會被鼓勵，在出院回家前，每天都稍微散步兩三次。

 妊娠小百科／剖腹產：伴侶的參與

如果妳的剖腹產不是那種需要全身麻醉的緊急手術，那妳的伴侶就可以跟妳一起進手術室，這是很多醫院都容許的。妳的伴侶可能對這個主意很激動，不過也可能想到就嘔心，或是乾脆說很害怕。要就近觀看手術，尤其事關妳熟識並深愛的人，可能會覺得很困難。

如果妳的伴侶決定在妳進行剖腹產時要在場，那他就必須穿上手術罩袍、戴上髮罩、鞋套及面罩。他可以看著手術進行，或是坐在妳頭部附近、握住妳的手，位置就在麻醉屏的後面。讓妳伴侶在身邊可能會讓妳比較放鬆。不過，也有潛在的缺點：妳的伴侶可能會在產房昏過去，變成第二位病人，還是一位無法立刻被照料的病人。

大部分的醫院都鼓勵幫寶寶拍照，手術團隊甚至會幫你們拍照。不過很多醫院還是不允許直接錄影拍攝手術過程。在妳伴侶開始拍照或準備攝影機前，務必先取得許可。

・**陰道的分泌物**。在寶寶出生後,妳會分泌所謂的「惡露」(lochia),這是一種偏棕色到透明的分泌物,會持續幾個禮拜。有些剖腹產的產婦對於陰道分泌物的量感到很訝異。即使胎盤在手術期間已經移除了,子宮還是需要癒合,而分泌物就是過程的一部分。

・**傷口的照護**。切口上的繃帶可能手術後一天就被拿掉,也就是當妳的切傷口已經有時間癒合以後。在住院期間,醫師和護士可能會常常檢查妳的傷口。當傷口開始癒合時,可能會癢。不要去

抓。塗乳液是比較好、也比較安全的代替方式。

如果切口是以手術釘書機進行閉合的,那院方可能會在妳出院之前就先拆除。妳回家後可以如常沖澡或沐浴。之後,用毛巾徹底將傷口擦乾,或是用設在低速的吹風機吹乾。

妳的傷口可能會有幾個禮拜的時間會疼痛、敏感,所以妳可能會想穿寬鬆舒服、不會摩擦的衣服。如果衣服會刺激到傷口,在傷口上貼個敷布會有幫助。切口的傷疤周圍偶而有拉扯、抽搐的感覺是很正常的。傷口癒合的時候也會發癢。

・**母乳哺育**。在進行剖腹產後若想以母乳哺育,有些特定的技巧可能有幫助。例如,以橄欖球抱法(參見第335頁)來抱寶寶,也就是夾住寶寶的腋下,把他像抱著足球跑的方式抱著。這種哺育姿勢很受到剖腹產媽媽的歡迎,因為這樣寶寶就不會壓到還在疼痛的腹部。術後的最初幾天,妳也可以試試側躺餵奶(參見第335頁)。

剖腹產產後的限制 在剖腹產出院返家後的第一個禮拜,限制妳自己的活動、專心照顧自己的身體和新生寶寶是很重要的。

・避免提重物,或做出任何可能會拉

扯到癒合中傷口的行為。也要確定妳的腹部受到支撐。站立或走路的時候姿勢要良好。在突發性動作，像是咳嗽、擤鼻子、或笑的時候要抱住傷口附近的腹部。餵乳的時候使用枕頭或捲起來的毛巾來加強支撐。

・**需要的時候要吃藥。**醫師可能會建議妳吃乙醯胺酚（泰諾或其他）來止痛。如果妳有便秘，或是腸子蠕動的時候會痛，醫師可能會建議妳吃軟便的成藥，或是溫和的瀉劑，像是鎂乳（milk of magnesia）。

・**請照護醫師告訴妳什麼可以做，什麼不能做。**當妳第一次那麼努力的時候，可能會覺得非常疲累。請給自己復原的機會。畢竟，妳才動過手術。當妳開始覺得好一點的時後，很多產婦都覺得要遵守這些限制很難。

・**除非妳在雙腿或腹肌肉迅速移動時都不痛了，否則不要開車。**雖然有些產婦在剖腹產後的復原狀況比別人快，不過不要開車的禁令時間通常是兩個禮拜。

・**避免性行為。**除非妳的照護醫師給綠燈放行了（時間通常是術後四到六個禮拜），不然不要有性行為。這段時間，妳倒是不必放棄兩人之間的親密。花點時間和伴侶在一起，即使是在早晨撥出幾分鐘，或是晚上孩子睡著後。

・**照護醫師告訴妳可以後就開始運動。**但是輕鬆的進行。游泳、散步都是好選擇。出院三、四個禮拜以後，妳可能就會覺得正常的家居活動恢復了。

出院後可能發生的併發症　一般來說，如果妳出院回家後有出現這些徵兆或病徵，要報告讓妳的照護醫師知道。

・發燒38度或38度以上

・排尿會痛

・陰道分泌物（惡露）比一般正常月經期間還嚴重

・切口撕裂

・傷口上發紅或有滲漏

・嚴重的腹痛

第三部

寶寶終於來報到了

第16章

迎接新生兒的到來

等待結束了。十個月來,妳花了無數的時間準備、殷殷期待見到寶寶這一天的到來。現在,這一天已經降臨了。

無論是如馬拉松般漫長,或是驚人的短暫,妳的陣痛和分娩過程都已經被妳拋在腦後。現在正是時候來擁抱、珍惜、並好好享受這位妳已等待了許久許久、一直想見上一面的寶貝小人兒。

就算妳或許想趕快回家,開始你們的新生活,但還是請好好利用在醫院或助產所的這段時間吧!很多媽媽會很訝異自己在產後對於私人時間的渴望。雖然妳的親戚朋友會很想見到妳和寶寶,知道你們的情況,但或許還是想限制一下電話和拜訪的時間吧!關掉電話沒關係,護士也可以幫忙限制訪客的人數,來確保妳的隱私。好朋友,尤其是已經為人父母者,會了解妳需要留時間給自己和寶寶的。

想想看,妳的身體剛經歷過辛苦的磨練。所以,先休息休息,讓醫院的人員來照顧妳,這種豪華待遇可享受不了太久的。

妳待在醫院的時間也是提問的好機會,妳想問的問題可能有一籮筐!幸運的是,答案可能就在大廳裡。醫院人員的部分職務就是幫助妳順利轉換成母親的角色,無論這是妳的第一胎,還是第四胎。好好利用他們的專長吧!

此外,很多醫院都還提供與新生兒相關的文字和影片,範圍從幫寶寶餵奶到嬰兒車座安全椅。護士會建議,哪些資料對妳最有幫助。如果有機會,請花點時間看看這些資料。妳一旦回了家,不但空閒時間少了,和醫院的距離也遠。

很多醫院都允許寶寶和妳待在房裡。這是個好機會,讓妳可以多多瞭解寶寶、並花時間和他在一起。不過,要知道,如果妳希望有時間可以自己安靜,不和寶寶一起,那絕對是可以接受的。只要妳回了家,就沒多少時間可以休息。所以,如果妳累了,或是需要休息,請信任護士可以在育兒室中幫妳好好的照顧他。

本章,妳會瞭解新生兒生命最初幾天的情況——他的模樣如何,可能要進行什麼樣的檢查及免疫防治。本章也會對常見的新生兒病症進行討論,如果妳的兒子或女兒是早產兒,她們可能產生的併發症。

初生寶寶的外貌

想想看寶寶剛剛經歷過怎樣的陣痛與分娩過程，妳就會了解難怪剛出生的寶寶看起來並不像電視上出現的甜心小天使。不僅不像，最初的樣子還有點糟糕。妳家寶寶最可能的樣子是，頭型比妳想像中還要醜怪、還要大顆。眼皮泡腫、手腳縮疊起來，好像在子宮中一樣。從羊水中出來時，身上可能還帶著血跡、濕濕、滑滑的。

此外，大部分剛生出來的寶寶身上還會有看起來像是皮膚乳液的東西，稱之為皮脂，尤其以寶寶的手臂下、耳後和腹股溝間最為明顯。大多數的皮脂在寶寶第一次沐浴時就會被洗掉。

寶寶的頭顱 一開始，寶寶的頭可能扁扁的、被拉長或是壓歪了。這種獨特的拉長臉是剛出生寶寶很常見的特徵之一。

寶寶的頭骨由幾段骨頭所組成，以很有彈性的方式連結，這樣在通過產道時，才能讓頭形跟著骨盆的形狀改變。分娩的時間如果很長，通常就會讓寶寶出生時頭骨形狀拉長或變怪。胎位不正寶寶的頭可能會偏短、偏寬。如果寶寶出生時是被真空吸引器拉出來的，那麼頭看起來會超長的。

‧**囟門** 當妳去摸寶寶頭頂時，會發現有兩個軟軟的區域。這兩個軟軟的部分稱之為囟門，是寶寶的頭骨還沒有長在一起的地方。

囟門朝著前頭皮的地方是個鑽石型狀的點，大小約等於一個十元新台幣硬幣（直徑2.4公分）。雖然是平的，不過寶寶哭或一用力，就會鼓起來。到

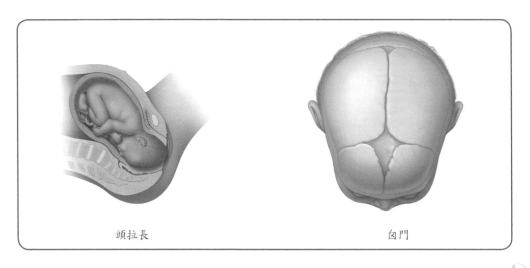

頭拉長　　　　　　　　　　　　囟門

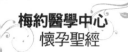
了寶寶九個月到十八個月大時,這個部位才會被硬骨填滿。而範圍較小、也不那麼明顯的頭後方囟門,則大約有一元硬幣的大小(直徑約1.8公分)。這個地方閉合的速度也快得多,大約是出生後六個禮拜。

 妊娠小百科 / 案例分享~珍妮佛的故事

　　懷孕的時候,我迫不急待的想把寶寶帶回家 ── 讓他穿上新衣、把他放在美麗的嬰兒床中睡覺、然後坐在全新的搖椅上呵護照顧他,這張搖椅可是花了我們好多時間去試坐,然後放在客廳陽光最棒的位置上的。但是,實際上回家以後卻和我們期待中的大相逕庭。我的寶寶是個臉色紅通通、又會大聲尖叫的小男生,在所有新的器具衣物上吐奶。我的胸部因為奶水出現而漲奶。剎那之間,一種感覺撲天蓋地的席捲過來,我先生和我是孤獨的,而在突然之間,我們已經成為父母親了!

初期手忙腳亂的日子

　　剛帶寶寶回家的頭兩個禮拜,日子並非我夢想中那般美好而令人陶醉。老實說,這些日子真的打敗了我,我覺得自己幾乎沒有了意識。當我奶水來時,我嚇到了,打電話給小兒科診所,請教醫師,這樣是否正常,我要如何讓兒子可以含乳?當我家兒子大哭,每晚五點到六點間,說什麼都安撫不了時,我又再次打電話過去問,這樣是否正常,我們要怎麼做才能幫助他。晚上餵奶時,我累到在寶寶還含著乳時就睡過去,醒來時,脖子僵硬到快抽筋。

夫妻協力分擔照護工作

　　我們花了兩、三個禮拜才讓一切上軌道。我很幸運,我的先生很支持。我呢是主「進」,我先生則是主「出」,也就是我負責哺育餵奶,先生則負責換尿布。兩天之內,我漲奶的問題就解決了,而我家寶寶則快樂的被餵著奶。在我的方面,我盡量的餵奶,這樣我至少還有些蹺腳休息的時間。過了大家最初來訪的時期後,友人問我可以幫什麼忙嗎?我快樂的答道,「帶晚餐來給我們也不錯呀。」不必煮飯,還能跟其他的成人進行一些社交互動實在太棒了。

　　到了產後六週的回診時間,我很快樂的報告了我家寶寶開始會笑、也會發出咕咕聲的事情。這讓世界大大不同了。我從單純的奶水供應者與換尿片人,搖身一變,成為他真正認得出的人了 ── **他的媽**。

寶寶皮膚狀況 大部分的寶寶出生時,都是有瘀青的,皮膚上髒髒、有瑕疵的情況也是很常見的。

如果寶寶是以一般方式出生的,也就是頭先出來,那麼頭頂和後腦杓的頭皮上通常會有圓形的腫包。這些皮膚浮腫的情況大約一天左右就會消失。

在分娩過程中,來自於骨盆的壓迫會讓寶寶的頭上產生瘀青。這種瘀青可能幾個禮拜都看得到,妳可能也會覺得有幾個月的時間,這地方都會有小小的突起。如果生產時使用產鉗,寶寶的頭上、臉上也會有擦傷或瘀青。這些瘀青或小傷兩個禮拜左右應該就會褪去。

新生兒身上常見的其他皮膚狀況還包括了:

· 粟粒疹。這是白白的小疹子,長在鼻子和下巴上。這種疹子看起來雖然好像會突出來,摸起來卻幾乎是又平又光滑的。粟粒疹一段時間就會消失,不需要治療。

· 鮭魚斑。這類紅斑在脖子後面與眉眼之間都可能會有,也稱做送子鳥之啄(stork bites)或天使之吻(angel kisses)。通常在頭幾個月中就會消失。

· 新生兒毒性紅斑。聽起來很嚇人,不過新生兒毒性紅斑其實是一種新生兒的皮膚病,出現在出生時,或產後最初幾天。特色是白色或偏黃色的小小突起物,周圍的皮膚呈粉紅或紅色。這種病不會引起不適、也不是感染而來,幾天之內就會消失。

· 新生兒痤瘡。新生兒(或嬰幼兒)痤瘡指的是紅色的丘疹和面皰,樣子就和常長在臉部、頸部、胸前上方和背上的青春痘類似。在產後一至兩個月時是最容易被發現的時期,通常再過一、兩個月,不必治療也會消失。有這個問題並不表示寶寶長大以後,後來的生活會長這些。

· 蒙古斑。也稱為嬰兒期灰藍斑,是大片的、平面的部分,呈灰色或藍色,裡面含有額外的色素,出現在下背或臀部。在黑膚色、美國印地安人及亞裔的嬰兒,或是膚色較深的嬰兒身上更為常見。蒙古斑通常不會像瘀青傷一樣會改變顏色或褪色,不過一般到了孩童期後期就會褪掉。

· 新生兒膿皰性黑皮病。這種小小的圓點看起來就像白色芝麻子,很快就會乾掉、脫落。這種問題看起來和皮膚感染很像,但是新生兒膿皰性黑皮病不是傳染病,不用治療就會自行消失。這些圓點通常見於脖子的皺折中,以及肩膀和上胸部有關。膚色較深的寶寶較容易見。

·草莓狀血管瘤。起因是皮膚頂層中的血管生長過度，血管瘤是紅色的，突起的斑點聚合起來就像草莓。這種草莓狀血管瘤出生時通常沒有，然後由小小的白色點點開始，之後中心會變紅。草莓狀血管瘤在寶寶出生的最初幾個月內會變大，最後不用治療也會消失。

新生兒頭髮　寶寶生下來可能完全沒頭髮、有一整頭濃密的頭髮，或是介於兩者之間的任何情況！不要太快愛上寶寶現有的頭髮，因為現在的髮色未必是六個月後的髮色。舉例來說，金髮的新生兒，長大一點後可能變成金棕髮，而且頭髮也可能會帶著出生時並不明顯的偏紅色。

看到寶寶的頭上並非是身上唯一有毛髮的地方，可能也會讓妳感到驚訝。細細的、像絨毛一樣的毛髮被稱做胎毛，在出生前會覆滿寶寶全身，而在出生後也可能暫時出現在寶寶的背部、肩膀、前額和太陽穴上。這類毛髮在寶寶出生前，大多已經在子宮中脫落，所以胎毛在早產兒身上是很常見的。出生後幾個禮拜就會消失的。

新生兒眼睛　寶寶的眼睛浮腫是再正常不過的了，有些新生兒的眼睛還腫到無法馬上張開。不過，別擔心，一、兩天時間，寶寶就可以張大眼睛，

和妳對看了。妳可能也會發現寶寶好像有點鬥雞眼，這也是很正常的；幾個月內就會變正常了。

有時候寶寶出生時，眼白裡面會有紅色的小點點。這是因為分娩時，微血管破裂所引起的，沒什麼傷害性，也不會影響寶寶的視力。通常一、兩個禮拜就會消失。

跟頭髮一樣，新生兒現在的眸色也不保證就是將來長大以後的眼睛顏色。幾乎大部分新生兒的眼眸都是深的藍棕色、藍黑色、灰藍色或深灰色，永久的眸色要大概六個月，或甚至更久以後才會出現。

醫護人員如何照護新生兒

妳家小寶貝從一出生開始，就是很多活動的中心。妳的照護醫師或護士會清理他的臉。為了要確保他能好好呼吸，當他頭部一出現，鼻子和嘴巴的羊水就會立刻被清理 —— 而且產下來後會立刻再被清理一次。

當寶寶的呼吸道被清理後，他的心跳和循環就可以利用聽診器或臍帶脈搏的觸診來檢查。所以新生兒在剛出生的最初幾分鐘，看起來都有點灰灰藍藍的，尤其是嘴唇和舌頭。出生五到十分鐘後，就會變成粉紅色。寶寶的臍帶會利用塑膠鉗子來夾住，然後妳的伴侶或妳自己可能可以選擇要不要自己來剪斷。

在接下來的一、兩天，很多事情都會發生。醫療團隊會進行新生兒的各種檢查、篩檢、並施以免疫注射。以下就是預期將會發生的事。

新生寶寶必做的檢查　寶寶最初的檢查之一就是阿帕嘉新生兒評分表。

·阿帕嘉新生兒評分表　阿帕嘉新生兒評分表是一種快速評估新生兒健康的方式，在寶寶出生後一分鐘和五分鐘時進行。這是1952年由一位麻醉學醫師薇吉妮雅・阿帕嘉所發展出來的，是針對新生兒的五項標準進行簡單評估的方式：皮膚顏色、心跳速率、反射能力、肌肉張力和呼吸。

這些標準，每一種都有個別分數，零、1、2。之後，全部加總，最高可以達到10。分數愈高，表示嬰兒愈健康；分數如果低於五，表示嬰兒出生時就需要協助。

有些醫師不太在意阿帕嘉新生兒評分表的重要性，因為大部分得分低的寶寶，後來也都變得非常健康。

·其他的檢查和測量　出生後，馬上就會量新生兒的體重、身長和頭圍。寶寶的體溫、呼吸、和心跳率也都會被測量。然後，通常在出生後的12小時

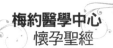

內，寶寶就會進行體檢，看看是否有任何問題或異常現象。

新生兒的治療與注射

為了要預防疾病，通常會進行下列的保護措施：

· **眼睛的保護** 為了杜絕媽媽把淋病傳給嬰兒，美國所有的州要求嬰兒在出生後，眼睛立刻受到保護，以避免感染。淋病眼疾感染直到二十世紀初期都還是導致失明的頭號原因，所以寶寶出

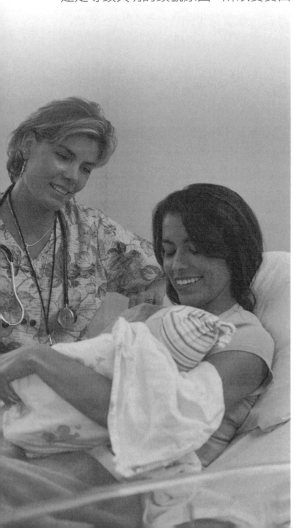

生後立刻接受治療變成一種強迫性義務。嬰兒的眼睛會被點入含抗生素的眼藥膏或眼藥水，通常是紅黴素或四環黴素。這些藥物對眼睛很溫和，施予時不會感到疼痛。

· **維生素K注射** 在美國，剛出生不久的嬰兒依照慣例會被注射維生素K。維生素K是正常血液要凝血時所必要的，也就是身體在被割傷或撞傷時要止血的過程中所必須的。新生兒在最初幾個禮拜中，體內的維生素K濃度很低，注射維生素K可以預防維生素不足時，導致嚴重出血的罕見情況。

· **B型肝炎疫苗** B型肝炎是一種病毒感染的病症，會影響到肝臟，導致肝硬化和肝衰竭，也可能讓肝臟長出腫瘤。成年人可能會透過性接觸、共用針頭、或暴露於受到B型肝炎感染之人的血液而感染。不過，寶寶卻可能是在懷孕期和出生時，從媽媽那裡感染到B型肝炎的。

如果嬰兒暴露在病毒中，施打B型肝炎疫苗可以加以保護。因此，妳的寶寶可能在產後極短的時間內就被醫院或助產所施打疫苗。不過，另一種選擇則是，B型肝炎疫苗可以在兩個月大時，和其他免疫針劑一起施打。

・**篩檢試驗** 在美國，寶寶離開醫院前，院方會採少量的血液樣本，送到州立的健康部門或與州立檢驗室有協力關係的私人檢驗室。這份採自於寶寶手臂靜脈血管或是腳跟微量穿刺的血液樣本會被送去分析檢查，看是否有罕見但重大的基因性疾病。這個試驗被稱做新生兒篩檢試驗（New Born Screening簡稱NBS）。其檢驗結果在寶寶第一次例行體檢時就可以查詢。（註：在台灣，新生兒篩檢試驗的結果依進行篩檢醫院之規定，通常在檢查進行後三週到一個月間就可以查詢。）

有時候，寶寶需要重複進行某項試驗。萬一妳家寶寶發生這種情況，請不要驚慌。為了要確認每一個可能患有該類病症的寶寶都能被確實檢驗出來，即使檢驗結果在邊緣徘徊也會被重新檢驗的。重新檢驗對於早產兒來說更是常見。

新生兒篩檢常見疾病

在美國，每一個州都有其獨立的新生兒篩檢試驗計畫在運作，而提供的檢驗也因此有些微的不同。美國醫學遺傳學會推薦針對29種目標疾病名單進行檢驗。有些州的檢驗還納入更多其他的疾病。在新生兒篩檢試驗名單中可以被檢出的常見疾病包括了：

・**苯酮尿症**（Phenylketonuria，簡稱PKU）。患有苯酮尿症的寶寶體內含有過量的苯丙胺酸，這是一種氨基酸，幾乎所有食物的蛋白質中都存在。如果沒有加以治療，苯酮尿症會導致心智與運動遲緩、生長發育遲緩及癲癇。如果早期驗出並施以治療，生長發育應該就能正常。

・**先天性甲狀腺低能症**（Congenital hy-pothyroidism）。三千個寶寶中，約有一人會有甲狀腺荷爾蒙不足，因而發生成長與腦部發育緩慢的現象。如果不加以治療，還會導致心智遲緩、成長受阻的情形。如果早期驗出並施以治療，就可能可以正常發育。

・**先天性腎上腺增生症**（Congenital Adr-enal Hyperplasia，簡稱CAH）。這類型病症是由於特定的某些荷爾蒙不足所引起。徵兆和病徵包括了嗜睡、嘔吐、肌肉無力、以及脫水。症狀輕的嬰兒有生殖器官及成長困難的風險，症狀嚴重的則可能導致腎臟失去功能、甚至死亡。終身施以荷爾蒙治療可以壓抑這種疾病。

・**半乳糖血症**（Galactosemia）。生來就患有半乳糖血症的寶寶無法代謝乳糖，也就是一種在牛奶中的糖份。雖然有這種病症的新生兒外表看起來都正

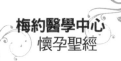

常,但是第一次餵奶後幾天內就會出現嘔吐、腹瀉、黃疸、和肝臟受損的情況。如果不加以治療,這種病症會導致心智遲緩、失明、生長障礙,嚴重還會導致死亡。治療的方式則包括排除飲食中的牛奶及其他乳類製品(乳糖)。

· 生物素酵素缺乏症(Biotinidase defi-ciency)。這種缺乏症是缺少一種稱之為生物素酶的酵素所致。此病的徵兆和病徵包括了癲癇、發育遲緩、濕疹和聽力喪失。早期診斷治療,所有的徵兆和病徵都能避免。

· 楓糖尿症(Maple syrup urine disease,簡稱MSUD)。這種病會影響氨基酸的代謝。患有這種病的新生兒看起來一般都很正常,但是生命的第一個禮拜,經歷了餵奶的困難後,會嗜睡、生長發生障礙。如果不加以治療,楓糖尿症會引起昏迷或死亡。

· 高胱胺酸尿症(Homocystinuria)。高胱胺酸尿症是因為酵素不足所引起,會引發眼睛的問題、心智遲緩、骨骼畸形、血液凝結異常。早期驗出並管理的話(包括特別的飲食和飲食補充品),生長和發育應該就能正常。

· 鐮刀型紅血球疾病(Sickle cell disease)。這種遺傳疾病會讓全身的血球無法輕易的進行循環。患有此病的嬰兒受到感染的可能性會提高,生長速度也會變慢。這種疾病會讓生命器官,像是肺、腎臟和腦部感到一陣陣的疼痛和傷害。早期醫治,可以讓鐮刀型紅血球疾病的併發症減到最輕。

· 中鏈脂肪酸去氫酵素缺乏症(Medium-chain acyl-CoA dehydrogenase (MCAD) deficiency)。這種罕見的遺傳性疾病起因於缺少某種要將脂肪轉為能量的酵素。威脅到生命的嚴重徵兆和病徵,甚至是死亡都可能會發生。早期驗出並監控的話,患有MCAD的兒童也能過著正常的生活。

· 囊腫纖維症(Cystic fibrosis)。囊腫纖維症是一種基因性疾病,會導致身體異常製造出濃稠的黏膜分泌,累積在肺部和消化系統中。徵兆和病徵一般包括了皮膚有鹽味、久咳不癒、呼吸急促、體重增加不良。患有此病的新生兒可能會發生致命的肺部感染及腸道阻塞。如果早期驗出並治療,患有囊腫纖維症的嬰兒可以比過去活得較久、也較健康。

聽力篩檢 寶寶在醫院時,可能會進行一個聽力檢驗。雖然聽力檢驗並不是每個醫院都會做的,但新生兒聽力篩檢卻變得愈來愈被接受。台灣衛生署國民健康局已公告全面補助新

生兒聽力篩檢，只要是民國101年3月15日(含)以後出生，設籍本國未滿3個月之新生兒，均可接受本項服務。這種檢驗可以在寶寶生命最初的幾天就測出聽力是否喪失。如果發現可能喪失的情況，那麼就會進行進一步的檢驗來確定結果。新生兒的聽力篩檢有兩種方式，兩種都很快（大約十分鐘），不會疼痛、而且可以在寶寶睡覺的時候進行。

・**自動聽性腦幹反應（Automated auditory brainstem response）**。這種檢測的是腦部對聲音的反應。敲聲和音調會透過軟的耳機傳到寶寶耳朵裡，而電極則貼在寶寶的頭部來測量腦部的反應。

・**誘發耳聲傳射（Otoacoustic emissions）**。這種檢驗測的是耳朵對於呈現聲波的反應。當敲聲或音調在寶寶耳朵中播放時，一種探測器會放入寶寶的耳道中以測量反應。

寶寶需要割包皮嗎？

如果妳的寶寶是男生，出生後妳要面對的抉擇之一就是要不要讓他割包皮。割包皮是一種選擇性的外科小手術，目的要去除包覆在陰莖頂端的皮膚。了解這個手術可能的好處及風險，可以幫助妳在知情的狀況下決定。

妳應該要考慮的事項　在美國，割包皮雖然很平常，但也還是爭議性的。有些事實證明，割包皮的確有一些醫學上的好處，但是手術本身也有風險。美國小兒科學會並不推薦所有剛出生的男寶寶都進行例行的割包皮手術，表示並無足夠的證據顯示動刀的確有其好處。

所以下決定之前，考慮一下自己的文化、宗教和社會價值觀吧！對某些人來說，例如猶太教教徒或是伊斯蘭教教徒，割包皮是一種宗教儀式。對其他人來說，則是個人衛生或是預防性健康上的選擇而已。有些父母會選擇幫兒子割包皮是因為不希望兒子以後長大看起來和同輩不一樣。有些人則認為割包皮沒必要。有些人則強烈的覺得，割包皮是讓寶寶正常的外表破相。

當妳幫兒子和決定對你們最好的選擇時，請考慮以下健康上潛在的優點及風險。

割包皮的潛在優點　某些研究認為割包皮有特定的一些好處，包括了：

・**降低尿道發生感染的風險**　雖然一歲期間，尿道發生感染的風險很低，不過研究顯示和割了包皮的小男生相比，

245

沒割包皮感染的人數是有割的十倍之高。沒割包皮的小男生在出生三個月內，也比較會因嚴重泌尿道感染而進醫院。

· **降低罹患陰莖癌的風險** 這種癌症非常罕見，不過去了包皮的男性罹患陰莖癌的風險和沒割包皮的男性相較之下，就更低了。

· **感染性傳染病的風險稍微降低** 有些研究指出，割過包皮的男性感染人類免疫缺乏病毒（愛滋病，HIV）和人類乳突病毒（簡稱HPV）的風險會稍微低一點。不過，要預防性傳染病，安全的性措施絕對比割包皮重要太多了。

· **預防陰莖的問題** 偶而，未割包皮的陰莖前皮會窄到無法縮進去，這種問題稱為包莖。這時候，要治療這種問題就需要割包皮了。前皮過窄也可能會導致陰莖的前頭（龜頭）發炎。

· **方便衛生** 如果割去包皮，那麼清洗陰莖就會比較簡單。不過，即使前皮是完整的，要保持陰莖的清潔還是很簡單的。正常情況下，新生兒的前皮與陰莖的末端相連，然後幼童期會慢慢的伸展回去。請用肥皂汗水輕柔的清洗寶寶的生殖器部分。之後，當前皮回縮時，妳的兒子也可以自己學會如何輕輕的將前皮拉回去，清洗陰莖的頂端。

割包皮的潛在風險 割包皮被認為是安全的小手術，風險相對來說是小的。不過，割包皮還是有些風險的。手術可能的缺點包括了：

· **小手術的風險** 所有的手術，包括割包皮，都有一定的風險，像是流血過多或是感染。前皮也可能會割得太長或太短，又或是治療不當。如果留下來的前皮還是重新連在陰莖的末端，可能還得施行一個小手術來修正。不過，這些情況都不常見。

· **手術中的疼痛** 割包皮會痛。通常來說，進行手術時會利用局部麻醉來阻斷神經的感覺。請和妳的照護醫師討論使用哪種麻醉方法。

· **無法回復** 進行了割包皮手術後，很難重建陰莖未割時的外觀。

· **割包皮的費用** 有些保險公司是不給付割包皮費用的。如果妳在考慮割包皮的事，可以打個電話給妳的保險公司看看是否有納入給付。

· **併發症因素** 有時候，割包皮的手術必須往後延，例如，寶寶如果是早產兒、有嚴重的黃疸等、或是餵奶情況不佳時。如果有某些特定狀況，包皮手術也是無法進行的，像是寶寶的尿道口位

置不正常，在一邊、或是在陰莖的底部（尿道下裂）。其他可能妨礙割包皮手續進行的還包括了性器官不明顯、或是家族性的出血疾病病史。

割包皮不會影響生育能力。至於是增進、還是降低男性及他們伴侶的性方面樂趣則未經證實。無論妳的抉擇是什麼，這種手術的負面結果很罕見，也很輕微。

新生兒的問題

有些寶寶在適應新世界的時候，會遇上一點麻煩。幸運的是，遇上的麻煩大多是小問題，很快就可以解決。

黃疸 一半以上的新生兒會有黃疸的問題，也就皮膚和眼睛會黃黃的。黃疸的徵兆通常是在出生之後幾天開始出現，可能持續幾個禮拜。

 妊娠小百科／割包皮手術怎麼做的？

如果妳決定要讓兒子割包皮，那麼他的照護醫師可以提供手術的相關問題解答，也可以幫助妳在妳的醫院或診所安排手術。通常來說，割包皮手術是在妳和妳家兒子離開醫院前進行的。有時候，割包皮手術是在門診時進行的。手術本身需時大約十分鐘。

一般來說，寶寶是躺在檯面上，手和腳被限制住。在陰莖及周圍區域被清潔消毒後，局部的麻醉藥會被注射到陰莖的底部。一種特殊的夾子或塑膠環會被套入陰莖上，然後前皮就會被割除。像是凡士林之類的油膏會被使用。這是為了保護陰莖，免於和尿布沾連。

如果妳家剛出生的寶寶在麻藥褪掉後煩躁不安，可以輕柔的摟住他，小心不要壓到他的陰莖。陰莖復原通常需要七到十天。

在割包皮手術前（左圖），陰莖的前皮延伸到龜頭部分了（陰莖頭）。簡單的手術後，龜頭就露出來了（右圖）

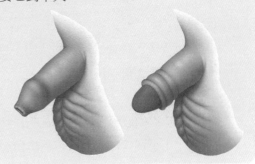

寶寶會出現黃疸是因為紅血球崩壞後產生的膽紅素，累積的速度快過於肝臟可以分解，並送到體內的量。黃疸通常會自行消失，不會引起寶寶的任何不適。

· **黃疸的發生原因**

寶寶會出現黃疸，原因有幾個：

· 膽紅素製造的速度快過肝臟可以處理的速度。

· 寶寶仍在發育中的肝臟還無法將膽紅素從血液中移除。

· 寶寶還沒能在腸道蠕動中把膽紅素排除前，腸子就又再度吸收了過多的膽紅素。

· **黃疸的治療方式**。雖說輕微程度的黃疸不需要治療，不過如果黃疸較為嚴重，新生兒就必須在醫院待上比較長的時間。黃疸可以下面幾種方式治療：

 妊娠小百科 / **包皮手術的術後照護**

如果妳家寶寶進行了包皮手術，術後第一個禮拜，陰莖頂端看起來會有點粗糙，該區域也可能會包覆著偏黃色的黏膜或乾乾的外皮。這是正常復原的一部分。手術後的最初一、兩天內，發生少量出血的現象也是常見的。

輕柔的清理包尿布的部分，每次換尿布，龜頭部分都塗上一些凡士林，這樣會避免讓尿布在陰莖復原時沾黏在上面。如果有繃帶的話，每次換尿布的時候也一起更換。某些醫院會以塑膠製的環取代繃帶。這個環會一直留在陰莖末端的龜頭上，直到包皮周圍的邊緣復原，時間通常是一個禮拜。環會自己脫落。復原期間清洗陰莖沒關係。

異常狀況需就醫

割包皮後發生問題的情況很罕見。不過如果出現下列情況，請打給妳寶寶的照護醫師：

· 割完包皮後，寶寶已經六到八個小時沒排尿。

· 陰莖頂端周圍持續出血或發紅。

· 陰莖頂端腫起來。

· 有腐敗味道的液體從陰莖頂端流出來，或者乾燥皮的破皮部分有液體流出。

· 割包皮手術後兩個禮拜，環仍然留在原位。

・妳會被要求增加餵奶的次數，因為如此一來膽紅素隨著腸道蠕動而排除的量也會增加。

・醫師可能會讓寶寶照射膽紅素還原光。這種治療方式稱為光療法，是很常見的治療方式。這種特殊的燈光會幫助身體將過多的膽紅素排除。

・如果膽紅素濃度變得非常的高，寶寶可能會被施以免疫球蛋白靜脈注射，以降低黃疸的嚴重程度。

・雖然很罕見，不過也有透過輸血來降低膽紅素濃度的例子。

新生兒感染　新生兒的免疫系統還沒適當發育到足以對抗感染。因此，任何類型的感染對於新生兒來說都比年齡較大的兒童或成人危險。

雖不常見，但嚴重的細菌感染是可以侵入任何器官、血液、尿液或脊髓液的。迅速的使用抗生素來治療是必須的，不過即使是即早診斷並治療，新生兒感染是有生命危險的。

因此，醫師們對於治療可能、或是懷疑的感染時是很謹慎的。抗生素通常很早就投藥，而且只有當感染似乎已經沒有時才會停止。雖然大多數送回的試驗結果都顯示沒有感染的事實，但醫師們為了安全起見，寧可錯用，迅速的治療寶寶，而不要承擔因為未加治療而

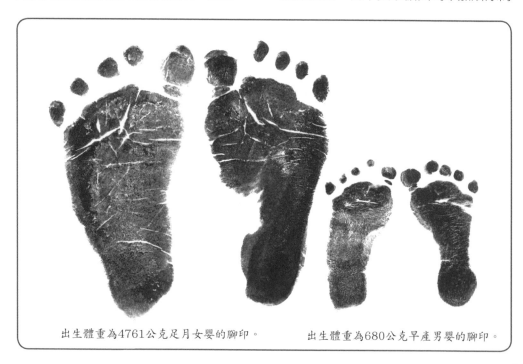

出生體重為4761公克足月女嬰的腳印。　　　出生體重為680公克早產男嬰的腳印。

發生感染的風險。

　　雖然病毒感染常見程度不如細菌感染，但病毒會讓新生兒發炎。某些特定的新生兒病毒感染，像是皰疹、水痘、HIV、和巨細胞病毒可以用抗病毒藥物來治療。

寶寶學習怎麼吃　無論妳是選擇以母乳或奶粉哺育，在寶寶出生的最初幾天，妳可能會發現要讓寶寶對吃感到興趣很難。這種情況很普遍。有些寶寶吃的時候，似乎會慢慢吃、慢慢睡。如果妳擔心寶寶沒能獲得足夠的營養，請跟寶寶的護士或醫師講。

　　有時候，吃得慢的寶寶還需要用滴管來幫忙餵養幾天。不過用不了多久，他們就會趕上，熱切的吸母乳或沖泡的奶粉。出生後一個禮拜，新生兒的體重大概會比剛出生時減輕百分之十，不過慢慢就會把體重補回來，愈補愈多！

早產兒

　　天下所有的父母都夢想能有一個健康、足月的寶寶。不幸的是，夢想並不一定會成真。雖然大多數的寶寶都是足月生下、沒病沒痛的，不過有些寶寶則太早出生了。早產，根據定義是指在妊娠三十七週前生產，雖說並未一定，但早產常常都會有併發症。

　　拜醫學進步之賜，這些嬰兒的前景已經比幾年前好多了。事實上，妊娠

 妊娠小百科 / 新生兒加護病房的醫療團隊

　　在新生兒加護病房裡，寶寶可以受到很多專科醫師和其他醫療專業人員的照護。參與照護寶寶的團隊包括了以下成員：

　　‧新生兒專科護士 —— 經過專業訓練、特別精於早產兒和高風險重症新生兒照護的有照註冊護士

　　‧新生兒呼吸治療師 —— 經過訓練，能評估新生兒呼吸道問題，並調整換氣裝置與其他呼吸道儀器的人員

　　‧新生兒科醫師 —— 專精於新生兒疾病診斷及治療的小兒科醫師

　　‧小兒外科醫師 —— 受過新生兒開刀病症診斷及治療訓練的外科醫師

　　‧小兒科醫師 —— 專精於兒童治療的醫師

　　‧小兒科住院醫師

24到25週之間出生的寶寶有三分之二在經過適當的醫療照護後是可以存活下來的。本節將說明這類問題中的某些類型，以及早產需要的治療方式。

早產兒病房的設備 妳第一次近看到自己早產的寶寶的地點可能是在新生兒加護病房（neonatal intensive care unit，簡稱NICU）。第一眼看到時，妳可能會覺得驚訝、不知所措，或許還有點震驚錯愕。

妳可能是第一次注意到這些一排排的管子、導管、和電極都連在寶寶小小的軀體上。儀器本身就很令人不知所措、心生畏懼。但有一點很重要，請妳記住，這些都是為了讓妳寶寶保持健康才安裝的，而醫療人員也被告知了妳寶寶的病症。

‧**保溫箱** 由於早產兒體內的脂肪比足月嬰兒少，所以他們需要一些幫助來保持溫暖。所以早產兒通常會被放在嬰兒專用的無菌保溫箱裡。這是一種閉合式、可以加溫的塑膠箱，稱之為早產兒保溫箱，用來幫助他們保持正常的體溫。

‧**餵食方式** 在新生兒加護病房中，寶寶會受到個人化的專門照護，包括了根據寶寶需求量身打造的哺餵計畫。在產後的最初幾天，早產兒通常是透過靜脈注射餵食的，因為他們的腸胃及呼吸系統還太不成熟，無法接受奶瓶哺餵。當寶寶準備好後，靜脈餵食方式就會停止，然後下一步很可能就是進行新型式的哺餵計畫，稱之為管餵。使用管餵時，寶寶會透過直接送到胃或上腸道的管子，接受母乳或沖泡的奶粉。

不足月寶寶的長相 妳肯定會注意到寶寶超小的體型。和足月的嬰兒比，他可能小上不少。

和足月的寶寶相比，早產寶寶的五官比較尖、沒那麼圓潤。皮膚也有不少看得出來的特徵。形成寶寶外耳的皮膚和軟骨非常柔軟、非常柔韌。和足月的嬰兒相比，他的皮膚上可能覆蓋著更多細細的體毛（胎毛）。寶寶的皮膚看起來很薄、很脆弱，甚至多少有點透明，讓妳可以看到他的血管。

這些特徵很容易就可以看到，因為大多數的早產兒都沒穿上衣服，或是包裹在毯子裡。這樣，照護的人員才可以密切的觀察到他們呼吸的狀況和一般的外觀。

家長盡早參與照顧 盡早開始親自參與寶寶的事吧！充滿愛的關懷照護對寶寶的成長和發育是非常重要的。

懷孕的時候，妳或許天天夢想著要將寶寶抱在懷裡、幫他洗澡、為他吃奶。但是身為早產兒的母親，最初的幾

個禮拜，妳可能無法以自己預想的方式和寶寶相處。不過，妳還是可以以很重要的方式參與寶寶的事。

妳可以透過保溫箱的開口，伸手進去握住寶寶的小手，或是溫柔的敲敲他。這種輕柔的接觸可以幫助早產寶寶努力成長。為寶寶哼一首搖籃曲，或對他溫柔的說話，都可以讓他認識妳。

·**袋鼠式照護** 寶寶的情況改善後，妳就可以抱他、輕輕搖他了。肌膚相親的接觸，有時候也被稱做是袋鼠式的照護，是連繫寶寶和妳的有力方式。在進行袋鼠式的照護時，護士會幫妳把寶寶貼在妳赤裸的胸前，然後為他鬆鬆的蓋上毯子。研究顯示，早產寶寶對於這種與母親肌膚相親的接觸反應很正面，而這種袋鼠式照護也可讓寶寶的復原時間加快。

·**母乳哺餵** 另一種媽媽可以參與寶寶健康的方式就是母乳哺餵，母乳中含有可以對抗感染並促進生長的蛋白質。在新生兒加護病房中，寶寶很可能每隔一到三個鐘頭就會透過管子的方式從鼻子或嘴巴通到胃部餵食。護士可以告訴妳如何擠出母乳，放在冰箱中，然後在寶寶需要的時候加以使用。

早產兒的併發症 不是所有的早產兒都會有併發症，但是孩子愈早產，發生問題的機會愈大。有些併發症在出生時就很明顯了，但有些則是幾個禮拜或幾個月後才會出現。以下是部分的病症：

·**呼吸窘迫症**（Respiratory distress syndrome簡稱 RDS） 呼吸窘迫症是新生兒最常見的呼吸問題，幾乎只發生在早產兒身上。有新生兒呼吸窘迫症的寶寶，發育還未成熟的肺部缺少一種重要的液體物質稱之為界面活性劑，這種物質可以提供正常、發育完成的肺部在順暢呼吸時所需的彈性特質。新生兒是否有呼吸窘迫症通常在出生後的最初幾分鐘到幾小時內就能診斷出來。診斷是根據呼吸困難的程度，與寶寶胸腔X光片上看見的異常情形來進行的。

治療方式 有呼吸窘迫症的寶寶需要各種程度的協助來順利呼吸。到肺部情況改善之前，都需要輔助氧氣。換氣機，也稱為呼吸器，可以提供寶寶控制謹慎的呼吸，範圍可以從每分鐘多幾次額外的呼吸，到完全控制呼吸工作。

有些寶寶使用一種稱之為持續正壓呼吸器（continuous positive airway pressure，簡稱CPAP）的呼吸輔助器是有幫助的。這種器材有一支塑膠管可以插入鼻孔，讓呼吸道獲得更多正壓，讓肺部的為小氣袋能適當的舒張。呼吸窘迫症情況嚴重的寶寶通常會以某些劑量的界

面活性劑藥劑,直接注入肺部。其他可以增加排尿、消除身體多餘水分、降低肺部發炎情況、減少喘氣、減少呼吸暫停(窒息)的藥物也可能會被使用。

·早產兒支氣管發育異常(Bronchopulmonary dysplasia) 早產兒肺部的問題通常在幾天到幾個禮拜間就會有起色。而出生後一個月後還需要呼吸器或氧氣輔助的寶寶通常被描述為有「支氣管發育異常」(簡稱BPD),這種病症也稱為慢性肺病。

治療方式 有支氣管發育異常的寶寶需要延長額外輔助氧氣的時間。如果寶寶有嚴重感冒或肺炎的情況,還需要呼吸輔助,像是呼吸器。這種寶寶,有一些出了院回家後還是需要繼續使用氧氣輔助。他們長大後,對於輔助氧氣的需求可能會減少,呼吸也會變得比較容易。不過,他們也比其他孩子容易有喘息或氣喘的問題。

·呼吸暫停與心動過緩(Apnea and

 妊娠小百科／當早產兒寶寶住院時,你要做的事

花一點時間去摸摸妳新生的寶寶,和他講講話。早產兒對於肌膚相親的接觸反應很正面。

·累積知識 盡量去了解和寶寶病症相關的所有知識,特別是父母親應該注意的事情,以及可以幫助照料的部分。

·學會照護方式 在寶寶的照護上扮演積極的角色,特別是寶寶即將出院的時候。

·詢問問題 不要怕問問題。醫學名詞可以讓人一頭霧水又心生怯意。請妳寶寶的醫師或護士幫忙寫下主要的診斷內容。要求印出病歷資料或是妳可以查詢的網站,以便了解更多資訊。

·請求他人協助 仰賴其他人的幫助。把這情況和妳的伴侶或其他家人討論。請親友到醫院來加幫忙。要求和醫院的社工見面。

·建立支援系統 請問是否有公衛護士或家訪護士可以在妳回家後協助妳照護寶寶。

·列入追蹤名單 問問妳家寶寶是否應該要被登入特殊嬰兒追蹤名單,或是嬰兒發展計畫裡。

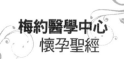

brad-ycardia）早產兒的呼吸節奏通常會不成熟，所以容易讓呼吸變成突發性情況：10到15秒的深呼吸，接著又是5到10秒的呼吸暫停。這種病症就稱為陣發性呼吸。

治療方式 在有呼吸暫停與心動過緩現象的早產兒身上的呼吸、心跳、及氧氣飽和度減少，通常會自行恢復正常。如果沒有自行恢復，護士會把他揉一揉、搖一搖，刺激他，讓他清醒。如果情況比較嚴重，寶寶可能需要簡單的呼吸協助。

・**開放性動脈導管**（Patent ductus arter-iosu）出生前，寶寶的肺部沒有在用，因此只需要極少的血流量。因此，這種稱之為動脈導管的短動脈就把血液從肺部分流出去，最後讓血液流回胎盤。

在出生前，寶寶血液中有一種稱為前列腺素E的化學合成物在循環著，好讓動脈導管保持開放狀態。當寶寶足月生下來後，前列腺素E的濃度就會急遽下降，讓動脈導管閉合。這項可以讓循環系統從產前模式改為產後。

偶而，特別是在早產兒體內，循環的前列腺素E濃度比正常值要高，所以動脈導管就維持開放狀態，導致呼吸或循環的困難。

治療方式 開放性動脈導管通常是施以能停止或減緩前列腺素E分泌的藥物來治療的。如果藥物無效，就必須進行手術。

・**腦內出血**（Intracranial hemorrhage）不足34週出生的早產兒有腦內出血的風險。寶寶愈早產，這種併發症發生的風險愈高。因此，如果早產似乎已經無可避免了，母體就會被施打特定藥物來降低新生兒嚴重腦內出血的可能性。

治療方式 寶寶腦內出血的程度如果輕微，只需要觀察即可。不過如果出血情況嚴重就需要進行各種治療。有嚴重腦內出血的寶寶有出現發展問題的風險，如腦性麻痺（cerebral palsy）、痙攣（spasticity）、和心智遲緩。

・**新生兒壞死性腸炎**（Necrotizing ent-erocolitis）原因還未完全了解，不過有些早產兒（通常是懷孕不足28週出生的寶寶），會出現一種稱之為新生兒壞死性腸炎的病症。如果有這種病，寶寶的腸道會有部分血行不良的情況，因而導致腸壁發炎。徵兆包括腹部膨脹、餵食不耐、呼吸困難、與血便。

治療方式 有這種病症的寶寶可以用靜脈餵食法和抗生素治療。情況嚴重的話還需要施以手術，切除受到影響部分的腸道。

·早產兒視網膜病變（Retinopathy of prematurity）早產兒視網膜病變（簡稱ROP）是嬰兒眼睛中的血管生長畸形，在不足月情況非常嚴重的早產兒身上最常見。舉例來說，大部分懷孕週數在23到26週的早產兒至少都會有些視網膜病變的程度，但是懷孕30週以上的寶寶就很少有早產兒視網膜病變的情況。

在胎兒時期，眼睛虹膜是由眼睛的後面往前發育的，這個過程在寶寶要足月之前一點才完成。所以當寶寶不足月產下時，虹膜的發育尚未完成，因此會讓不少因素干擾到。

治療方式 如果寶寶有早產兒視網膜病變的風險，眼科醫師可以在寶寶六週的時候進行檢查。幸運的是，大部分早產兒視網膜病變的程度都算輕微，不用特別治療就能自行痊癒。視網膜病變程度嚴重的，通常透過如雷射治療或冷凍療法等手術就能成功治癒。幸運的是，以今日的技術，眼盲是很少發生的，而且只發生在最小、情況最不穩定的早產兒身上。

第17章

挑戰的開始～帶新生兒回家

終於，妳期待了許久的一刻到來了 —— 妳要把家中最新的成員帶回家囉！妳已經在家裡布置好嬰兒床和育嬰房、買了也從親友那裡借來了許多可愛的小衣服、囤積了許多尿布、擦巾、毯子和許多生活用品。妳心裡一直想著這個新來乍到的寶寶為家裡帶來的種種改變，覺得既興奮又害怕。

現在妳想著：我準備好了嗎？我們準備好了嗎？或許還沒有吧 —— 這種心態再正常不過了。

無論妳懷過幾次孕、看過幾本育嬰書、又或是把所有東西鉅細靡遺的準備妥當、歸放定位，寶寶出生後最初幾個禮拜，妳還是會發現無論準備再充分，也做不到完美的境界 —— 這段時間通常是興奮又挫敗並存的。

在寶寶出生後的最初幾個禮拜（產後數週），許許多多各種身體上的、實際面的、以及情緒上的問題全部都會一湧而上，讓妳必須去處理。就在妳還在適應這個小小的新人兒，並努力了解他需要和習性的同時，妳的身體也正在從懷孕和生產中復原。

除了這所有的改變，帶寶寶回家後的最初幾個禮拜，大概也稱得上是妳生活中最有挑戰性的時刻之一了。妳可能要花上幾週到幾個月的時間才能感覺到生活回到正軌。對自己和寶寶多一點耐心。妳會以自己的方式、自己的腳步回歸到正常生活的。

本章讓妳一窺新生兒的世界，並提供一些新生兒的照護方式供妳參考，讓他可以平安乖乖長大。生活中有個新生寶寶是個很特別的經驗。

寶寶的世界

新生兒生命中最初幾個禮拜的時間，好像不是吃、睡、哭，就是讓妳忙著換尿布而已。不過，妳家寶寶也在接收他新世界中的視覺景象、聲音和嗅覺，學著使用他的肌肉，表現不少他的先生性反射動作。

寶寶一生下，就開始和妳進行溝通了。嬰兒不會使用言語來溝通他們的需求、情緒或喜好，不過他們會用其他方式來表達，特別是哭。

妳可能無法一直都明白新生寶寶的感受，有時候似乎還覺得他們講的是外國話，不過，妳可以學到寶寶是怎麼經

歷、感受這世界，又是如何和妳與其他人產生關連的。而反之，寶寶則會學習妳撫摸、擁抱、出聲和臉部表情的語言。

新生兒反射動作 新生兒才正要起步，學習如何享受子宮方寸大小之外的活動自由。在最初幾天，他們似乎還有點不樂意拿自己新的活動力來實驗，而喜歡把自己捲著、手腳窩著。不過，隨著時間過去，寶寶就會開始探索某些範圍內的動作了。

　　寶寶生來就有一些反射動作（*自發性、非自主性的動作*）。這些動作似乎都是一些保護性的反應，像是轉頭以避免窒息。有一些動作更是讓寶寶替自主性動進行預備的。大部分的反射動作在出生後的幾個禮拜或幾個月內就會完全消失，改以新的、學習得來的技巧取代。在這段時間，妳可以看到一些這類的反射動作：

・**尋乳** 這種反射動作會讓寶寶轉向食物來源的方式，無論是乳房或是奶瓶。如果輕輕敲敲寶寶的臉頰，他就會轉向該方向，嘴把打開、準備吸吮。

・**吸吮** 當乳房、奶瓶的奶嘴、或安撫奶嘴放到寶寶嘴巴裡時，他就會自動吸吮了起來。這種反射動作不僅可以幫助新生兒進食，也可以讓他安靜下來。

・**抓握** 寶寶會試著用手來找嘴巴。

這種反射動作或許正是很多寶寶用手來摸乳房或奶瓶的原因。

・**踏步** 當妳抱住寶寶腋下，只讓他們的腳接觸地面時，寶寶會把一隻腳放在另外一隻腳前面，好像走路的樣子。這種踏步的反射動作在出生後大概四天左右最明顯，大約兩個月以後就會消失。大部分的寶寶不到一歲左右是不會真正開始學走路的。

・**驚嚇**（*摩羅反射Moro reflex*） 當寶寶被吵鬧的聲音或突然發生的動作驚嚇到時，兩隻手臂會往外伸開，然後哭泣。如果妳太快把寶寶放到嬰兒籃或嬰兒床中，就會注意到這種情況。

・**頸部強直反射** 當寶寶仰臥平躺時，如果妳把寶寶的頭部轉到一邊，妳就會看這個寶寶的經典姿勢，也就是一隻手彎起來，舉在頭後，另一隻手則伸直，伸直離開身體，往頭轉動的方向。

寶寶伸出去的那隻手，也可能是握拳的。

· 微笑　在人生最初的幾個禮拜裡，新生寶寶的微笑大多是非自主性的，不過要不了多久，寶寶就會對人或情況產生回應，開始微笑。

如果妳是個觀察力強的人，可能會注意到這些反射動作，不過如果沒看到也不用擔心。寶寶的照護醫師在寶寶進行體檢的時候會幫他們檢查。

當寶寶平躺時，妳可以輕輕轉動他的小手或小腳，鼓勵他們活動。又或者，妳可以讓寶寶踢踢妳的手，或踢會唧唧哇哇叫的玩具。

寶寶的感官探索　對寶寶來說，這是個嶄新的世界，他所有的感官都活了起來，可以探索、可以去感受。妳會注意到一個東西、一盞燈、一個聲音、一個氣味、或一個碰觸都會吸引寶寶全部的注意。當某種新東西被介紹到他眼前時，注意看看他安靜下來的樣子。

· 視覺影像　新生兒有近視眼，最好的觀看距離是大約30到45公分。這也是讓寶寶看見對他來說最重要東西的完美距離——他父母親抱他或餵他時臉的距離。寶寶喜歡把目光定在妳的臉上，有一陣子，那會是他最喜歡的娛樂。給妳家新生寶寶很多臉對臉的時間，讓他認識妳。

對人臉感興趣　除了對人的臉感興趣外，新生兒也很容易被光亮、動作、簡單和高對比的東西所吸引。很多玩具店都有賣黑白、以及色彩鮮豔的玩具、活動玩具和嬰兒房的裝飾。因為新生兒還無法完全控制自己眼睛的動作，所以有時候會顯得有點鬥雞眼、眼睛好像會左右分開、或是翻白眼，這些情況都很正常。寶寶眼睛的肌肉在接下來的幾個月內會強化、變得成熟。

移動物品　當寶寶安靜又保持警醒時，給他簡單的東西讓他看。試試會在他眼前緩緩移動的東西，無論是由左到右，或是由右到左都好。大部分的寶寶目光會隨著移動的東西而移動，有時候頭也會跟著轉。但不要讓寶寶負擔過重，一次一個東西就夠多了。如果寶寶累了、餓了、或已經刺激過度、就不會再想玩這個遊戲了。

· 寶寶的聽覺　寶寶一出生，新的聲音就會抓住他的注意力。為了對聲音產生反應，寶寶會停止吸吮，張開眼睛或停止哭鬧。他們會被很大的吵鬧聲嚇到，例如狗吠、吸塵器低悶的聲音或乾衣機轉動的聲音都會可以撫慰他們。不過，寶寶很輕易的就可以適應、並調適吵雜聲了。所以他們對於特別的聲音只

258

會反應一、兩次。

辨認媽媽的聲音 寶寶可以分辨人聲和其他聲音的不同，而且他們對自己母親的聲音好奇心最強了。寶寶會很快學會把妳的聲音和食物、溫暖及碰觸連結在一起。當妳跟他說話時，他會仔細的聽 —— 有些嬰兒還會很享受讀書的聲音。無論何時，只要可以的話，就多多和寶寶講講話吧！即使他不懂妳在說什麼，妳的聲音也能安撫他、讓他鎮靜。

聽覺試驗的進步讓新生兒的聽力篩檢變得可能。很多醫院現在都有例行時檢驗，可以測試寶寶的聽力。如果妳生產的醫院沒有，請教一下寶寶的照護醫師，請他們推薦妳到聽力師那裡進行篩檢。如果你們家族中有人有聽力上的問題，這一點尤其重要。

·碰觸撫摸 嬰兒對於碰觸很敏感，他們可以分辨質地、壓力和濕度的不同，對於溫度的改變，反應也很快。皮膚上如果有冷空氣吹過，他們會嚇一跳，不過如果被包得暖暖的，很快就會安靜下來。妳的撫摸會給寶寶舒適和安心的感覺，也可以讓想睡覺的寶寶起來喝奶。

·氣味和味覺 嬰兒對於氣味感受力很好。即使年齡很小，他們也可以靠氣味認出自己的媽媽。他們可能會透過動作或活動的改變顯示對於新氣味的興趣，不過，也很快就會熟悉新氣味，進而不再有反應。

味覺的感受力和氣味感受力很有關係。雖然新生兒除了母乳和沖泡的奶粉外沒機會接觸什麼其他的味道，不過研究人員發現，從出生開始寶寶就喜歡甜味，甚於苦味和酸味。

哭泣代表的意義 哭是新生兒使用的第一種、也是最原始的溝通方式。而且他們做得很多 —— 小寶寶平均一天要哭上一到四個小時。這是調適子宮外生活的一個正常部分。

寶寶哭泣的常見原因包括了：

·肚子餓 大多數的寶寶二十四小時內就要吃六到十次。出生後的至少三個月內，寶寶晚上通常要醒來吃奶。

·不舒服 寶寶會哭通常是因為尿布濕了或髒了、放屁或消化不良、或是溫度或姿勢不舒服。當寶寶不舒服的時候，就會找東西來吸吮。不過餵他們吃奶並不能讓不舒服的情況中止，安撫奶嘴可能也只有短暫的幫助。當不舒服過去，寶寶或許才會安靜下來。

·無聊、害怕或寂寞 有時候，寶寶會哭是因為無聊、害怕或寂寞，希望被人擁抱或摟抱。尋求安心的寶寶可能在

看到妳、聽到妳的聲音、感受到妳的碰觸、和妳在一起、被抱著或給了東西吸吮後，一放心後就安靜下來。

· **太累或是刺激過度** 哭會讓太累、或刺激過度的寶寶隔絕視覺影像、聲音和其他感官，可以幫助紓解壓力。妳會發現寶寶一天中愛吵鬧的時間是固定的，通常是傍晚和午夜。這個時候，似乎做什麼都無法安撫他，但之後寶寶可能會比之前更警醒一點，然後就睡得更熟了。這種很難安撫的哭鬧似乎可以幫助寶寶排除過多的精力。當寶寶比較成熟後，妳就可以分辨寶寶哭聲中不同的訊息了。

安撫哭泣中的寶寶 一般來說，在最初的幾個月裡，寶寶一哭，最好就馬上回應他。這樣並不會把寶寶寵壞。研究顯示，被給予迅速、溫暖回應的寶寶整體來說，學會哭得比較少，晚上也睡得比較多。當寶寶哭泣的時間似乎延長後，做個簡單的清單看看可能需要什麼：

· 寶寶是不是肚子餓了？

· 寶寶是不是要換乾淨的尿布了？

· 寶寶需要打嗝嗎？

· 寶寶太熱或太冷嗎？

· 寶寶只是需要吸吮嗎？是要手指頭還是安撫奶嘴？

· 寶寶需要一些溫柔的照料嗎？散步、搖晃、摟抱、輕輕的敲敲、溫柔的講講話、唱個曲、或是低聲哼唱？

· 寶寶需要換一個比較舒服的姿勢嗎？是不是有東西夾到他、戳到他或是綁到了他？

· 是不是太興奮或太刺激了？寶寶是不是只需要哭一哭就好？試著先去滿足寶寶最迫切的需求。如果哭的原因似乎是肚子餓，那麼就餵奶。如果他哭到發抖或很恐慌，檢查看看，確保寶寶沒被什麼東西刺到或夾到。如果寶寶很溫暖、乾爽、吃飽了、也好好的休息著不過還是哭鬧，以下的建議或許有幫助：

· 用包毯把寶寶舒服的包起來（參見第261頁）。

· 面對面的跟寶寶輕柔講話，或唱首歌給他聽。

· 輕輕的敲敲寶寶的頭，或是揉一揉、拍一拍他的胸部或背部。

· 當妳搖著他，或是以有節奏方式的抱著他走動時，把妳的手指或安撫奶嘴給他吸著。

· 使用輕柔的動作，像是在懷中輕輕搖著、讓他靠在妳肩膀上抱著走動、或是用前式背帶背著他。

· 播放輕音樂。

· 讓寶寶的肚子趴在妳的大腿上。

・以直立的方式把寶寶抱在妳肩上，或是靠在妳胸前。

・把寶寶放進汽車嬰兒安全座椅上，帶他出去兜個風。

・給寶寶洗個溫水澡，或是放個溫溫的，不要太熱的水瓶在他肚子上。

・出門去。用嬰兒推車或背帶帶寶寶出去散個步。

・降低寶寶所在區域的噪音、動作、和燈光。或是試著放放白雜訊聲（white

 妊娠小百科／包巾教學4步驟

第一步　拉高包毯的一角，拉緊。讓包毯橫過寶寶的身體，而妳一隻手壓在裡面。把寶寶身體下面的包毯一角適當的折起。

第二步　把腳下的一角折起來，但要留下足夠的空間讓寶寶的腳可以自由活動。

第三步　拉高包毯的另外一個角，拉緊，橫向包住寶寶。包的時候讓一隻手和手臂可以自由的動。

第四步　呵呵…好囉，包得很舒服。

noise），像是持續、單一的吸塵器聲音，或是海浪的錄音。這樣可以阻隔其他的聲音，讓寶寶放鬆入眠。

如果寶寶很乾爽、肚子飽飽的、很舒服，而且還包著毯子但卻一直哭，那麼或許他只是需要10到15分鐘獨處的時間。請待在聽得見聲音的地方，每隔幾分鐘就遠遠看一下寶寶的狀況。雖然很多父母都覺得放著讓寶寶哭很難，不過這樣可以給嬰兒一個放鬆和發洩的機會。

請別忘了，妳沒辦法每次都能讓寶寶安靜下來，特別是當吵鬧的原因如果只是要釋放壓力時。寶寶會哭，這是寶寶天性的一部分。剩下的只是要確信，哭泣不會一直持續下去。寶寶花在哭泣的時間通常在產後六個禮拜達到高峰，然後就會漸漸減少。到了三、四個月大時，通常會有明顯的改善。

因為寶寶哭太多而感到挫折也是母親天性的一部分。安排親友、或保母過來幫妳，讓妳可以得到需要的休息。即使是只有一個鐘頭，都能讓妳再度恢復應付的氣力。

如果寶寶哭到讓妳覺得快失控，請把寶寶放在安全的地方，例如嬰兒床裡。然後聯絡妳的照護醫師、醫院的急診室或當地的緊急救助中心。無論妳有多麼不耐煩或是怒氣衝天，千萬不要搖晃寶寶。也千萬不要讓任何人去搖晃妳的寶寶。用力的搖晃寶寶可能會讓寶寶失明、腦部受損、甚至死亡。

寶寶的作息～吃和睡 新生兒行事曆上的兩件重要大事就是吃和睡。因為寶寶大部分的精力都花在成長上，所以不睡覺的時候，很多都花在吃上面。

·吃奶的型態 在最初幾個禮拜，大部分寶寶一天要吃六到十次。他們的胃撐不下可以讓他們較久不餓的母乳或沖泡奶粉。這意味著，妳每隔兩到三個鐘頭，包括半夜，就必須餵他。不過，嬰兒多常吃一次奶、吃多少，變化是很大的。

妳的寶寶一開始或許沒有一個固定的吃奶習慣。雖然妳大致測過兩次餵奶中間的時間，但寶寶的時間可能很不固定。在成長的衝刺期，一至兩天之內的餵奶次數可能要更加多。

妳很快就會知道如何讀取寶寶肚子餓的訊息，像是哭泣、張開嘴巴、吸吮、把拳頭放進嘴巴裡、煩躁不安的轉向妳的乳房。寶寶也會用嘴巴推開乳頭或奶瓶，或把頭轉開，讓妳知道他已經喝夠了。

·新生兒睡眠模式和週期 和吃一樣，新生兒要一陣子才能習慣任何一種

型態的睡覺時間模式。在第一個月，他們通常日夜不分的睡睡醒醒。睡覺和餵奶的時間大約是一樣長的。

此外，新生兒並不知道日夜的差

 妊娠小百科／應付嬰兒腸絞痛（colic）

每個寶寶都有吵鬧不休的時候，但有些寶寶就是比別人愛哭。如果妳家寶寶身體健康，但是常常噪動吵鬧，特別是傍晚，或是哭鬧的時間變長、安撫不下來，一天達三個小時或三個小時以上，可能就是得了腸絞痛。這不是什麼身體的疾病，腸絞痛只是一個名詞，用來形容很難安撫下來、一陣又一陣的重複哭鬧。

有腸絞痛的寶寶不是因為肚子餓、尿布濕，或其他明顯的理由而哭鬧，但就是無法安靜下來。專家也不確定引起這種情況的原因。腸絞痛的高峰期通常出現在產後六個禮拜，三個月之前通常就會消失。

對寶寶有腸絞痛情況的父母來說，這個時期好像永遠過不完。會覺得挫敗、生氣、緊張、易怒、擔憂和疲憊也是人之常情。

處理方式 並沒有那種治療能持續有效的紓解腸絞痛嬰兒的症狀。各種不同的方式都試試，看能否讓妳家寶寶安靜下來，如果努力似乎都徒勞無功也不要覺得太洩氣。

請別忘了，寶寶總有脫離腸絞痛的時候。有個愛哭鬧的新生兒並不意味著他日後就會長成一個愛哭愛發牢騷的孩子。很多有腸絞痛的嬰兒後來都變成快樂、笑口常開又隨和的小娃娃及兒童。

在寶寶哭鬧的時候，妳越放鬆，就愈容易安撫妳的孩子。聽到新生兒哭鬧可能會很火大，但是自己的焦慮、挫折或驚慌只會讓增加嬰兒的難過。

什麼時候可能不是腸絞痛 寶寶哭鬧不休有時候很判斷是腸絞痛，還是因為其他原因。如果有下列情形，請打電話給妳的照護醫師：

· 寶寶哭鬧的時間似乎長到反常
· 妳覺得哭聲很奇怪
· 除了哭以外，還有活動力減少、餵奶情況不佳或不尋常的呼吸或動作
· 哭之外，還伴隨其他疾病的徵兆，像是嘔吐、發燒和腹瀉
· 妳或家裡其他人應付不了妳家愛哭的寶寶

別。他們要一些時間才能發展出自己的生理時鐘，也就是以二十四個小時為週期基礎的睡眠、清醒週期以及其他模式。當寶寶的神經系統逐漸成熟後，他們的睡眠和清醒時段也才會成熟。

雖說，新生兒通常不會睡超過4.5小時，但是他們一天加起來，還是會睡12小時，或是更久。他們清醒的時間通常長到足夠喝奶，或是最多達兩個鐘頭左右，然後又會再次睡著。到了寶寶兩週大左右，妳會發現他睡眠和清醒的時段都會加長。

到了三個月前，很多寶寶就會把更多睡眠時間移到晚上，讓父母親大抒一口氣。妳可以透過下面方式來調整寶寶晚上的睡眠時鐘：

· 在晚上餵奶和換尿布時避免刺激到。燈光保持微亮就好、聲音輕柔、不要和寶寶玩耍講話。這樣會加深晚上是睡覺時間的訊息。

· 建立某種上床時間的例行性作法。在把寶寶送上床睡覺前，可能唱唱歌、安

 妊娠小百科／養成寶寶良好的睡眠習慣

垂下眼皮、揉眼睛、哭鬧是寶寶累了的常見徵兆。不過一被放下來睡覺，很多寶寶都會哭，但放個幾分鐘，大部分的寶寶最後都會自己安靜下來。如果妳的寶寶尿布沒濕、不餓也沒生病，試著對他的哭聲多點耐心，並鼓勵他自己安定下來。如果妳暫時離開房間，寶寶或許會停止哭泣一小段時間。如果沒停止哭泣的話，試著安撫一下，讓他可以再次靜下來。在最初的幾個月，寶寶餵奶時在母親懷中睡著是很常見的，也會被養成一種模式。很多父母親都很享受其中的親密和寶寶依偎的感覺。不過這樣最後可能會變成寶寶非得用這種方式才能入睡。當寶寶半夜醒來，如果沒有被餵奶、被抱，他就無法再入睡。

為了避免產生這樣的關連習性，在寶寶想睡但還醒著的時候，把他放到床上。如果寶寶被放下後不需要任何幫助就能睡著，那麼以後即使在半夜醒來，也能自己再睡著。

請記住，小寶寶夜裡如果驚醒，未必會很苦惱。嬰兒在進入不同的睡眠週期時，都會又哭又動。父母親有時候會把寶寶的驚醒當成清醒，開始進行不需要的餵食。請別那麼做，反之，請等幾分鐘，看寶寶是否又睡著了。

妊娠小百科／**寶寶安全睡姿～仰睡**

一定要讓寶寶仰躺著睡覺，即使是小睡也一樣。這是最安全的睡覺姿勢，可以降低嬰兒猝死症候群（sudden infant death syndrome，簡稱SIDS）發生的風險。這種病症有時候也稱為嬰兒在床死亡，是指一歲以下的寶寶突然之間、不明原因的死亡。

研究發現，趴睡的寶寶比仰睡的寶寶更可能發生嬰兒猝死症候群。側睡的嬰兒風險一樣也比較高，或許是因為採取這種姿勢的寶寶可能也會壓到肚子。從1992年開始，美國小兒科學會就開始建議嬰兒採平躺仰睡，從那以後，美國發生嬰兒猝死症候群的例子就大大的降低了。

例外情形

唯一不要平躺仰睡的例外就是因為健康問題必須趴睡的寶寶。如果妳的寶寶有先天性缺損、吃奶後常常會吐，或是有呼吸、肺部或心臟的問題，請和寶寶的照護醫師商討最適合寶寶的睡姿。要確定，每一個照料寶寶的人都知道寶寶要平躺仰睡，包括寶寶的祖父母、照顧寶寶的人、保母、朋友和其他人。

有些寶寶最初不喜歡平躺仰睡，不過很快就會習慣了。很多父母親擔心寶寶睡覺時如果吐奶或嘔吐，平躺仰睡會嗆到，不過醫師發現仰睡是不會提高嗆到或類似問題發生機率的。

有些平躺仰睡的寶寶後腦杓有個地方會變得扁平。大多數扁平的地方，在寶寶學會坐起身後，問題就會消失。妳可以經常幫寶寶變換躺在嬰兒床中的方向，讓他的頭型保持正常。這樣，寶寶的頭就不會老是睡在同一邊了。

降低猝死的風險

其他可以幫助降低嬰兒猝死症候群發生風險的提示還有：

• 用母乳哺育寶寶。原因雖然還不清楚，不過用母乳哺育似乎可以保護寶寶，免於嬰兒猝死症候群的發生。

• 讓寶寶穿袋鼠裝或睡睡袋。這樣妳就不用擔心要蓋毯子，讓毯子干擾到呼吸。

• 謹慎選擇床墊。用比較硬的床墊。避免將寶寶放在又厚、又蓬鬆的墊子上，這樣寶寶的臉萬一朝下，可能會干擾到呼吸。基於同樣的原因，寶寶的嬰兒床上不要放枕頭、絨毛玩具或填充動物玩具。

• 不要抽菸，或讓寶寶暴露於居家的煙氣中。嬰兒的母親在懷孕期間、或懷孕期後如果抽菸，寶寶發生嬰兒猝死症候群比起母親不抽菸的嬰兒高出了三倍。

• 讓溫度保持在舒服的程度。寶寶的脖子或臉如果出汗，那麼可能太熱了。

安靜靜一段時間,或是讀一個小時書。

·**餵昏昏欲睡的寶寶喝奶** 有時候妳知道自己沒搞錯寶寶肚子餓的訊號,只是妳正要開始餵奶,他卻打起瞌睡。想要餵昏昏欲睡的寶寶喝奶,可以試試下面的訣竅:

·注意並善用寶寶警醒的時段。利用這些時段餵奶。

·睡覺中的寶寶可能會輾轉不安、翻動、或是因為肚子餓哭鬧。如果妳的寶寶已經小睡超過三個小時,要留心一下這些細微的徵兆。如果寶寶是半睡半醒,輕輕叫醒他,鼓勵他吃奶。

·用妳的手指在寶寶的脊椎遊走,給寶寶一個訊息。

·半打開妳寶寶的衣服。因為寶寶的皮膚對於溫度的改變很敏感,涼爽的感覺會讓他清醒的時間久到足以喝奶。

·用指尖在寶寶的嘴唇上畫幾次圈圈。

·輕輕搖一搖寶寶,搖成坐姿。當寶寶保持直立姿勢時,眼睛通常會睜開。

寶寶的尿尿和便便正常嗎? 看到自家寶寶的排尿和解便時,新手父母往往就會想,這倒底正不正常。當寶寶到了三、四天大的時候,每天應該至少尿濕尿布四到六次。當寶寶長得更大,可能每次餵奶就會濕一次。

健康的嬰兒,尿液的顏色是淺到深的黃色。有時候高濃度的尿液在尿布上乾掉,會呈現偏粉紅的顏色,可能會被誤認為血。話說回來,如果尿液中真的含血,或是尿布上有血點,肯定是要關切的。

至於糞便,正常的範圍就廣了,每個嬰兒之間的變化很大。寶寶有每次餵食後就要便便這種經常排便的,也有每週一次這種不常排的,或是沒固定模式的。

如果妳是哺育母乳的,寶寶糞便的顏色會像是淡的芥末綠,帶著像種子一樣的分子。便便是軟的、甚至還有點會流動的樣子。吃沖泡奶粉嬰兒的糞便

 妊娠小百科／**寶寶第一次排便**

寶寶第一次弄髒的尿布可能會讓妳嚇一跳,這可能是發生在他出生後的四十八小時內。在最初幾天裡,新生兒的糞便可能會又濃又黏,像瀝青,是一種墨綠色的物質稱之為胎便(meconium)。胎便排完後,寶寶的排便的顏色、次數、及持續性則會隨著餵奶的方式是母乳還是沖泡奶粉,而有不同。

通常呈棕色或黃色，比吃母乳的寶寶硬一點，但不會比花生醬硬。

有時候，在顏色和排便習慣上有些變化是正常的。顏色不同表示糞便通過消化道的速度有多快，或是寶寶吃了什麼東西。糞便可能是綠色、黃色、橙色或棕色。

新生兒有輕微的腹瀉情況是很常見的。糞便可能會成水狀，經常混著黏膜。嬰兒通常不會有便秘的問題。寶寶在排便的時候會使力、嗯嗯出聲或臉色轉紅，但這並不表示他們有便秘的情形。寶寶只有當排便次數很少、糞便很硬、甚至還呈現球形時才是便秘。

嬰兒的基本照顧方式

當妳的兒子或女兒回家後，可能一點小事情也會讓妳想破頭。我抱他的方式抱對了嗎？這件衣服會不會太緊或太熱？洗澡水是不是太冷了？妳變得有點神經兮兮或焦慮也很正常的。

不過，用不了太久妳就會變成專家啦！從換尿布到幫小寶貝洗澡，妳很快就會成為箇中高手了。

寶寶抱姿　最初，妳在抱寶寶或用背帶背他的時候可能覺得有點笨拙或緊張。一段時間後妳就會比較自在。很快的，妳就會知道寶寶喜歡的位置 —— 每

一個寶寶都有自己的偏好。新生兒通常喜歡被抱得很親近，妳身體的溫暖可以撫慰他。當他們在最初的幾個月，每個寶寶控制自己頸部肌肉和頭的能力會不一樣。直到妳很確定寶寶可以穩穩的撐住自己的頭之前，抱他的時候都要溫柔的慢慢抱，這樣他的身體才能被好好的支撐，而頭也不會往後翻仰。把寶寶放下的時候，也要溫柔的用一隻手撐住他的頭和脖子，另一隻手則撐住他的臀部。

有了經驗以後，妳就能找出最能

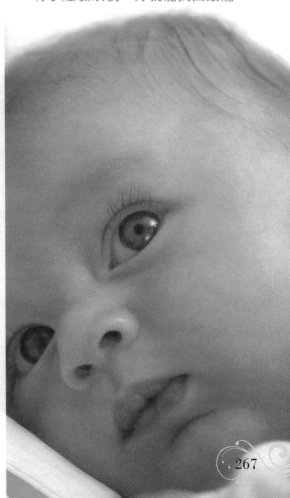

讓哭鬧寶寶鎮靜又舒服的最佳姿勢。妳或許會讓他擱在妳整隻手肘上，跨下則在妳手上。或者，妳會讓他臉朝下，臥在妳膝蓋上，讓他的肚子枕在妳的大腿內側。另一種舒服的姿勢則是妳平躺，讓寶寶臉朝下躺在妳胸前，然後妳輕柔的揉著他的背。

寶寶在被揹的時候，或許會養成一種他想要的姿勢。有些嬰兒喜歡臉朝外，看著外面的世界，而有些寶寶則喜歡貼

 妊娠小百科／**防範尿布疹，你該這麼做！**

所有的寶寶不時都會出現紅屁股或是有點破皮，即使是經常換尿布、仔細清潔也一樣。尿布疹的原因很多，包括了便便的刺激、或是使用的新產品，如新的拋棄式擦巾、尿布、或洗衣粉。皮膚敏感、細菌或酵母菌感染、尿布或衣服很緊產生的摩擦都可能導致紅疹。

尿布疹通常很容易治療，幾天就有起色。治療尿布疹最重要的是盡可能保持寶寶肌膚的清潔和乾爽。每次換尿布的時候，徹底用水清潔該區。當寶寶有尿布疹的時候，要避免用肥皂、拋棄式、有香味的擦巾來清洗感染的部位。這類產品中的酒精和香味會刺激寶寶的皮膚，讓疹子更嚴重。

換新的尿布時，讓寶寶的小屁股有機會風乾也是很重要的。可能的話：

• 讓妳的寶寶有幾個短暫的時段不要穿尿布。

• 避免使用塑膠材質的褲子或緊身的尿布褲。

• 使用大尺寸的尿布，直到疹子消失。此外，如果包尿布的皮膚部位發現有粉紅的地方，隨時使用有舒緩作用的油膏，像是Desitin、Balmex。很多尿布疹的乳霜液和油膏都含有活化成分氧化鋅（zinc oxide）。這類產品通常都是在受到刺激的部分塗上薄薄的一層，一天幾次，用來舒緩並保護寶寶的肌膚。如果疹子幾天都沒改善，請教寶寶的照護醫師。

不要在寶寶的皮膚上灑爽身粉或玉米粉，因為寶寶可能會把爽身粉吸進去，那對嬰兒的肺部刺激性很大。而玉米粉則可能引起細菌感染。

為了要盡量預防尿布疹，不要使用吸收力超強的拋棄式尿布，因為這種尿布一般比較不需經常更換。如果妳使用的是布尿布，要確定尿布經過徹底的洗滌並沖淨。為了要讓循環改善，請選用扣式的塑膠褲，不要用沾黏式魔力貼褲。此外，把布尿墊和布尿布一起用用看。

近妳身體的那種安全感。妳的寶寶或許會喜歡把手腳縮起來，或是另外一種更放鬆的姿勢，只要身體和頭被撐住。

換尿布 對父母來說，小寶寶的生活似乎是一回回永無止境的換尿布。的確，寶寶在訓練好能夠自己上廁所前，平均要換掉五千條尿布。這個統計數字很嚇人，不過可以把這不得不做的工作當成是和寶寶親近、溝通的機會。妳的溫言軟語、輕柔的觸摸和鼓勵的笑容都會讓寶寶覺得自己被愛著、是很安全的，用不了多久，妳的小寶寶就會用咯咯的聲音和咕嚕咕嚕的低語來回應妳。

因為新生兒尿尿很頻繁，所以最初幾個月，每隔兩三個鐘頭換一次尿布是很重要的。但是妳可以等寶寶醒了以後再換掉濕尿布。只有尿尿通常是不會刺激寶寶肌膚的。不過便便裡面的酸性成分卻會刺激，所以寶寶一醒來就趕快把髒髒的尿布換掉吧！

換尿布時應有的備料 要讓妳和寶寶在換尿布的時候更舒適，請確定手上有：

．**尿布**。要囤積適當的尿布量。妳可以買布尿布、拋棄式尿布，或是使用尿布外送服務，外送大多是使用布尿布。如果妳用的是拋棄式尿布，尺寸一定要和寶寶的體重相符合。妳每個禮拜需要用到80到100片。如果妳打算購買布尿布，購買的數量和妳打算多常洗一次有關。舉例來說，如果妳有三打尿布，那麼可能每隔一天就必須洗一次。就算妳使用拋棄式尿布，手上放一打布尿布還是比較方便的，萬一拋棄式尿布用完了還可以先應急。當妳幫寶寶打嗝時，布尿布還可以很容易的掛在肩上，或放在膝上。

．**塑膠褲**。如果妳用布尿布，就需要用到這些。

．**寶寶濕巾**。雖然打濕的布也可以使用，不過方便性比不上寶寶濕巾。選擇敏感皮膚用擦巾，以避免刺激。

．**尿布桶**。市售的尿布桶的種類繁多。請選擇方便、衛生、味道不會跑出來的。

·嬰兒乳液。不必每次換尿布就擦乳液,不過如果寶寶有尿布疹時,有一瓶在手邊就很方便。

·尿布檯。選擇底座寬、穩固、有空間可以放尿布相關東西的。

換尿布的基本方法 換尿布的時候,請選擇平坦的表面 —— 看是要尿布檯、在地板上放置換尿布墊,或是嬰兒床上。如果妳使用尿布檯,務必要使用安全帶,或是一隻手要一直放在寶寶身上。

妳在換尿布的時候,寶寶可能會尿尿。如果妳的寶寶是男孩,當妳在清理其他包尿布的區域時,可以用一片尿布或一塊布鬆鬆的蓋住他的陰莖,這樣就不會被噴到了。

把髒尿布拿掉後,花時間徹底清潔寶寶的小屁股:

·清潔的時候,小心的抓住並握住寶寶的腿,用一隻手抓住寶寶腳踝的地方。

·使用溫水打濕的棉布,或是寶寶濕巾來擦寶寶包尿布的部位。要用不含酒精成分及香味的擦巾,避免讓寶寶的皮膚過乾或受到刺激。

·如果寶寶是便便,用尿布上沒沾髒的前端來擦掉屁股上的便便。往下擦,不要靠近生殖器官,把排泄物包到尿布裡面。

·用布或濕巾輕輕的清潔完畢後,如果有必要,可以使用溫和的肥皂。除非寶寶好像快長出尿布疹的樣子,不然不必用乳液。

·握住寶寶的腳踝,將他的下身提起,將新的尿布放在下面。將尿布鬆緊合適的圍住寶寶的腰部,把兩邊的繫帶綁上。如果是新生兒,可以把尿布上端往下折。

如果妳使用的是布尿布,折疊的方式有好幾種。多實驗幾次,看看那種折法吸收力最強、也最適合。把邊緣折進去,如果寶寶比較大,就淺折,如果寶寶比較小,就折深一點。男生的話,尿布的前面要墊厚一點。前面比後面折窄一點,這樣在肚子附近別上尿布別針的時候會比較平整,尿布圍住大腿的地方也會比較緊。

如果妳有用尿布別針,不要一不小心戳到寶寶,一隻手的手指放在尿布別針和寶寶的身體之間,直到別針的針頭扣住針座。布尿布要鬆緊適中,因為寶寶一動的話就容易鬆掉。把尿布的邊緣都包進塑膠褲裡面,讓潮濕都留在裡面。

幫嬰兒洗澡 嬰兒不需要洗太多澡。在出生後的第一、二個禮拜內,直到臍帶脫落前,新生兒用海綿幫寶寶擦澡就可以了。在那之後,出生的一年內,每個禮拜只要洗一到三次徹底的沐

浴即可。洗澡的次數太頻繁會讓寶寶的皮膚很乾燥。

臍帶部位復原以後，可以試著把寶寶直接放入水中。最初洗澡應該盡可能溫和、簡單。如果寶寶對洗澡很抗拒，可以先用海綿擦澡，清洗真正需要注意的部分，特別是手、脖子、頭、臉、耳後、腋下和包尿布的部位。在出生的六個禮拜內，用海綿擦澡是洗澡很好的替代方式。

· 沐浴時的技巧。找個妳和寶寶都方便的時間來幫寶寶洗澡。很多人喜歡在寶寶睡覺前幫他洗澡，當作讓他放鬆的睡前儀式。而有些人則喜歡挑選寶寶完全清醒的時候。如果妳時間上不匆促，也不太會被打擾到，那妳會更享受這段洗澡時間的。

大部分的父母親發現用嬰兒澡盆、水槽，或放入乾淨毛巾的塑膠盆幫新生兒洗澡最容易。把所有洗澡相關的東西都準備好，讓浴室溫暖，大約是攝氏24度左右，然後再幫寶寶脫衣服。除了

 妊娠小百科／**認識嬰兒脂漏性皮膚炎（Cradle cap）**

寶寶的頭皮上會長出鱗狀的東西，也會發紅。這種狀況稱為嬰兒頭皮溢酯（cradle cap，脂漏性皮膚炎seborrheic dermatitis），當出油的皮脂腺分泌太多油時就會造成這種現象。脂漏性皮膚炎在嬰兒身上很常見，通常是出生後的前幾週開始，經過幾個禮拜、或是幾個月的清理後就會消失。脂漏性皮膚炎的狀況可能很輕微，皮膚上一片一片、很乾燥，看起來像是頭皮屑，嚴重的話則是出現濃稠的、油脂樣的黃色鱗片，或乾燥的皮塊。

使用凡士林或礦物油清潔

膚炎是有幫助的。不必害怕現在幫寶寶洗頭髮的次數比之前多。用刷子輕柔的刷可以讓鱗片狀的東西掉落。如果這種鱗片狀東西很頑固，無法輕易鬆脫，可以用凡士林或是幾滴礦物油點在寶寶的鱗片狀東西上，然後揉一揉。讓油把鱗片泡個幾分鐘，然後用刷子刷，之後再用洗髮精洗寶寶的頭髮。如果妳讓油留在寶寶頭髮裡沒洗乾淨，鱗片狀東西會累積得更嚴重，讓脂漏性皮膚炎更嚴重。如果脂漏性皮膚炎還擴散到寶寶的臉上、脖子或身體的其他部位，特別是手肘折縫或耳後，請和寶寶的照護醫師人聯絡。他可能會建議妳使用藥用的洗髮精或乳液。

盆中的洗澡水外，妳需要一條洗巾、棉花球、一條毛巾、換尿布的東西及洗澡後要換上的衣服。大部分時間，清水就可以了。需要的話，妳可以用溫和的嬰兒肥皂和洗髮精，沒有香味或任何味道的，香味會刺激寶寶細膩的肌膚。

在把澡盆的水放滿之前，先用妳自己的手肘或手腕來測試水溫。水溫感覺起來要是溫溫的、不能燙。然後再把澡盆用溫水加滿。幫寶寶脫衣服，最後再拿掉尿布。如果尿布是髒的，先清潔寶寶的小屁股，再將他放進澡盆。用一隻手撐住寶寶的頭部，另一隻手帶領他進去，腳

先進，然後再溫柔的讓身體其他的部分下去。支撐寶寶的頭和身體驅幹很重要，可以讓寶寶產生安全可靠的感覺。

不必每次幫寶寶洗澡的時候都幫他洗頭，一個禮拜一、兩次就夠了。輕輕的幫他按摩整個頭皮。當妳幫寶寶沖洗肥皂泡或是洗髮精泡沫時，用一隻手遮住他的前額，泡泡就會往兩邊流下去，而不會流到他眼睛。或者，也可以讓寶寶的頭稍微往後斜仰。用一條柔軟的布巾，以清水幫寶寶洗臉和洗頭。用沾濕的棉花球揩拭寶寶的兩隻眼睛，從內側到外角。輕輕的把臉拍乾。從上到

 妊娠小百科／臍帶的護理

新生兒的臍帶被剪斷後，只剩下短短的一截。大多數情況下，這段臍帶都會乾掉，在出生後一到三個禮拜內脫落。在那之前，盡量保持該部位的清潔和乾燥。因此，直到臍帶脫落、肚臍復原前，用海綿擦澡代替洗澡是個好主意。傳統上，父母親都被教導要用藥用酒精擦拭臍帶。不過一些研究卻指出，不要去理會臍帶，復原的速度會更快，一些醫院甚至會建議不要進行酒精擦拭。如果妳不確定要怎麼做，和寶寶的照護醫師談談。

讓臍帶暴露在空氣中會讓它從底部乾燥，加速隔離的速度。為了避免刺激，及保持肚臍部位的乾燥，幫寶寶包尿布時要把尿布折在未落的臍帶下。天氣如果溫暖，可以讓新生寶寶只穿尿布和T恤，讓空氣流通，以利乾燥。

臍帶完全脫落前，如果發現有點糊糊的分泌物，或是乾掉的血漬，那都是正常的。不過，如果寶寶的肚臍看起來紅紅的，或是有臭味道的分泌物，請打電話給他的照護醫師。臍帶脫落後，可能會看到一點點血，這是正常的。不過如果肚臍繼續流血，請帶去給寶寶的照護醫師檢查一下。

下，洗身體的其他部分，包括皮膚皺折
的地方和生殖器的部分。如果是女孩，
輕輕的將陰唇撥開清洗。如果是男孩，
把陰囊抬起來，清洗底下。如果他有施
行包皮手術，不要碰到陰莖前面的前皮
部分。當妳幫寶寶洗背和屁股時，讓他
往前傾，靠向妳的手臂，分開臀瓣，清
洗肛門。

　　小心的把寶寶抱好，因為他又濕
又滑。洗好澡後，馬上用毛巾，或是有
內建帽套的寶寶毛巾將他包起來，輕輕
的把他拍乾。

寶寶皮膚的照顧　很多父母親期待
新生寶寶擁有一身無瑕的肌膚。事實上
更常見的事，寶寶的皮膚上會有一些生
產時留下來的斑點與瘀青，以及新生兒
特有的污跡，像是寶寶面皰（粟粒疹）。
大部分的小嬰兒在最初的幾個禮拜，皮
膚都是乾燥、脫皮的，尤其是手腳的部
分。手腳上有些青紫是正常的，而且可能
會持續幾個禮拜。紅疹也很常見。

　　紅疹和皮膚上大部分的狀況都是很
容易治療、或是會自行變好的。如果妳
的寶寶有痘痘的話，可以在他頭下放一
塊柔軟、乾淨的寶寶浴巾，一天一次用
溫和的嬰兒肥皂輕柔的洗他的臉。如果
寶寶的皮膚有乾燥或脫皮的情況，可以
去買市售的、沒有香味的乳液來使用。

剪指甲技巧　寶寶的指甲很軟，
但是很銳利。新生兒很容易就會抓花自
己的臉，或是妳的。為了避免寶寶意外
把自己的臉抓傷，妳應該在他出生後，
很快就修剪他的指甲，而且之後，一個
禮拜也要剪個幾次。

　　有時候妳甚至可以把寶寶指甲的
尾端用妳的手指撕下來，因為寶寶指甲
非常軟。不要擔心，妳不會整片撕掉
的。妳可以使用嬰兒指甲剪或是小剪刀
來剪。以下是一些讓妳能更輕鬆幫寶寶
修剪指甲的秘訣：

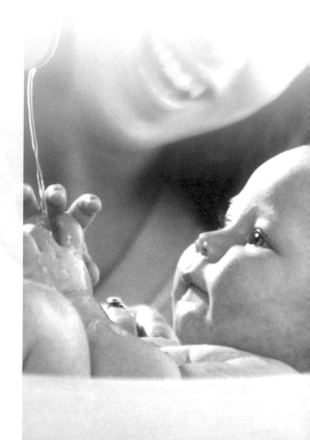

· 洗完澡之後剪。那時指甲更軟、更容易剪。

· 等寶寶睡著以後剪。

· 幫寶寶剪指甲的時候，請人幫妳抱住他。

· 直接橫向修剪，剪短。

嬰兒服選擇與樣式 當妳幫新生兒買衣服的時候，要選擇三個月大小，或是更大的，這樣才不會馬上就穿不下。一般來說，要找看起來柔軟、舒服，可以洗滌的衣服。可以選擇睡袍式樣，質地標示是防火或阻燃材質的衣料，這種不是合成纖維料，就是棉質裡面含有阻燃化學線紗的料。不要買有釦子的，因為很容易會被誤吞，也不要有綁帶或帶子的，因為可能會引起窒息。不要買有拉線的衣服，因為可能會勾到東西，勒住寶寶。

因為妳一天可能會幫寶寶換好幾次的衣服，或至少要幫他換尿布，所以要選擇式樣不複雜、容易打開的。請選購前面用黏扣或拉鍊、袖子寬鬆、料子有伸縮彈性的衣物。

在出生後的最初幾個月，寶寶通常都會用寶寶包巾包住。這是為了要讓他們保持溫暖，而且在新生兒四周施一點壓力似乎可以帶給大部分新生兒安全感。

· **看天氣穿衣服**。新手父母有時候會把寶寶穿得太多。比較好的測量方式是，妳自己穿幾層舒服，就幫寶寶穿幾層。除非外面很熱，物然妳可以讓寶寶穿上內衣、包上尿布，外面罩一件睡衣或袍子，然後裹上包巾。天氣如果熱，超過攝氏24度，那麼穿一層衣服就可以了，不過寶寶如果在有空調的房間，或是靠近通風的地方，就需要再蓋一下。

請別忘了，寶寶的皮膚很容易曬傷。如果妳打算外出，無論時間長短，都要用衣服保護寶寶的皮膚，並幫他戴上帽子。讓寶寶待在有陰影的地方，不要直接曬到太陽。寶寶六個月大以後，妳可以用防曬產品，不過不要把這東西當成寶寶唯一的防曬措施。寶寶不容易出汗，可能會過熱。

雙胞胎、三胞胎或多胞胎的照顧法

每年都有數以千計的媽媽將不只一個的新生寶寶 —— 雙胞胎、三胞胎，或甚至更多胞胎，帶回家。對於所有的新手父母，生活會改變，而對於擁有多胞胎的父母來說，生活則是以倍數改變！立即擁有一個以上的新生兒會令人很興奮，但是也極端的苛求。有時候，要過完一天似乎都不可能。況且多胞胎

通常是早產的，發生併發症的風險也會比較高。這意味著，和只有一個寶寶相比，妳得花更多時間帶他們看醫生。

　　如果是多胞胎，妳可以預期生活上有些什麼不同呢？妳會常常疲憊不堪，睡眠時間減少很多，家事標準也大概要鬆弛好幾年時間。如果妳還有其他孩子，多胞胎的到來更容易引起一般手足間的競爭。多胞胎寶寶需要妳非常多的時間和精力來照料，也會吸引更多來自親友及街上陌生人的注意力。

　　隨著時間過去，妳偶而也會產生負面的艱苦情緒。每個寶寶分攤到的時間減少會讓妳產生罪惡感，或感到難過。而如果妳有其他的孩子，這種感覺可能會更強烈。不過多胞胎帶來的歡樂和興奮感很快就能讓妳把這些產生負面情緒的時間拋諸腦後。

如何度過最初的幾個禮拜　以下是幫助妳處理多胞胎照顧時種種挑戰的秘訣：

・**尋求幫助，並接受所有幫助**。即使很難做到，這樣也會有很大的不同。有些家庭會請人來幫忙，有家則靠家人伸出援手，有些則靠多胞胎父母的朋友、鄰居、教會或組織。

・**訂定一張優先順序表**。這張表上一般會著重在寶寶的需求，像是餵奶、洗澡、睡覺和抱寶寶。妳個人的休息也應該列在上面。

・**一開始就要把寶寶當成不同的個體看待**。選擇不一樣顏色衣服，這樣可以讓妳一眼就分辨出來。避免用「雙胞胎」或「三胞胎」這樣的字眼來稱呼寶寶。叫他們的名字。一定要幫寶寶個人分開照相。

・**使用圖表或檢查表**。這樣可以幫助妳記錄寶寶的餵食，讓妳知道誰已經被照料過了、是什麼時候。

・**如果妳有大一點的孩子，鼓勵他們成為這經驗中，主動、並提供幫助的一部分**。請他們在這一團混亂中幫忙，告訴他們當個大哥哥或大姊姊是多麼特別的事。經常排出時間，單獨和其他的孩子相處也是很重要的事。大一點的孩子可能也會很喜歡和祖父母、姑姑阿姨、伯叔舅舅或其他家庭成員或朋友單獨相處時間。

・**除非妳有人可以幫忙家事，不然就使用拋棄式尿布或尿布服務**。如果妳用拋棄式紙尿布，手邊至少要放一打布尿布，以備不時之需。

・**收集實用的建議、資訊和支援**。要幫多胞胎餵食、洗澡和穿衣服可能需要有不同的特殊策略。可以考慮參加你們當地的雙胞胎或多胞胎父母支援團隊。

妳會喜歡很多來自於其他父母親寶貴的好點子。閱讀書本和雜誌，上網，參與社交媒體針對養育多胞胎提供建議的媒體。

・**不要忽略了和伴侶的關係**。彼此談談你們兩人的感受和問題。可能的話，給對方一段休息的時間，盡量給彼此一個專屬於兩人的單獨時光。

第18章

解決產後身體復原問題

在生完寶寶以後，妳心中或許會想，我的身體到底會不會恢復正常呢？誠心跟妳說，真的會！但要從過去十個月的改變中恢復過來，需要時間。認為生產後馬上就能快速恢復是不切實際的期待。但隨著時間過去，妳會開始感受到身體變好，體態也開始恢復了。本章要討論的就是妳的身體在經歷種種改變後，接下來的幾週，妳將要處理的一些問題。

如果妳是採剖腹產，那麼產後可以預期會有一些其他的不適與需要注意的地方。請參見第十五章「剖腹產」，裡面有剖腹產術後復原的更多相關資訊。

產後乳房護理技巧

如果妳採母乳哺育，那麼在妳哺乳期間，胸部大多時間都會處在漲大的狀況下。要讓乳房保持舒適，請穿戴品質佳、大小合適的胸罩。請每天使用清水或嬰兒乳液輕輕清潔妳的乳房和乳頭，不過不要使用肥皂。肥皂會使小擦傷惡化，或讓乳頭皸裂。

如果妳沒有採母乳哺育，在寶寶出生後的一個月內，懷孕期間漲大的乳房就會逐漸消褪。

為何乳房會漲奶 孩子出生後的最初幾天，妳的乳房中含的是初乳，然而幾天之內就會被母乳所取代。不論妳是否採母乳哺育，妳的乳房都會變得更大、更沈重、發紅、發脹、漲痛。而如果妳決定不要親自哺育寶寶，那麼乳房可能會漲奶、堅硬直到妳的乳汁不再分泌為止。乳房漲奶的情形通常不會持續三天以上，但會極不舒服。即使妳採母乳哺育，乳房有時候還是漲得太厲害，處在漲奶狀態。要紓解這種漲奶的情況，妳可以：

· 擠出一點乳汁，無論是用手擠，或是讓寶寶吸。使用溫的或冷的布或冰塊熱敷或冰敷，也可以嘗試泡個熱水澡或淋浴。

· 穿戴鬆緊貼合的胸罩。

滲乳的處理 如果妳以母乳哺育，那麼在兩次餵奶之間出現滲乳的情況不必感到訝異。任何時間、任何地點，乳汁都可能毫無預警的從妳乳房漏出來。很多新手媽媽都證實，當妳才剛想著寶寶、或跟他講話、聽見他哭或在兩次餵乳之間去做個長長的伸展時，乳汁就滲

漏了出來。這種情況很常見，特別是一開始的幾週內。要處理會滲乳的乳房：

· 塞些護理墊，但不要使用內襯有塑膠、或是用塑膠支撐的，因為會刺激乳頭。每次餵乳後就換墊子，濕了也要換。

· 晚上睡覺時，身下放一條大毛巾。

乳頭有擦傷或皸裂 當妳親自哺乳時，乳頭可能會一壓就痛或是漲痛。在最初的幾個禮拜中，這問題很常見，就算妳寶寶的姿勢非常完美、妳自己每次也沒做錯什麼都可能發生。有些女性對於寶寶吸奶的有力程度，以及可能引起的不舒服感到很訝異。要習慣餵奶的感覺需要一段時間。話說回來，漲痛的感覺通常幾天就會消失，但如果妳的乳頭有擦傷，因而變成皸裂傷，那就真的很痛了，可能會導致乳房發炎（乳腺炎）。

遵循下列的建議來避免並治療乳頭疼痛或皸裂的情形：

· 要確定寶寶含乳頭的方式是正確的，把寶寶移離妳乳頭的時候要注意。幫助寶寶把整個乳頭都完整含入嘴中，用手指壓乳暈，拉高乳房，並用大拇指壓迫乳暈，幫助寶寶正確的含乳。

· 兩次餵乳之間，把乳頭暴露於空氣中風乾。偶而上身不要穿。

· 護理墊不要有塑膠內襯，衣服不要採用合成纖維，這些都會刺激妳的乳頭。兩邊的乳房襯墊上或許可以滴上一滴嬰兒乳液。

· 試用吸奶護罩看看。護罩可以和乳頭貼合，讓寶寶透過它吸奶。

· 如果一邊的乳房已經皸裂，有幾天的時間，妳可能都不要讓寶寶吸該邊的乳汁，但要用吸乳器把奶水擠出以免漲奶。

乳腺管阻塞 在最初餵乳的幾個禮拜內，乳腺常會因為漲奶而塞住；胸罩太緊，或是乳頭開口阻塞也會。如果妳有阻塞的情形，就會摸到密度很高的團塊，摸的感覺軟軟的。要清除乳腺管阻塞的情形，要先從有問題的一邊開始餵奶，並在餵奶時輕輕按摩。洗澡時，也可以從乳房往乳頭方向按摩。

如果妳的疼痛還是一直持續、或覺得病了、發燒了，請打電話給妳的照護醫師。這可能是乳房發炎，也就是乳腺炎的徵兆。

排尿問題

產後的最初幾天到幾個禮拜期間，上廁所可能會是個很不舒服的經驗。受傷組織的復原和排尿和排便都需要一段時間才能恢復到產前的程度。

排便與失禁 產後幾天，妳可能都不會排便。這是因為生產時沒有吃食物，腸子裡面很空，而腸道裡面的肌肉張力也暫時下降所致。排便延後並不少見，只不過會增加妳便秘的風險。此外，妳可能也會發現自己會強忍便意，因為害怕會傷到會陰，讓痔瘡或會陰切口的疼痛加劇，或是讓剖腹產切口的疼痛惡化。其實用力是不會干擾到剖腹產切口的。

如果妳在孩子出生後四天還沒有排便，那就要和妳的照護醫師聯絡。新手媽媽一個可能的問題就是大便失禁，這是排便無法受到控制，有可能是因為骨盆底肌肉過份撐展變弱、撕裂會陰或神經因肛門周圍肌肉受到傷害所致。如果妳的分娩過程異常的長，或是陰道產發生困難，都有可能會導致大便失禁。

凱格爾運動（參見第179頁）可以幫忙讓妳的肛門肌肉恢復張力，但先請教妳的照護醫師何時應該開始凱格爾運動，特別是如果妳產後有進行過外科修復手術的話。

要防止便秘，並促進排便的正常：

· 喝大量的水分。

· 多吃纖維質豐富的食物，包括了新鮮水果、蔬菜和全穀物。

· 盡可能保持體能的活躍。

· 可以試試看軟便劑（Colace、Surfak或其他）或是天然纖維素（Citrucel、FiberCon, 或其他）

痔瘡與便秘 懷孕期間，妳可能長出了痔瘡。有些女性可能一直沒發現長了痔瘡，直到生產過後。如果妳在排便時覺得痛，肛門附近有摸到腫腫的一團，那麼妳可能是長痔瘡了。痔瘡會因為便秘和需要用力的需求而惡化。要盡量避免這些問題的發生：

· 吃纖維質含量豐富的飲食，包括新鮮水果、蔬菜和全穀物。

· 喝大量水分，水最好。如果妳的糞便還是太硬，試著用軟便劑或天然纖維素。（如果想更了解該如何紓解痔瘡的

 妊娠小百科／乳房的自我檢查

在懷孕與餵乳期間要自我檢查乳房比較困難，但是觀察乳房的外觀和持續性還是很重要的。在哺乳的時候，乳房感覺會很不一樣。如果妳擔心有腫塊的問題，請在餵過寶寶以後馬上檢查乳房，那時乳房比較空，異常現象將比較明顯。

不適，請參見第406頁。）萬一問題仍然持續，請告訴妳的照護醫師，他可能會建議開藥給妳。

產後漏尿 如果妳是陰道產，那麼一段時間內每次大笑、咳嗽或用力就會少量漏尿也算不上罕見。這是因為肌肉與支撐膀胱底部的陰道連接組織被撐展開來所致。

對於大多數女性來說，這是暫時性的問題，寶寶出生幾個月內就會改善。在這段期間中，妳或許需要墊個衛生護墊，特別是如果妳有很多體能活動的話。做凱格爾運動（參見第179頁），可以讓膀胱的控制力更快恢復。

排尿困難 生產後，妳有時候會發現排尿時會遲疑，或是尿意降低。這可能是因為會陰部的肌肉與神經、以及膀胱與尿道周圍的組織腫脹或瘀青、會陰痛、或害怕排尿時接觸到會陰部會痛所致。要鼓勵排尿可以：

- 收縮、鬆放骨盆腔肌肉。
- 喝更多的水分。
- 會陰部放置熱敷包或冷敷包。
- 排尿時試著用蹲式腿張開的方式。
- 試著在淋浴時排尿。
- 排尿時，試著在會陰部倒水。

這個問題，通常生產後立刻就會發生。如果妳已經出院回家了才發生，請讓妳的照護醫師知道。如果妳排尿時有灼熱感，或是強烈而疼痛的頻尿感，那麼可能就是尿道發炎了。如果妳有這些徵兆或病徵，請聯絡妳的照護醫師。如果妳懷疑自己好像一直無法將膀胱排淨，也請告知。

產後疼痛復原

產後，妳或許會有些疼痛，但通常是輕微的，幾天到幾個禮拜時間就會消失。

產後痛 寶寶出生後，妳的子宮就會立刻開始收縮，在大概六個禮拜以後，會縮小到正常的大小。子宮肌肉的收縮讓子宮縮小的原因。這種收縮和分娩的陣痛有些類似，預防當初和胎盤連結的地方出血也是很重要的。這種產後痛在妳生完第一個寶寶後通常都是輕微的。不過如果妳之前生過孩子，疼痛感就會比較明顯。

當妳以母乳哺育的時候，產後痛有比較強的傾向，因為寶寶吸奶的動作會刺激催產素荷爾蒙的釋放，這也會引起子宮的收縮。

妳可能會發現緩緩的呼吸並放鬆也可以紓解一些產後痛。如果妳的痙攣引起極大的不適感，照護醫師可以開止痛藥給妳。即使妳還在母乳哺育期間，

很多藥物的使用上也都是安全的。如果有發燒的情況，或是一個禮拜以上還持續作痛，請去找妳的照護醫師，因為這些徵兆和病症，有可能是子宮發炎。

會陰切口和撕裂傷 如果妳因為要加寬產道而進行會陰切開術，或是因為撕裂傷，而在產後進行過縫合的話，那麼這些縫合的部分會逐漸溶掉。妳最多可能會有兩個禮拜時間的不適，但這段時間應該會慢慢有所改善。至於外科手術的傷口，切開術周圍的組織，或是撕裂傷則需要大約六個禮拜的時間才能恢復其自然的強度。加大撕裂傷極少有觸痛感持續一個月、或是更久的例子。但這幾個禮拜可能有點難熬，因為當切口或撕裂傷復原時，坐下來是會痛的，不過情況應該會平穩的改善。

要紓解妳的不適：

· 如廁時，蹲可能比坐好。之後使用噴射水流清洗也有幫助。

· 用冰塊輕輕鎮著傷口可以減少腫脹感。妳可以把冰放在布巾或橡膠手套中試試，或者也可使用冰敷包。

· 有一種特殊的會陰敷墊可以放在衛生護墊和傷口間，產生舒緩鎮定的作用。冰涼的金縷梅護墊（witch hazel pad）也有效果。（註：金縷梅具有抑制發炎、促進傷口癒合及鎮定功效。）

· 保持傷口的潔淨。溫水澡和沖澡都有舒緩的功用。

· 坐在硬的表面比軟的舒服，因為軟的表面讓臀部可以伸展，會拉到縫針的地方。要下身坐到軟表面上時，先將臀部擠緊一下。

· 經常做凱格爾運動，除非有什麼特殊狀況，醫師吩咐妳別做。產後一、兩天後就可以開始做。

· 排便時，妳會害怕壓力會讓妳的組織撐開，讓傷口四周更痛。為了不要拉扯到傷口，可以在縫合的地方緊靠上一張乾淨的護墊，當妳向下用力的時候，就往上壓。

· 如果傷口有發熱、腫脹、疼痛或是產生像膿一樣的分泌物，那可能就是發炎了。打電話給妳的照護醫師。

惡露的變化 產後，當子宮的內膜開始剝落，恢復到原來的大小時，妳會出現一種陰道分泌物，稱之為惡露。惡露的量、外觀、和期間有很大的差異，但通常是由鮮紅、黏稠的血流開始。在大約四天後，會慢慢消失，變得比較淡、顏色也變成粉紅或棕色，接著在大約十天後轉成黃色或白色。這種陰道分泌物可能會持續兩週到八週。

為了要降低感染的風險，請使用衛生棉，不要用衛生棉條。如果妳偶而

排出血塊，即使血塊大如高爾夫球，也不要驚慌。

如果有下列情形，請打電話給妳的照護醫師：

· 妳已經每隔一個鐘頭換一次衛生棉，連續換了好幾個鐘頭了，或是妳覺得頭暈。

· 分泌物有腐敗的味道。

· 妳的血流量增加，而且排出了很多血塊。

· 妳排出的血塊比高爾夫球還大。

· 妳發燒攝氏38度，或38度以上。

· 妳有新的腹部疼痛情形。

恢復孕前身材

懷孕五個月時，看起來有五個月的身孕是一回事，產後看起來還有五個月身孕可就一點都不有趣了。不過，對大多數的產婦來說就是那樣。如果妳產後的最初幾週還需要穿到孕婦裝，不要感到驚訝。那是因為妳的身體要一段時間才能甩掉脂肪、重新恢復肌肉的張力。身體的其他部位，例如皮膚和頭髮，也需要一段時間才能恢復懷孕之前的樣子。給妳自己一個月，或是更長的時間來甩掉精疲力竭的外貌！

新手媽媽減輕疲勞 在剛接手照顧新生寶寶的最初幾週，很多媽媽都覺得疲倦感似乎沒有停止的時候，自己很顯然缺乏精力。在累壞人的分娩後，馬上又被二十四小時無休的照顧寶寶大戰所襲擊。夜復一夜，睡眠老是被干擾，而母乳哺育及照顧孩子所需的精力耗費更是讓這疲倦感雪上加霜。如果妳有其他的孩子、寶寶早產或有健康問題、妳生下的是多胞胎、又或者妳是單親媽媽，疲倦的程度可能更嚴重。

隨著時間的過去，當寶寶開始適應媽媽的要求、妳對處理寶寶的事情比較上手、而寶寶也能一夜安睡後，妳的疲倦感可能就會減輕些。

· 可以的話，隨時找時間休息。好好利用用寶寶白天小睡的時間，也讓自己補個眠吧。

· 讓伴侶幫妳一起分擔照顧寶寶的工作和家事。也請接受其他人提議的幫助。

· 試著不要做太多事。刪減重要性較低的工作，例如家事。

· 限制接待的客人人數，一開始，也不要讓只想被招待的客人上門。

· 經常運動，增強精力，幫助自己對抗疲勞。吃得好也很重要，不過晚上太晚時不要吃太多，以免消化影響了妳的睡眠。

· 早早上床睡覺，聽音樂或閱讀讓自

己放鬆。

· 如果一段時間下來疲倦感還是無法改善，和妳的照護醫師談談。

頭髮和皮膚出現的狀況 生下寶寶後，妳可能會注意到自己的頭髮和皮膚有一些改變。

· **產後掉髮** 對一些產婦來說，產後最明顯的改變就是掉髮了。在懷孕期間，攀升的荷爾蒙濃度讓妳並未以一般的速度掉髮，所以妳的髮量可能非常豐盈。孩子出生後，身體就會開始排除多餘的頭髮了。別擔心，掉髮現象只是暫時的，到寶寶六個月大時，妳的頭髮大概就會恢復正常了。

要讓頭髮保持健康，妳必須吃得好並繼續攝取維生素補充劑。請妳的美髮師幫妳剪個頭，讓妳容易整理。如果想染髮或燙髮，可能還是等頭髮恢復正常以後再說。

· **出現紅色斑點** 生產後臉上產生的紅色斑點是分娩時出力推生時小血管破裂所造長的。這些小斑點通常一個禮拜以後就會消失。

· **妊娠紋** 妊娠紋在生產後是不會消失的，不過時間一久就會慢慢變淡，從紫紅色變成銀白色。（參見第420頁）

· **皮膚黯沈** 懷孕時間變得黯沈的皮膚，像是腹部下的妊娠線，以及臉上的孕斑（懷孕的面具，懷孕時臉變黑），幾個月就會慢慢消失。不過幾乎不會完全消失的。

產後減重 生產完後，妳覺得自己身材鬆垮，完全走樣。事實上，當妳在鏡子中看自己時，還覺得好像還懷孕著！這再正常不過了。很少有女性能在產後一週就能把自己塞進緊身牛仔褲裡。就實際面來說，要恢復理想的產前身材，大約要三到六個月的時間，甚至更久。

分娩期間，妳可能減少了大約4.5公斤，這其中包括了寶寶的體重、胎盤和羊水的重量。在產後的最初一個禮拜內，妳大概還會再減少一些體液的重量。之後，減重的情況就得看妳的飲食與做了多少運動了。最好循序漸進的慢慢減重，如果妳遵循健康的飲食計畫，並經常運動，一個禮拜大約可減半公斤。

要甩掉懷孕期間增加的體重，吃得好並運動是很重要的。不要大幅降低食量、節食不吃、或追求時尚的節食飲食方式，而是要吃健康的食物，包括蔬菜水果、全穀物、低油脂來源的蛋白質。基本上，妳會想遵循與懷孕期間相同的健康飲食計畫的，只不過熱量可能要降低。（想知道更多與健康飲食相關的資訊，請參見第37頁。）

適度運動 經常、每日不斷的運動對妳是很有益處的。可以幫助妳從陣痛分娩中復原,讓妳恢復精力,回復生產前的體態。此外,運動可以讓妳的精力旺盛,幫助妳對抗疲倦,也可以改善妳的循環系統,以免腰痠背痛。

體能活動對心理也有很大的好處。可以提昇妳的幸福感,改善妳應付初為人母的壓力。

如果妳在懷孕前和懷孕期間都有運動,而且進行陰道生產時並無複雜情況出現,那麼產後24小時內,只要妳覺得可以,就能開始恢復運動,這通常是安全的。產後一天後,妳就可以開始凱格爾運動,並逐漸做到每天25回或更多回,一日數次。如果妳是剖腹產或是生產時狀況比較多,和妳的照護醫師談談大概什麼時候可以開始恢復運動。

就算妳是順產的,再度開始運動時也要慢慢的來,並且小心謹慎。不要想在短時間內做太多,或期望很快恢復妳懷孕前的運動水準。散步和游泳是很好的運動,可以幫助妳恢復身材。秘訣是要慢慢開始,根據感覺建立節奏步調和距離。有些新手媽媽參加了專為產後設計的運動健身班,而且非常喜歡。以下就是進行產後運動時的一些提示:

· 運動時要練到腹部及骨盆底肌肉的張力和力氣,這在產後尤其重要。運動可以幫助腹部恢復力氣,並幫助妳維持好姿勢。運動也可以幫助會陰切口的復原,避免大便失禁,並重新取得對肛門肌肉的控制力。

・從一系列小小的、可以做得到的健身目標做起，目標設定在中級，而不是高強度的鍛鍊。每天寧可短時間多運動幾次，而不要一次練很久。

・選擇妳可以和寶寶一起做的活動，像是推著娃娃車或是嬰兒背帶散步、和寶寶一起跳舞，或是推著慢跑嬰兒推車慢跑。

・穿上有支撐力的胸罩，舒服的衣物。

・如果妳以母乳哺育，那麼要運動之前先餵飽寶寶，妳會比較舒服。

・產後六週之內，避免跳躍、急躍、彈跳、或會產生衝撞的動作。避免某些地板運動也是個好主意：像是深度彎曲或是關節的伸展、膝對胸的運動、仰臥起坐或雙腿抬高的動作。

・不要做過頭。在妳感到疲勞之前就先停止，如果妳覺特別累就不要繼續鍛鍊下去。如果發現有疼痛、暈眩、頭昏、視力模糊、呼吸急促、心悸、背痛、恥骨痛、噁心、走路困難或是陰道突然出血的情況，就要立刻停止運動。

・運動之前、期間和之後都要喝大量的水分。

・要持之有恆。即使妳甩掉了懷孕多出來的體重，體能活動還是可以為妳的生理和心理健康帶來許多好處。

產後憂鬱症

很多新手媽媽在產後會覺得有某種程度的憂鬱。荷爾蒙雌性激素和黃體激素濃度的突然下降、再加上睡眠不足，很可能就是引起產後憂鬱症的原因。

產後憂鬱原因 荷爾蒙的改變不是唯一的因素。如果妳覺得被打敗了，

✚ 妊娠小百科／對付產後憂鬱妙方

如果妳發現自己好像快出現產後憂鬱症的情況了，試試以下的提示：

・每天早上淋浴，然後穿上光鮮的衣物。神清氣爽會讓妳精神好。

・不要老是躺著。體能活動會讓妳的腦內啡濃度提高，體內的化學物質會給妳最自然的高昂興致。

・要吃得好。如果嘴裡嚼著健康的小零食，而不是處在碳水化合物和糖分都低的情況，妳會感覺比較好。

・到屋外走走。新鮮的空氣、換個風景、和別人話話家常都可以幫助妳擺脫抑鬱、暮氣沈沈的感覺。

那麼會感到憂鬱也是當然的事。其他可能的因素還包括了身體在經歷分娩後的改變、懷孕或陣痛時的種種困難、興奮大事後的低落感、家庭財務上的改變、對生孩子和當母親不切實際的期待、沒有適當的情感支持、關係和身分上的調適等等。

有些男性在他們的孩子出生後，也會出現產後憂鬱的症狀。伴侶有產後憂鬱症的男性發生產後憂鬱症的風險特別高。

徵兆和病症 產後憂鬱症，是一種情形比較輕微的抑鬱症，在新手媽媽之間相當常見。徵兆和病症包括了時有焦慮、悲傷、哭泣、頭痛及筋疲力盡。妳會覺得自己很不值得、容易生氣、做決定時三心二意。在生完寶寶最初的興奮過去後，妳可能會發現當媽媽的現實似乎是很難應付的。產後憂鬱症通常是孩子出生三到五天後發生的，會持續大約一個禮拜到十天。

如果妳獲得更多充分的休息、飲食健康、經常運動，恢復可以更快。此外，試著把妳的感受說出來，特別是對妳的伴侶說。

是不是比產後憂鬱症更嚴重？ 如果這些方法都不管用，妳的抑鬱症可能是比較嚴重的。（想了解更多與產後憂鬱症相關的資訊，請參見第461頁。）如果妳的病症比較嚴重，或是已經持續了幾個禮拜，請告訴妳的照護醫師。

媽媽和寶寶之間的牽絆

當寶寶一生下來，他們就需要妳、想要妳去抱他、安撫他、觸摸他、親他、和他講話、唱歌給他聽。這種每天表達愛與深情的作法會讓你們之間的牽絆更深，也會促進寶寶腦部的發育。就像嬰兒需要食物才能長大一樣，他的腦子也會因為正面的情緒、身體和智能上的經驗而受益。生命早期中和其他人的經驗在寶寶日後的發育上有非常重要的影響。

有些父母親覺得和新生寶寶之間的關連是馬上就能建立的，對其他人來說，牽絆需要更長的時間才能建立。如果妳不是一開始就產生一波波愛意，不要擔心或覺得有罪惡感，並非所有父母親一開始就能立刻和寶寶產生牽絆感的。妳的感受會隨著時間愈來愈強的。

多與寶寶互動 最初，妳和新生兒子或女兒之間的大部分時間都花在餵奶、換尿布、以及哄睡上頭。這些例行的工作給了你們產生牽絆的機會。當寶寶接收到溫暖、有回應的照顧時，他們很可能會覺得安全又安心。舉例來說，當妳餵寶寶吃奶、換尿布、用充滿愛意的眼光注

視他的眼睛、輕柔的跟他説話時。

　　寶寶也會有相當清醒的時間，這是準備要學習並玩耍的。這些時間可能只有短短的片段，不過妳會知道，並分辨得出來的。善用寶寶清醒的時間來彼此認識並玩耍。利用下列方式和寶寶產生牽絆，並訓練他：

　　·**別擔心會寵壞新生寶寶。**請回應寶寶咿咿呀呀的無意義言語。在寶寶送出的訊號有他們製造出來的聲音（前一、兩個禮拜是大部分是哭聲）、動的方式、臉部表情、以及他們進行或避免眼神接觸的方式。請特別留意寶寶對刺激、和安靜時刻的需求。

　　·**和寶寶講話，讀書、唱歌給他聽。**即使是嬰兒也會喜歡聽音樂，喜歡有人念書給他聽。早期的「對話」可以鼓勵寶寶的語言能力，讓妳們多一個機會產生親密感。寶寶一般喜歡輕柔、有韻律的聲音。

　　·**安撫並碰觸寶寶。**新生兒對於壓力和溫度的變化很敏感。他們喜歡被抱、被搖、被安撫、被放在搖籃中搖、喜歡依偎、被親吻、被輕輕拍著、輕敲、被按摩還有被揹。

　　·**讓寶寶看妳的臉。**產後，新生兒就會習慣看妳的臉，並開始專注在妳臉上。請讓寶寶可以仔細看清妳的五官特質、多多對他微笑。

　　·**放音樂、跳舞。**放一些有節奏的輕柔音樂，讓寶寶的臉靠近妳的臉，輕輕隨著音樂搖擺。

　　·**養成例行的動作和儀式。**重複正面的經驗可以給寶寶安全感。

　　在最初的幾週，要對自己有耐心。照顧新生嬰兒可能會令人膽怯、灰心、驚懼又為難，這些情緒可能全部發生在同一個鐘頭內！不過只要時間夠，妳當媽媽的技巧就會提昇，妳會比自己想像的還要愛這個小東西。

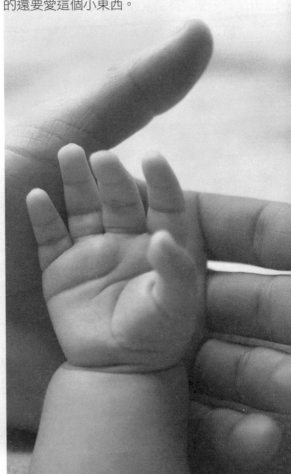

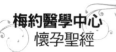

第19章

當個稱職的新手爸媽

妳終於出院回家了。車上安全座椅看起來似乎非常巨大，不過妳把妳家小寶貝給放了進去，扣上了安全帶。妳一路慢慢的、謹慎的開著車，好好的玩賞了妳家寶寶初次進入這花花大千世界之旅。妳回到了你們自己的家，等待終於過去了。寶寶來了。那現在呢？

對一些新手父母說，帶著自己的第一個寶寶回家感覺是喜歡與興奮，但隨之而來的，是更深的覺悟，寶寶現在只靠妳照顧了。這種感覺可能讓人有些震驚，不過很多人都能跟妳保證，面對新職責時出現這種焦慮、緊張的感覺是完全正常的。除非妳以前有照顧寶寶的經驗，否則現在的情況就是，小寶寶只能完全倚賴也是生手的妳。是的，想想看，我應該如何處理這為人父母的事業呢？

正如許多專家所稱，轉型成為父母是人生中最大的改變之一。家庭中有新生兒的加入是一種深刻改變妳生活的方式、妳看世界的角度、以及妳跟他人的關係。成為父母的轉變是如此深奧，事實上，經常需要妳從個人個體上發展出更多面向，才能適應這種轉型。

如何適應有寶寶的生活

如果最初幾個禮拜、甚至幾個月，妳和妳家小寶寶的生活一團混亂也不必感到驚訝。在懷孕期間，甚至當妳人在醫院時，都很容易就能想像出你們一家人幸福和樂的坐在親手準備的美味餐點前大聲歡笑，嘴裡還咕咕的逗著寶寶的畫面。不幸的是，事實往往是走味的，妳和伴侶可能是狼吞虎嚥的啃著從袋子裡掏出來的速食餐，然後輪流去看妳家寶寶此刻又在為哪樁事情不高興，而周圍則是一堆尿布、擦巾、包毯和打嗝布。在這個情況下，睡眠被大量的剝奪，你們很快的就會明白，事情未如計畫中那樣進行。順便提一下，為什麼沒人告訴過妳，日子居然會這麼辛苦？

應付轉型壓力 現在妳已經得到警告了，轉型成為父母壓力是很大的，那就考慮一下這些讓轉型輕鬆一點的建議，讓所有人的日子都容易一點，包括了寶寶：請朋友和家人提供協助。好，既然妳未必需要妳婆婆搬進家來，開拓她的個人地盤，那麼，敞開心胸，接受其他人的幫助還是很需要的。家人

和朋友可以在重要的居家功能上扮演重要的功能，例如，煮個飯、洗個碗、洗衣服、帶狗出門散步等等 —— 這些都可以讓妳和伴侶可以稍微休息一下，花點時間和寶寶，或是和彼此在一起。限制外來資源沒關係，但是接受幫助則是沒關係的。

· **保持自己的力氣**。如果妳對自己不好，那麼，對寶寶和其他的家人幫助也不大。對自己好意思就是吃對的東西、經常運動、找時間讓自己放鬆。睡眠是首要之務。缺乏睡眠是累積的，經常性的疲勞是憂鬱症發作的誘因。

· **捍衛自己的時間**。如果妳覺得自己撐不下去了，那就減少不是絕非必要的活動。現在沒空清掃細縫，或是草地沒割並不表示妳日後就永遠不做。事實上妳的日子會進入一種更為例行化的作息表。但在寶寶出生後的最初幾週或幾個月，對某些特定的工作或事情，妳可以保留說「不」的權利。

· **回到基本面**。還在調適生活上的改變時，像是，成為新生兒的父母，是很難應付每天生活需求的。讓事情保持簡單，一次做一件事。安排在下午幫寶寶洗澡，作為當天主要大事，這樣那天就算有生產力了。

· **練習原諒**。父母親沒有完美的，新手父母更不可能每天什麼事都做對。試著多包容自己和妳的伴侶。成功的父母需要練習，這意味著會犯錯，但還是繼續往下個策略前進。對自己應該覺得如何，或不知如何的期待實際一點。在轉型期，覺得不舒服、像是無頭蒼蠅是很正常的。有一天總會進步。

· **不變的就是變**。對新生兒來說，這一點當然是對的。就算今天奶嘴有用，明天也未必如此。妳努力學習能嫻熟包巾的技巧，但到了終於覺得完美的地步，可能已經完全用不上了。適應改變的能力會克服所有障礙，這是這裡的關鍵。一般來說，在拳頭下還能屹立不倒的通常比拒絕有彈性的人更能成功的度過轉型期。

· **保持幽默感**。寶寶會讓妳做出從來沒想過會做的事時，像是清除手上的屁味，或是滿身嘔吐臭味的走來走去。從自己身上、從環境中找到幽默的本領是幫助妳適應新角色的關鍵。其中的笑聲會讓壓力釋放、讓肌肉和心靈放鬆。

爸媽也要補充睡眠　在有新生兒的家庭中，睡覺通常是高居第一名的獎賞。新生兒每天可以睡上十六、七個小時，但是他們通常一次只睡幾個小時，分次睡。有時候，妳甚至還覺得寶寶怎

麼專挑白天睡覺，晚上卻完全不睡呢。這樣下來，妳會如何呢？筋疲力盡。不過，要懷抱著希望。寶寶睡覺的模式在幾個月內就會迅速的建立起來，然後晚上就會持續的睡得比較長，讓妳也有時間可以多睡一點覺。

如何讓嬰兒晚上睡覺的文章非常多，許多專家也有重要又有用的忠告可以分享給妳。不過，妳的寶寶是獨一無二，身為他母親的妳也是。所以試試不同的策略，如果特定的某種辦法不如計畫中管用，也不要失望。最後，妳總能找出一種適合妳、也適合寶寶的作息表。這同時，下面這些建議可能會有些幫助：

· **可能的話，就睡覺（放鬆也好）。** 關掉電話鈴聲、把洗衣籃藏起來，也不要去看廚房水槽中的碗盤。妳家的一團混亂可以等的，不過要確定妳獲得的是高品質的睡眠 — 換句話說，別在家中交通動線上的沙發睡覺。找個安靜又暗的角落，可以舒服伸展的地方睡覺。

· **如果小睡讓妳感覺更糟，那就不要睡。** 一些證據顯示，和幾個小時實實在在、不受干擾的睡眠相比，白天小睡或打瞌睡不太能紓解疲勞，事實上，很多新手父母小睡後疲勞的感覺

還更嚴重呢！如果妳不喜歡寶寶小睡的時候陪著一起睡，那麼趁那段時間把不得不做的必要事情做一做，這樣晚上時間就可以用來睡覺，而不用被其他事所佔據了。

· **先把妳的社交禮儀放一邊。** 當朋友和所愛的人拜訪妳時，不要搶著當主人招待。讓他們照顧一下寶寶，而妳則先告退去做最需要的休息或個人時間（就算只是沖個澡也好）。

· **睡覺的時候不要跟寶寶睡一個床。** 把寶寶抱到床上來餵奶或安撫都沒關係，但是當妳準備就寢時，把寶寶放到嬰兒床或搖籃去。

· **分攤晚上的工作。** 和伴侶討論出一個作息表，讓你們兩人都能休息、並照顧寶寶。如果妳以母乳哺育，或許妳的伴侶可以幫妳把寶寶抱來、並處理晚上換尿布的事。如果妳是以奶瓶餵寶寶，那就輪流餵。

· **把無可避免的事情延後。** 有時候，寶寶午夜的吵鬧或哭聲只是他要安靜前的徵兆。除非妳覺得寶寶是餓了、或不舒服，不然等幾分鐘再看看寶寶怎麼了。

家事可以討價還價 現在，妳或許已經了解到一旦寶寶來了，做家務事的時間就必須讓給更重要的事，例如，

照顧寶寶的需求以及找時間睡覺。

　　不過，話說回來，要放手不做還真的不是很容易。閉上眼睛不看雖然可以暫時逃避，卻解決不了問題。此外，對周遭環境維持某些掌控權，在妳對生活的其他面向未必覺得能充裕掌握時是有幫助的，另如餵母乳，或是應付一個腹絞痛的寶寶。想要能有餘裕應付基本家事，可以考慮以下提示：

　　·**擁抱混亂**。成為一個母親通常就意味著更多事情要做、家裡更吵鬧、雜亂、一團混亂。即使有很多方法教導有兒童的家庭要如何分類、收納並整理各種雜物，但是成為母親後，妳要先有心理準備，居家物品在量的方面會更多，而質的方面卻比以前凌亂。

　　·**重新規劃妳的家事分配表**。之前妳和伴侶在家事上的分工可能施行得不錯，不過，現在因為新職責的出現，必須重新再審視一次了。舉例來說，如果其中一方接手較多照顧嬰兒的工作，另外一方則要填補剩下的空隙，像是做晚餐或是洗衣服。如果妳和伴侶能有兩人是一組的清楚共識與目標，那麼面對家務雜事，誰要做什麼，就比較不會心存怨念了。

　　·**取得幫助**。如果朋友或親愛的人願意提供家事上的協助，請接受。這樣一來，妳必須親力親為的工作就比較少了。如果妳並沒有這方面能夠幫忙的人，而妳又被其他職責榨乾了，那麼也許可以考慮請清潔公司派人服務，或是聘請人來分擔家事。很多當父母的人會覺得這個錢花得很值得。

　　寶寶的花費　養個孩子可能是妳在財務上最大的投資之一，而你們之前從未有過。根據美國農業部門的估計，一個一夫一妻兩個孩子、中等收入的家

　妊娠小百科／新手爸媽睡不著覺的放鬆法

　　有時候，妳明明疲憊萬分，睡意很濃，卻無法放鬆入眠。如果妳有入睡的問題，請先確定環境是適合睡覺的。關掉電視機、保持房間的涼爽和黑暗。避免使用會讓妳睡不了覺的東西，像是尼古丁、咖啡因和酒精，因為這些會干擾妳的睡覺週期，讓妳無法徹底休息。不過，不要為了睡不著而苦惱。如果妳三十分鐘內還睡不著，起來做點會讓妳放鬆的事，像是讀本書、喝一杯沒有咖啡因的茶或是聽聽輕音樂。

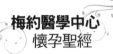
庭，將兩個孩子養到十七歲為止，一個孩子的花費大約是美金222,360元，以美金一元兌換台幣29.25元來說，大約折合台幣650萬元，這還不包括上大學的費用。

不過，即使是這樣，妳依然不必非得身價百萬才能養家活口。根據美國農業部的說法，讓這數字變小、戰勝這假設數字的方法很多。以下就是由美國農業部提出的主要花費項目，以及每一項的節省秘訣。

‧**房屋** 在養育孩子的費用上，房子的費用是最大宗的開銷，大約佔了百分之三十。根據美國農業部的預估，無論是搬到大一點的房子，還是原屋重新裝潢，這是每多一個孩子添一個房間的平均花費。對某些家庭來說，增大空間是必要的，但是妳如果妳能讓原有空間發揮最大功用，就可以降低這個費用。

‧**托兒費用與教育** 這是花費中第二高的開銷，但不是所有的家庭都必須負擔這項花費的全部。如果雙親之中有一人留在家中照顧孩子，托兒費用就可以節省下來了（但這位在家照顧孩子的父親或母親因此而失去的收入並不算在美國農業部的估算中）。此外，公立學校的學費也比私立學校低。

‧**嬰兒食物** 在食物上的花費是花費上的第三大支出。如果妳不是以母乳哺育，這方面的花費可能早早就開始累計。不過，寶寶幾個月後就需要增加母乳之外的食品，所以只是幾個月的差別。要削減在嬰兒奶粉、嬰兒食品、麥片含其他大宗物品上的花費，可以加入大型量販店，在美國像是Costco、Sam's Club 、或是 BJ's（台灣則有家樂福、大買家、Coscto、愛買這類量販店）。如果妳自己用不了那麼多東西，或是妳家沒地方儲存，可以考慮找朋友一起合買。線上購物折扣也是減少食物花費的一個方式。

‧**交通** 交通費用則是下一項花費項目，包括了每個月車子的花費、車貸、車險、燃料、修理費用及公共交通工具費用。許多新手父母想到要載送他們家小寶貝的交通工具時，心中都會出現這項費用。請不要忘記，新車雖然很棒，但是一開上路後折舊很高。如果想要省錢，可以購買較新的二手車，或者是剛從租貸車被還回的，但是還有幾年保固期的。根據汽車保險政策來選購，找出最好的價格。

‧**寶寶醫療照護費用** 這個費用包括了保險不含、必須由個人給付的醫療費用、牙科費用、及雇主不幫忙負擔的健康險負擔費用。如果妳自行加購了醫療

妊娠小百科／讓妳家寵物認識家庭新成員

　　如果妳家的成員中包括了寵物，那家裡多出了一個寶寶對妳家寵物來講也是生活的改變，就像妳一樣！如果能事先計畫，妳可以把介紹的壓力降到最低，將安全性提到最高，確保每個人、每隻動物之間都能快快樂樂、舒舒服服。美國人性學會提供了以下秘訣來確保家庭中所有人和動物之間都能成功的整合（有毛和沒毛的）。

寶寶出生之前

・讓妳的寵物慢慢的習慣於將來類似有寶寶的環境。

・讓妳的寵物對於受到的注意力減少有所準備。如果妳花太多時間跟寵物在一起，那麼請讓寵物慢慢習慣跟妳相處的時間減少，這樣當寶寶的需求出現時，對寵物才不會形成太大的衝擊。

・鼓勵家有嬰兒的朋友帶嬰兒來妳家拜訪，讓妳家寵物習慣嬰兒的樣子、味道、和聲音。密切監督妳家寵物和嬰兒之間的所有互動。

・讓寵物習慣妳家寶寶的東西、育兒房的家具，但是要制止寵物跳到嬰兒床、換尿布的桌檯，或是任何寶寶可能會躺的地方。如果妳家育兒房是禁止寵物進入的，那麼就裝一扇堅固的門或是紗窗門，讓寵物還是可以看到、聽到裡面進行的事。

・用嬰兒玩偶演戲練習。手抱著嬰兒玩偶搖，讓妳家狗狗可以習慣寶寶的活動。用嬰兒車帶玩偶和狗狗一起出去散步。

・如果妳對於寵物和寶寶之間的互動有任何問題，可以諮詢獸醫師或是動物行為專家。在寶寶出生之前就先解決問題可以讓寵物在心態的轉換上比較順利，妳也會比較放心。

寶寶出生以後

・先寄一件有寶寶味道的東西回家，讓寵物聞、讓牠先熟悉。

・當妳步入家門的時候，請別人先幫妳抱寶寶，讓妳有手可以先溫馨的和妳家寵物打招呼。

・容許妳的寵物坐在靠近妳和寶寶的地方，但是不要強迫牠。如果牠有好的行為，用獎賞來嘉獎牠，強化牠對寶寶到來的正面天性。一定要隨時監督寵物和寶寶之間的所有互動。

・盡量努力維持例行活動，像是每日的散步。

險，而其中納入了家人的部分，這也會是一筆可觀的費用。比較各種不同的保險方案，挑選合理的費用。妳可以考慮找保險代理人幫妳找最符合妳預算與環境的方案。妳所付的醫療保險費用中，有定額是免稅的。

・**嬰兒衣物**　當妳生第一個孩子時，要叫妳抵抗誘惑，不買購物中心那些超可愛的寶寶衣服是很困難的。但這項費用代表了另外一個省錢的機會。當小孩子長大了，很多父母親是很願意把孩子穿不下的衣服送人的。如果幸運的話，妳家寶寶說不定剛好比隔壁家時髦的小貝比晚了六到十二個月出生。孩童衣物用品寄售店、名牌折扣店、換季拍賣都是節省衣物開銷的好方式。大賣場和線上購物店也會經常提供像尿布、擦巾這一類物品的折扣。

・**雜項支出**　這個類別包括了所有個人項目，像是牙刷、剪髮、玩具和娛樂費用。當妳家小寶貝長大後，這一類花費就會提高。

雙方共同分擔與照顧嬰兒

小寶寶對一對夫妻會造成怎樣的影響呢？事實是相當大的影響呢！直到小寶寶出生之前，你們夫妻可能都享受著非常對等的關係，或許是雙薪、健全的工作、均衡的居家生活、性別平等的關係。但如果你們不為新的為人父母角色做好心理準備（真正說起來，誰又能夠呢？），當小寶寶為之前和諧的關係帶來破壞時，你們可能會非常訝異。

在小寶寶出生後，婚姻關係通常就會遭殃，部分原因是因為角色突然變得不清楚，而對工作與家庭的期待失去了平衡。無論是否有意，比較常見的是，夫妻會回復成較為傳統的分工角色，妻子負擔大部分的家務與照顧孩子的工作，而丈夫提供的照顧則較為疏離。

在本質上，新手父母有模仿他們本身父母親角色的傾向，因為父母正是他們角色模仿的對象，而這正是他們所知道的模式。但在現代期望的新紀元中，怨念和衝突很快就會產生，落入婚姻的各個範疇。

此外，最初藏在幕後的不同調──對於生活的目標、舉例來說、或是如何處理財務含其他的家庭事務，現在也都一一浮出檯面。夫妻在寶寶加入後，在一起的時間也有變少的傾向，兩人的睡眠時間很可能都被剝奪，所以神經緊張，甚至已經被逼到極限邊緣。

但是，小寶寶的加入伴隨而來的未必非得是婚姻的衝突不可。保持清朗

的眼光，檢視眼前的挑戰，可以讓妳對可能腐蝕關係的負面態度心存警惕之心，並樂觀的一起發展出父母親互補的新角色。最後，妳可能會為妳和伴侶聯手發掘的力量感到驚喜。

生完孩子後的共同感受

曾有兩位瑞典作者發表了孩子出生後一年內，為人父母經驗的深入探討，揭露的橫跨主題為：父母兩人皆「生活在全新、又累壞人的世界」。重新組織家庭結構的努力、讓每個人都能適應因應新需求而產生的角色成為了極大、通常也是很具壓力的挑戰。

無論是母親還是父親，都表現出一個範圍內的情緒，有些彼此相同、有些則不同。媽媽們表達出來的共同感受包括了：

・驚奇與喜悅
・對孩子完整的愛
・沒有做好準備
・身為一位母親的無力感與不適感
・因為嬰兒的需要而造成的拘束
・失去從前的生活方式
・失望
・缺乏個人時間引起的挫折感
・怨伴侶似乎沒像自己這樣被寶寶綁得死死
・失去自我、自信和自尊

・疲憊、精力被榨乾

爸爸們表達出來的共同感受則包括了：

・因為照顧孩子而增重的責任
・和小孩之間很深的義務與牽絆
・家人的親密感
・因為新需求產生的緊張
・因為缺乏指引或角色模仿對象產生的混亂
・怕被孤立或拋下的恐懼
・很想提供幫助，但是人家未必領情
・強烈想要保護、提供庇護的需要
・疲憊
・缺乏個人時間引起的挫折感

支持的正向力量　妳可以看得出，要適應為人父母的新角色，情緒百感交集肯定不是什麼希罕的事。但是當其中一位父親或母親能夠領悟，對自身的角色有高度的支援感時，對另外一位的感覺也有產生正面影響的傾向。舉例來說，在瑞典的探討中，報告對於新角色感到滿意又自信的一方，和伴侶之間的關係也通常是和諧一致的。

另外一項研究則是想找出讓一對夫妻可以在初次為人父母時好好處理壓力的因子。壓力處理得好的夫妻在父母這個角色上彼此支持，彼此對於婚姻和為人父母上的期待也很真實。換句

話說，他們知道婚姻可能是困難的，需要用心維持的 —— 特別是在轉型的時候 —— 他們也沒期望孩子的出生可以大幅提昇他們個人的幸福生活。

知道眼前的道路可能是崎嶇不平的似乎能讓夫妻在轉型為父母時有較好的心理準備。對寶寶的到來有不切實際想法的夫妻對於彼此身為父母的型式似乎有較無法支持的傾向，或許這是因為他們在無意之間責怪了對方無法滿足自己的希望。

定調讓家庭生活更和諧 父母親對婚姻的滿意度和成為父母的經驗緊密相關。舉例來說，因為新責任、與照顧寶寶工作而負擔過重的新手媽媽就可能會把壓力慢慢累積到婚姻上。如果她把

和先生在一起的時間都拿來花在寶寶身上，那麼當先生的可能會覺得被拋棄，對婚姻的滿意度也會變差。很有趣的是，有些研究顯示，對本身婚姻比較不滿意的父親與對婚姻滿意的父親相比，對女兒流露出來的愛意也會較少（對兒子倒不會）。

從另一方面來說，做父親的對寶寶的照顧如果更加投入，身為媽媽的對於婚姻的滿意度就會提高。反之，當妻子的如果覺得自己的自主性較強、也容許他們丈夫分擔更多照顧寶寶的責任 —— 即使先生的照顧方式和妻子不同，丈夫也更會投入在嬰兒的照顧上。當父母親的如果能好好控制自己的衝動及脾氣，並適當的紓解挫折感，對孩子

 妊娠小百科／建立穩定、健康家庭的因素是什麼？

美國小兒科學會在一分對於家庭進行的詳細報告中指出，無論其結構是是什麼，成功的家庭都有一些共同的特徵。根據報導，成功的家庭是指：

· 持久

· 有凝聚力

· 充滿愛意

· 互相感激

· 對彼此有承諾

· 有溝通

· 能立刻恢復精神

· 信守共同信念

的感覺就會更好玩、聯繫更深。

　　婚姻也會決定其他家人的之間的氣氛。當父母的彼此尊重、互相心存感激、注意婚姻的狀態、並敏銳的分享當父母親的工作時，就可以創造出一個理想的環境，讓孩子長成一個成熟、自信和富責任感的大人。一般來說，在寶寶出生前對婚姻就感到滿意的夫妻，與對婚姻不滿意的夫妻相比，在孩子來到後也有較高的婚姻滿意度。

找出時間給自己和彼此

　　初期當父母的壓力，部分來自於對於個人精神和資源幾乎是持續不斷的需索。不過，就算把自己燃燒殆盡，也絕對不是當個好父母或好伴侶的方式。經常找時間讓自己充電，並投資時間在妳和伴侶的關係上是非常重要的。

　　自己抽離作短暫休息　要放下自己身為新手父母的責任暫時走開不是一件容易的事，但要做到這點，一個辦法是和伴侶輪流交換短短的交叉時間，讓伴侶有時間可以休息。即使這件事一開始很難做到，不過卻可以讓妳的伴侶覺得保存的戰鬥力被重新提振，回來的時候覺得煥然一新，可以回到充滿緊張的關係中。

　　妳脫逃的時間未必需要太長；事實上，妳甚至不需要離開屋子。以下是一些可以讓妳獲得鼓舞的方法：

・換衣服，出去喝一杯咖啡或茶。這會讓妳覺得自己又像個一般正常的成人了。

・在附近的公園散步。大自然是紓解壓力的一個好方法。

・請妳的伴侶把孩子帶出去，讓妳獨自一人待在家裡。

・進行一趟短短的旅行，在當地開開車，或開到運動館。如果妳有喜歡的事物，也可以幫妳紓解某些壓力。

・如果妳喜歡烹飪，而烹飪也會讓妳感到放鬆，那麼請伴侶看著寶寶，讓妳可以準備一頓喜歡的晚餐。

・找房子偏僻的一角待著，做些伸展操或深呼吸。

最重要的是，要有幾分鐘完全獨處的時間，讓妳可以放鬆，重新整理自己。

雙方一起抽離提振婚姻關係 經營婚姻需要時間與精力，但對你們兩人和孩子來說都是值得的。妳不必訂旅遊行程，遠赴大溪地去提振婚姻關係，不過你們要找出之前兩人都很喜歡的事情一起做，分享共同的興趣，一件你們可以輕輕鬆鬆一起歡笑、一起暢談的事。

這件事簡單到像錄下妳最喜歡的電視節目，找機會一起看。或是當寶寶被餵得飽飽的入睡後，一起坐在外面，即使是深夜也沒關係。如果妳想出去，大部分的祖父母都非常樂意照看心肝寶貝小孫子幾小時。如果沒有祖父母可以幫忙，找樂意幫助的親友也可以。

產後性生活 懷孕之後的確還會有性生活。現在性生活在妳心中或許不佔什麼重要地位，但是隨著時間過去就會再度變得重要。

·產後六周再開始 有一件事情要提醒一下，對女性來説，無論是採自然陰道產還是剖腹產，生產完後，身體都需要時間來復原。許多照護醫師都建議，生產後等六個禮拜後再重新開始性生活。這樣才有時間讓子宮頸可以閉合、讓產後出血停止、撕裂或修復的傷口可以復原。

另一個重要的是妳自己的時間表。一些女性覺得生產後幾個禮拜後，感覺就可以重新開始性生活了，而有些人則需要幾個月的時間，或甚至更久。像疲憊、產後憂鬱症和身體形象上的改變等等因素對於女性的性慾都有影響。

照顧新生兒讓人精疲力竭。如果妳累得在上床的時候無法有性生活，那就直説。這並不意味著你們的性生活就必須終結。你們可以考慮在一大清早，或是寶寶小睡的時候做愛。

也不要忘了，親密的關係不僅僅止於性愛，特別是如果你們才在適應小嬰兒加入的生活時。如果妳覺得自己不性感，或是害怕性愛會痛，請把妳的憂慮與伴侶分享。直到妳準備好之前，你們都可以採用其他方式維持親密關係。大部分的夫妻在孩子出生六個月之後都已經準備好要重新開始歡合。

·採取漸進式 如果你們準備好要重啟性生活，那先慢慢的來。由於荷爾蒙的改變，女性的陰道可能會變得很乾、一觸就容易痛，特別是以母乳哺育的女性。先由愛撫、親吻或按摩開始。慢慢的增強刺激。如果陰道乾到變成問題，可以使用潤滑乳或潤滑膏。試試不同的體位，避開會痛的部位，控制衝刺的力度。要告訴妳的伴侶，怎樣感覺起來是

好的，以及──怎樣是不好的。

如果性愛一直都還會痛，要跟照護醫師講。在陰道使用低劑量的雌性激素軟膏會有幫助，但是如果妳以母乳哺育的話，使用雌性激素可能會使泌乳量降低。請妳的照護醫師幫妳評估優缺點。

給單親父母的建議

如果你是單親父母，無論你是結了婚、或者婚姻處於其他狀況，那麼和其他新手父母一樣，都會面對許多相同的挑戰。事實上，本章前面部分討論的許多段落適用於已婚的父母親，但一樣適用於單親父母。但是以單親身分照顧新生的寶寶，你會有自己的挑戰，更別說所有雙親要擔負的責任全部都要落在你一個人身上，無論是身體上、心理上、情感上或財務上的。

談到獨自撫育孩子成功的勝算，一般的說明通常都是不清不楚。但這通常和單親所處的環境有關，像是貧困、離婚或是懷孕時機不對，而不是單親自己的問題。不管年紀大還是小，很多孩子都能證明單親父母對他們一心一意的愛和支持。如果環境很艱辛，但這位單親父母卻能成功的營造出一個正面的家庭經驗，那這位單親在面對強大的障礙時只證明了他們驚人的彈性而已。

要應付單親父母的特有挑戰，可以考慮以下的建議：

·**募集支援**。當你走過學習上的起起伏伏，學著如何當個父母時，對於你身為父母親這個角色的支援也是極為重要的。這意味著要培養並募集支援，像是來自於寶寶的祖父母、姑嬸阿姨、叔伯舅舅、朋友、宗教或靈修的社團、或是有類似情況父母組成的聯盟。

·**尋找優良的托兒照顧**。大部分的單親父母通常都是有工作的，所以找個對孩子好、並能配合你行程的托兒照顧所是很重要的。請親友和其他父母親推薦。拜訪該場所，在託付前，和要即將幫你照顧孩子的人先見面。

·**提供值得孩子模仿的角色對象**。當孩子漸漸長大，有兩性的角色模仿對象可以學習是很重要的。安排你信任、喜愛的成人進行活動，讓他們進入孩子的生活中。當孩子看到你在工作場所和家中都很成功時，你會是孩子很重要的角色模仿對象。

·**安排時間給孩子**。單親父母通常忙於工作和照顧孩子上的需求，能和孩子在一起的時間並不如想要的多。即使如此，還是要盡可能和孩子互動：當你開車載他到白天的托兒場所時，在車上唱歌。找個禮拜六早上，悠閒的仔細的讀

讀（或試著吞）報紙，或者在公園裡慢慢的散個長長的步。

· **安排屬於自己的時間。** 單身的父母親也需要休息 —— 或許比結婚的父母更需要。在寶寶睡著後，計畫自己去吃個晚飯或看場電影。找個健身中心，可以在你鍛鍊的時候幫你看顧孩子，收集被其他父母親朋友讚賞有加的保母電話號碼，或者可以接受你母親要幫你照顧寶寶的好意，出去跟朋友吃個飯或自己去看場電影。

· **參加社群。** 對每個人來說，覺得和周圍的世界有所連結是很重要的事，但對一個單親父母來說幫助就更大了。認識鄰居、加入教會或宗教社團、或跟以單親父母為對象的團體建立連結。和大型的社群連結，萬一發生危機時就很有幫助了。

養育之路請堅持下去

無論你是處於何種情況，為人父母都是一種強烈、又會改變生活的經驗。最初的幾個禮拜可能令人困惑、歇斯底里、筋疲力盡但卻又神奇。學習成功為人父母之道是一項持續的挑戰，即使對有經驗的父母也是如此。但當你開始走出屬於你自己的父母之路時，請別忘了，這也極可能是生活層面中受益最多的其中一種。

養育孩子帶來種種挑戰，卻也帶來無法想像的愛、喧嘩的樂趣以及最深的滿足。養育之事可行度非常高，而且全世界億萬個人都已經做過了。所以，盡可能多閱讀、多學習、聽聽別人講，這樣可以幫助你了解什麼是正常的、什麼不是、以及什麼時候需要求助。但是大部分的時候，傾聽你自己和孩子的聲音。在接下來的幾個月時間裡，花時間好好了解你的寶寶，為你們長達一生、最親密的親子關係打下基礎吧！

第四部

懷孕期間的重大決定

第20章

胎兒的基因篩檢

基因篩檢通常是父母不喜歡討論的話題之一，因為很嚇人、也很複雜。沒有父母親喜歡讀到或聽到孩子可能出什麼事情的話。即使這話題出現，也不要害怕。很多照護醫師在早期的產檢期間就會說明基因篩檢的事宜。請記住，大多數的孩子都是健健康康出生的，沒什麼問題。

篩檢指的是什麼?

檢驗可以給懷孕的人和新手父母一個機會，看看他們以後的孩子或新生兒是否會有基因疾病的風險。這些檢驗稱為基因篩檢試驗。

基因篩檢可以讓夫妻檢驗遺傳性基因疾病、以及沒有家族病史也可能發生的基因問題。基因篩檢可以在受孕之前就進行，也可以在懷孕中，或是嬰兒剛生下來後。

基因篩檢檢驗有很多不同的種類，包括了以家族病史為基礎的篩檢、以種族為基礎的篩檢、產前篩檢以及新生兒篩檢。以家族病史及種族為基礎的檢驗是在受孕之前或懷孕初期進行的。產前篩檢是在第一個三月期(第一孕期)之中、或是第二孕期早期進行的(參見第21章)。新生兒篩檢基本上是在嬰兒出生的第一天進行的(參見第16章)。

以家族病史或種族為基礎的基因篩檢是要檢查沒有特定疾病徵兆和症狀、但卻帶有一對變異的基因或染色體，可能會遺傳給孩子，而讓孩子因此致病。

希望成為父母的人如果擔心孩子可能會有基因性疾病，可以在剛受孕後不久就去進行基因篩檢。有了這份資料，可能成為父母的人就可以考慮孩子基因性疾病的風險為何，然後依此做決定。

如果妳正在計畫懷孕，而妳或妳的伴侶有家族性病史或特定基因疾病的話，妳可以考慮去進行以家族病史為基礎的篩檢。如果妳是屬於某種基因性疾病很常見的種族或族群，也可以考慮進行以種族為基礎的基因篩檢(參見第304頁)。

基因篩檢要考慮的事項

是否要進行基因篩檢是個人的決定。當妳做決定的時候可以考慮以下的問題。

8個關鍵問題

1.是否有特定的家族性疾病？有些家族有已知的基因性疾病家族病史。

2.妳是不是屬於帶有某種特定疾病基因的高風險種族？

3.如果妳發現妳和伴侶都是相同基因病症（genetic condition）的帶因者，那麼妳將如何使用這份資訊？

4.妳的宗教或靈修信仰是否會影響妳對基因檢驗的想法？

5.在情緒上，妳對檢驗過程可能的反應如何？

 妊娠小百科／5種不同類型的基因檢驗

基因檢驗的過程經常是相同的，不過檢驗的理由不同。

1.診斷性檢驗。 如果妳有某種可能是基因異常引起之疾病的症狀，診斷性檢驗可以確認妳是否真的罹患該種疾病。基因檢測適用的疾病檢驗數量愈來愈多了。有些疾病，利用基因檢驗就可以確認診斷，這其中包括了腎臟病、馬凡氏症候群（Marfan syndrome）、以及神經纖維瘤病（neurofibromatosis）。

2.成人疾病症狀前（Presymptomatic）篩檢。 如果妳的家族病史有某種特定的基因病症，在該病還沒出現症狀前可以先進行基因檢驗，看看妳是否有發生該病症的風險。例子包括了遺傳性乳癌和卵巢癌（（BRCA 1 和 2）以及杭廷頓氏舞蹈症（Huntington disease.）的檢驗。

3.帶因者的檢驗。 如果妳或伴侶有某種基因性疾病的家族病史，例如囊狀纖維化（cystic fibrosis）、脊髓性肌肉萎縮症（spinal muscular atrophy），妳可以選擇在懷孕之前先進行基因檢驗。帶因者可以檢查出是否帶有一對變異的基因，未來可能會讓孩子有發生該疾病的風險。

4.產前檢驗。 如果妳懷孕了，檢驗可以幫妳偵測胎兒是否畸形。脊柱裂和唐氏症是兩種較常見的天先性畸形，因為常見，所以許多媽媽會因此考慮進行這類的檢驗。胎兒畸形的產前檢查在第21章中會討論。

5.新生兒篩檢。 這是基因篩檢中最常見的類型。在美國全國的五十州和哥倫比亞特區都有施行新生兒篩檢。檢驗進行的是特定病症的篩檢，像是先天性的甲狀腺功能低下（hypothyroidism）、苯酮尿症（phenylketonuria）。新生兒的篩檢很重要，因為一旦發現了疾病，治療可以讓症狀不會立刻出現。這些檢驗在第16章中有說明。

6. 妳的保險是否涵蓋這類檢驗？如果沒有，是否能自費負擔檢驗的費用？很多基因檢驗的費用都很高昂。請了解，診斷疾病目的之外的檢驗，很多都不在保險涵蓋的範圍。

7. 檢驗完成的時間點是否能給妳足夠的時間來決定是否開始懷孕、或是繼續懷孕？

8. 和基因諮詢顧問、遺傳學者或是其他照護醫師討論帶因者篩檢時相關

以人群為基礎的篩檢

有些特定的種族族群罹患特定疾病的風險比其他種族高。如果妳是屬於這些族群，請和妳的照護醫師或是基因諮詢顧問請教妳是帶因者的機率、以及篩檢過程。

種族或族群	基因遺傳性疾病
阿肯納西猶太人（Ashkenazi Jew）	戴薩克斯症（Tay-Sachs disease）、囊狀纖維化、腦白質海綿狀變性（Canav-an disease）、尼曼匹克症（又稱鞘髓磷脂儲積症Niemann-Pick disease，A型和B型）、范康尼貧血（Fanconi anemia、C組）、布隆氏症候群（Bloom syndrome）、高雪氏症（Gaucher disease）、家族遺傳性自主神經機能障礙（familial dysautonomia）、黏脂症第四型（mucolipidosis IV）
法裔加拿大人、阿卡迪亞印第安人（Cajun）	戴薩克斯症、囊狀纖維化
黑人	鐮刀型紅血球疾病（Sickle cell disease）、乙型地中海型貧血（beta-thalassemia）、蠶豆症（glucose-6-dehydrogenase deficiency）
地中海人（Mediterranean）	乙型地中海型貧血、蠶豆症
華人、東南亞人（東埔寨人、菲律賓人、寮國人、越南人）、**地中海人**	甲型地中海貧血、乙型地中海型貧血、蠶豆症
白人（歐洲白人）	囊狀纖維化

的選項和問題，對妳是否有助益？這類　　因與基因諮詢。
個人都是受過專業訓練，專精於人類基

 妊娠小百科 / 基因遺傳性疾病

以下是一些因基因異常導致的疾病，可由基因檢測中得知。

甲型地中海型貧血 起因為紅血球數量不足（貧血）。最嚴重的情況可能導致胎兒或新生兒致死。大部分的情況要輕微多了。

甲型地中海型貧血 起因是貧血。如果是嚴重型（重度地中海型貧血），孩子需要經常性的輸血。只要適當的加以治療，大部分患有這種病症的孩子都能安然長到成年。輕微型會引起不同程度的併發症，這些併發症都是因為需要更多紅血球所致。

鐮刀型紅血球疾病 血液細胞會無法順利的在身體各處流動。罹患此症的嬰兒容易發生感染、成長速度也慢。這種疾病會引起一陣陣嚴重的疼痛，並傷害重要的器官。早期持續治療，可以讓併發症減到最少。

囊狀纖維化 會影響到呼吸和消化系統，引起嚴重的慢性呼吸道疾病、氣喘、營養不良、及運動受限。近期的治療方式已經能使大部分罹患此症的人長到成年。

裘馨氏肌肉萎縮症（Duchenne muscular dystrophy） 會影響到骨盆、上手臂、及上腿的肌肉。這個病症晚期也會影響到橫膈膜和心臟的肌肉。由於這是一種性聯遺傳疾病，好發在年幼男童的身上，是孩童最常見的肌肉萎縮型式。

女性也可能有此疾病較不嚴重的症狀。嚴重的病例，肌肉可能會虛弱到導致病患在青少年後期或成年期早期死亡。

X染色體脆折症（Fragile X syndrome） 是最常見基因遺傳導致心智遲緩的原因。這是由於X染色體上的變異所引起。帶因者的症狀可能是輕微的，包括不孕和運動問題（共濟失調）。脆折X的基因很複雜，應該和非常熟悉這種病症的人討論。

腦白質海綿狀變性 是一種嚴重的神經系統病症，通常在孩子一出生就可以診斷出來。幼兒期通常就會死亡。

戴薩克斯症 是一種缺乏分解特定脂肪（脂質）酶的病症。這些物質會累積起來、慢慢摧毀腦部和神經細胞，直到中樞神經系統停止運作。幼兒期通常就會死亡。

家庭病史篩檢

　　如果妳家族裡有特定的基因遺傳性疾病，妳會希望能進行檢驗，判斷妳是否帶著異常基因，可能會讓孩子遺傳到該疾病的風險。遺傳性基因疾病有可能是從單一基因的問題引起的。

　　這包括了自體隱性遺傳疾病（auto-

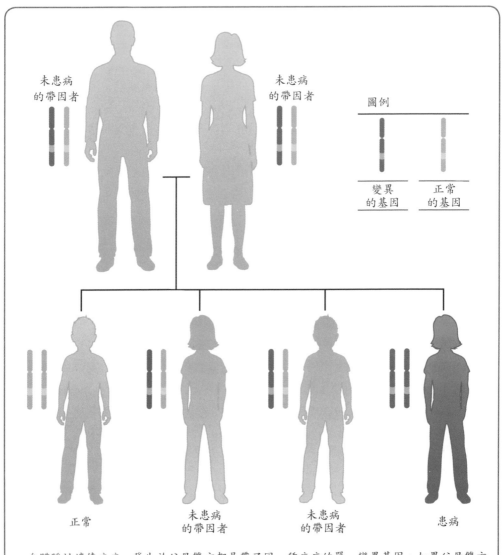

未患病
的帶因者

未患病
的帶因者

圖例

變異
的基因

正常
的基因

正常

未患病
的帶因者

未患病
的帶因者

患病

• 自體隱性遺傳疾病　發生於父母雙方都是帶了同一種疾病的單一變異基因。如果父母雙方都把變異的基因傳給孩子，那個孩子就會罹患該病。

somal recessive diseases）、性聯遺傳疾病（X-linked diseases）、某些晚發型遺傳疾病（adult-onset genetic diseases），以及一些在父親或母親身上可能輕微但在以後孩子身上卻更嚴重的疾病。遺傳性疾病可能是染色體結構改變、或粒腺體（mitochondrial）DNA的改變所引起。粒腺體DNA是一小片DNA，只遺傳自母系。這些問題的其中一部分在本章後面有更多細節討論。

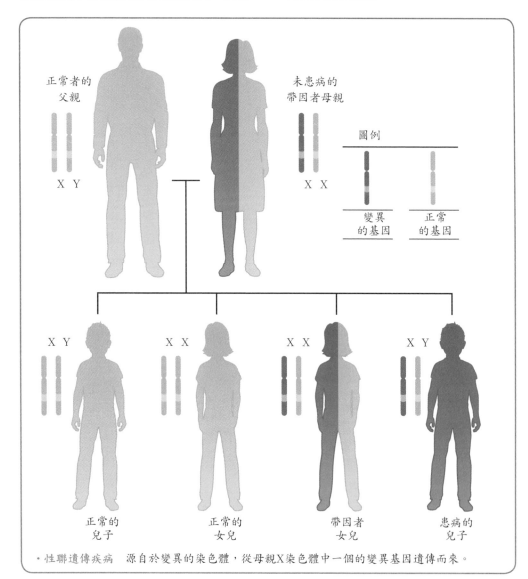

• 性聯遺傳疾病　源自於變異的染色體，從母親X染色體中一個的變異基因遺傳而來。

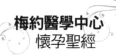
帶因者檢驗自體隱性遺傳疾病。
當父母雙方都是異常基因的帶因者時，自體隱性遺傳疾病就會發生。帶因者本身有一個正常基因、一個異常基因。正常基因可以補償異常基因，所以帶因者本身通常不會出現症狀。不過，如果妳和伴侶都各自貢獻一個同種疾病的異常基因給胎兒，那寶寶就會罹患該病。有特定常見自體隱性遺傳疾病的特定種族族群，或是家族病史中有某種自體隱性遺傳疾病的人可以進行自體隱性遺傳疾病檢驗。例子包括了囊狀纖維化和戴薩克斯症。

症狀前晚發型遺傳疾病。 當某個人擁有一對異常的基因，這類疾病就會發生。有些自體隱性遺傳疾病在成人前都不會出現任何症狀，偶而也有帶有這種基因的人不到懷孕生子，都不會出現症狀。如果某個父母被發現帶有該種疾病，那麼他的孩子遺傳該疾病的風險機率就是百分之五十。這種例子包括了杭廷頓氏舞蹈症和某些遺傳性癌症。

‧**性聯遺傳疾病**。這類疾病起因於變異的基因存在於X染色體上。有些很罕見的例外是當一個女性帶了兩個X染色體，而男性帶了一個X和一個Y染色體，這位女性是性聯遺傳疾病的帶因者，但是她卻沒有出現症狀，或是症狀很輕微，因為她另外一個X染色體上正常的基因提供了大部分所需的基因功能。不過，這位女性還是有百分之五十的機率把這變異的染色體傳給孩子。如果她生的是兒子，他就一定會有這個病，因為他只有一個X染色體。如果她生的是女兒，那她和媽媽一樣會是個帶因者。性聯遺傳疾病的例子包括了裘馨氏肌肉萎縮症、A型血友病和X染色體脆折症。

‧**染色體構造異常**。在某些家族中，寶寶一生下來就有因染色體部分缺少或重複的情況而有先天性缺損。如果雙親之中的一方構造性染色體的排列與正常的不同，就可能發生這種情況。如果父母之一把基因構造不均衡的異常排列傳下去，就可能引起嚴重的問題。家族中如果有染色體重新組織的情況，那麼家族中流產的比例會比繼續懷孕還多。如果妳的家族成員中，有人流產的次數非常高，請跟妳的照護醫師提一下。

‧**粒腺體疾病**。有些疾病是由粒腺體中不同組的基因發生錯誤所引起。粒腺體是細胞負責製造能量的機制。由於粒腺體只會遺傳自母系，所以這類疾病大多是由母親傳給孩子。粒腺體疾病的徵兆和症狀有很多種，像是低血糖、肌肉問題、失明和癲癇。

如何檢驗

進行基因篩檢通常只需要進行血液抽樣。將針頭插入妳手臂上的靜脈，然後抽血出來。新生兒的血液則是透過腳跟穿刺集取的。不過，有時也需要從妳臉頰內部刮取樣本。在某些罕見的情況下，可能會需要採取皮膚或肌肉切片。樣本會被送到檢驗室進行分析。有些基因檢測，像是那些父母雙方都必須是帶因者，小孩才會患病的，檢驗只會先做其中的一方。如果結果是正常的，第二位才會被檢驗。如果第一位已經發現有異常了，那麼也會建議另外一位進行檢驗。

了解檢驗結果

如果檢驗結果指出妳不是帶因者，那就沒什麼需要特別注意的事項。不過，不要認為檢驗結果可以完全保證妳的孩子絕對會是健康的。基因帶因者篩檢無法檢驗出所有帶因者。有些疾病有很多變種，檢驗只能側重在最常見的變種。

剛好相反的是，檢驗可能可以告訴妳，妳是某個變異基因的帶因者，不過無法告訴妳萬一妳其中一個孩子患上這種病，情況會有多嚴重。如果指出的

風險性很高，妳的照護醫師、基因遺傳專家或基因諮詢顧問都可以幫助妳了解這疾病的內情、並且評估妳的選項。

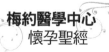

第21章

孕媽咪的產前檢查

在期待寶寶來臨時，妳心裡可能也會想著不少事。會生男孩呢？還是女孩？眼珠子會是什麼顏色呢？小女生個性會跟老爸一樣有有趣，但是有她媽媽的聰慧嗎？終於把寶寶真實摟抱在懷裡會是什麼感覺呢？

除了興奮和喜悅之情外，妳也會有懷疑和焦慮的時候。如果懷孕時出了差錯怎麼辦呢？寶寶健不健康呢？這些是大部分懷孕的女性都會經歷的感受，是完全正常的。知道大部分的妊娠（百分之九十五以上），都是健康的，而且會平安生下健康的寶寶可能會讓妳比較安心。

不過，在某些情況下，妳還是會想在寶寶出生前先知道一些特定的資訊。或許是因為妳的年齡、或許是因為家族病史，妳的寶寶染色體出現問題或是患有其他遺傳性疾病的風險可能比較高。不管是何種原因，有些特定的檢驗可以幫助妳，在寶基本上，懷孕期間有兩類的產前檢查：

· 篩檢。這些是安全、價格也相對不高的檢驗，無論孕婦的年齡為何、是否有其他風險因子，都可以進行檢驗。篩檢是先找出特定病症風險較高的孕婦，然後在進行範圍更狹隘的診斷性檢驗時，可以受惠。篩檢不是必須的，但是照護醫師可能會詢問妳是否要做。

· 診斷性檢驗。診斷性檢驗通常是在篩檢時找出了可能的問題，或是當妳或寶寶對特定病症的風險比較高時進行的。這些檢驗可以在寶寶還在子宮裡時就提供足夠的資訊來診斷病症。這些檢驗和篩檢的檢驗來相比，一般來說侵入性比較強、價格比較昂貴、風險也比稍微高一點。是否進行這類檢驗是妳的個人決定。

產檢要考慮的問題

產前檢查是自願性的。每種檢驗都有其風險與好處，所以值得去了解這些檢驗做什麼，然後妳在了解的情況下決定是否進行檢驗。在進行一項產前檢查之前，先想想這個檢驗可以提供妳什麼樣的資訊，而妳要如何利用這資訊。很多女性，但並非全部，都選擇要進行基本的超音波檢查和抽血檢查。大多數的孕婦都不會進行更詳細的診斷性檢

310

驗，因為大多數的懷孕都沒有高風險的併發症。

六個關鍵問題 在訂時間進行產前檢查前，妳和伴侶可能應該先考慮一下以下問題：

Q 妳在擁有該份資訊以後，要怎樣使用這分資訊？會影響妳對懷孕的決定嗎？

大部分產前檢查的項目，回來以後都是正常的較多，可以紓解妳可能感受到的焦慮。如果檢驗結果顯示妳的胎兒有先天性或是其他的健康上的病症，妳打算如何處理？妳可能要面對妳從未預期過要做的決定，像是是否要繼續懷孕。就其他方面來說，事先就知道寶寶可能會有的問題可以讓妳先行計畫要如何照顧寶寶。在任何情況下，只要妳覺得檢驗無法提供妳有用的資訊，或是這份資訊並不會影響妳處理懷孕方式，說「不要」進行任何一項檢驗都沒關係。

Q 這份資訊是否可在妳懷孕或生產期間提供較好的照護或治療呢？

有時候，產前檢查可以提供能影響妳照護的資訊。檢驗可能可以發現寶寶的問題，讓醫師在妳懷孕期間就能先施以治療。或是提醒妳的照護醫師，在寶寶一生下來後就需要專科醫師治療。

Q 檢驗結果的準確度有多高呢？

產前檢查並非完美，即使篩檢的結果是陰性（意思是寶寶患特定疾病的風險是低的），病症仍然可能存在，這是所謂的假陰性檢驗結果。相反的，篩檢檢驗可能會出現陽性的結果，將妳歸類到高風險群。但是也可能，甚至於相當可能，該病症並不存在，這稱為假陽性檢驗結果。假陰性和假陽性結果的比例因檢驗之不同而有差異。一定要跟妳的照護醫師討論每種檢驗的準確性。因此，檢驗確實可能造成不必要的焦慮。

Q 是否值得擔那份焦慮來進行檢驗？

篩檢可以判定某些病症的風險。即使檢驗指出有風險，大多數的女性也會生出健康的寶寶。

Q 檢驗程序的風險為何？ 妳或許想評量一下檢驗的風險，像是可能產生的痛苦或流產的可能，以及得知這份資訊的價值。

Q 檢驗在醫療上不是必要的，所以保險是不給付的。

某些情況下，社工人員或基因諮詢顧問可以幫助妳取得財務上的協助，如果有需要的話。如果該檢驗並無費用補助，妳還願意負擔該項檢驗的費用嗎？

產檢的檢驗項目

　　以下是懷孕時妳可能會遇上的檢驗項目詳細清單，從例行的檢驗到自選項目。這分資訊可以當作每項檢驗方便的基本資訊指南。不過，在考慮某些檢驗時請務必和妳的照護醫師討論。他可以根據妳個人的情況，提供妳最佳的優缺點評估。

　　超音波　超音波檢查或許是妳聽過最多的產前檢查項目了。照護醫師會利用超音波影像來照出寶寶在肚子裡的圖片，藉以判斷懷孕進行的狀況。通常來說，檢查完後，妳就可以看到寶寶的圖片了。超音波也可以用來診斷對某些先天性的缺損，像是脊椎異常（神經管缺損）、心臟缺損或其他的畸形。

　　超音波檢查使用聲波當能量。探頭是放在肚子上，產生高頻率聲波的器材，人耳是聽不見的。聲波會把體內的組織，包括寶寶，彈回探頭。根據組織的密度，以及組織與探頭的距離，在不

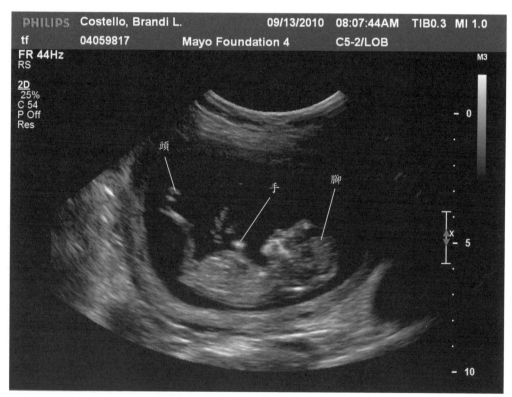

超音波影像會產生出胎兒的相片，這可以提供懷孕相當有價格的資訊。

同的時間以不同的品質彈回。當訊號返回時，會轉換成影像，可以在監視器上顯示。超音波檢查有幾種不同的類型：

超音波影像會產生出胎兒的相片，這可以提供懷孕相當有價格的資訊。

· **常規超音波**。這類型的超音波產生出來的是2度（2D）的平面影像，可以提供懷孕的資訊給妳的照護醫師。這種影像可以用來判定胎兒的週數、發育的程度、胎盤的位置、以及妳的身體和胎兒的關係。這種檢查通常是20分鐘。

· **高階超音波（Advanced ultrasound）**。也稱為標的超音波（targeted ultrasound），或高層次超音波（Level II ultrasound），這類型的超音波通常是用來進一步檢查在常規超音波或是篩檢中發現的疑似畸形。這種檢查要更仔細，用的儀器也比較複雜。檢查的時間需要長一點，大約30分鐘到一個小時以上。如果妳是屬於高風險的妊娠，妳的照護醫師可能也會推薦妳照這種超音波。這種超音波可以用來仔細檢視胎兒的頭部、脊椎、及其他器官，在診斷神經管缺損時非常有效。

· **陰道超音波（Transvaginal ultrasound）**懷孕早期，妳的子宮和輸卵管和妳陰道的位置要比肚皮表面近。如果妳在第一孕期照超音波，照護醫師可能會採用陰道超音波。這種超音波可以提供比較清楚的胎兒照片，以及胎兒周圍的構造。這類超音波也可以用來偵測懷孕期間妳子宮頸的問題。陰道超音波使用的是一種細長、像仙女棒一樣的裝置，放進陰道裡。

· **三維（3D）立體超音波**。3D立體超音波有兩類：一類稱為表面呈像（surface rendering），產生的胎兒影像類似黑白照片。另外一種稱為體素呈像（volume capture），是一組在檢查後分析出來的3D立體超音波資料，類似於電腦斷層掃瞄（CT scan）和核磁共振攝影（MRI）所做出來的，可以強化診斷。

· **都卜勒超音波（Doppler ultrasound）**。都卜勒影像會測量超音波頻率回彈到移動物體的改變，像是紅血球。它可以測量出血液循環的速度和方向。有了這種超音波，照護醫師可以判定通過不同組織的血流有多少阻抗。如果妳的懷孕有併發症，像是高血壓或妊娠高血壓，都卜勒超音波可以協助判斷流到胎兒或胎盤的血流是否有問題。

· **胎兒心臟超音波掃描（Fetal echocardi-ography）**。這類檢查使用超音波來提供更詳細的胎兒心臟圖像。圖像主要是側重在心臟的構造與功能，可用來確認

313

或排除先天性的心臟缺損。

何時做、如何做 超音波檢查在懷孕的任何期間都可以進行。第一孕期的超音波通常是用來確定胎兒是否好好的存活著,並判定他的懷孕週數。也可以用來作為第一孕期的第一次篩檢。

大多數的超音波都是在懷孕的第十八到第二十週之間進行的。懷孕到了這個階段,進行超音波檢查除了能驗證胎兒的週數外,也可以偵測結構上的畸形。妳的胎兒發育到這個時間點,已經大到可以讓骨骼結構和器官被看出,心臟的四個心室和主要動脈也可以被看到。

在某些情況下,例如高風險的妊娠,在整個懷孕期間,超音波檢查都可以被一再重複使用,監視母親和胎兒的健康情況,也可以追蹤胎兒的成長情況。

端看在懷孕哪一個時期進行超音波檢查,以及妳進行檢查的是哪個醫療機構,檢查時,妳可能會被要求膀胱必須滿漲才能檢查。

到了超音波檢查室,妳可能會被要求平躺,然後塗軟膏在妳肚子上。這種軟膏是聲波的傳導體,可以幫助降低探頭與皮膚間的泡泡數量。探頭是一隻小小的塑膠裝置,可以送出聲波,並在其彈回時加以記錄。

檢查時,幫妳執行檢查的人會用探頭在妳肚子上來回移動,將聲波導入妳的子宮中。依照胎兒的週數和位置,妳可能可以拍出臉、小手和小手指、或胳臂、腿等。在檢查中,照護醫師會停下來測量胎兒的頭、肚子、腿骨和其他構造。這些測量的數字可以協助照護醫師判斷胎兒的成長情形。重要的構造,像是心臟,可能會拍照。

不像 X 光,超音波檢查是沒有放射線的。超音波應用四十年來並未產生任何傷害母體或胎兒的疑慮。

檢驗結果告訴妳什麼 根據檢查產生的影像,照護醫師可以判斷不少和妳懷孕與胎兒有關的事:

‧妳真的懷孕了。

‧從受孕後至今有幾週了(胎兒的妊娠週數)。

‧妳懷著的胎兒數。胎兒的成長與發育情況。

‧胎兒的運動、呼吸和心跳。

‧懷孕的位置。有時候,懷孕會在子宮外面發育(子宮外孕),通常是在輸卵管內。這是緊急的醫療狀況。

‧胎兒在構造上的不同或畸形。

‧胎盤的位置和發育狀況。

‧妳是否流產。

‧評估子宮頸的情況以及是否有早產的風險。

・測量胎兒的健康狀況，像是胎兒周遭的體液量、肌肉張力、及活動。

・胎兒的性別。胎兒的性別是否能判斷得看他在子宮中的位置以其臍帶的位置。請事先決定妳是否想得知這個資訊。妳可以事先要求，這樣寶寶的性別就不會洩漏讓妳知道了。

超音波檢驗的理由 對大多數懷孕的婦女來說，超音波檢查基本上是要確認寶寶預產期和健康情況的假設。但由於這是確認預產期日期是否正確、是否多胞胎、以及胎盤是否有病的重要篩檢，因此大部分的照護醫師在預產期之前是不會不做的。

話說回來，如果對懷孕有什麼疑慮，超音波通常是弄清這些疑慮最好的工具。如果妳不確定自己是什麼時候懷孕的，超音波可以判定胎兒的妊娠週數。如果篩檢顯示有畸形，超音波可以被用來確認。如果有流血的狀況，或是對胎兒的生長率有疑慮，超音波是最好的初次檢查檢驗方式。此外，超音波影像可以在照護醫師進行其他產前檢查，像是羊膜穿刺、或絨膜絨毛取樣，用來指引。

很多孕婦和他們的伴侶都很期待超音波，因為超音波可以讓他們一窺寶寶的樣貌，或是有機會發現寶寶的性別。不過如果照超音波只是為了要知道寶寶的性別，那通常是不推薦的。

檢驗的準確度及限制 雖說超音波是個很有用的影像工具，不過不是所有的胎兒畸形都藉由它測知。如果音波無法對某個已知的問題提供說明，那麼妳的照護醫師可能會推薦妳進行其他的診斷影像或檢驗，包括了核磁共振攝影（magnetic resonance imaging，簡稱MRI）、羊膜穿刺或絨膜絨毛取樣（CVS）。

第一孕期的篩檢

第一孕期的篩檢包含了一個兩個階段的程序，可以提供妳胎兒健康的早期資訊：

・**抽血檢驗**。這是要檢測懷孕特定的兩種物質的濃度的，妊娠性血漿蛋白-A（pregnancy- associated plasma protein A，簡稱PAPP-A）和Beta人類絨毛膜性腺激素（beta human chorionic gonadotropin，簡稱beta-HCG）。

・**超音波檢查**。這個檢查是要檢查胎兒頸背（頸部透明帶，nuchal translucency）組織的透明部分的。這項評估使用的是陰道超音波。

照護醫師會利用這項檢查的結果來篩檢：

· **唐氏症**。這種基因性病症會引起心智遲緩及其他的疾病。這種病例絕大部分是胎兒擁有三條的染色體21，而不是兩條。

· **三染色體18症**。這是第十八染色體第三條異常的問題。三染色體18症一般來說會引起嚴重畸形和心智遲緩。大部分有染色體18問題的胎兒在出生前，或是出生後一年內就會死亡。但懷有染色體18問題胎兒的機率是很低的。

· **心臟缺陷或是骨骼問題**在第一孕期間篩檢可能會讓懷疑度提高，不過這個檢驗並不是針對這個目的施行的。

何時做、如何做 一般來説，第一孕期的篩檢是在懷孕的第十一週到第十四週之間進行的，比任何其他的產前檢查都還早。抽血檢驗則是從手臂上的靜脈抽取血液樣本，送到檢驗室進行分析。

進行超音波時，照護醫師或技師會利用所得到的影像來檢查頸背組織透明部分的大小。這個檢驗大約最多要花到一個鐘頭。

第一孕期的篩檢不會有產生流產的風險，而且並未聽説有引起任何懷孕併發症的情形。

檢驗結果告訴妳什麼 照護醫師會利用檢驗的結果來協助妳評估胎兒唐氏症或三染色體18症的風險。其他的因子，像是妳的年紀以及個人或家族的病史也都可能會影響到風險的高低。

第一孕期的篩檢結果是以陽性或陰性，以及或然率，像是懷有唐氏症的或然率是1比5000。一般來説，如果唐氏症的風險高於1比230（或是更高，確切的數據根據檢驗室的不同而略有差異），就被認為是陽性。而至於三染色體18症，如果檢驗出來的風險高於1比100或更高，就被認為是陽性。

第一孕期檢驗的理由 因為第一孕期的篩檢施行的時間比其他大部分的產前篩檢檢驗都早，所以妳會有懷孕早期的檢驗結果。這樣一來，妳就有更多時間來考慮將來是否進行診斷性檢驗、專家諮詢的需求、以及妳的懷孕過程。如果胎兒被診斷出有基因性病症，妳也有更多時間可以替寶寶安排將有特殊需求照護的可能。

如果妳做了第一孕期篩檢，那可能會面對是否要根據這個檢驗的結果，做進一步更深入的檢驗。在篩檢前，先考慮好哪種程度的風險會讓妳要做更多額外的檢驗。接下來的後續診斷性檢驗可以提供更多的資訊，但會更有侵入性。

檢驗的準確度及限制 第一孕期篩檢可以準確的檢驗出百分之八十五患有唐氏症的胎兒。大約百分之五的孕婦會出現假陽性結果，意味著檢驗的結果是陽性，但是寶寶生下來並未真的有唐氏症。至於三染色體18症的準確度約在百分之九十左右，大約有百分之二有假陽性的檢出率。

第二孕期的篩檢或四合一篩檢

四合一篩檢（quadruple screening）檢查孕婦血液中的四種物質濃度：

・胎兒球蛋白（Alpha-fetoprotein，簡稱AFP），一種由胎兒肝臟所製造出來的蛋白質

・人類絨毛膜性腺激素（Human chorionic gonadotropin，簡稱HCG），一種由胎盤所製造分泌的荷爾蒙

・雌三醇（Estriol），這是由胎盤和胎兒肝臟製造的荷爾蒙抑制素A（Inhibin A），這是另外一種由胎盤製造的荷爾蒙

・妊娠性血漿蛋白-A（PAPP-A），是一種高分子的醣蛋白，主要由胎盤合成，然後分泌到血中

四合一篩檢可以評估胎兒在發育或染色體病症方面的風險，像是：

・**脊柱裂**。這種病症的起因是胎兒發育中脊椎周圍的組織無法適當貼合所致，可能導致心智遲緩與癱瘓。

・**無腦畸形**（Anencephaly）。這種病症的起因是因為組織無法覆蓋寶寶的腦部與頭部。有這種病症的胎兒可能是死產，或是出生後幾個小時內就死亡。

・**唐氏症**。這是一種染色體疾病，因為第二十一對染色體多一條所引起。

・**三染色體18症**。這是一種染色體疾病，因為第十八對染色體多一條所引起。有三染色體18症的胎兒會有多種畸形，這種病症幾乎是絕對致命的。一種類似的三合一檢驗（只檢查胎兒球蛋白、人類絨毛膜性腺激素和雌三醇）有時候會用來替代四合一檢驗。只是，四合一檢驗的結果可靠度要稍微高一些。

何時做、如何做 就理想的情形來說，四合一檢驗是在懷孕的第十五到第十八週之間進行的，不過有時會遲至第二十二週。檢測到的化學物質的濃度在胎兒持續發育時會有實值上的改變，所以正確的計算胎兒的週數是很重要的。胎兒球蛋白在懷孕的第十六到第十八週之間檢驗是準確度最高的。至於篩檢，妳醫療照護團隊的一員會從妳手臂上抽血，送到檢驗室進行分析。

四合一檢驗不會有產生流產的風

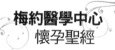

險，與其他懷孕的併發症。對大多數的媽媽來說，最大的問題是等待檢驗報告出來時的煎熬。大約有百分之五，檢驗結果是陽性的，除此之外，也將提供更多侵入性較強、風險也較高的檢驗。不過在這檢驗結果為陽性的群組中，大多數的孕婦仍然是生下沒有患病的寶寶。

　　檢驗結果告訴妳什麼　四合一檢驗結果呈現陽性僅僅只是告訴妳，在妳血液中測出這部分、或所有物質的濃度不在一般正常值範圍之內。這表示，有發生問題的可能，所以可能需要後續追蹤檢驗。不過，結果呈現陽性原因可能很多，包括了：

・推測的日期不正確（懷孕時間的長度算錯了）

・懷的是多胞胎

・是試管嬰兒胚胎植入

・還有其他病症存在，例如糖尿病

・母親抽菸

・**唐氏症檢驗的理由**　有些照護醫師會使用四合一篩檢來作為第一孕期篩檢結果的追蹤。將這兩次檢驗的結果綜合分析可以得到較佳的準確性。缺點是，妳可能得等到兩次檢驗都做完、分析完畢才能得知最後的結果。

　　如果妳沒做第一孕期篩檢，四合一篩檢可以提供另外一次評估所懷胎兒是否有染色體或組織上變異風險的機會。陰性反應可以讓妳的心情感到平靜。如果得到的結果是陽性，妳可以和照護醫師或基因諮詢專家討論妳有的選項。

　　檢驗的準確度及限制　四合一篩檢可以正確的篩檢出大約百分之八十懷有唐氏症胎兒的孕婦。大約有百分之六到七會有假陽性反應，這意味著即使結果是陽性，胎兒也未必真的會患有唐氏症。

　　羊膜穿刺術　羊膜穿刺術是一種診斷性檢驗，通常用來追蹤篩檢出現異常的結果。羊膜穿刺術是從包圍著胎兒的囊袋中抽取一點羊水樣本。羊水是一種透明的液體，在子宮中包覆著胎兒，並提供緩衝的作用。羊水大部分是胎兒排出的尿液，但也含有胎兒落下的細胞與製造的蛋白質。這些細胞可以提供與寶寶基因及其他的資訊。

　　有兩種常見的羊膜穿刺術：

・**基因羊膜穿刺術**。從羊水採樣中取出的細胞可以收集起來，並在檢驗室培養（細胞培育）。從培育的細胞裡可以檢查染色體和基因是否有畸形，例如唐氏症。羊水採樣中的胎兒球蛋白（簡稱AFP）濃度可以檢查出是否有神經管缺損的跡象，像是脊椎裂。在家族中如果

已知的基因遺傳性疾病，羊水可以收集起來做其他更具專業性的檢驗。

在基因羊膜穿刺術中，超音波探頭

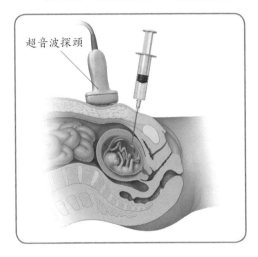

超音波探頭

會在螢幕上顯示胎兒和針頭的位置，讓醫師可以安全的抽取羊水樣本作檢驗。

·**成熟羊膜穿刺術**。這個檢驗在分析羊水，看看胎兒的肺部是否已經發育成熟到足以在出生時正常發揮功能。

〔何時做、如何做〕基因羊膜穿刺術懷孕的任何時期都可以施行，但是一般是在懷孕的第十五週到第二十週之間進行。在這時候，妳的子宮通常會有足夠的羊水，而且比較不會有羊水滴漏的可能。這個檢驗太早做會增加流產的風險。

施行成熟羊膜穿刺術的原因是因為有可能要在預產期之前生產。施行的時間通常在懷孕的第三十四到三十九週之間。

這個檢驗可以在妳醫師的診療室進行。超音波通常用來判斷胎兒的位置。藉由超音波位置的指引，醫師會把細細的、中空的針從腹部插入妳的子宮。大約有二到四茶匙的羊水會被抽到針筒，並送到檢驗室分析。當針頭移開，這個程序也就結束了。

很多孕婦都發現這個程序並不如預期中痛。當針頭刺進皮膚時，妳會發現有刺刺的感覺，在程序進行中則會有類似月經痙攣的感覺。

羊膜穿刺術雖然是個相當安全的檢驗，但還是帶有一些風險：

·**流產風險**。羊膜穿刺術如果在懷孕的第二十四週之前做，會有流產的風險，機率大約是 1/300到1/500。發生所有併發症，包括小併發症，的風險大約在百分之一到二。在懷孕早期，也就是懷孕十四週之前，進行羊膜穿刺術的會有較高的流產風險。檢查是否已經成熟的羊膜穿刺術幾乎沒有流產的風險。

·**程序後併發症**。在程序結束後，妳可能會有痙攣、出血、漏羊水的情形。大概有百分之二到三的百分比會出血，但是一般不需要治療就會自行停止。在早期基因羊膜穿刺術的病例上，大約有

百分之一會出現漏羊水的情況，這可能會導致流產。

· Rh 血型敏感　在某些病例中，羊膜穿刺會導致致命的血球越過胎盤，進入母體的血管中。如果發生這種事情，而妳的血型是Rh陰性，而寶寶是Rh陽性，那就可能會引起Rh血液因子不合症，對後來懷的孩子是致命的。如果妳是Rh陰性，醫師會先投藥治療來預防。

· 針的傷害　機率很小。這是胎兒被針扎到，雖說使用了超音波指引後，這種情況就非常罕見了。如果發生這種情況，結果也不嚴重，就像是被尿布別針扎了一下。

檢驗結果告訴妳什麼　基因羊膜穿刺術可以告訴妳胎兒的染色體是否有異常，像是唐氏症；是否有基因性遺傳疾病，像是囊狀纖維化；或是神經管缺損，像是脊椎裂。

除了檢查肺是否已經發育成熟外，羊膜穿刺術還可以用來檢查胎兒是否因為Rh不合症及宮內感染（intrauterine infection）而有貧血。如果妳血液裡面並沒一種稱之為Rh因子的東西（陰性），但妳的寶寶有（陽性），你們就會產生一種稱為Rh血液因子不合症（Rh incompatibility）的病症。羊膜穿刺術就可以用來判定寶寶患病的程度有多深。為了要判斷妳是否有因為病毒因子（viral agent）或寄生蟲引起的感染，像是弓蟲症，醫師可能需要羊水的採樣來進行分析。

羊膜穿刺術檢驗的理由　是否要進行基因羊膜穿刺術，這個決定可能很難下。請和妳的照護醫師或基因諮詢顧問談一談妳有什麼選擇。考慮進行這個檢驗的理由包括以下：

· 篩檢時，例如第一孕期篩檢時發現有異常結果。

· 父母親任何一方有染色體異常的情形。

· 父母親任何一方有染色體重組的情況，不影響本人，但可能影響孩子。

· 妳懷孕時三十五歲，或三十五歲以上。年齡愈大，胎兒有染色體異常的風險愈高。

· 父母親任何一方有中樞神經系統缺損，像是脊椎裂，或是血親有人有這種問題。

· 之前懷孕曾有染色體異常或神經管缺損。

· 父母親是基因變異的帶因者，這種變異基因有可能引起像囊狀纖維化、戴薩克斯症或其他的單一基因遺傳疾病。

· 母親有男性親人患有肌肉萎縮症、

妊娠小百科／螢光原位雜交檢驗加速檢驗結果

　　傳統基因分析的缺點之一就是需要幾天或幾週的時間才能獲得結果，因為檢驗室的檢驗師要等上幾天才能讓採樣的細胞分化並繁殖（培育）。

　　一種較快速的基因分析方法稱為螢光原位雜交（fluorescence in situ hybridization，簡稱FISH），在24到48小時內就可以得到結果。螢光原位雜交使用的技術是靠DNA的短序，稱為DNA探針（probe）。這些探針上都附有一個螢光標記，這是專門用來尋找並附著在細胞採樣中特定的基因列序的。當這個採樣在螢光顯微鏡下觀察時，標記就能被輕易的看出並計算。這種方式不需要培育，所以評估的速度可以比較快。

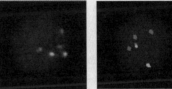

　　螢光原位雜交檢驗可以判斷胎兒的性別，以及任何序數上染色體的問題，包括了染色體X、Y、13、15、16、21和22。這裡的紅色顯示出染色體21上的三條染色體，也就代表唐氏症。

　　螢光原位雜交通常都很正確。假陽性和假陰性的比例低於百分之一。但這個技術有一些限制。有些可能是問題的結構性異常，使用螢光原位雜交時並不明顯。此外，螢光原位雜交無法分辨母體細胞與胎兒細胞的不同。因此，醫師傾向於以螢光原位雜交作為補助性的檢驗，不會被當成產前決定的唯一基礎。

　　•近期的發展　隨著DNA分析的持續進步，更新、更不具侵入性的檢驗很可能會被更廣泛的採用，其中的一個例子就是稱為晶片式全基因體定量分析術（array-based comparative genomic hybridization，簡稱aCGH）的技術。這種晶片式全基因體定量分析術與螢光原位雜交檢查特定基因標的不同，它檢查是一個人體內很多不同點的不同基因疾病。另一種檢驗的類型是產前檢查的游離胎兒DNA（ffDNA）。和絨膜絨毛取樣（chorionic villi sampling）相反，游離胎兒DNA使用的是抽取自母親血液中的胎兒基因物質，因此是不具侵入性的。近期的研究指出游離胎兒DNA檢驗可以用來判斷胎兒是否有唐氏症，及其他可能的基因疾病。這種類型的檢驗費用仍然非常昂貴，並且需要更多研究，但其結果似乎比現有唐氏症的篩檢方式更準確。

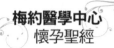

血友病或其他性聯遺傳疾病。

檢驗的準確度及限制 雖說羊膜穿刺術在找出特定基因性疾病上相當準確,但卻無法找出所有的先天性缺損。舉例來說,它就無法偵測心臟缺損、兔唇以及裂顎。羊膜穿刺術結果正常可以讓妳對特定的先天性疾病放心,但並不能保證寶寶所有的缺損都沒有。

絨膜絨毛取樣 和羊膜穿刺術類似,絨膜絨毛取樣(CVS)可以偵測妳未出世寶寶體內染色體和其他基因的異常。不過,不是採取羊水樣本,絨膜絨毛取樣檢查的是從胎盤取下的組織。胎盤的部分組織是由內膜層構成,稱之為絨毛膜(chorion)。小小的、像毛髮一樣的突出物就突出於絨膜絨之上,稱為絨毛,是作為養分、氧氣、和抗體從妳體內輸送到胎兒體內的路徑。這些絨膜絨毛含有胎兒細胞,有寶寶完整的染色體與DNA。

何時做、如何做 絨膜絨毛取樣通常是在懷孕的第九週到第十四週之間進行的,比羊膜穿刺術標準的進行時間早。如果妳希望懷孕早期能有個較早的診斷性檢驗,醫師可能會推薦絨膜絨毛取樣,因為早期進行羊膜穿刺術併發症的風險高。

在進行程序時,醫師採取絨毛細胞樣本的方式是以一支細細、中空的針頭(導管)透過陰道和子宮頸插入,或是從腹部插入針頭。然後把樣本送到檢驗室分析。這兩種方式(腹部和子宮頸)都被認為是相當安全的。至於妳的醫師要採用哪種方式得看胎盤的位置和他本人的經驗。一般來說,胎盤位在子宮背面的比較容易透過子宮頸採樣。胎盤在前的,任何一種方式都可以。

在程序開始前會先以超音波來判斷胎盤的位置,而在整個程序進行時都會全程使用超音波來引導。

做絨膜絨毛取樣比羊膜穿刺術的專業度更高,所以找有經驗的婦產科醫師來進行這項檢驗室很重要的。一般來說,進行絨膜絨毛取樣的風險雖然稍高於羊膜穿刺術,但是兩者的風險還是類似的,包括了流產、程序後的併發症與Rh血型敏感。

對於絨膜絨毛取樣是否會讓四肢缺損的發生率提高曾經一度有過爭議。那時的報告顯示,施行絨膜絨毛取樣後,四肢功能不正常的比例稍微提高了。但從那之後,其他的研究並未發現有提高的現象。四肢缺損的風險似乎只在懷孕第九週之前進行絨膜絨毛取樣檢驗才會是個疑慮。

檢驗結果告訴妳什麼 和羊膜穿刺術一樣，取樣胎兒細胞的分析可以告訴妳胎兒是否有染色體異常的情況，像是唐氏症。懷孕如果有特定的遺傳性基因疾病風險，使用從絨膜絨毛取樣中取得的DNA也可以用來檢驗該特定的疾病。絨膜絨毛取樣檢驗優於羊膜穿刺的地方在於檢驗結果在更早的孕期中就可以得知。

檢驗的準確度及限制 絨膜絨毛取樣的假陽性比例低於百分之一。假陽性的意思就是，檢驗報告指出胎兒有異常，但是實際上是沒有的。如果妳得到的結果是陰性，那麼幾乎就可以確定胎兒沒有染色體異常的情形。但是絨膜絨毛取樣無法適用所有病症的檢查。舉例來說，它就無法用於神經管缺損的檢查，像是脊椎裂。

經皮臍帶血取樣 採用經皮臍帶血取樣（percutaneous umbilical blood sampling，簡稱PUBS）時，會透過臍帶靜脈取得胎兒的血液樣本。這個診斷性程序可以偵測染色體異常、某些基因問題以及感染性疾病。PUBS 也稱為臍

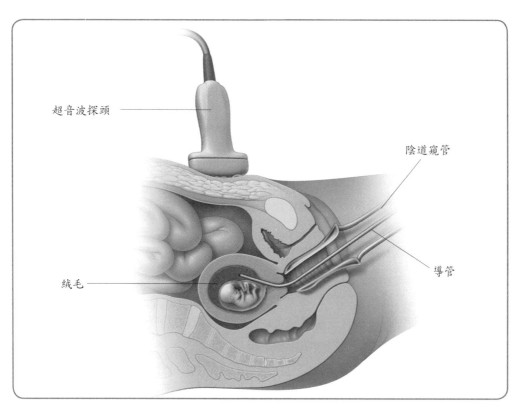

超音波探頭

陰道窺管

導管

絨毛

靜脈血取樣、胎兒血取樣和臍帶血穿刺術。

在執行穿越子宮頸絨膜絨毛取樣時，以陰道窺管打開陰道，將導管透過子宮頸，插入進到絨毛。用輕柔的方式吸取樣本，送到檢驗室檢驗。跟羊膜穿刺術一樣，醫師會利用超音波影像來檢查胎兒的位置，並引領導管就位。

如果其他的診斷性檢驗，像是羊膜穿刺術、超音波和CVS都無法提供夠的資料可供參考，那麼照護醫師可能會提供這個檢驗程序。過去，經皮臍帶血取樣是收集樣本供染色體分析檢驗中，最快的方式。但是今日的新檢驗室技術，例如螢光原位雜交（參見第321頁）可以讓染色體評估比以前來得快完成，風險也較低。

經皮臍帶血取樣也可以用來診斷特定的血液疾病及感染，並輸血給寶寶。

 妊娠小百科 / 當產檢結果顯示有問題

不願想像的事情發生了：妳的產前檢查結果顯示胎兒有問題。處在震驚、憂慮、以及恐懼之中，一個問題浮現了：我們該怎麼辦？

和照護醫師訂個時間來討論發現的結果，可能、或不可能代表的意思。以下是妳在約診時，可能會考慮請問照護醫師的問題：

· 這個檢驗的結果有多準確？是不是有可能出錯？

· 患上這種病症，我的寶寶活得下來嗎？如果可以，他在產後可能可以活多久？

· 是什麼樣的問題會引發這種病症？寶寶在生理上可能受到的影響有多大？心理上受到的影響有多大？

· 有其他額外的檢查可以提供更多和寶寶狀況相關的資訊嗎？

· 有其他醫療專業人員可以給我們更多資訊嗎？

· 照顧患有這種病症的孩子需要什麼特別的照護嗎？

· 我們社區中是不是有支援團隊可以支援有這種病症孩子的家庭？

· 這種病症對於我們下次懷孕影響的機率如何？

· 如果決定要結束懷孕，我們有什麼資源可以利用？有什麼諮詢服務或支援團隊可以利用？妳收集的資訊可以幫助妳根據個人的環境來下決定嗎？

何時做、如何做　經皮臍帶血取樣通常是在懷孕之後稍晚進行的，在第十八週之後。在這之前，臍靜脈仍然較為脆弱，程序會困難很多。和施行羊膜穿刺術一樣，妳要平躺著，露出腹部。腹部到處塗上軟膏，並用超音波測定臍帶的位置。醫師會用一支細細的針頭，穿透妳的腹部，進入子宮的臍帶靜脈並抽取血液樣本。這個樣本會被送到檢驗室分析。在這程序之後，胎兒很可能會被監看一段短時間，以確定他平安無事。

經皮臍帶血取樣和絨膜絨毛取樣或羊膜穿刺術相比，流產的風險較高，大約在百分之一到二之間。其他的相關的風險還包括了針頭插入處的出血，這個通常會自行停止、胎兒心跳的暫時性減緩、感染、痙攣和羊水滴漏。

檢驗結果告訴妳什麼　經皮臍帶血取樣可以找出染色體的疾病，不過這個目的的首選很少是這個檢驗。經皮臍帶血取樣也較常用來判定血液疾病和感染。

因為經皮臍帶血取樣和其他產前檢查相比，風險性比較高，照護醫師在進行經皮臍帶血取樣之前，可能會給妳其他的診斷性的選項。不過如果妳是Rh陰性，而寶寶是Rh陽性，而都卜勒超音波指出胎兒有顯著的貧血，經皮臍帶血取樣可以用來判斷胎兒是否需要輸血。

由有經驗的照護醫師執行這個程序是這個檢驗成功的關鍵。

懷孕後期的檢驗

在某些特定的狀況下，照護醫師可能會建議妳在懷孕的後期進行其他檢查。這些檢查包括了電子胎兒無壓力測試和壓力測試、胎兒生理評估和都卜勒超音波。

電子胎兒無壓力與壓力試驗　電子胎兒無壓力測試很簡單，是無侵入性的測試。這個測試名為無壓力測試是因為胎兒在測試的時候不會被施壓。

做這項測試時，胎兒的運動、心跳率和反應到運動的心跳率會被測試大約二十到三十分鐘。如果胎兒沒動，並不代表著就有問題，他可能只是睡著了。無反應測試可以指出胎兒是否因為胎盤或臍帶發生問題而有氧氣接收不足的情形。

而進行胎兒宮縮壓力測試時，會利用靜脈注射（IV）施打催產素，以引發子宮的收縮。某些情況下，妳也可能會被要求按摩乳頭。這是告訴妳的身體要釋放催產素。如果妳在宮縮後的某種模式中，妳的心跳率變慢（減速），那表示

胎兒可能沒有接收到足夠的氧氣,可能無法撐過陣痛和分娩過程。

如果妳注意到腹中寶寶的運動有顯著的減少,而妳本身有併發症或是胎兒的成長速度似乎慢到不正常,那麼照護醫師可能會推薦妳進行無壓力測試或是宮縮測試。

何時做、如何做 這些測試通常在懷孕第二十八週以後才會進行。進行的方法如下:

・**無壓力測試**。進行這個測試實會利用探頭來測量胎兒的心跳率,並使用監測器來記錄胎兒的運動以及連結到腹部的子宮收縮情況。照護醫師會看看一段時間內,胎兒的心跳率模式是否有變化。大多數的變化都是因為和胎兒的運動連動發生的。

・**宮縮壓力測試**。宮縮壓力測試施行的方式和無壓力測試幾乎一樣,只是胎兒的心跳是在妳有輕微子宮收縮情況時被測量的。這個宮縮是必須被引發的。

檢驗結果告訴妳什麼 如果胎兒的心跳不如預期般加速,那測驗結果就是不正常。這樣聽起來雖然可怕,但結果不正常未必代表妳的胎兒是危險的。這種測試的假陽性率高,在實際上沒問題時,也可能顯示有問題。

檢驗的理由 除了運動減少外,如果妳有下面任何一種病症,照護醫師也可能會建議妳進行測試:

・糖尿病
・腎臟或心臟疾病
・高血壓
・死胎的記錄
・預產期已經過了
・妳懷著兩個或更多個孩子

檢驗的準確度及限制 兩種測試的假陽性結果率都非常高。假陽性代表測試指出有問題,其實並沒有。不過,指出胎兒是健康的結果倒是非常可靠。

胎兒生理評估 胎兒生理評估綜合了超音波檢查和無壓力測試。這種檢查通常是評估五種胎兒健康層面,包括了:

・心跳率
・呼吸運動
・身體運動
・肌肉張力
・羊水程度

每個項目因子的分數在0到2之間,分數加總起來,得分從0到10。

胎兒生理評估可以幫助妳和照護醫師在產前追蹤胎兒的健康狀況，尤其是如果妳是屬於高風險妊娠。

何時做、如何做 這個測試早至懷孕的第二十六週就可以做了，但一般是從懷孕的第三十二週開始。

胎兒的心跳率是以無壓力測試測量的。其他四個項目因子，呼吸、運動、肌肉張力和羊水，則是以超音波評估的。如果項目正常，就會得到2分整。如果沒有，或是低於預期，分數則是零。（所有得分都是偶數。）

檢驗結果告訴妳什麼 總得分在六分或六分以下代表胎兒氧氣不足。分數愈低，情況愈需要關切。依照胎兒的週數和情況，照護醫師會推薦分娩的方式。

檢驗的準確度及限制 胎兒生理評估每個單項的結果，假陽性率都偏高，但是加總在一起，假陽性的比例就降低了。得分低未必代表胎兒必須趕快生產，只是意味著後面孕程需要特別的照護。

都卜勒超音波 都卜勒超音波（參見第313頁）是懷孕後期評估胎兒健康的另外一種方法。這是用來監看胎兒血管中血流的方式。都卜勒超音波可以用來判斷胎兒的血液是如何流經全身和胎盤，以及血流速度的。都卜勒研究也用在有致命貧血風險的胎兒身上，因為可以觀察胎兒血管中不正常的低血液濃度或紅血球。

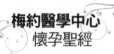

第22章

我該選擇哺育母乳還是餵配方奶？

妳打算為餵寶寶喝母乳，還是讓寶寶喝嬰兒配方奶粉？一些女性對這問題回答是斬釘截鐵、毫不猶豫，但另一些人則是左思右想。

很顯然的，以母乳哺育是最好，母乳的優點眾所皆知。母乳含有給寶寶的均衡養分，母乳中的抗體也可以提昇寶寶的免疫力，協助他對抗疾病。但有時候以母乳哺育是不可能的，所以用沖泡奶粉的方式來代替親餵母乳也不必心懷罪惡感。罪惡感對妳和寶寶都沒好處。

對幾乎每一位新手媽媽來說，新生寶貝乍來新到的最初幾個禮拜是需索最高、也最累人的時期。妳和寶寶都在適應全新的現實環境，而適應需要時間。

在這個適應期間，請記住哺育新生寶寶不僅僅只是供給營養而已。那是安撫與親密的時光，可以幫助妳建立與寶貝之間的聯繫。妳會想讓每一段餵乳的時間變成你們之間的牽絆與連繫。找一個安靜的地方來餵寶寶，一個你們兩人較不易受到干擾的地方。好好珍惜這一段寶寶還不能開始自己吃東西的時光，這個時間很快就過去的。

哺育的五個關鍵問題

如果妳無法還下定決心是否以母乳哺育，請考慮這些問題：

Q 妳的照護醫師有什麼建議？　除非有什麼很特別的健康理由，否則妳的照護醫師應該會非常支持妳以母乳哺育。健康上的問題指的有特定的疾病、或正在接受某種疾病的治療，這種時候，採取沖泡奶粉會是較好的選擇。

Q 妳對兩種方式都有深入的了解嗎？　很多女性對於母乳哺育都有誤解。盡可能多學習哺育孩子的方式。需要的話，尋找專家建議。

Q 有計畫要回去上班嗎？　如果有這計畫的話，對母乳哺育的影響是什麼？　如果妳打算要在公司擠母乳的話，妳工作的地方是否有場所可以讓妳進行？

Q 妳的伴侶對這決定感覺如何？　決定完全取決於妳，但是妳必須把伴侶的感受列入考量。

如果她們有機會再做一次，會做相同的決定嗎？

母乳哺育健康多多

母乳哺育是很被鼓勵的事，因為對健康已知的好處很多。妳以母乳哺育的時間愈久，寶寶體驗這些好處的機會愈多，而且也較可能持續。

泌乳　母乳哺育真的是一件很神奇的事。在懷孕早期，妳的乳腺（泌乳）已經開始準備哺乳了。在懷孕六個月之前，妳的乳房已經準備好要開始分泌乳汁。這個時候，某些孕婦的乳頭上已經會出現小小的、黃色的液體（初乳）。這種含有豐富蛋白質的初乳正是寶寶在出生後的幾天，如果以母乳哺育時吸吮的乳汁。初乳對寶寶非常好，因為它含有妳體內對抗感染的抗體。它還未含乳糖。

妳的乳汁供應在寶寶出生後的三到五天內會逐漸增加。乳房會變得很飽滿，有時還會漲痛。當乳腺充滿乳汁時，妳可能會覺得乳房好像結成塊狀，或是硬硬的。當寶寶被哺育時，乳腺就會釋放出乳汁，從乳導管內被推出。而乳導管就位在乳頭周圍的深色圓形組織（乳暈）之後。寶寶吸吮的動作會壓縮乳暈，迫使乳汁從乳頭眾多小小的開口中流出來。

寶寶的吸吮會刺激乳暈和乳頭的神經末梢，傳送訊息到腦部，以釋放催產素荷爾蒙。催產素在乳房中的乳腺中發揮作用，讓乳汁射出，哺育妳的寶寶。這種釋放稱之為射乳（乳汁射出）反應，可能會伴隨著一種微微的刺痛感。

這種射乳反應讓乳汁可以被寶寶吸入。雖然寶寶的吸吮是使乳汁射出的主要刺激，不過其他刺激也會有相同的效果。舉例來說，寶寶的哭聲，或甚至只是想到寶寶，或聽到水波的聲音，也射乳反應開始動了起來。

無論妳是否打算要親自以母乳哺育，妳的身體在懷了孩子後都會開始分泌乳汁。如果妳不想餵母乳，妳的乳汁供應最後就會停止。如果妳以母乳哺育，妳的身體就會依照供應量和需求來分泌乳汁。妳的乳房愈常被清空，乳房分泌的乳汁就愈多。

對寶寶的好處　母乳可以提供寶寶：

・理想的營養　母乳有最適當的營養、最適當的量，可以完全滋養寶寶。它含有脂肪、蛋白質、碳水化合物、維

生素和礦物質,是寶寶生長、消化、及腦部發育所需要的。母乳也是非常個人化的;母乳的成分會隨著寶寶的成長而有變化。

· **保護對抗疾病** 研究顯示,母乳可以幫助寶寶,讓寶寶不生病。母乳中所含的抗體可以幫助寶寶的免疫系統對抗一般常見的幼兒疾病。餵母乳的寶寶得到感冒、耳朵發炎、泌尿道感染的機率,比沒餵母乳的寶寶低。餵母乳的寶寶得到氣喘、食物過敏、和皮膚病症,像是濕疹的情況也比較少。他們比較不會有紅血球數量太低的情況(貧血)。研究顯示,餵母乳還可以幫助寶寶對抗嬰兒猝死症候群,也稱為嬰兒在床死亡,稍微降低發生在兒童期的白血病。

母乳甚至可以長時間發揮保護作用,對抗疾病。成年人在幼時以母乳哺育的,在心臟病、和中風方面發作的風險較低(這是由於膽固醇濃度較低),而且日後有糖尿病的情況也較少。

· **保護對抗肥胖** 研究指出,以母乳哺育的寶寶,長大成年後比較不容易有肥胖症。

· **容易消化** 和奶粉或新鮮牛乳相比,母乳對寶寶來說,比較容易消化。因為母乳停留在胃部的時間不如奶粉久,所以以母乳哺育的寶寶吐奶的情況比較少。漲氣、便秘的情況較少,腹瀉的情況也少,這是因為母乳顯然可以殺死部分引起腹瀉的細菌,幫助寶寶的消化系統成長並發揮功能。

· **其他的好處** 以母乳哺育可以促進寶寶的下顎和臉部肌肉正常發育,甚至可以讓寶寶在兒童期減少蛀牙。

對媽媽的好處 對媽媽來說,好處包括了:

· **產後恢復比較迅速** 寶寶吸吮的動作會激發母體釋放催產素,這是一種可以讓子宮收縮的荷爾蒙。這意味著,和以奶粉餵哺相較,以母乳哺育,子宮在分娩後可以更快回復到懷孕前的大小。

· **抑制排卵** 以母乳哺育會使排卵、也就是妳月經回復的時間延後,拉長兩次懷孕之間的時間。

· **可以長時間保護健康** 母乳哺育可以降低母親在更年期前得到乳癌的風險。母乳哺育也可以提供某些程度的保護,降低子宮癌和卵巢癌。

餵母乳優缺點比較 先不論嬰兒和母親的健康,其他方面可以考慮的還包括了:

· **便利性。** 很多媽媽都發現,和以奶瓶餵哺相比,以母乳哺育要更方便些。只要寶寶有肚子餓的跡象,隨時隨地都可以餵哺。此外,不需要任何器材,

母乳隨時都準備妥當，溫度還很完美。因為不需要準備奶瓶，所以躺著也能餵奶，夜裡餵奶比較方便。

‧**節省成本**。以母乳哺育可以省錢，因為不必花錢買奶粉，也不需要奶瓶。

‧**母子間的牽絆聯繫**。以母乳哺育可以增進母親和寶寶之間的親密感。這對你們兩人來說，回饋感和充實感都非常

 妊娠小百科／當無法以母乳哺育時該怎麼辦？

　　大多數的女性在生理上都能夠餵哺自己的孩子。這種能力和乳房的大小無關；小乳房分泌的奶水不會比大乳房少。做過縮乳手術或是乳房植入的女性還是能夠以母乳哺育孩子。

　　在某些很罕見的情況下，產婦可能會被鼓勵以沖泡的奶粉代替母乳餵哺孩子。如果有以下狀況，照護醫師可能會建議妳以沖泡奶粉進行母乳哺育：

　　‧妳感染了肺結核、HIV、人類T淋巴球細胞性病毒或是B型或C型肝炎。這些感染可能會透過母乳哺育傳染給寶寶。

　　‧妳染上了西尼羅河病毒或是水痘。有這些感染的女性若以母乳哺育可能會對嬰兒造成風險。有這些感染的女性得視個別情況接受建議處理。

　　‧妳嚴重酗酒或吸毒。酒精或毒品會透過母乳傳給寶寶。

　　‧妳正在接受癌症的治療。

　　‧妳正在接受某種藥物治療，而這種藥物可能會透過母乳傳給寶寶，對寶寶造成傷害。像是，抗甲狀腺的藥物、一些血壓藥物及大多數的鎮定劑。在進行母乳哺育之前，先請教妳自己的照護醫師、寶寶的照護醫師或是授乳諮詢，妳是否需要停藥或改採其他處方或非處方藥物。

　　‧新生寶寶有特定的病症。一些罕見的代謝病症，像是苯酮尿症或是半乳糖血症，需要特殊配方的奶粉。

　　‧妳的新生寶寶早產還未足月，或是成長情況不好。一些成長情況不佳的嬰兒可能需要特別測量過量的奶以及營養補充品。母乳可能可以餵哺，不過需要以奶瓶、滴管或是杯子餵哺，直到情況改善。

　　‧寶寶的嘴部畸形，像是兔唇或是裂顎。如果他有母乳餵哺上的困難，那妳可能必須以奶瓶來餵他。不過，妳在妳泌乳情況穩定之前大約一個月，妳可以選擇用吸乳器把母乳吸出來、收集起來，放到奶瓶中餵寶寶。

高。

‧**母親的休息時間**。當妳以母乳餵哺寶寶時，每隔幾個鐘頭，媽媽就可以有休息時間。

不過，母乳哺育還是存在著一些挑戰和不便，包括了：

‧**只能由母親餵哺**。在最初的幾個禮拜，對母親的身體是很大的需索。一開始，新生兒每隔兩到三個小時要餵一次，日以繼夜。這對媽媽來說非常累人，而老爸則可能覺得自己被拋在一旁。實際上，妳可以用吸乳器擠奶，讓當老爸的或其他人可以接手一些餵奶的工作。大約要一個月左右，妳的奶水供應才能正常，讓妳可以用吸乳器來擠奶

並收集起來。

‧**媽媽的限制**。餵奶的母親不建議喝酒，因為酒精會透過母乳傳給寶寶。此外，妳在哺育時期無法使用某些特定的藥物。所以，請和妳的照護醫師討論。

‧**乳頭疼痛**。有些女性會有乳頭一碰就痛的情況，有時候還會有乳房發炎的問題。這些只要姿勢正確並有正確的技巧，是可以避免的。授乳諮詢或是妳的照護醫師可以教導妳正確的授乳姿勢。

‧**其他生理上的副作用**。當妳在授乳時，寶寶的荷爾蒙會讓妳的陰道變得相當乾燥。使用水性的潤滑膏可以治療這

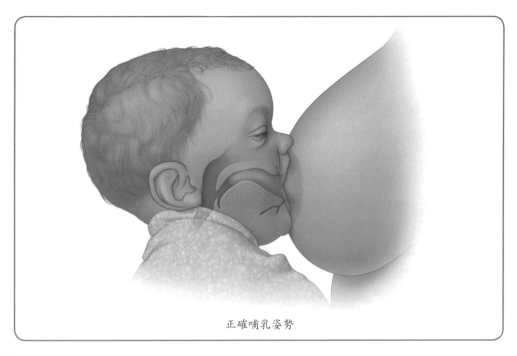

正確哺乳姿勢

個問題。妳的生理期也要一段時間才會恢復固定型態。

補充寶寶維生素D 如果妳只有餵寶寶母乳，或是部分餵母乳，請和寶寶的醫師談一談幫寶寶補充維生素D的問題。母乳中的維生素D含量可能不足，但維生素D對於寶寶在鈣和磷的吸收上很有幫助，這兩種營養素對於強壯骨頭是很必要。有很少數的例子，維生素D過少可能會導致佝僂症，這是一種骨頭變軟變脆弱的疾病。

美國小兒科學會和國家衛生研究院推薦出生一年內的嬰兒每天應該接受400國際單位（IU）的維生素D。

著手開始哺育母乳 如果這是妳初次親餵母乳，那麼妳可能會很緊張，不過這很正常。如果妳是第一次餵哺，而一切都輕鬆順利，那就太好了。如果不是，那請多點耐心。餵奶是需要練習的。這雖然是很自然的過程，但並不意味著對所有的媽媽來說都是件容易的事。這對妳和寶寶來說都是新的技巧。在妳和寶寶熟悉之前，妳還得多試幾次。

開始以母乳哺育的時間就在寶寶出生後。可以的話，在產房中就把寶寶放在妳胸前。愈早開始肌膚相親，母乳哺育的結果愈好。可以的話，請安排寶寶在醫院或助產所時就待在妳房間，方便餵乳。要讓寶寶盡快學習如何吸吮母乳，請要求不要以奶瓶補充他任何水或沖泡奶粉。除非有醫學上的需求，最好也不要讓寶寶吸奶嘴，直到吸吮母乳的習慣建立。

· **有需要的話，請尋求協助** 當妳還在醫院的時候，請醫師、助產士、護士或是授乳諮詢協助妳。這些專家可以親自參與指導，並提供有用的提示。在美國的話，離開醫院或助產所後，妳可能會想安排對嬰兒哺育有認識的公衛護士來拜訪妳，對妳進行額外一對一的指導。基於許多理由，去上個如何親授母乳的課程也是個很好的主意。通常來說，分娩課程中都會涵蓋親授母乳的內容，不然妳也可以去報單獨的課程。大部分的醫院和助產所都有提供課程，教導妳如何哺育新生兒。

· **手邊準備好使用物品** 妳需要準備幾件哺乳胸罩。這種胸罩可以提供授乳的乳房重要的支撐。哺乳胸罩和一般胸罩的不同在於兩個罩杯都可以向前開，通常來說，妳抱著寶寶也能毫無阻礙的簡單開合。

妳還需要一些防溢乳墊，來吸收從乳房滲漏出來的乳汁。這種乳墊輕薄、可拋，可以墊在乳房和胸罩之間，吸收滲漏出來的乳汁。避免使用

塑膠質料的護罩，以免乳頭附近的通氣不佳。防溢乳墊可以一直穿著，或是偶而穿著。有些女性不願意費事去穿，但大多數哺乳的女性覺得這種乳墊蠻有用的。

· **試著放輕鬆**　餵乳的時間，請找個安靜的地點。手邊放一杯水或果汁，因為當妳的奶水射出時，妳通常會感到口渴。電話放在附近或關機。在伸手可及的範圍內放本書或是電視遙控器，不過還是盡量好好利用這段與寶寶一起的時光。

· **採取舒服的姿勢**　妳和寶寶都應該要很舒服才好。不論是在醫院的床上或椅子上，還是坐直。腰窩處放一個小枕頭支撐。如果妳選擇椅子，選擇有低靠手可以歇手，或是在手臂下放一顆枕頭支撐。

選擇適合的餵乳姿勢　把寶寶抱靠近妳身體，讓他的臉正對妳乳房，嘴巴靠近妳的乳頭。要確定讓寶寶整個身體都面向妳，肚子貼著妳肚子，耳朵、肩膀和臀部成一直線。一開始，先把一隻空的手放在乳房下支撐，以便餵奶。用手支撐乳房的重量，輕輕的對著乳頭的方向直直向前擠壓。每個女性覺得最舒服的授乳姿勢並不相同。以下的姿勢都試試看，看看哪種最適合妳：

· **交叉搖籃抱姿**　讓寶寶橫過妳身體前面，肚子貼肚子。用妳要餵哺乳房相反方的手抱住寶寶，用這隻開的手撐住寶寶頭的後變，這種抱法可以讓妳可以很好的控制寶寶貼上來的位置。而另外一隻空下來的手則從要哺育的乳房下面，以U形撐住往上托，與寶寶的嘴巴貼合。

交叉搖籃抱姿

· **搖籃抱姿**　用一隻手托抱住寶寶，讓寶寶的頭舒服的枕在妳要餵乳乳房的

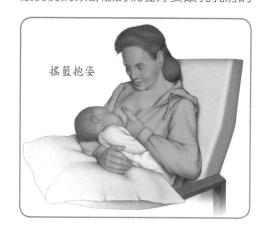

搖籃抱姿

同一側。用前臂撐住寶寶的背部。用空的一隻手托住妳要餵乳的乳房。

・**橄欖球抱姿**　使用這個姿勢抱寶寶就和腋下夾著足球跑幾乎一樣。用一側的手臂抱住寶寶，手肘彎曲，用這隻開的手緊緊的撐住寶寶的頭，讓他頭臉面對妳的乳房。寶寶的身軀會擱在妳的前臂上。把一個枕頭放在一邊支撐妳的手臂。有寬寬低把手的椅子最合適。用空著的手，以C型從乳房下方往上托，與寶寶的嘴巴貼合。因為寶寶的位置並未靠近腹部，所以橄欖球抱姿很適合剖腹產後復原的產婦。這個姿勢也常被胸部大，但需哺育早產或體型較小的寶寶。

・**側躺抱姿**　雖然大多數的新手媽媽都是學習以坐姿哺育嬰兒的，但是妳可能有時候會躺著哺育寶寶。用下面的手

來幫忙讓寶寶的頭部貼近妳的乳房。上面一隻手則橫過身體，抓住乳房，將乳頭送到寶寶的唇邊。在寶寶牢牢的吸吮好後，妳可以用下面的手來撐住自己的頭，並用上面的手和手臂來幫忙支撐寶寶。

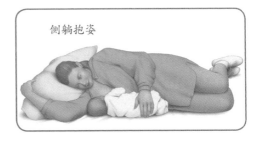

親餵母乳的基本認識　如果寶寶的嘴巴沒有馬上張開，接受妳的乳房，那麼用乳頭輕輕的碰觸他的嘴巴或臉頰。如果寶寶餓了，對吃奶有興趣，嘴巴應該就會張開。當寶寶嘴巴一張大，好像打呵欠的樣子，趕快把他的嘴湊到妳的乳房上。妳會希望寶寶能盡量大口含入乳房和乳暈，他可能得試著張開幾次口，才能將嘴巴張大到足以正確的緊密含乳。

當寶寶開始吸吮後，妳的乳頭會在寶寶口中被拉來拉去，所以可能會有一陣陣波動的感覺。幾次吸吮後，這種感覺應該就會稍微消褪。如果沒有，讓乳房更深入寶寶的嘴裡，把他的頭壓得更近。如果這樣還不能讓妳感到舒服

些，輕輕的將寶寶的頭從妳胸前拉開，仔細的解開第一次的吸吮。要打斷吸吮動作，輕輕把妳的指尖從寶寶的嘴角塞進他嘴裡，把手指慢慢塞進他牙齦之間，直到妳感覺寶寶已經放開。重複這個步驟，直到寶寶能正確的含乳。妳希望寶寶能做出牢固的吸吮姿勢。

如果從寶寶的臉頰上看得出強勁、穩定、有節奏感的動作，而寶寶也有吞嚥的動作，妳就知道乳汁有流出。

如果妳的乳房塞住寶寶的鼻子，稍微把寶寶提高，或是往後再往前調整他頭部的角度，讓他多一些呼吸的空間。如果寶寶正確的銜接並吸吮了，即使一開始有些笨拙，表示姿勢是正確的。當餵乳開始，妳就可以把支撐的手放輕鬆，把寶寶的下半身拉近妳。

·**兩邊乳房都要給予吸吮**　每次餵乳時，兩邊乳房都要給寶寶。先讓寶寶結束一邊的餵乳，然後幫寶寶拍打嗝，再給

 妊娠小百科／哺乳時不忘保持自己的健康

如果妳和大多數的新手媽媽一樣，注意力可能只集中在寶寶的需求上。雖然這樣的擔當完全合理，但是可別忘了自己的需求。如果寶寶要好好長大，他需要一位健康的媽媽。

·**營養補充**　在哺乳期間最佳的營養補充方式和生活中其他時間並沒什麼不同：飲食要健康、均衡。哺乳時，沒有什麼要忌口的食物。此外，每天喝六到八杯流質飲料。水、牛奶、和果汁都是優質的選擇。少量的咖啡、茶和軟性飲料也還算沒關係。

當一個新手媽媽，要每天準備健康的三餐很困難。妳可能會發現，整天吃一些健康的小零食還比較容易。當伴侶的人可以給哺乳中的媽媽一些小點心吃。

·**試著休息**　當新手媽媽的人要試著休息，有時候似乎就是有難度。妳如果有好好休息，就會覺得比較有精神、吃得比較好，也最能享受和寶寶一起的時光。休息可以促進泌乳荷爾蒙的分泌，進而促進乳汁的分泌。哺乳舒緩的效果可能會讓妳昏昏欲睡，所以試著配合寶寶的時間表睡一下覺吧！不要怕請別人幫助家事，讓妳可以稍事休息。小孩子會為能幫助媽媽，一起幫忙家裡的事情而感到高興。

他另外一邊。每次都換邊開始吸吮，以平衡每個乳房接收到的刺激。

一般來說，餵寶寶的時間以他希望的時間長度為主。每次餵乳的時間可能有很大的不同。一般來說，大部分寶寶每次哺乳的時間是半個鐘頭左右，分給兩邊乳房。以理想的情況來說，妳會希望寶寶能吸完一邊的乳房再換到另外一邊。為什麼呢？因為最初從乳房流出來的乳汁稱之為前奶，含有豐富的蛋白質，利於生長。但是寶寶吸吮的愈久，他得到的就是後奶了，裡面含的是豐富的熱量和脂肪，因此可以幫助寶寶增加體重並成長。所以，等到寶寶似乎快放掉一邊了，再給他另一邊的乳房。

· **母乳容易消化** 由於母乳很容易消化，所以剛開始餵母乳的孩子幾個小時就餓了。剛開始餵母乳的時候，妳每天似乎只在做餵奶一件事而已！寶寶需要頻繁的餵奶並不是他沒吃飽，而是母乳真的很容易消化。如果妳的寶寶餵完奶後一副滿足的樣子，而且也有在長大，妳就可以很自信的說自己做得很好。

乳房的照料

當妳奶水的供應已經正常，而妳和寶寶對於餵乳一事也感到舒服了，那麼你們應該就能無事度過了。不過當妳

開始親餵母乳時，妳可能會經驗以下的情形：

· **漲奶** 在寶寶出生幾天後，妳的乳房可能會變得豐滿、堅硬、而且一碰就痛，讓寶寶抓住妳的乳頭時，成為妳的挑戰。這種漲痛的感覺稱為漲乳，也可能引起乳房阻塞，造成出乳變慢。即使寶寶好好的含乳，結果可能也不太能讓他滿足。

要處理漲乳的問題，可以在親餵之前先將一些乳汁擠出來。以一隻手托住妳想要擠乳的乳房，另外一隻手輕輕的往內向乳暈的方式敲敲乳房。然後將大拇指和食指放在乳房的頂部和底部，就在乳暈後。當妳輕輕的用手指擠壓乳房，乳汁應該就會從乳頭流出或噴出。沖個溫水澡也可能會導致噴乳反應，舒緩漲乳的情況。妳也可以用吸乳器來把一些乳汁擠出來。

當妳讓乳汁流出後，應該就會開始覺得乳暈和乳頭有變軟的感覺。一旦流出足夠的乳汁後，寶寶就可以舒服的含乳並哺乳了。頻繁及較長時間的餵哺是避免漲乳最好的方法。經常哺育妳的寶寶，並試著不要漏過每一次餵奶。日夜都穿哺乳內衣也可以幫助支撐飽漲的胸部，讓妳比較舒服。

如果妳的乳房在哺乳後一壓就

痛，可以利用冰塊來降低漲痛感。有些媽媽發現洗溫水澡可以紓解乳房的疼痛。幸運的是，這個時期的漲乳時間通常不長，只有在產後持續幾天而已。

· **乳頭一觸就痛** 當寶寶剛剛開始含乳時，妳的乳頭可能會有一些。這很尋常，原因通常是因為漲痛或是乳頭龜裂。乳頭會一觸就痛通常是因為姿勢與含乳方式不正確。每次餵乳時，妳都要確定寶寶把整個乳暈含進去，而不是只有乳頭。 妳也要確定，寶寶的頭部有和身體成一直線。不成一直線會拉扯到乳頭。

要照顧妳的乳頭，可以在每次餵乳後把一些乳汁擠在上面，讓其自然通風乾燥。每次哺乳後不需要清洗乳頭。乳暈有內建的潤滑劑，可以提供天然的滋潤。每天用肥皂汗水洗澡沒關係。之後，讓乳頭自然通風乾燥。

· **乳導管阻塞** 有時候，乳房內的乳導管會被塞住，讓乳汁被堵住。乳導管阻塞時，皮膚可以感覺到小小、一碰就痛的腫粒，或是大範圍的硬塊。因為乳導管阻塞會引起發炎，所以應該要馬上處理。最好的方法是讓寶寶清空阻塞的乳房，打開乳導管。如果寶寶沒有清空，那就用手或是吸乳器來擠奶。在哺乳前先以熱墊熱敷，然後按摩有問題的乳房。如果問題經過自我治療後並未消除，可以打電話請教授乳諮詢，或是照護醫師。

乳房發炎 這是哺乳時比較嚴重的併發症。發炎（乳腺炎）可能是餵奶時未能淨空妳的乳房所致。細菌也可能從皸裂的乳頭和寶寶的嘴裡進入妳的乳導管。這些細菌對寶寶是無害的，每個人身上都有，只是不在妳的乳房組織裡。乳腺炎開始時症狀像是感冒，有發燒、寒顫、身體會痛。之後而來的是發紅、腫脹和乳房觸痛。如果妳有這樣的跡象和病症，請打電話給妳的照護醫師。妳可能需要以抗生素治療，此外，還需要多休息和喝水。吃了抗生素也可以持續哺乳。治療乳腺炎不會對寶寶造成傷害。在餵乳期間盡量清空乳房可以預防乳導管阻塞，這又是另外一種病症。如果妳的乳房真的很痛，在泡熱水澡時一起泡乳房，之後用手擠一些乳汁出來。

吸出乳汁 有時候妳無法親自餵乳，所以會希望先把乳汁擠出來，在妳不在時可以餵寶寶。這個擠乳的動作妳可以用吸乳器或用手。不過，大多數親自餵乳的媽媽都發現，用吸乳器來擠乳比用手容易多了。

當妳打算回去工作，或只是想要吸乳器提供的便利性時，妳有很多選

擇。先問自己以下的問題再來決定要哪一種吸乳器（手動或電動），最適合妳。如果妳還是不確定，請尋求幫助。授乳諮詢或妳寶寶的照護醫師都可以幫助妳做最好的選擇，或在有問題時提供幫助和支援。

Q 妳會多常使用吸乳器？ 如果妳只是偶而離開，而妳的奶水已經正常，那麼可能只需要簡單的手動吸乳器就行。這類吸乳器體積小，價格也不高。妳只需要擠壓把手，就能吸出乳汁。如果妳打算回去上全職班，或是每天得離開寶寶好幾個鐘頭，那麼妳或許會想投資買個電動的吸奶器。比起手動吸奶器，電動吸奶器能較有效的刺激乳房，能幫助妳清空乳房，保護妳的奶水供應。

Q 妳需要盡快吸出奶水嗎？ 一般標準的吸乳時間，一個乳房大約需要十五分鐘左右。如果妳需要在工作，或是其他時間窘迫的場合吸奶，那麼或許會需要投資買個電動吸乳器，讓妳兩邊乳房同時進行。雙邊吸乳器可以將吸乳的時間減半。

Q 妳能花多少錢在吸乳器上？ 醫療器材行、大部分藥房、嬰兒用品店和很多折扣大賣場都能買到吸乳器。手動型式的吸乳器價格通常不超過美金五十元，包括攜帶盒，分隔式乳汁儲存裝置的電動型式要價在美金二百元以上。有些醫院或醫療材料供應行可以出租醫院等級的吸乳器材，不過和乳房銜接的接嘴（吸奶套件）是必須自行購買的。

Q 吸乳器容易組裝並運送嗎？ 如果吸乳器不易組裝、拆開或是清潔，那麼可就令人挫折了，這會將低妳的吸奶熱忱。如果妳每天都要帶著吸奶器去上班，或是旅行時要帶著吸奶器，那就找輕型的。一些吸乳器附著攜帶盒，有分隔式的地方可以儲存擠出來的奶水。也請別忘了發出噪音的程度。有些電動吸乳器就是比其他廠牌的安靜。如果慎重很重要，請確認吸奶器的噪音程度在可接受的範圍。

Q 吸力是不是可以調整？ 某位產婦覺得舒服的，另外一位可未必覺得。選擇讓妳可以控制吸取力度的吸奶器。有些手動型可以讓妳調整吸口把手的位置。

Q 乳房罩杯大小是不是適合？ 每個吸奶器都有一個圓筒型的罩杯讓妳可以放到乳房上。如果妳擔心標準的罩杯太小，請問問個別的製造商是否有其他選擇。大罩杯通常是有的。如果妳想要一次同時吸兩邊乳房，請確定吸奶器裝有兩付乳房罩杯。

儲存母乳 當妳開始吸乳汁後，知道如何安全、適當的儲存所擠出來的母乳是很重要的。儲存母乳時，請考慮以下情況。

Q 我該用什麼樣的容器來儲存擠出來的乳汁呢？

請把擠出來的乳汁放在有蓋的玻璃或塑膠容器中，容器必須以洗碗機洗過，或用熱肥皂水洗過，並徹底沖乾淨的。如果不確定用來洗容器的水質如何，可以考慮在洗好後，將容器放進去煮沸。如果妳母乳儲存的天數在三天或三天以下，可以用專門為收集並儲存母乳的塑膠袋來裝。

長時間儲存母乳並不建議用經濟型的塑膠袋，因為和硬質的容器相比，可能會灑出、滴漏，或是較容易受到污染。此外，如果長期以塑膠袋裝母乳，母乳中的某些成分會附著在軟的塑膠袋上，剝奪了寶寶的基本營養素。

Q 儲存擠出母乳最佳的辦法是什麼？

妳可以把擠出來的母乳放在冰箱的冷藏室或冷凍庫。使用防水的標籤和墨水，標示每個容器中奶水被擠出的日期。把容器放在冷藏室或冷凍庫的最深處，那裡溫度最涼。先擠出來的先喝掉。

為了避免浪費，個人用的小容器一次只裝寶寶一次餵食所需的量就好。也可以考慮以更小量來裝，例如，大約30至60cc，以備不時之需，或正常餵奶延誤所需。請記住，乳母在冷凍後會

 妊娠小百科 / 用母乳餵哺多胞胎

一位母親當然可以餵哺一個以上的寶寶。如果妳生的是雙胞胎，一次可以餵一個寶寶。如果哺育的模式建立，妳也可以同時餵兩個。要練就這個本領，妳可以用橄欖球抱姿一手一邊，同時抱住兩個寶寶。妳也可以用搖籃抱姿將兩人都抱在妳身前，兩人身體橫過彼此。用枕頭來支撐寶寶的頭和妳的手臂。

三胞胎還是可以親餵養的，只是需要多點創意。妳可以同時餵兩個，另外一個用奶瓶。下次餵奶時，換人用奶瓶餵。目標是要讓三個寶寶都有機會讓妳在胸前親自餵哺。如果妳是多胞胎的媽媽，那麼離開醫院前，妳可能會希望跟照護醫師或是授乳諮詢談談妳的母乳哺育計畫。問問他們是否認識成功以母乳親自哺育雙胞胎或三胞胎寶寶的媽媽，並且願意提供支援和實用忠告。

漲大，所以容器不能填滿到邊。

Q 我可以把剛擠出來的新鮮母乳加到原來已經在儲存的母乳中嗎？

妳可以把同一天擠出來的乳汁加到同一天擠壓，但已經冰到冷凍庫或冷藏室的乳汁裡去。不過，要把剛擠出來的乳汁加到原來的裡面時，請務必要先把新鮮乳汁放到冰箱冰一個鐘頭冷卻，或是放在保冷劑或冰塊上冰鎮過一個小時才能加入之前已經冰冷的乳汁裡面去。不要把溫溫的新鮮乳汁加到冷凍的乳汁裡去，因為這樣會讓原先已經冷凍的乳汁部分退冰。不同天的擠出乳汁要放在不同的容器裡。

Q 擠出來的乳汁可以保存多久？ 擠出來的母乳，安全保存的時間得看妳儲存的方式。

· **室溫存放**。剛擠出來的新鮮母乳在室溫下（最高不可超過攝氏25度）下可存放四到八個鐘頭。如果妳沒那麼快用掉，請冰到冷藏室或冷凍庫。

· **存放在有保冷效果的分隔容器**。剛擠出來的新鮮母乳如果存放在有以冰塊隔離保冷的容器內，可以放到一天。之後，請把該乳汁用掉，或是換容器，冰到冰箱。

· **存放在冰箱**。儲存在溫度為攝氏4度的冰箱，最高可存放八天。

· **存放在冷凍庫**。母乳存放在攝氏-15度的冰箱冷凍庫裡面可以放到兩個禮拜。如果妳的冷凍庫有分開的門，而冷凍庫的溫度設在攝氏-18度，那麼母乳可以儲存三到六個月。如果妳有很深的冷凍庫，又不常開啟，溫度設在攝氏-20度，那麼母乳就可以存放六到十二個月。乳汁愈快用掉愈好。有些研究顯示，母乳存放的時間愈久（無論是冷凍庫或冷藏室），乳汁中的維生素C的損耗越多。其他的研究則顯示，母乳在冰箱放兩天後，殺菌的特質會降低，而長時間存放在冷凍庫則會降低母乳中油脂的品質。

Q 那麼冷凍的母乳應該怎樣解凍呢？

最早冰凍的最先解凍。要使用前，只要把冷凍的容器放到冷藏室一晚，就可以使用了。妳也可以把冷凍的容器放到熱水龍頭下，或是放進一碗溫熱的水裡。避免讓水接觸到容器口。

絕對不要把冷凍的母乳放到室溫下解凍，這樣母乳會滋生細菌。此外，也不要將冷凍的瓶子放到爐子上加熱，或是放入微波爐裡。這些方法會導致受熱不均，破壞母乳中的抗體。解凍後的母乳請在24小時內用掉，剩下來的就丟掉。不要重新又放進去冷凍再解凍，或是部分解凍。

解凍後的母乳味道聞起來和剛擠的新鮮母乳不同，嚐起來也有點皂味，這是因為乳汁中的脂肪分解所致，但寶寶喝還是很安全的。

> **Q 關於母乳的儲存，我還有什麼需要知道的？**

在儲藏期間，擠出的母乳會分離，一層厚厚的白色乳狀會浮出在容器的頂端。在餵寶寶之前，輕輕的搖晃一下容器，確定乳狀部分被平均分佈了。不要用力的搖容器或是攪拌乳汁。也請了解，妳乳汁的顏色會因為所吃的食物而有所不同。

回去上班的哺乳法 只要稍微計畫一下，妳就可以兩者兼顧 —— 既能餵寶寶喝母乳，又能回去上班。很多女性藉吸奶器之助，都做到了這一點。

一些媽媽是在家工作，而有些則是安排人帶寶寶來餵哺。不過大部分的媽媽還是使用吸奶器來將奶水吸出來。妳也可以用奶瓶裝上班時間擠出來的乳汁，留著第二天餵寶寶。使用雙罩杯式吸乳器最有效率。雙罩杯式吸乳器每隔三到四小時，大約花15分鐘來吸奶。如果妳需要增加母乳的供應量，那麼哺育和吸奶的次數要更頻繁。

如果妳決定不在工作時擠奶，那麼妳可能會另外找時間來擠奶，以備次

 妊娠小百科 / 奶瓶餵奶

在寶寶誕生後的最初幾個禮拜，最好只採取親自哺育餵母乳的方式，幫助妳和寶寶學習如何親自哺育，也確定妳的奶水供應能正常。當奶水供應正常，妳對自己和寶寶親自哺育的成果也有自信後，偶而就可以用奶瓶給寶寶母乳。這樣可以讓其他人，像是妳的伴侶或寶寶的爺爺奶奶，有機會餵寶寶喝奶。如果寶寶接受奶瓶餵奶，那麼為求舒適起見，妳可能會想用吸乳器來擠奶，以維持奶水的正常供應。

奶瓶的奶嘴和妳乳房的乳頭在寶寶嘴裡的感覺是不同的。寶寶吸奶瓶的方式也是不同的。寶寶可能得練習練習，才能適應奶瓶的奶嘴。寶寶一開始可能會不願意媽媽用奶瓶餵他，因為他從媽媽乳房吸奶時可以聯想到媽媽的聲音和氣息。

當妳開始以奶瓶輔助餵奶時，請根據寶寶的示意來給量。沒有說什麼樣的量一定就是對的。寶寶可能幾十cc、上百cc就滿足了。

日之需。舉例來說，在早上餵完奶後擠奶、回家後餵完奶後也擠。只要妳在24小時內分泌的乳汁能被寶寶清空或是擠出，妳就可以維持很好的供應量了。

妳可能會決定請寶寶的醫師給妳配方奶粉。這樣可以減少妳的奶水供應量，但又能維持在家哺育時足夠的量。為了避免工作時乳房過於飽滿，有些媽媽發現在寶寶接受照護人員餵奶的同時，媽媽自己假日不工作時，也得餵寶寶解凍的母乳或是配方奶粉。

有時候，寶寶接受奶瓶後，就會拒絕親餵了。如果發生這種情況，在哺育前，先給寶寶特別的呵護和關注。

配方奶的哺育

如果妳無法親自餵寶寶母乳，或是選擇不餵母乳，那麼請確定採用的嬰兒配方奶粉可以滿足寶寶在營養上的需求。

市面上可供選擇的嬰兒配方奶粉種類繁多，成分主要是牛奶。不過，請勿使用一般的牛奶來作為配方奶粉的替代品。雖然牛奶是配方奶粉的主要成分，但是為了寶寶食用的安全，牛奶本身已經大幅改變了。牛奶經過加熱處理，讓裡面的蛋白質更容易消化。也添加了乳糖，讓成分與母乳更接近。脂肪（奶油）被去除，以較容易被嬰兒消化

的蔬菜油和動物油取代。

嬰兒配方奶粉含有適量的碳水化合物和適當比例的脂肪與蛋白質。美國食品與藥物管理局對市面所有嬰兒配方奶粉的安全性都進行了監控。每個製造商對出品的嬰兒配方奶粉都必須逐批檢驗，確保裡面有所需要的營養素，而且沒有遭受任何污染。

嬰兒配方奶粉是一種高能量食物，裡面一半以上的熱量來自於脂肪，而脂肪則是由許多不同類型的脂肪酸所構成。而放進嬰兒奶粉裡面的脂肪是經過仔細挑選的，因為裡面的成分和母乳

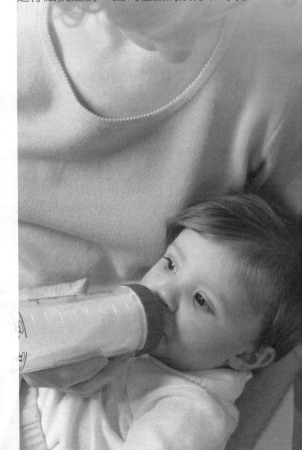

妊娠小百科／親自餵乳或奶瓶餵乳：餵哺秘訣

　　一開始，妳似乎只是不斷的在餵寶寶而已。妳餵寶寶的次數取決於寶寶有多常餓，而往往一次哺育的時間似乎總和下次連接在一起，讓人分不清楚。以母乳親自哺育的寶寶，24小時內幾乎要餵八到十二次，大約每隔兩三個小時餵一次。喝嬰兒配方奶粉的寶寶在二十四小時內，可能要餵六到九次，大約是每三、四個鐘頭一次。這是出生後最初幾個月的情況。

　　寶寶不會一直以這樣的頻繁次數餵哺的。當寶寶成熟一點，每天需要餵哺的次數就會慢慢減少，每次的食量也會變大。寶寶餵奶的模式和習性在出生後一兩個月後就會開始出現。要有心理準備，新生寶寶在夜裡醒來一次或多次餵哺是可以預期的事，而寶寶在成長的激長期間也會需要更多乳汁。

　　•依照暗示來餵哺　寶寶的胃很小，大約只有他拳頭的大小，而多久會消化一空則從一到三個小時不等。要依照暗示餵哺，妳必須仔細觀察寶寶想吃時的跡象：寶寶會用嘴巴或舌頭做出吸吮的動作（覓乳，rooting），吸他自己的拳頭，發生小小的聲音，而這聲音當然就是哭聲。飢餓的感覺通常會讓寶寶哭泣。妳很快就能分辨想吃、以及其他原因哭聲間的不同，像是疼痛、疲累、生病等。寶寶一發出飢餓的暗示，妳馬上就餵哺，這是很重要的，可以幫助寶寶學會哪種不適反應代表飢餓，而餓了以後吸吮就能帶來食物，滿足飢餓。如果妳沒有立刻反應，寶寶會變得很難過，讓妳在那時候餵哺帶來挫折，而不是滿足。

　　•讓寶寶訂定步調　餵哺時盡量不要催促寶寶。他自己會決定要吃多少、吃多快。很多寶寶和成人一樣，喜歡用放鬆的方式慢慢吃。事實上，嬰兒吸吮、暫停、休息、玩一玩，然後才又再吃。有些新生兒吃得又快又有效率，餵哺時不斷的發生出窸窸窣窣的聲音。有些寶寶吃得斷斷續續的，喜歡小量多餐式的餵哺。還有一些寶寶，尤其是新生兒，是打瞌睡大王。用力吸吮的幾口後，幸福的打起瞌睡，然後醒來又吃，在每段餵哺中不斷吃吃睡睡。

　　寶寶吃飽以後也會讓妳知道。當寶寶滿足了，他會停止吸吮、閉上嘴巴，把頭轉離乳頭。妳的寶寶可能會把乳頭推出嘴巴或舌頭外，或者在妳試圖再餵時，弓起他的背。不過，如果寶寶需要打嗝，或是正在排便，心思可能就不在吃上面了。請等一等，然後再試著把乳房或奶瓶給他。

中發現的最相近。這些脂肪酸可幫助寶寶腦部與神經系統的發育，也可以滿足他在熱量上的需求。

優缺點比較 採用奶瓶餵哺的父母親，覺得有以下的主要優點：

瓶餵選擇彈性 使用奶瓶沖泡嬰兒奶粉可以讓不只一個人來餵孩子喝奶。因為這個理由，一些媽媽會覺得採取奶瓶餵哺，自己有較多的自由時間。當伴侶的人也喜歡奶瓶餵哺，因為他們可以更容易的分攤餵哺的責任。奶瓶餵哺也有一些挑戰，例如：

配方奶準備要花時間 使用瓶餵，每次餵哺前都需要先準備奶瓶，還要溫過。配方奶粉的供應也要穩定。奶瓶和奶嘴都需要洗滌乾淨。如果妳要外出，要帶著奶粉一起。

配方奶花費高 嬰兒配方奶粉蠻花錢的，這對一些父母來說是個顧慮。

奶粉不適應 可能得花些時間才能找到對某些嬰兒最適合的配方奶粉。

奶瓶餵哺的基本認識 妳剛去購買嬰兒配方奶粉時，可能會被市面上嬰兒奶粉種類的繁多所嚇到。可以請教妳寶寶的照護醫師選購適合嬰兒奶粉的建議。對大多數寶寶來說，添加鐵質的牛乳基底配方奶粉是最好的選擇。

市面上也有幾種特殊的配方奶粉，像是含有黃豆蛋白質和水解蛋白質的配方奶粉。這種配方都是針對有特殊消化問題的寶寶調配的，應該只能在照護醫師的指示下使用。

添加鐵質的配方對於預防貧血和缺乏鐵質很重要，缺乏鐵質會導致發育遲緩。一般來說，鐵質缺乏在寶寶最初的幾個月內並不是什麼問題。不過在六個月後就可能有風險。鐵質缺乏在六到十個月大、食物中並未正常持續補充鐵

 妊娠小百科／餵哺寶寶要有彈性

不要預期寶寶每天吃的量一定會一樣。寶寶的食量變化很大，特別是正在生長的激長期間。這種時段，寶寶會需要、也會要求更多的牛奶，並經常餵哺。但寶寶似乎總是吃不飽。在這段時期，妳可能需要更常把寶寶放到胸前，或給他奶瓶。

大部分的寶寶並不如妳最初預期的，每天間隔固定的時間就想吃。大部分的寶寶日夜餵哺的時間並不固定。寶寶可能幾個小時間就要餵哺好幾次，但是又接著睡幾個鐘頭沒吃，這種情況很常見。

質的嬰兒身上很常見。

嬰兒配方奶有三種型式：奶粉、濃縮奶、及即喝型。奶粉和濃縮奶配方都需要添加一定量的水才能使用。乾的粉末狀配方通常是價格最親民的。即喝型的便利性很高。

如果妳已經決定要採用奶瓶，以嬰兒配方奶餵哺妳的寶寶，那麼妳在從醫院把寶寶抱回來之前，就先要準備好一些適當的量。請讓協助妳生產的醫護人員知道妳打算以奶瓶餵哺寶寶。醫院或助產所的人員在妳復原期間就可以幫妳準備奶瓶器具和嬰兒奶粉，並教妳如何用奶瓶餵妳的新生寶寶。但是，妳自己還是得先囤積一些備用。

以奶瓶餵哺所需的器具一般包括了：

・四支125cc的奶瓶（選購，但是一開始很有用）

・八支250cc的奶瓶。

・八到十個奶瓶的奶嘴、奶嘴圈和奶嘴蓋。

・一個量杯。

・一支奶瓶刷。

・嬰兒配方奶。

除了購買適當的器具外，如果妳還沒上過課，可以考慮去上個課。如何哺育新生兒的課通常包含在分娩課程裡面。如果妳從未使用過奶瓶餵哺嬰兒，那麼去上個課可讓妳在抱寶寶回家時，感覺更自在。

瓶餵開始 餵寶寶用的奶瓶材質可能是玻璃、塑膠，或是塑膠但有軟塑膠刻度的。奶瓶通常有兩種尺寸：125cc和250cc。奶瓶的容量並非寶寶一次需要食用量的指標。寶寶每次需要餵食的量可能或多或少。

市面上有很多種類的奶瓶奶嘴，而開口的大小則視寶寶的年齡而定。對許多寶寶來說，使用哪種的奶嘴分別不大。但對於足齡的寶寶來說，不要選擇給早產嬰兒使用、材質太軟的奶嘴。他們應該使用一般正常的奶嘴。所有的奶瓶都請用同一種奶嘴。

從奶嘴中流出的奶水量流速正確很重要。奶水的流速過快或過慢都會讓寶寶吞下太多空氣，讓胃部不舒服，需要

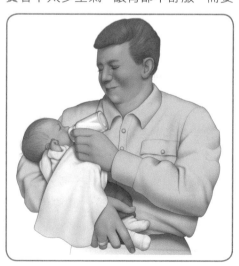

不斷拍打打嗝。把奶瓶上下顛倒，測試一下從奶嘴流出奶水的速度，計算一下滴數。每秒鐘一滴是大致適當的流速。

奶嘴的大小不少，有專為新生兒、三個月大、六個月大，以及更多。請調整，讓流速能適合寶寶的年齡。

準備嬰兒配方奶 在美國市面上販賣的一般的嬰兒配方奶都受到由美國食品藥物檢驗局的規範。主要類型有三種：

· 牛乳配方。大多數的嬰兒配方奶都是由牛奶為主，仿效母乳的成分調整製造的。這樣的做法能提供配方奶適當均衡的營養素，讓牛奶較容易被消化。大多數的寶寶對於牛乳基底的配方奶反應都不錯。不過，有些寶寶，例如像是對於牛奶成分中的蛋白質過敏的，就需要其他配方的嬰兒奶。

· 黃豆基底配方嬰兒奶。以黃豆為基底的嬰兒配方奶是對牛乳基底配方或是乳糖有不耐症或過敏情形嬰兒的選擇，乳糖是在牛奶中自然發現的糖份。如果妳希望妳家寶寶的食物裡面不要有動物性蛋白質，黃豆基底配方是相當好用的。不過，對牛奶過敏的寶寶可能對豆奶也過敏。

· 水解蛋白配方奶。這是專為有牛奶或豆奶過敏家族史的寶寶專門調製的。水解蛋白配方比較容易消化，和其他類

型的配方相比，比較不會引起過敏反應。這種配方也稱為低敏配方奶。

清潔與消毒 除此之外，還有專為早產嬰兒和有特別病症嬰兒調配的特殊嬰兒配方奶。無論妳選擇的是哪種配方奶，是什麼型式，正確的準備和冷藏都是非常重要的。這是為了確保奶水中有適當的營養，安全守護寶寶的健康。處理配方奶或用來準備的器具前，請先洗手。所有用來測量、混合並儲存嬰兒配方奶的器具在使用前都應該以熱的肥皂水清洗，然後用清水沖淨、放乾。

只要妳好好清洗奶瓶和奶嘴，並且沖乾淨，消毒倒未必需要。使用奶瓶刷來清洗奶瓶。奶嘴用刷子徹底的刷或是搓揉，以去除上面任何奶水的殘留。沖洗乾淨。妳也可妳利用洗碗機來清潔奶瓶和奶嘴。

沖泡的方法 無論是沖泡奶粉或是濃縮奶配方，一定要照標示上的說明加入分量正確的水。用奶瓶測量可能會不正確，所以加水到配方奶之前先測量份量。水加太多或太少對寶寶可能都會造成傷害。

如果配方奶調製得太稀，寶寶就無法獲得成長需要的營養，肚子也會不飽。配方奶太濃對寶寶的消化系統和腎臟會造成負擔，可能會讓寶寶脫水。一般來說，所有沖泡好的奶或濃縮奶，在冰箱最多只能放48小時。超過這時間，即使沒喝也要全部丟掉。

從營養觀點來看，溫配方奶不是必要的，但是寶寶可能比較喜歡喝溫的。要讓配方奶加溫，可以把整個奶瓶放在一盆熱水裡幾分鐘。搖一搖奶瓶，滴出個幾滴出來在手上試試溫度。不要用微波爐加熱，因為可能會造成一些熱點，燙傷寶寶的嘴巴。奶水溫好後，剩下的不可以再拿去冰。沒喝完的全部都要丟掉。一般來說，嬰兒配方奶最好是

讓寶寶要喝了才開始沖泡，不要事先泡好。不過，晚上妳或許會比較喜歡先泡好好一至兩瓶，放在冰箱，以備半夜起來餵奶用。這樣晚上餵奶會比較方便。

餵奶姿勢 餵奶的第一個步驟就是讓妳自己和寶寶都覺得舒服。找個安靜的地方，妳和寶寶不會受到干擾的。用一隻手抱著寶寶，另一隻手拿奶瓶，並枕在一張舒服的椅子上，最好是有低寬扶手的椅子。妳可以在膝蓋上、寶寶的身下放一個枕頭，支撐寶寶。把寶寶拉向妳，溫暖而舒服的，但不要太緊，用妳的手臂摟抱著他，讓他的頭輕輕抬起，枕在妳的臂彎裡。這種半坐的姿勢會讓他吞嚥起來容易得多。

現在妳已經準備好，可以開始餵奶，也請幫助妳的寶寶做好準備。用奶瓶的奶嘴或手指頭，輕輕敲敲寶寶臉頰靠近嘴巴的地方，最靠近妳的一側。這樣的碰觸會讓寶寶轉向妳，通常嘴巴是張開的。然後用奶嘴碰觸寶寶的嘴唇或嘴角。寶寶就會張開嘴，慢慢開始吸吮。

當妳餵寶寶喝奶時，奶瓶大約要傾斜四十五度角。這個角度可以讓奶嘴裡面充滿奶水。當寶寶喝奶的時候，請穩穩的拿住奶瓶。如果妳的寶寶在餵奶的時候睡著，可能是因為他已經喝飽了，或是脹氣讓他覺得飽了。先把奶瓶拿開，拍打

寶寶讓他打嗝，然後再餵一次。

　　餵奶的時候一定要抱穩寶寶。不要把奶瓶架在嬰兒身上。奶瓶架在寶寶會讓他嘔吐，可能還會讓他吃太多。此外，當寶寶仰面平躺時，絕對不要拿奶瓶餵他。這樣會提高寶寶耳朵發炎的風險。

　　雖然寶寶還沒有牙齒，不過牙齒卻在牙齦裡成形中。不要養成讓寶寶含著奶瓶睡覺的習慣。當寶寶含著奶瓶睡著時，奶水會留在他口中。乳糖接觸的時間加長會引起蛀牙。

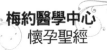

第23章

分娩時的止痛法

陣痛時採用哪種止痛管理最好呢？這個問題的答案大多得看妳個人的喜好、以及陣痛進展的程度。每個女性對於痛的忍受力都不同。沒有那兩個陣痛是完全一樣的。有些女性只需要一點點止痛藥，甚至全完不需要。有些女性則發現止痛可以讓她們對於陣痛和分娩有較佳的控制力。終究說起來，妳要選擇適合自己的方式。陣痛和分娩時到底要不要使用止痛藥，決定權在妳。不過，妳應該把照護醫師的推薦納入考慮、也要考慮醫院和助產所具有的選擇、以及妳陣痛的特質。有時候，除非到陣痛開始，妳根本不知道自己需要那種止痛方式。每個女性的陣痛對她而言都是獨特的。此外，妳對分娩時疼痛的容忍力會受到一些因素的影響，例如陣痛的長度、寶寶的體型大小和胎位、以及在陣痛開始前，妳休息的程度。沒有人可以預測，第一次陣痛出現的時候，妳會如何對付這疼痛，而以後的陣痛也通常不會以相同的模式發生。

在第一次子宮收縮來襲之前，先想想妳可能會喜歡的一或多種止痛方式是個不錯的主意。和妳的照護醫師討論妳的喜好也很有幫助。無論最後訂下的是哪種分娩計畫，都要保持開放的心態。陣痛通常是不會照計畫進行的。此外，當妳做決定的時候，也請記住，生產不是忍耐度的大考驗。要求使用止痛藥絕對不是失敗的表現。

使用分娩止痛要考慮的事項

在幫助自己選擇適合的一或多種止痛方式時，在檢視選項時，請把這些問題放在心上。問自己：

- 這種方式包含了什麼？
- 對我的影響如何？
- 對寶寶的影響如何？
- 多快能發生作用？
- 止痛效果能持續多久？
- 我需要事先安排或練習這種方式嗎？
- 我能把它和其他止痛方式併用嗎？
- 我在家裡，還沒上醫院之前可以使用嗎？
- 這方法在陣痛的那個時間點可以使用？

妳擁有的選擇

女性在管理分娩的不適時,選擇比從前多了許多。這些選擇通常可以分成兩大類:止痛藥與天然止痛方式。事先就先了解妳的止痛選項可以讓在陣痛和分娩中,做知情的決定。除了陣痛的不適之外,恐懼更可以讓痛苦大幅增加。如果妳知道陣痛和分娩時應該要預期什麼,而且妳已經事先了解過妳在止痛方面的選擇,那麼妳在度過陣痛和分娩的過程很可能會比緊張害怕的人順利。

止痛藥 用來紓解疼痛的藥物在醫學上稱為止痛劑。在陣痛時使用的止痛藥物通常來自於藥物中的麻醉系。在專家的手中,這些藥物非常有用,而且相當可靠,可以皮下注射或靜脈注射的方式施打。依照使用藥物的種類和劑量,分娩時使用的止痛藥物不是紓解疼痛(止痛劑),就是移除剖腹產時的痛感(外科手術麻醉)。這兩種在分娩時使用的麻醉技術都是硬脊膜以及脊椎的阻斷。

天然止痛方式 天然止痛方式指的是陣痛和分娩時不必用到止痛藥的技巧。天然的止痛方式型式眾多,有些還可以追溯到好幾個世紀前。放鬆和按摩是自然生產時兩種止痛的例子。

各類型的止痛藥

在陣痛和分娩時,止痛藥可以是很寶貴的工具。它可以幫助降低痛苦,讓妳在兩次宮縮之間可以休息。

陣痛和分娩時,妳可以隨自己的意思要求或拒絕止痛藥物,但是請記住,在不同的陣痛階段,藥物可能有不同的利弊得失。選擇止痛方式時,妳一定要把產程和陣痛的進度納入考慮。

在陣痛的哪個階段使用那種特定的藥物和妳使用的藥物種類一樣重要。寶寶會受到母親使用藥物的影響,但是影響程度得看藥物的種類、劑量,以及距離分娩時間上有多近。舉例來說,如果妳接受麻醉性止痛藥和寶寶被生出來的時間之間足夠的話,那寶寶在出生時受到的影響就會最小。如果不是的話,寶寶可能會昏昏欲睡,無法被吸引。另外比較少見的是,寶寶還可能發生呼吸困難的問題。不過新生嬰兒的這種作用都是很短暫的,需要的話也可以施以治療。

照護醫師在陣痛和分娩時都會陪伴妳,確保妳的寶寶能安全、健康的降臨。他很熟悉每個醫療上的選項,可以和妳分享這些知識。請信任他告訴妳的,在陣痛和分娩時,什麼時候用藥是安全的、什麼時候不安全。不過也請諒解,當妳覺得

 妊娠小百科／什麼是陪產員？

　　朵拉（doula）也就是陪產員，是經過特別訓練，可以當分娩教練的女性。在西方國家，由另外一位女性協助，陪伴產婦經過陣痛的歷史已經好幾個世紀了，但陪產員這個角色是對於協助分娩一個較為正式並且現代的闡釋方法。某些女性在準備陣痛和分娩時，會聘請一個陪產員來協助，作為整體分娩計畫中的一部分。

　　那麼，陪產員做什麼呢？陪產員主要的角色就是幫助孕婦度過分娩的過程。在妳陣痛和分娩時，陪產員不會取代妳分娩教練或是醫療專家群提供的照護。她會在妳身邊提供額外的支援和經驗。大部分的陪產員本身都是母親。很多陪產員也受過分娩方面的訓練。

　　有些陪產員在妳懷孕早期就開始加入了，她可以協助，讓妳了解陣痛和分娩時將會發生什麼事，並幫助妳訂定分娩計畫書。如果妳要求的話，陪產員還可在妳陣痛初期來到妳家，教導妳度過一開始的子宮收縮。

情感支持和照護援助　到了醫院或助產所，陪產員的真正工作就開始變得明確了。當陣痛開始後，她可以提供妳以及妳的伴侶，持續不斷的支援。她可以伸出援手，幫妳拿來冰塊，或按摩妳的背。她可以協助妳做呼吸和放鬆的技巧，她可以告知妳陣痛的位置。更重要的是，陪產員可以奉上鼓勵和讓妳安心的歡迎話語給妳和妳的伴侶。

　　陪產員也可以是中介人員，協助妳在陣痛時下知情的決定。她可以解釋醫學名詞和程序。可以幫妳把願望傳達給妳的照護醫師。不過，陪產員是不能進行醫學檢查或協助真正分娩的，她們也無法幫妳同意或拒絕醫學上的程序。

　　當懷孕中的父母將新生寶寶帶到這世界來時，陪產員可以提供更多關注與照護。他們可以在情感上給予支持，這對很多分娩中的母親是很重要的。一些研究指出，有陪產員支持的產婦在分娩中併發症較少。

對單親媽媽幫助大　不過，話說回來，陪產員並非絕對必要，或是普遍的。對初為人母的媽媽，陪產員的幫助最大，特別是單親媽媽，身邊沒有其他長期支援。對許多孕婦來說，陪產員的功能可以由伴侶或家人提供，而且感到更安心舒適。此外，現在大多數的陣痛與分娩機構中護士和病人的比例很高，常常是一對一，所以很多陪產員可以提供的服務，護士都可以提供，所以可能有些重複了。

　　那要怎麼找陪產員呢？在美國，妳計畫要生產的醫師、醫院、或助產所可能可以提供妳名單。有些醫院和助產所本身有提供陪產服務。在美國大部分的陪產員的服務都是一次給付性質，而很多人的費用則是根據服務範圍的大小來計費。

　　（註：近年來，台灣也開始發展陪產員制度。詳細情形，請參考台灣陪產員發展協會的官網。http://www.taiwandoula.com.tw/）

自己想要止痛藥時，未必一直都能如願。

硬脊膜外神經阻斷　硬脊膜外神經阻斷是局部性的麻醉，可以用在陣痛中或是剖腹產前。麻醉藥物會被注射入到下背部，就在包圍著脊椎的液態腔外。施行硬脊膜外神經阻斷需時約20分鐘，並需等十到二十分鐘，藥物才能生效。

・**優點**　硬脊膜外神經阻斷可以緩和下半身大部分的疼痛，而不會明顯的減緩陣痛，對胎兒是安全的。藥物會慢慢的從硬脊膜透過導管抽流出來，持續的舒緩疼痛。妳在接受藥物的時候，神智還是清醒的。需要的話，妳還可以按下按鈕，給自己一點額外的藥量。能行走的硬脊膜外止痛術是硬脊膜和脊椎注射的綜合術，可以讓妳留有足夠的肌力，陣痛時還能行走。這在某些醫療機構有提供。

・**缺點**　硬脊膜外神經阻斷對身體其中一邊的影響可能更甚另外一邊。也可能讓妳的血壓降低，造成寶寶的心跳率減緩。妳的照護醫師在放置硬脊膜外神經阻斷後會監控妳的血壓，有必要的話，也會治療低血壓。有很少數的產婦在生產後的幾天內會有嚴重的頭痛情況。如果硬脊膜外神經阻斷術被用於剖腹產，引起的麻痺感可能會影響妳的胸腔壁，有一陣子，妳可能會覺得自己呼吸困難。因為硬脊膜外麻醉可能會阻斷膀胱清空的能力，妳可能需要插導尿管。如果硬脊膜外神經阻斷效果不如預期，妳可能還會需要另外一種程序。

脊椎神經阻斷　脊椎神經阻斷是一種局部麻醉，短暫的用在剖腹產之前或是活動期陣痛期間，而生產預期是在兩個鐘頭以內時。這種藥物是直接打進下背部脊椎周圍的體液中，而且會很快生效。

・**優點**　脊椎神經阻斷可讓胸部以下在最多長達兩個鐘頭以內完全止痛。這種藥物通常只施予一次，妳會保持意識清醒。

・**缺點**　和硬脊膜外神經阻斷類似，脊椎神經阻斷對於身體一側的影響可能

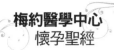

更甚另外一側,而且血壓會降低(這樣會使胎兒的心跳率減緩),並在生產後的幾天內都有嚴重的頭痛問題。如果麻醉影響到妳的胸壁,妳可能會有短暫的呼吸困難感,而且由於脊椎神經會阻斷妳清空膀胱的能力,所以妳可能需要插導尿管。

合併式脊椎及硬脊膜外神經阻斷

這是一種比較新的技術,可提供脊椎神經阻斷快速的止痛效果,以及硬脊膜外神經阻斷持續的止痛效果。

麻醉醫師或麻醉護理師會小心翼翼的將硬脊膜針導入妳的下背部。之後,將更細的脊椎針置入硬脊膜針內(所以,妳只需要被扎針一次),然後將其導引穿刺脊椎周圍的內膜,然後將少量的藥劑注入妳的脊椎液中。脊椎針可以移除,但是硬脊膜導管針則留著。

在陣痛初期,妳主要是仰賴脊椎注射中的麻醉藥物來進行最初一、兩個小時的止痛。然後,當脊椎的麻醉藥物開始消褪後,就由硬脊膜麻醉來接續。

麻醉藥

各式各樣的麻醉藥物都可以肌肉注射的方式注入妳的大腿或臀部,或以靜脈注射導管的方式進行施打。如果妳使用的是靜脈注射,那麼劑量就可以控制。藥效幾分鐘內就會生效。

脊椎神經

・**優點** 麻醉藥可以降低痛感,時間在兩到六個小時之間。可以讓妳能夠休息,肌肉不會變無力。

・**缺點** 麻醉藥可能會引起昏睡,讓妳和寶寶產生暫時性的呼吸抑制。寶寶也可能會經歷短暫性的反應遲緩。

局部性麻醉

局部性麻醉對陣痛沒有幫助,但是如果妳需要切開會陰開口(會陰切開術),以便擴張開口,或是修補生產後的撕裂傷,就可以使用局部性麻醉來使會陰部麻痺。藥物會被注射到會陰開口的組織,讓效果很快發揮。

・**優點** 局部性麻醉可以使某個特定部位暫時止痛,對母體和寶寶的負面效果非常稀少。

・**缺點** 局部性麻醉無法紓解子宮收縮的疼痛,而且有可能產生過敏反應。有些很罕見的例子也有藥物注射入靜脈後,有血壓降低的情況。

會陰神經阻斷術

會陰神經阻斷術在分娩前不久可能會被用來阻斷會陰和肛門之間的痛感。這種局部性麻醉在藥物被注射入會陰壁後,幾秒之內就生效。

・**優點** 會陰神經阻斷術可以讓下會陰部和肛門止痛,時間最多達一個小時左右。對母體和寶寶的負面作用非常少見。

・**缺點** 會陰神經阻斷術無法停止子宮收縮的疼痛。藥物可能只會對一邊的肛門產生效果,也可能會產生過敏反

應。如果藥物採靜脈注射，有可能會讓血壓降低。

鎮定劑 在極少數的例子中，鎮定劑會備用來紓解早期陣痛時的焦慮，並促使產婦獲得休息。藥物可以口服、肌肉注射入大腿或臀部，或以靜脈導管方式施予。以注射或靜脈注射方式施予時，鎮定劑幾分鐘內就會生效。

 妊娠小百科／**接受硬脊膜神經阻斷術**

接受硬脊膜神經阻斷術時：
1. 曲身側躺，或坐在床上，背部弓起來。
2. 醫師會先以局部麻醉的方式，將背部的一個區域加以麻痺。
3. 醫師會將針插入硬脊膜外腔，就在閉合脊椎液和脊椎神經的內膜外。
4. 以細而有柔軟性的管（導管）穿入針內，當針被移除，導管就會被釘放就位。
5. 藥物透過導管被注入。藥物會透過導管流灌，包圍神經，阻斷疼痛。

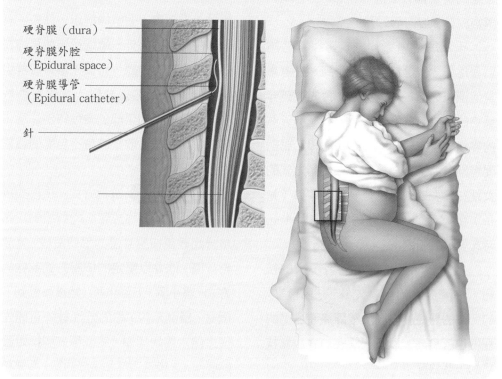

硬脊膜（dura）
硬脊膜外腔（Epidural space）
硬脊膜導管（Epidural catheter）
針

· **優點** 鎮定劑可以紓解焦慮，讓人放鬆，效果達數個小時或更長。

· **缺點** 鎮定劑無法止痛，可能會讓人有昏沈感、對陣痛的記憶減退、並降低寶寶出生時的肌肉張力和活動力。

分娩時天然的止痛方式

當妳使用天然的止痛方式時，妳摒棄了止痛藥物的使用，而仰賴其他的方式來減輕疼痛。天然（非藥物）的止痛方式有很多種。方法可以刺激身體、釋放自己的天然止痛劑（腦內啡，endorphins），這些物質會讓妳對痛感分神、撫慰妳、讓妳放鬆，也維持較好的控制力。

天然的疼痛紓解方式可以幫助妳管理疼痛，但是無法完全止痛。在考慮其他選擇之前，許多女性都會先試試非藥物的方式來紓解陣痛期的疼痛。天然的疼痛紓解方式在陣痛的初期和活動期間特別有效。選擇採用天然止痛方式的女性在轉型期，也就是子宮頸開口（擴張）到完全的10公分期間、以及推送時感覺最為不適。

放鬆實際上是一種學習得來的技巧，在陣痛開始前就先練習是最有效的。妳的熟練度愈高，在陣痛時自信的程度也就愈高。以下是掌握自我放鬆技巧的一些訣竅：

· 選擇一個安靜的環境來練習。

· 想要的話，可以播放輕音樂。

· 採取一個舒適的姿勢，用枕頭來支撐自己。

· 使用緩慢、深沈的腹部呼吸法。去感受吸入時空氣的涼度。呼氣的時候去感受緊張已經被送出。

· 對身體緊張的部位有所了解，並專注在這些部位的放鬆上。

循序式放鬆法 這種技巧是在妳子宮收縮之間或期間、又或者是陣痛的不同週期期間，當妳覺得很緊張的時候，依序放鬆肌肉群組。一開始先由頭或腳開始，一次放鬆一個肌肉群組，然後逐漸循序往身體的另外一端進行。如果妳在區隔肌肉時有問題，可以先讓每個群組緊張幾秒鐘，然後放鬆，感覺緊張散去。放鬆下巴和手部的時候特別注意，很多產婦在子宮收縮時會不自覺的繃緊臉部並握拳。

觸摸式放鬆法 這種方式和依序式放鬆法很類似，但妳放鬆肌肉群組的次序是分娩教練按壓身體的那個區域，就放鬆該區。他會以堅定的按壓方式或揉的方式，畫小圓，五到十秒，然後移動到下個點。舉例來說，妳的分娩教練可能先從太陽穴開始揉壓，然後移去觸摸頭顱的底部，之後是背部和肩部的點、手臂和

手、最後是腿和腳。

按摩 陣痛時，各式各樣按摩的技巧都可以幫助妳放鬆。技巧包括以輕或是堅定的節奏敲打肩膀各處。再堅定的揉捏、擦磨或按壓腳和手，或是用指尖按摩頭皮。按摩可以舒緩疼痛與緊張的肌肉，並刺激皮膚及更深層的組織。陣痛期的任何時間都可以使用。如果做得適當的話，按摩的效果可以維持相當一段時間。除了可以促進放鬆外，按摩還能阻斷痛感。一些產婦覺得陣痛時，最痛的是背部。這時候，由分娩教練幫背部按摩真的很有幫助。妳可能會要求妳的分娩教練用力向上推按妳的下背部，因為反方向的壓力是背部陣痛時很有效的天然止痛方式。

在陣痛開始前，妳和分娩教練可以先一起研究出妳喜歡的按摩類型。但請記住，如果陣痛時每個人都保持彈性，事情的進展會順利得多。

引導式意象 這個技巧可以幫助陣痛期間的母親打造一個有放鬆感和幸福的環境。有時候也稱為目的式白日夢，這種方式在陣痛的任何一個時間都可以用來幫助妳放鬆。技巧包括了讓妳想像自己在一個舒服、平靜的地方。舉例來說，妳可以想像自己坐在溫暖的沙灘上，或散步穿越滿眼綠意的青翠樹林。妳選擇的地方可以是真實，或是想像的。有時候，妳還

可以播放浪濤聲、雨聲、瀑布水聲、樹林中的鳥鳴聲，或任何妳喜歡的輕音樂，來提高想像的效果。

冥想 專注在一個令人感到平靜的物體、影像或字可以幫助妳在陣痛的時候放鬆，降低感受到的痛感。專注在單一的一個點。這個點可以是房間中的某個東西，像是妳買的某幅畫，或是自己不斷在心裡重複的一個心中影像或字。當讓妳分心的想法進入妳的意識中時，請不要留駐，讓東西直接過去，專注在妳選擇的注意點上。

芳香療法 想在陣痛期間撩撥起放鬆的感覺並自然而然地舒緩痛感，可以試試令人舒服的氣味。在家時，可以點一支香氣蠟燭，或焚香。在醫院或助產所，可以帶一個有妳最喜歡氣味的枕頭在身邊。或者，請妳的分娩教練在幫妳按摩時，使用有輕微香氣的精油或乳液。芳香療法可以讓妳放鬆、減低壓力和緊張感。不過，陣痛時，妳可能會對某種特定氣味很敏感，所以不要過度使用各種香味。簡單的香氣，如薰衣草可能是最好的。

音樂 音樂可以讓妳的注意力專注在某件事情，而不是妳的疼痛上，幫助妳在分娩時放鬆。如果妳在家時已經配合音樂，不斷的在練習放鬆或是呼吸的技

巧,那麼把同一張CD帶到醫院或助產所。如果是在家生產,也可以使用。很多女性在陣痛時,都會利用隨身播放器來聽自己喜歡的音樂,將其他令人分心的事摒棄於外。

其他技巧 陣痛時,隨意的移動可以讓妳找出讓自己最舒服的位置。因此,如果可以的話,請經常改變姿勢,試著找出讓妳最舒服的某些姿勢。變換動作也可以幫助妳促進循環。任何時候,只要妳想的話,都可以試試新的姿勢(參見第205頁)。有些產婦覺得有節奏性的動作,像是在搖椅中搖動,或是手放膝蓋上前後搖動有舒緩的效果,可以讓人分心不感覺到痛。以下是一些妳或許可以嘗試看看的方式。

‧**敷與冷敷來舒緩** 在陣痛時使用熱敷或冷敷,或是兩者兼用是一種有舒緩效果、天然的止痛方式。使用熱敷或冷敷的目的是要讓妳覺得更舒服,可以更放鬆。妳也可能想冷熱交替使用。熱敷可以舒緩肌肉的緊繃。妳可以透過熱墊、熱毛巾、熱敷包、熱水罐或是用加熱米填充的小包或襪子來做熱敷。妳可以熱敷肩膀、下腹部或背部來紓解疼痛。冷敷可以使用冷敷袋、冰涼的汽水罐或是裝滿冰塊的冰袋。有些女性喜歡在下背部墊上冷敷袋來紓解背部的疼痛。陣痛期間,妳也可以

在臉上蓋一條冰涼的濕毛巾來紓解緊張,並讓自己感到清涼。吸冰塊也可以讓妳清涼,並在口中製造一種讓人分心的感覺。

‧**淋浴或泡澡** 很多醫院和助產所的待產房中都設有淋浴設備,有些還甚至有浴缸或按摩浴缸可以幫助妳消除陣痛的不適。舒緩的溫水是天然的紓解疼痛方式,它可以阻斷送達腦部的痛刺激。溫水也很有放鬆效果。這也是妳在赴醫院或助產所前,在家中可以嘗試使用的疼痛紓解方式。

如果妳採用淋浴,可以坐在椅子上,用手持蓮蓬頭直接在背上或腹部沖水。請妳的分娩教練帶一套洗澡的衣物過來加入妳。

‧**使用生產球** 生產球是一顆大的橡膠球,也是一種工具,可作為自然的止痛之用。靠在或坐在球上可以減輕子宮收縮的不適,紓解陣痛時背部的不適,並幫助寶寶下降到產道。妳的醫院或助產所可能可以提供一顆給妳使用,或者妳也可以自行購買,隨身帶著。請醫療照護團隊的成員告訴妳如何利用生產球,讓它發揮最大的效果。生產球可以和其他止痛技巧合併使用,像是按摩和觸摸放鬆法。

第24章

自選剖腹產的益處與風險

有些健康懷孕的孕婦也會要求剖腹產 —— 即使她們沒有懷孕併發症，寶寶也沒問題。這些孕婦有些只是想要可以指定生產日的便利性。如果妳的人生裡事事都要詳細計畫，那麼要你等待一個未知的日子迎接寶寶的出生似乎是一件不可能的事。對其他孕婦來說，偏好剖腹產是出於害怕：

・害怕陣痛和分娩，以及兩者伴隨而來的疼痛。

・害怕傷害到骨盆腔底。

・害怕分娩後的性方面問題。

如果這是妳的第一胎，陣痛和分娩都是狀況未明，所以可能很嚇人。妳可能聽過和陣痛及分娩有關的可怕故事，或是孕婦在生產後大笑或咳嗽時漏尿的事。如果妳之前曾經採陰道自然產，但並不順利，妳會很怕重蹈覆轍。

如果妳正在考慮自選剖腹產，請坦率的和妳的照護醫師談談。如果恐懼感是妳主要的動機，那麼開誠佈公的討論應該要預期的事、並且去上個分娩教育課程都會有幫助。當有人要告訴妳可怕的生產經驗時，請婉轉並堅定的告訴她，等寶寶出生後，妳會很樂意聆聽的。如果妳前一次的生產經驗真的就是個恐怖故事，請提醒自己，兩次陣痛的情況是不會完全一樣的，這次生產的經驗可能會大不相同。檢視一下，讓上次生產經驗變得如此糟糕的原因是什麼，和妳的照護醫師或支援妳的人討論，可能可以找出有助於將這次生產經驗轉換為較正面的事。

如果妳的照護醫師也支持妳對於自選剖腹產的要求，那決定權在妳。如果妳的醫師無法支持你的要求，或是他不會是為妳剖腹產操刀的人，那他可能會推介妳去找能為妳進行這項手術的專業醫師。多多教育自己，了解這兩種分娩方式的風險和益處，並和妳的醫療照護團隊討論其中的優缺點 —— 但是不要讓恐懼感成為決定的主因。

自選剖腹產要考慮的事項

自選剖腹產很有爭議性。支持的人認為孕婦有權選擇生產孩子的方式，反對的人則表示剖腹產的風險大於任何可能的潛在益處。直到今日，所有的醫學文件中都沒有任何足以說服人的證據顯示自選剖腹產有其優勢。優良的醫療

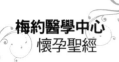
行為一般是拒絕執行這樣的程序，尤其是外科手術，這種程序對病人來說並無明顯的優勢。此外，只有少數的研究論述過這個問題。

由於這個程序有其爭議性，因此妳可能會發現，照護醫師在這個主題上的意見也相當分歧。有些人願意加以考慮，有些人則不願意執行這項程序，他們相信自選剖腹產有危害的可能性，與他們醫師宣誓中的不造成傷害有違。

要做決定時，最好的方式就是盡可能的先了解細節。問自己，這個選擇為什麼會吸引妳。徹底研究這個議題，和醫療團隊深談，謹慎的評估這個手術程序的優缺點。

利益與風險

大多數的醫療專業人員都相信，以今日先進的外科技術而言，如果是第一胎，自選剖腹產的安全性實際上和陰道自然產是一樣的。如果是第三胎的生產，這個立論就未必真實了。在該種情況下，剖腹產引起併發症的風險都比陰道自然產高。以下就是手術程序的利益與風險說明。

對母體方面的益處 自選剖腹產可能可以有以下列出的某些益處：

・**保護產婦不會有尿失禁的問題** 有些孕婦害怕透過產道推送寶寶可能會引起排便的問題、尿失禁、傷害到骨盆肌肉或是骨盆神經。醫學證實，進行剖腹產的產婦在產後幾個月內尿失禁的風險的確會降低。不過，醫學並未證實自選剖腹產能在產後兩到五年後降低得到尿失禁的風險。有些孕婦也會擔心陰道自然產可能導致骨盆腔器官脫垂，也就是膀胱、子宮等器官突出於陰道之外的狀況。這一次，醫學研究證據就發現，自選剖腹產和骨盆腔器官脫垂之間的關係並不是完全清楚，但進行剖腹產並不保證就不會發生尿失禁或脫垂的現象。胎兒在懷孕期間的重量、懷孕荷爾蒙和基因因子都可能使骨盆腔肌肉變得軟弱。即使是沒有懷過孕女性也可能出現尿失禁或脫垂的狀況。

・**可避免緊急的剖腹產** 緊急剖腹產一般都是難產時才進行的，所以風險性比自選剖腹產和陰道自然產都高。緊急剖腹產伴隨而來風險包括了感染、腹部與骨盆腔內器官受傷的機會更高、以及出血等併發症。

・**避免難產** 有時候難產可能必須用到產鉗或吸取器來輔助生產。這些方法通常不會造成什麼問題。就和剖腹產一樣，其安全性和施行手術者的技術

息息相關。

- **較少發生分娩的問題**　理論上來說，計畫性的剖腹產可以降低較為少見的分娩問題。它可能可以降低與陣痛相關的嬰兒死亡、肩難產、出生時受傷（這對懷著大體型寶寶的高風險孕婦尤其是疑慮之所在）、吸入胎便（這種情況是寶寶在產出前就先行排便，所以吸入糞便）。這些分娩時發生的事件也有很低的腦性麻痺風險。不過，請別忘記，這類併發症的風險在陰道自然產時也是低的，記住這一點很重要。進行自選剖腹產也無法完全保證這些問題就一定不發生。

- **降低感染性疾病發生的風險**　採取自選剖腹產時，由母親傳染給嬰兒的感染性疾病發生的機率可以降低，這些疾病有AIDS、B型肝炎、皰疹及人類乳突病毒等等。

- **生產時間可以事先預定**　知道什麼時候要生寶寶可以讓妳替生產做更好的準備。預定好時間也可以減輕加諸在醫療團隊上的需索。

母體短期性的風險　自選剖腹產還是有其連帶的風險與缺點的，其中包括了住院時間比較長。剖腹產後住院的平均時間是三天，相較之下，陰道自然產則是兩天。

- **感染機率較高**　由於進行了手術，所以和陰道產相比，剖腹產後發生感染的機率較高。

- **有手術的併發症**　因為剖腹產是大手術，所以會有手術風險，像是感染、傷口併發症、出血、對附近器官的傷害、以及形成血栓。進行剖腹產，麻醉方面的風險也比較高。

- **減少了最初與嬰兒間的牽絆以及母乳哺育**　在產後的最初幾個小時，妳將無法進行母乳哺育或是和寶寶一起做什麼事。但這只是暫時的。復原以後，妳就有時間可以哺育並和寶寶建立牽絆。

- **保險給付**　妳的保險可能無法給付自選剖腹產的費用，而和陰道產相比，剖腹產的費用比較貴。所以在下決定之前，請先和妳的保險公司確認自選剖腹產是否有給付。

母體長期性的風險　自選性的剖腹產伴隨的長期性風險包括了：

- **將來的併發症**　多次懷孕有提高接下來懷孕發生更多併發症風險的傾向。多次剖腹產甚至會讓妳的風險更高。大多數產婦進行到三次的剖腹產都是安全的。不過，一般來說，每進行一次剖腹產都會比上次複雜，容易產生併發症。對某些產婦來說，從一次

剖腹產到下次剖腹產，手術併發症的風險，像是大出血的感染，只提高了一點。但對另外一些產婦來說，例如內部傷口很大的人，每進行一次剖腹產，併發症的風險都會提高不少。

· **以後懷孕子宮破裂**　前次的剖腹產可能會提高你子宮破裂的風險，特別是如果妳決定在剖腹產後進行陰道自然產。這種風險不高，但是應該先和妳的照護醫師討論。

· **胎盤的問題**　進行過剖腹產的孕婦在以後的懷孕中，發生胎盤問題的機會會提高，例如前置胎盤（參見第445頁）。前置胎盤是胎盤蓋住子宮頸的開口，而結果通常是引發早產。因為剖腹產而引起的前置胎盤和其他胎盤併發症會大幅提高母親出血的風險。

· **提高子宮切除的風險**　有些胎盤的問題，像是植入性胎盤，也就是胎盤和子宮壁黏得太深、太牢固，在生產時生產後很短的時間內就需要將整個子宮移除（子宮切除術）。

· **對腸道或膀胱造成傷害**　在剖腹產中對腸道或膀胱造成傷害的情況是很罕見的，不過如果以後再重複進行剖腹產，就比較可能發生了。胎盤的併發症也可能會對膀胱造成傷害。

胎兒的風險　剖腹產對於胎兒可能造成的一些風險包括了：

· **呼吸道問題**　剖腹產後，寶寶最見的風險之一就是輕微的呼吸道毛病，稱為暫時性呼吸急促，這是因為寶寶的肺部有太多羊水所致。當胎兒在妳的子宮裡面時，正常來說，肺部都積滿了羊水。在寶寶通過陰道生產時，由於在產道裡的動作，所以胸腔自然會受到擠壓，這樣一來也會把肺部裡面的羊水擠了出來。在進行剖腹產時並沒有這種擠壓的效果，所以出生後寶寶的肺部裡面還是積滿了羊水。這樣一來就會引起呼吸急促，所以通常會需要加壓，施以額外的氧氣，讓羊水流出來。

· **早產**　即使是稍微早產，對新生兒都可能有嚴重的副作用。如果寶寶的預產期不準，而剖腹產又太早進行，寶寶就可能出現早產兒的併發症。

· **割傷**　寶寶在進行剖腹產時有可能被割傷，但是這很少發生。

考量之後再做決定

如果妳的照護醫師對於妳自選剖腹產的要求，連問都不問，那妳應該自問到底為什麼。內外科醫師都有避免不必要醫療介入的職責，特別是如果介入時還帶有風險。而缺乏科學佐證來支持

自選剖腹產則讓這樣的手術程序成為不必要。從醫師的觀點來看，在排定手術時間表時，自選剖腹產無論在效率和財務上的回饋都是好的，但是一位妳可以信賴的照護醫師至少應該抱持很大的保留態度跟妳討論這個議題。

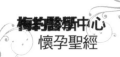

第25章

剖腹產後改採陰道自然產，可行嗎？

　　妳的第一胎是經由剖腹產生產的，但妳真的很想試試看陰道自然產。現在，妳懷了第二胎，那麼有可能採取自然產嗎？答案是，可以，但是或許可以。在從前，只要第一胎採剖腹產，後面接著的分娩都會採剖腹產。但是，今天很多例子都可以剖腹產後自然產。

　　不過，剖腹產後自然產並非沒有風險的。在妳和照護醫師決定試試剖腹產後自然產之前，有幾個因素必須考慮。

　　選擇以剖腹產後自然產的產婦會跟一般陰道自然產的產婦一樣，必須經歷相同的陣痛和分娩過程。妳得等到出現陣痛的最初一些徵兆後，才準備上醫院。如果妳要嘗試剖腹產後自然產，不建議妳在家生產。

　　在醫院，有醫師和醫院人員可以就近監控妳的活動期陣痛，這是很重要的。需要的話，他們可以做好立刻剖腹產的準備。大多數計畫要剖腹產後自然產的產婦都可以如願。不過，有時候不得已還是必須再進行一次剖腹產。

利益與風險

　　剖腹產後自然產的成功機率得看許多因素，其中包括了前一次進行剖腹產的理由。

　　剖腹產後自然產的益處　採用陰道自然產的一個優點就是通常來說，比剖腹產安全，因為不必進行大手術。陰道自然產的其他優點還包括了：

　　·需要輸血的風險較低。

　　·感染風險較低。

　　·住院時間較短，通常只要一兩天，而不是剖腹產的三天或三天以上。

　　·產後較有元氣。

　　·可以較快回復到正常的日常活動。

此外，以陰道自然產方式分娩，妳對分娩過程較有參與感，因為必須努力將寶寶推送出來。在自然產時，妳的分娩教練和其他人也可以扮演較為活躍的角色。

　　剖腹產後自然產的風險　剖腹後採用陰道自然產的可能風險包括了：

　　·**無法順利從陰道生產**　如果進行陰道自然產的努力失敗，還是必須再次採剖腹產，這時併發症的風險會提高。

風險包括了輸血的需求、血栓的形成與感染。經過陣痛後又無法從陰道自然生產，妳可能在情感和身體上都會產生筋疲力盡的虛脫感。有少數產婦甚至會有失敗的感覺，即使整個事情的發生都不是她們所能控制。

· **上次剖腹產的傷口被撕裂**（子宮破裂） 這種情況在選擇剖腹產後自然產的產婦身上，基本上風險是挺低的。不過，子宮破裂是會危及妳和寶寶性命的事。子宮破裂也會提高妳在產後必須摘除子宮的機會。有幾個因素都會使子宮破裂的風險增高，所以妳應該先和妳的照護醫師討論。如果妳屬於子宮破裂的高危險群，照護醫師可能會建議再次採取剖腹產。

剖腹產後改採自然產要考慮的事項

妳是否是進行剖腹產後自然產的好人選呢？這主要和妳最初進行剖腹產時採取的子宮切口方式與進行剖腹產的理由有很大的關係。

上次的子宮切口 在進行剖腹產時，妳的照護醫師在妳的腹壁和子宮上都各開了一個切口。腹壁的切口必須穿透過皮膚層、脂肪與肌肉。從這個開口，外科醫師再進入子宮上切一個開口。子宮上的開口和妳腹部上的開口是

不同的。妳子宮的切口類型如下：

· **低位橫切口** 這是最常見的切口方式，切口橫向跨過子宮的下段部位。這種切口通常出血較子宮高位切口少，形成的傷疤也較為牢固，後續懷孕陣痛引起子宮破裂的機率也較低。如果妳有過一個甚至兩個這樣的切口，或許是可以施行剖腹產後自然產的人選。

· **低位直切口** 這種切口也是開在子宮的下段部位，子宮壁比較薄的地方。在胎兒胎位不佳或是醫師認為切口需要擴張時使用。這一次，並沒有持續性的資料可以指出這類型的切口會不會提高子宮破裂的風險。因此，如果妳的切口屬於這種類型，可能還是可以成為剖腹產後自然產的人選。只可惜，真正限制在子宮低位的低位直切口並不多。

· **傳統切口** 這種類型的切口是在子宮的高位，就在陣痛時，子宮收縮的部位。過去所有的剖腹產都是採取這種切口方式，但是現在已經很少用了，因為這種傳統切口出血的風險最高，後續子宮破裂的風險也最高。現在通常只用在緊急的狀況，醫師需要很快的取出寶寶時。對於子宮切口屬於傳統類型的產婦，並不建議採剖腹產後自然產。

· **不知類型的切口** 對於一些產婦來說，很難去判斷上次剖腹產子宮的切

口到底是哪種類型。研究也並未顯示，這一類情況發生子宮破裂的風險就會提高，因為現在大多數剖腹產的子宮切口都已經是低位橫切口了。除非妳的醫師懷疑妳上次的切口可能是傳統型，否則不知自己是哪種類型切口的產婦也可以成為剖腹產後自然產的人選。

上次剖腹產的原因 第一次採取剖腹產的原因通常會影響下一次妊娠分娩的型式：

・如果第一次剖腹產施行的原因這一次未必會再發生，那麼妳可以順利以陰道自然生產的機會幾乎就和從未剖腹產過的產婦一樣。這樣的例子有胎位不正、感染、妊娠高血壓、胎盤問題以及胎兒窘迫症。

・如果妳曾經自然生產順產過至少一次，無論是在採剖腹產之前還是之後，妳再次經由陰道順利自然生產的機會就比沒有自然產過的產婦高。

・如果妳上次難產是因為胎兒的體型太大或是妳的骨盆太小（難產），那麼妳還是有可能可以自然順產。不過，和因為類似情況又再發生而採剖腹產相比，成功機會多少低了點。

・如果妳有慢性病，像是特定的心臟病，而在陣痛和分娩時問題可能又會再度發生，那麼妳和妳的照護醫師可能還是會決定再次採用剖腹產。

哪些人不適合採剖腹產後自然產
就某些例子而言，再次採用剖腹產比採剖腹後自然產好。根據美國婦產科協會表示，下列情況不應再嘗試自然陣痛分娩：

・妳的子宮上之前有傳統型或T字型的剖腹產切口，或是經過有類似類型切口的子宮手術。

・妳的骨盆腔開口太窄，無法容許寶寶的頭部通過。

・妳有疾病或是婦科上的問題，不應進行陰道自然產的。

・妳打算分娩的機構設施無法進行緊急剖腹產的。

醫療專家不會同意在有下列這些情況下，讓產婦進行陰道自然產的：

・前面兩胎或是更多胎都是剖腹產，而沒有陰道自然產經驗的。不過，美國婦產科協會還是表示，曾經進行兩次剖腹產的產婦還是可以提供自然產選項的。

・妳有未明的子宮傷口，或是之前有過低位直向切口。

・妳的預產期已經過了。

・照護醫師懷疑妳的寶寶體型比正常還大。

在這些狀況下，妳最好的作法還

是先就妳個人的情況，跟醫療照護團隊討論可能的風險和益處。

事先計畫並與專家討論

大多數之前採取剖腹產的產婦在後續懷孕時，都還有資格考慮自然產。只是，大多數人在前一次採剖腹產後，還是決定不要採取陰道自然產。為什麼大多數的產婦不願意選擇剖腹產後自然產呢？其實部分的原因可能是害怕在經過可能十分漫長又拖延的陣痛後，最後還是必須以剖腹產收尾。另一個可能的原因則是，並非所有產婦選擇的分娩場所都可以處理剖腹產後自然產。

如果妳和妳的照護醫師都認為剖腹產後自然產對妳是適合的，那麼不要害怕去嘗試。雖然無法保證剖腹產後自然產一定會成功，不過妳可以增加自己累積正面經驗的機會。試試以下這些建議：

·**把妳的害怕和期望提出討論**。妳的照護醫師可以幫助妳更加了解整個過程，以及妳會被影響的方式。如果妳換了一個照護醫師，一定要確定他有妳完整的病歷資料，包括妳最初剖腹產的所有記錄。

·**和分娩教練一起去上剖腹產後自然產的相關課程**。這些課程通常可以幫助妳克服對於剖腹產後自然產的各種疑慮。

·**在設備良好的醫院進行剖腹產後的自然產**。找一家有連續性胎兒監看設施、可以快速召集外科團隊、以及有全天候24小時能執行麻醉及輸血的醫院進行剖腹產後的自然產。

·**將用藥提出討論**。對於要進行剖腹產後自然產的孕婦來說，有些特定的藥物是應該要避免使用的，因為會提高子宮破裂的風險。

·**要確定有合格的醫師在旁**。有一支可以一直持續監控妳陣痛和分娩的團隊可以降低併發症發生的風險。要確定妳的接生團隊了解妳所有的產科記錄。

·**把自己想像成準備要參加比賽的運動員**。正向思考、健康飲食、經常運動以及充分的休息都可以讓妳有最佳的機會可以順利自然分娩。

·**心中保持最終極的目標**。妳想要讓寶寶和自己都有最健康的好結果，無論是以何種方式做到的。

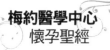

第26章

妳不可不知的產後避孕措施

在睡睡醒醒的無眠夜晚與換尿布之中，很容易就會忘記有避孕這件事。但事實則是，即使妳產後的第一次月經還沒來，如果有沒有保護措施的性愛行為，妳還是可能會再次懷孕。產後二十四個月之內就再度受孕對妳和寶寶會有一定的健康風險，這之中可能包括了自閉症發生的風險提高，更別提在照顧著新生寶寶的同時還大著肚子懷孕的壓力。因為這些原因，考慮一下避孕的選擇是很重要的。對於要選擇避孕的人來說，選擇有很多：

· **荷爾蒙法。** 這種方式的例子有避孕藥、以及避孕貼片、陰道避孕環（舞悠）、皮下植入避孕劑、以及長效避孕針。

· **阻隔法。** 例子有男性用及女性用的保險套，以及子宮帽、子宮頸帽、避孕海綿和殺精劑。

· **子宮內避孕裝置。** 例子有含銅子宮內避孕器（cooper IUD，裝置名ParaGard）以及荷爾蒙子宮內避孕器（hormonal IUD，裝置名稱蜜蕊娜Mirena）。

· **永久絕育法。** 例子在女性方面有輸卵管結紮、腹腔鏡輸卵管閉塞絕育法（hysteroscopic sterilization，使用的裝置有Essure、Adiana），男性方面則有輸精管結紮。

· **自然家庭計畫法。** 例子包括了安全期避孕法、基礎體溫、以及子宮頸黏液觀察法。

避孕要考慮的事項

有些避孕方式對妳可能比對別人更合適。以下就是在考慮避孕選擇時，問自己的問題。

Q 避孕效果多有效？ 要有效，所有的避孕方式都必須持續、正確的使用，但其中有一些方式似乎比其他方式更有效些。舉例來說，荷爾蒙子宮環的效果就比子宮帽及殺精劑的結合好。所以，想要的有效程度，得由妳自己決定。

Q 可以再度懷孕嗎？ 妳選擇的避孕方式得看妳的生育目標。如果妳計畫在不久的將來再懷一胎，那麼可能會想用可以輕鬆停止並迅速恢復的方式，例如荷爾蒙方式或阻隔方式。如果妳想要再度懷孕，但不想太快，那麼可以考慮子宮內避孕器，這類裝置只要不取出就有持續的避孕效果。如

果妳很確定自己不要再生孩子了，那麼或許會喜歡永久的絕育方式，像是閉塞節育法。

Q 使用方便嗎？ 對某些人來說，方便意味著使用容易、沒有擾人的副作用、也不會干擾到性經驗。對其他的人來說，方便則是意味著不用醫師開處方箋。在選擇避孕方式前，請先考慮看看自己有多願意事先計畫，必要的話，還要能遵守嚴格的行事曆。選擇適合自己生活方式的避孕方式是很重要的。

Q 餵母乳是來避孕是個好選擇嗎能避孕嗎？

如果妳正在以母乳哺育，那麼妳適用的避孕選擇就比較受限。有些荷爾蒙的方式就不推薦使用，因為會減少妳的泌乳量。避孕荷爾蒙對於寶寶是不是會產生副作用，現在還有些疑問，但是並無證據顯示口服避孕藥會影響寶寶的發育。（與母乳哺育的避孕相關詳細資訊，請參見第370頁。）

Q 有什麼副作用？ 考慮看看，妳對某種特定的避孕方式，能接受的副作用容忍度有多大。有些方式，例如含有荷爾蒙的方式產生的副作用就比其他方式，如阻隔法或是自然家庭計畫法，來得大。請和妳的照護醫師討論一下妳的病史，並看看妳選擇的避孕方式對妳可能造成的影響。

Q 避孕方式還有其他附帶的好處嗎？
除了能避免懷孕之外，某些避孕方式還能附帶一些好處，像是經期更準、流量更少，性病傳染風險變低或是降低某些癌症發生的風險。如果這些附帶的好處對妳很重要，那麼還會影響到妳對避孕方式的選擇。

Q 可以提供保護，不受性傳染病感染嗎？

男性與女性用的保險套是目前唯一可以提供可靠保護，讓使用者可以不受性傳染病(sexually transmitted infections，簡稱STIs)感染的避孕方式。其他的避孕方式無法提供保護，免於性傳染病感染。

Q 避孕方式能被性伴侶接受嗎？ 妳的伴侶偏愛的避孕方式可能跟妳類似，或是與妳不同。請和伴侶一起討論避孕的選項，一起協助決定哪種方式最能為你們兩人所接受。

Q 避孕方式能與妳的宗教信仰或傳統習慣相容嗎？
有些型式的避孕方式被認為違背了某些特定的宗教法或是文化傳統。當妳在決定避孕方法時，可以權衡其中的利害得失，看這特定的方式是否與妳個人的信念有悖。

餵母乳與避孕的迷思

如果妳產後親自以母乳哺育，那麼避孕並不是太容易的事。這是因為以母乳哺育會在幾個方面影響到受孕能力和避孕的選擇。

受孕能力 有個迷思是以母乳哺育就不會懷孕。正如所言，這是一個迷思。妳就算以母乳哺育，還是會懷孕的。不過，以母乳哺育的確會降低受孕能力，因此妳懷孕的機會沒像不以母乳哺育那麼高。在得知母乳哺育受孕能力會降低後，一些女性在母乳哺育期間會選擇以自然家庭計畫方式來作為避孕的方式。這當然可以，不過有幾件事是妳必須明白的。

· 在產後第一次月經來臨前，妳就可能排第一次卵了。這意味著，妳不能用產後第一次月經作為採取避孕防範措施的指標日期。在月經還沒來之前，妳就可能再度懷孕了。

· 母乳哺育期間，妳的經期可能不會遵循固定的模式。這會讓自然家庭計畫避孕法的實施比正常時期難度高。

荷爾蒙與母乳 有些特定的避孕藥含有雌性激素與黃體素（複合式口服避孕藥），傳統上是不會推薦給以母乳哺育的女性使用的。根據所使用荷爾蒙型避孕藥的種類，裡面所含的荷爾蒙可能會降低妳的泌乳量。過去也曾懷疑複合式口服避孕藥可能降低母乳中礦物質或熱量的含量。不過，在營養良好的母親身上，這通常不會構成問題。現在也沒任何有證據顯示口服避孕藥會影響寶寶的發育。

妳如果以母乳哺育，在考慮吃避孕藥或以其他荷爾蒙避孕方式避孕時，有幾件事要記在心裡。

· 使用荷爾蒙避孕器之前，最好先等上六個禮拜。這是為了讓妳的母乳哺育模式先固定下來。

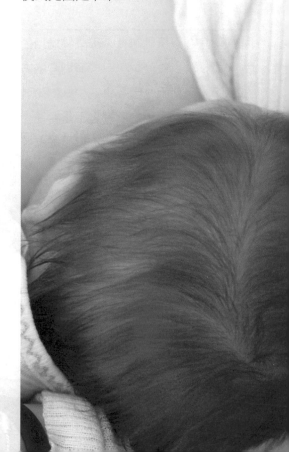

・不是所有的口服避孕方式都一樣。

有些同時含有雌性激素與黃體激素，而另外一些則可能只有黃體激素（有時候也稱為迷你避孕丸）。如果只含黃體激素，就不會影響到泌乳。

美國婦產科協會指出，包括迷你藥丸和避孕藥Depo-Provera，在哺乳期間使用都很安全。美國婦產科協會當哺乳期女性泌乳習慣已經建立後，含有雌性激素的避孕藥也可以考慮。

迷你藥丸的有效性不如綜合的口服避孕藥。必須完全依照說明嚴謹服用才能提供最大的保護。偶而如果忘了吃，就不能期望它還能發揮保護效果。

陰道乾澀 哺乳期間另外一件影響受孕能力的就是哺乳可能會使陰道乾澀。如果你們計畫以保險套作為妳哺乳期間避孕的型式，那麼陰道的乾澀可能會使保險套用起來不舒服。不過，使用潤滑劑就可以避免這個問題了。

避孕方法

以下是現在可以用來避孕的各種避孕藥。請別忘了，正確使用會提高該避孕方法的有效性。請和妳的照護醫師談談，妳可以獲得更多適合妳避孕的詳細資訊。

荷爾蒙法 這類方法是靠抑制特定荷爾蒙的釋放來避孕的，藥物的效果會抑制妳的卵巢排卵。

1. 複合式口服避孕藥 複合式口服避孕藥，一般稱做「避孕丸」，是含有雌性激素和黃體激素的口服避孕藥。複合式避孕要會壓抑排卵，不讓卵巢排出卵子，也會讓子宮頸黏膜增厚，並讓子宮內壁變薄（子宮內膜），讓精子難以到達卵子所在。

不同類型的複合式口服避孕藥所含的雌性激素和黃體激素劑量都不同。也有一些其他類型的複合式口服避孕藥可以讓妳減少每年月經的次數。為了達到最好的效果，妳必須在每天同一時間吃複合式口服避孕藥。

【種類】複合式口服避孕藥有不同數量的有效藥與非有效藥，包括了：

・傳統包裝 最常見的複合式口服避孕藥包裝組合為21顆有效藥與七顆非有效藥。也有含24顆有效藥與四顆非有效藥的配方組合，稱為無藥期縮短版。服用非有效藥的期間會有出血情況。

・持續性劑量或月經週期延長 這類組合一般含有84顆有效藥，與七顆非有效藥。一年之間，出血只有四次，發生在服用非有效藥的期間。

【配方】口服避孕藥也有不同的配

方：

·**單相配方（Monophasic）** 這類型的口服避孕藥組合中，每一顆有效藥中含有的雌性激素和黃體激素是等量的。

·**複相配方（Multiphasic）** 這類型的口服避孕藥組合中，每一顆有效藥中含有的荷爾蒙量是不同的。在某些種類中，黃體激素的量會穩定的增高，而另外一些類型則是黃體激素量持平、雌性激素量增高。

口服避孕藥組合中，炔雌醇（ethinyl estradiol雌性激素的一種）的含量低於35毫克，就被認為是低劑量的避孕藥。對荷爾蒙很敏感的女性服用低劑量的避孕藥應該可以受惠。不過，低劑量的避孕藥突破性的出血（breakthrough bleeding）可能會比高劑量的避孕藥嚴重。

【**有效性**】複合式口服避孕藥的一百個使用者中，每年約有八人會懷孕。

【**利益與風險**】複合式口服避孕藥是一種可以輕易恢復生育的避孕方式。在停止服用複合式口服避孕藥後的兩週左右，妳的生育能力就會恢復正常。益處包括了：

·卵巢癌和子宮內膜癌、子宮外孕、卵巢囊腫、子宮肌瘤（uterine fibroids）、良性乳房病症以及缺鐵性貧血等疾病發生的風險會降低。

·對有嚴重月經期間痙攣，也就是一種稱為「經痛」的女性來說，疼痛會減輕。

·經前症候群（premenstrual syndrome 簡稱PMS）症狀會紓解。

·經期較短、流量變少、日期也比較準，又或者，對使用另外一種複合式口服避孕藥的女性來說。每年的月經數量變少。

·面皰情況改善

複合式口服避孕藥可能的副作用則包括了：

·雖說整體來看，風險還是低的，不過還是會提高腿部或肺部血栓、心臟病、中風、子宮頸癌發生的風險。

·血壓升高

·漲氣

·乳房漲痛

·情緒變化

·頭痛

如果妳年齡在三十五歲以上並且抽菸、有高血壓但是控制不佳，或是有血栓、中風、乳癌、肝癌或子宮內膜癌的病史，複合式口服避孕藥可能就不是妳的上選。有這些狀況時，發生併發症的風險較高。

2.迷你避孕丸 迷你避孕丸也就是只含有黃體激素的避孕藥，是一種口服的

避孕方式，成分中只有黃體激素這種荷爾蒙，並不含雌性激素。

迷你避孕丸會使子宮頸黏液變厚、子宮內壁變薄，讓精子無法到達卵子所在。迷你避孕丸有時候也會抑制排卵。

【有效性】迷你避孕丸的一百個使用者中，每年約有一到十三人會懷孕。由於黃體激素的劑量低，因此對受孕能力較高的女性來說，迷你避孕丸的失敗率就比其他荷爾蒙法低。

【利益與風險】迷你避孕丸是一種可以很輕易恢復生育的避孕方式。在停止服用迷你避孕丸後，妳的生育能力馬上就會恢復正常。

如果有下列情況，妳的照護醫師就可能會推薦妳使用迷你避孕丸：

· 妳正在以母乳哺育。因為避孕藥成分中沒有雌性激素，所以妳不必擔心會干擾到妳的泌乳情況。

· 妳有特定的一些健康問題，像是屬於心臟病、高血壓或是週期性偏頭痛的高風險群。

· 妳年過三十五歲，而且抽菸。如果妳有乳癌或無法解釋的子宮出血，或是如果妳正在服用的藥物中含有抗癲癇或是抗肺結核的成分，那麼妳的照護醫師將不會鼓勵妳使用。

迷你避孕丸可能的副作用包括了：

· 月經出血不正常
· 卵巢囊腫
· 憂鬱症
· 體重增加或減少
· 性慾降低
· 頭痛

3.避孕貼片 避孕貼片Ortho Evra是女性用的一種避孕貼片，含有雌性激素和黃體激素兩種荷爾蒙。使用Ortho Evra時妳必須把一塊小貼布貼在皮膚上，一週貼一次，貼三週。到了第四週，妳不用貼貼布，這樣月經就會來。

和複合式避孕口服藥類似，Ortho Evra可以藉由釋放到血液中的荷爾蒙雌性激素與黃體激素來避免懷孕。這類荷爾蒙可以抑制排卵，不讓卵巢釋放卵子。Ortho Evra也會使子宮頸黏膜加厚，讓精子無法到達卵子所在。

【有效性】Ortho Evra的一百個使用者中，每年約有五個人會懷孕。

【利益與風險】益處和風險跟複合式口服避孕藥很類似。不過，研究顯示，使用Ortho Evra時體內循環的雌性激素濃度比使用複合式口服避孕藥來得高。因此和服用複合式口服避孕丸相比，照護醫師會比較擔心Ortho Evra產生副作用的風險。

4.陰道避孕環 舞悠是一種具彈性的透明塑膠環,含有雌性激素與黃體激素兩種荷爾蒙。使用時插入陰道深處,戴三個禮拜。之後將舞悠移出一個禮拜,讓月經發生,之後再插入一個新的。舞悠與複合式口服避孕藥類似,藉由釋放荷爾蒙進入體內,抑制排卵來避孕。舞悠也會使子宮頸黏液變厚,讓精子無法到達卵子所在。

【有效性】據估計,舞悠的一百個使用者中,每年約有五個人會懷孕。

舞悠不需要量身打造。它隨時可以移除,之後很快就能恢復生育能力。

【利益與風險】只不過,它並非人人適用。妳一定要可以自己插入並移出該裝置。如果有下列情況,照護醫師可能不會不鼓勵妳使用舞悠:

· 妳年過三十五歲,而且抽菸。

· 妳正在以母乳哺育,或最近才生產、流產或墮胎

· 妳有心臟病或中風病史

· 妳有乳癌、子宮癌或肝癌病史

· 妳的腿、肺部或眼睛有過血栓病史

· 妳有嚴重的高血壓

舞悠可能的副作用和複合式口服避孕藥類似,包括了血栓問題、心臟病、中風、肝癌和高血壓風險的提高。其他可能的副作用還包括了突破性出血

或點狀出血、陰道感染或發炎、以及頭痛。

5.皮下植入避孕劑 Implanon是一種植入女性上臂皮下的避孕劑，會釋放穩定的低劑量荷爾蒙黃體激素到體內，讓子宮頸黏液增厚、子宮內壁變薄，讓精子無法到達卵子所在。這種植入一般也會抑制排卵。

直至目前為止，Implanon是唯一一種美國食品衛生檢驗局許可的皮下植入避孕劑。植入後避孕時效最多可達三年。

【有效性】據估計，Implanon的一百個使用者中，每年約有一人會懷孕。如果妳在植入期間懷孕，子宮外孕的機會會提高。子宮外孕是受精卵在子宮外面著床，通常是在輸卵管內。

【利益與風險】Implanon不需要個人化的配置，日常也不必去注意。它隨時可以移除，之後很快就能恢復生育能力。

如果有妳有下列情況，照護醫師可能不會鼓勵妳使用Implanon：

・有嚴重的血栓、心臟病或中風
・肝有腫瘤或有肝病
・有未經診斷的外陰部出血
・有已知或懷疑的乳癌或乳癌病史

與植入皮下植入避孕劑有關的風險包括了：

・子宮出血模式改變，其中包括了月經沒來（閉經）、在三到九個月間出血不正常
・情緒起伏
・憂鬱症
・體重增加
・面皰
・頭痛
・輕微的卵巢囊腫和血栓

6.長效避孕針 避孕針Depo-Provera是一種以注射型式施行的避孕方式，妳必須每隔三個月去見一次照護醫師，注射一次。Depo-Provera會抑制排卵，不讓卵巢釋放卵子，也會使子宮頸黏膜加厚，讓精子無法到達卵子所在。停止使用Depo-Provera後，可能要長達10個月，甚至更久才能恢復生育能力。

【種類】現在可用的針劑有兩種──Depo-Provera 和 Depo-subQ Provera 104。兩種都含有荷爾蒙黃體激素，不過 Depo-subQ Provera 104所含的劑量較低。

【有效性】據估計，Depo-Provera的一百個使用者中，每年約有三個人會懷孕。

【利益與風險】在諸多好處中，Depo-Provera：

・不需要量身打造或每天注意

・可以降低子宮內膜癌、骨盆的發炎性疾病以及子宮肌瘤發生的風險

・對母乳哺育沒有負面效果（許多其他避孕方法中使用的雌性激素荷爾蒙對於泌乳都會造成干擾）。

如果妳有不明原因的陰道出血、乳癌、肝臟疾病或血栓的病史，妳的照護醫師可能不會鼓勵妳使用。這種避孕方式的副作用包括了：

・暫時性的骨中礦物質密度流失（長期使用Depo-Provera會讓流失情況更擴大，而且將無法完全恢復。）

・不正常的月經期與突破性出血

・體重增加

・乳房觸痛

・頭痛

阻隔法 這類方法是靠著製造「阻隔物」阻止男性的精子到達女性的卵子所在，以避免懷孕。

・男性用與女性用保險套　保險套是很有效的避孕方式，可以保護自己和伴侶，免於性傳染病感染。

1.保險套 使用容易，價格不高，而且到處都可以買到。販售時有附加潤滑液與無潤滑液的選擇，各種長度、形狀、寬度、厚度都有，而且顏色與材質也不同。

【種類】男性用的保險套是一層薄薄的遮罩，在性交之前，套在勃起的陰莖上。女性的保險套是柔軟、鬆鬆的套袋，兩端有環。在性交之前，將一邊的環插入陰道內，放置在適當位置。令一端開口的環則保持在陰道外。男性用的保險套使用上很容易，不過有些女性卻覺得女性用的保險套要插入很困難。

【有效性】如果有使用的話，保險套是很有效的避孕方式。如果完美使用，使用男性用保險套的伴侶中，每年約有二個人會懷孕。如果妳只是一般較為平常的使用，統計數字是100對中有15對會懷孕。懷孕的比例之所以提高是因為保險套使用不當或是斷斷續續零星使用 —— 保險套放在抽屜裡躺著是完全沒效的。

據估計，使用女性用保險套的女性中，每年約有二十一個人會懷孕 —— 原因通常是因為她們並沒有每次性愛時都使用。當女性用的保險套被正確使用，而且一直都使用時，懷孕的機會大約在百分之五。

【利益與風險】保險套並無其他女性避孕方式會出現的一些副作用，像是口服避孕藥或針劑的副作用，或是子宮內避孕裝置中可能會出現的併發症，而且不必醫師處方就可購買，取

得容易。

有些人對乳膠過敏，如果伴侶中任何一個人對乳膠過敏，可能對於乳膠製造的保險套就會出現反應。女性用保險套也可能引起不適感，包括灼熱感、癢或紅疹。

2.子宮帽 子宮帽（diaphragm）可以避免精子進入子宮。這是一種小小的、可重複使用的橡膠或矽立康杯，有彈性邊可以覆蓋子宮頸。在性交之前，將子宮冒插入子宮深處，這樣邊緣就會緊密的與恥骨後貼合。陰道肌肉會將此裝置保持在適當定位。

【有效性】據估計，子宮帽的一百個女性使用者中，每年約有十六個人會懷孕。這個裝置只有在與殺精劑併用，阻隔或殺死精子時，效果才會顯現出來。

【利益與風險】子宮帽可作為避孕的備用方案，而且不會產生任何副作用。不過如果妳剛才分娩過，或是有下列情況，照護醫師是不會鼓勵妳使用子宮帽的：

・對矽立康、乳膠或是殺精劑過敏

・陰道異常，會影響子宮帽的貼合、置入或維持

・陰道或骨盆感染

・經常泌尿道感染

3.子宮頸帽 子宮頸帽（cervical cap）是一種可以防止精子進入子宮的避孕裝置。子宮頸帽是一種可以重複使用、深型的杯，可以僅僅的貼合妳的子宮頸。在性交之前，利用吸入方式將裝置插入陰道，置放在正確位置。杯外有拉繩可以幫忙拉出。現在只有一種子宮頸帽，FemCap 是被美國食品藥物檢驗局所核准的。FemCap 是由矽立康橡膠製作而成的，必須由醫師量配並處方。

【有效性】據估計，從未懷孕或是陰道自然產過的一百個女性子宮頸帽使用者中，每年約有十四個人會懷孕。而以陰道自然產生育過的女性子宮頸帽使用者中，則估計一百個人之中，有29個人會懷孕。效果之所以打折扣是因為陰道自然產後，子宮頸的形狀已經改變了，讓子宮頸帽貼合更為困難。新型的子宮頸帽失敗率可能會低一點。

【利益與風險】子宮頸帽可以作為避孕的備用方案，而且不會產生副作用。不過如果妳剛分娩過，或是有下列情況，可能就不是最佳選擇：

・對矽立康、乳膠或是殺精劑過敏

・陰道正在出血，或是陰道、子宮頸或骨盆有感染

・陰道異常，會影響子宮頸帽的貼合、置入或維持

・有以下疾病的病史：骨盆發炎性疾病、中毒性休克症候群、子宮頸癌、第三度子宮脫垂、泌尿道感染、或陰道或子宮頸組織撕裂

・有些女性認為子宮頸帽要插入很困難。

4.避孕海綿與殺精劑 避孕海綿是一種柔軟、碟形的裝置，由聚氨酯泡棉製成，可以覆蓋子宮頸。這個裝置不必醫師處方即可購買。在性交之前，用水把海棉打濕，插入陰道深處，那邊的陰道肌肉會將其保持在適當定位。海棉有個鬆環可以協助取出。避孕海綿含有殺精劑，可以讓精子在進入子宮前不動或被殺死。

【有效性】據估計，從未分娩過的一百個避孕海綿使用者中，每年約有十六個人會懷孕，而分娩過的子宮頸帽使用者中，每年估計有32個人會懷孕。

【利益與風險】避孕海綿不需要醫師處方或量配，可以在性交前幾個鐘頭插入，提供24小時的避孕保護。不過，如果妳剛分娩過，或是有下列情況，可能就不適合：

・對於殺精劑或聚氨酯泡棉敏感或過敏

・陰道異常，會影響避孕海綿的貼合、置入或維持

・經常性的泌尿道感染。殺精劑會提高泌尿道感染的風險，並引起刺激陰道 —— 有時候會引起灼熱、發癢或紅疹。經常使用殺精劑會更刺激陰道。

5.子宮內避孕裝置 子宮內避孕裝置（Intrauterine devices，簡稱IUDs），會影響精子移動的方式，避免它們與卵子結合。子宮內避孕裝置是一種小小的、有彈性的T型裝置，需由醫師放入子宮。

【種類】子宮內避孕器有兩種，含銅子宮內避孕器（cooper IUD，裝置名ParaGard）以及荷爾蒙子宮內避孕器（hormonal IUD，裝置名稱蜜蕊娜Mirena）。ParaGard會持續釋放出銅，防止精子進入輸卵管。如果受精已經發生，ParaGard也會讓受精卵無法在子宮內壁著床。ParaGard 裝置後，最多可有長達十年的避孕效果。

而荷爾蒙子宮內避孕器則是由裝置內釋放出黃體激素。蜜蕊娜會使子宮頸黏液加厚、讓子宮壁變薄 —— 以防止精子進入輸卵管。蜜蕊娜在裝置後，最多可有長達五年的避孕效果。

【有效性】據估計，無論是哪一種子宮內避孕器，一百個使用者中，每年約有一個人會懷孕。

【利益與風險】只要仍在裝置中，

子宮內避孕器可以提供持續性的避孕效果。只要妳想避孕，就讓他裝置停留在妳子宮內 —— 在時間上，蜜蕊娜可達五年，ParaGard可達十年。

裝置子宮內避孕器時，可能會有一些不適，而且裝置後的最初幾天，也可能會有發生子宮感染的小小風險。ParaGard一般有讓經期更長、更沈重以及更痛的傾向。蜜蕊娜在裝置後的最初三到六個月會引起不正常出血，但在這之後，經期就有會比較輕短的傾向。事實上，還有一些女性在使用蜜蕊娜時還有沒有月經的經驗。蜜蕊娜的副作用有頭痛、面皰、乳房漲痛以及情緒的改變。

此外，子宮內避孕裝置還可能從子宮中滑落出來，而這情形妳並不知道。被排出的情況最常見於裝置後第一次月經來時。如果妳擔心裝置被排出，可以去看看妳的照護醫師，確定妳的子宮內避孕器還在。

整體上來說，使用子宮內避孕器，發生子宮外孕的機率比沒有使用避孕時少。不過，如果裝有子宮內避孕器還是懷孕，那麼發生子宮外孕的機率就會提高。如果妳裝有子宮內避孕器，但懷疑自己可能懷孕了，請立刻和妳的醫師聯繫，讓他可以判斷是不是子宮外孕。

永久絕育法 結紮通常是無法恢復生育能力的。所以在進行手術前，必須很確定，妳不要再有任何孩子了。

例子在女性方面有輸卵管結紮、腹腔鏡輸卵管閉塞絕育法（hysteroscopic sterilization，使用的裝置有Essure、Adiana），男性方面則有輸精管結紮。

1.輸卵管結紮 輸卵管結紮是一種永久性的節育手術。施行結紮手術時是把輸卵管切掉或閉合，破壞卵子到子宮的受孕行動，並防止精子旅行到輸卵管與卵子結合。

施行輸卵管結紮手術時通常會進行短效的全身或局部性麻醉。這個手術可以在妳陰道產自然恢復或是進行剖腹產時一起做，也可以在之後門診時做。輸卵管結紮是有機會恢復的，只是恢復需要進行大手術，而且並非一定有效。

【有效性】據估計，在進行輸卵管結紮後的一年內，一百個女性中約有一個人會懷孕。如果妳懷孕的話，子宮外孕的機會會比較高 —— 當受精卵在子宮外著床時，通常是在輸卵管。

【利益與風險】輸卵管結紮可以永久避孕，無需再進行任何種類的避孕。因為結紮需要進行手術，所以就有風險，包括了對於腸道、膀胱或主要血管的傷害、麻醉的副作用、以及傷口感染。

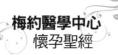
2.腹腔鏡輸卵管閉塞絕育法 腹腔鏡輸卵管閉塞絕育法（hysteroscopic sterilization）是將輸卵管「塞住」，以避免受精。這是以非開刀的方式進行的，在婦產科診所或醫院門診都可以進行手術。

• Essure 系統 這種方式是在每一邊的輸卵管裡放入一個小型捲圈狀的金屬裝置，這種裝置會形成傷疤組織，有效的堵住輸卵管，避免卵子受精。醫師會用一種細細的彈性管子透過陰道，進入子宮，將裝置插入兩邊的輸卵管裡。接下來的三個月。妳必須使用替代性的方式來避孕。這之後，妳需要照一張X光，來確認傷疤組織是否已經形成。如果X光顯示妳的輸卵管已經完全被堵住，其他避孕方式就可以停用了。

• Adiana系統 這種手術施行時，醫師會將兩端輸卵管各自的一小部分加熱，然後將小的矽立康裝置分別插入每個輸卵管裡。Adiana系統會將輸卵管阻塞，讓傷疤組織在裝置的周邊形成，以避免精子到達卵子所在。和Essure類似，在三個月後使用超音波或X光來確認輸卵管是否已經阻塞完成。如果程序成功，妳就可以停止其他的避孕方式了。

【有效性】據估計，在植入Essure系統後的第一年內，一百個女性中約有一個人會懷孕。而使用Adiana系統的，一百個女性中約有一到兩個人會懷孕。如果妳在植入這兩個系統的任何一個後懷孕的話，子宮外孕，也就是受精發生在子宮外的情況，會比較高。

【利益與風險】使用腹腔鏡輸卵管閉塞法的好處包括了永久性的節育，而且沒有明顯的長期性副作用。如果妳最近才剛分娩、不確定是否還要生育、對鎳敏感、或是對於用來確認阻塞輸卵管的顯影劑過敏、又或是妳的狀況無法讓輸卵管的一端或兩端被接觸到，那麼醫師就不會推薦妳採用這種方式。

3.輸精管結紮 輸精管結紮是一種簡單的外科手術，提供男性避孕的選擇。輸精管結紮可以採用局部麻醉的方式，在醫師的診所中進行。在這個手術中，男性的輸精管，也就是精子旅行的輸送管，會被切開並加以封閉。

【有效性】輸精管結紮的避孕能力幾乎是百分之百。不過，輸精管結紮無法提供立即的保護。大多數男性要在射精八到十次後才會沒有精子。所以在醫師判定精液中已經不含精子前，需要採用其他的避孕方式。

【利益與風險】輸精管結紮是可以在診所進行的小手術，併發症或是產生副作用的風險很低。而施行輸精管結紮的費用遠低於女性結紮（輸卵管結紮）的費用。嚴重的副作用或併發症也很罕見。輕微的副作用包括了腫脹、陰囊瘀青以及精液中帶血。

自然家庭計畫法 自然家庭計畫法，也稱為安全期避孕法，方式是先從每個月的月經週期中算出妳容易受孕（排卵）的時間，並避免在那些天裡性交。此法不需要使用到任何裝置或藥物。

【種類】用來評估什麼時候是妳最容易受孕的方式包括了：

1.安全期法 使用特定的計算公式，可以算出週期中會懷孕的第一天和最後一天。

2.子宮頸位置與張開程度 子宮頸在排卵時間會打開並改變位置。妳可以利用手指，以這個方式檢查妳的子宮頸位置。在排卵時，子宮頸的位置會稍微高些、柔軟些、也比月中其他的日子打得更開。

3.黏液檢查法 這方式是追蹤子宮頸黏液的改變來判斷妳是否在排卵期間。

4.基礎體溫法 大多數的女性在排卵時，基礎體溫會略有改變。在排卵時體溫會略微下降，排卵後又稍微上升。

5.黏液體溫法 這是基礎體溫加上黏液觀察法雙管齊下的方式。

6.症狀體溫法 這是四種方式一起使用的方法，也就是安全期、子宮位置與張開程度、黏液觀察法與基礎體溫法。使用一種以上的方式可以讓受孕期的預期更準確。

如果妳打算使用自然家庭計畫法，最好先去上課，或是找合格的老師受訓。

【有效性】自然家庭計畫法的有效性得看妳勤勞的程度了。如果完美使用，有效度可以高達百分之九十，也就是以自然家庭計畫法來避孕的一年內，一百個女性中約有十個人會懷孕。能完美施行自然家庭計畫法的夫妻並不多，所以有效度也就較低。

如果妳的月經經期間很固定的話，其實自然家庭計畫法要成功是蠻容易的。此外，妳還必須仔細的記錄週期時間表，並觀察排卵的跡象。如果妳正在以母乳哺育的話，自然家庭計畫法施行起來，挑戰度尤其高，因為妳可能沒有月經，或是月經經期不固定。這個時候，檢查黏膜與子宮頸位置和張開程度就特別重要，因為排卵可能出現在陰道出血之前。

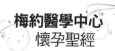

【利益與風險】有些女性是因為宗教理由選擇自然家庭計畫法的。這種方式不會產生副作用，也不會造成任何風險。不過，和其他選擇相比，有效性較差而已。

緊急的避孕措施 緊急避孕措施並不是用來取代常態性的避孕方式的，而是萬一妳有了未加保護的性交、避孕方式失敗、或是漏了避孕藥沒吃時的選擇。

妳有幾種不同的緊急避孕措施可以選擇。許多女性是選擇Next Choice或是Plan B One-Step，也稱為事後避孕丸。市面上最新型的緊急避孕藥稱為Ella。使用複合式口服避孕藥或是子宮內避孕器ParaGard，來作為緊急避孕之用也是可以的。依照妳現在的月經期所在，緊急避孕藥可以避免或延後排卵、阻擋受精、或是讓受精卵無法在子宮內著床。

緊急避孕措施要有效必須在進行未加保護的性愛後盡快使用。緊急避孕丸是在性交後72小時內使用。Ella則是設計來讓妳在進行未保護性愛後五天內使用，以避免懷孕的。緊急的子宮內避孕器則可以在性交後七天內安裝。

緊急避孕措施通常都很安全，副作用也少，不過並不是用來作為經常性使用的，因此並不推薦作為常態避孕方式使用。一般常見的副作用包括了噁心、嘔吐、即使這是在綜合服用時比較常見。如果妳正在以母乳哺育，照護醫師可能會推薦妳使用只含黃體激素的方法。在使用過緊急性避孕藥丸後，妳的第一次月經會變得不正常。

討論需求後再做決定

當妳在選擇避孕方式時，很多原因都要列入考慮，包括了年齡、健康情況、情緒的成熟度、婚姻狀態、宗教傳統，以及是否正以母乳哺育。了解自己的選擇是做決定的一部分，不過誠實的評估自己、伴侶和你們之間的關係全都一樣重要。許多人不得不有所權衡得失。舉例來說，妳或許希望在荷爾蒙上的副作用比較溫和，因此以有效性來交換；或是因阻隔法在價格上的低廉而捨棄了子宮內避孕器的方便性。妳和伴侶可以一起討論你們的選擇，並達成雙方有滿意共識的決定。

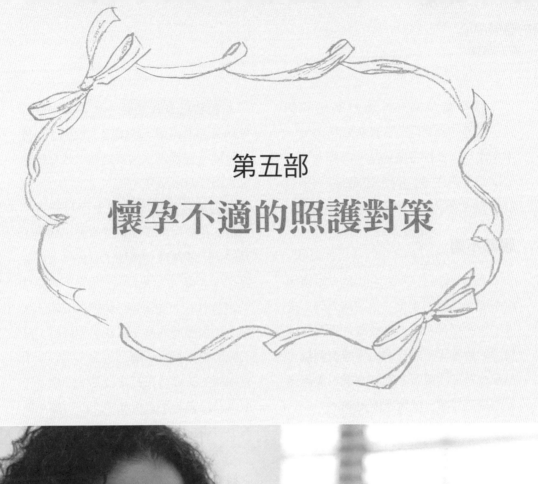

第五部

懷孕不適的照護對策

懷孕會帶來一堆讓妳關切的問題，從面皰到晨吐、從疲勞到胃灼熱。本指南可以提供各種秘訣和詳細內情，幫助妳度過許許多多可能讓妳感到不適或擔憂的懷孕徵兆與症狀。

腹部不適

第一和第二孕期下腹部的疼痛通常是懷孕正常的變化。子宮擴大時，支撐子宮的韌帶和肌肉也會隨之撐展。這種撐展會讓腹部的一邊、兩邊有刺痛、痙攣或拉扯的感覺。當妳咳嗽、擤鼻涕或改變姿勢時，感覺可能更痛。

懷孕中期腹部或股溝感覺不適的一個例子就是子宮圓韌帶的撐展，這是一種支撐子宮的捲狀的肌肉。不適感通常會持續好幾分鐘，然後才消失（請參見第417頁的「圓形韌帶痛」。）

如果妳曾動過腹部手術，那麼可能會因撐展、黏合處的拉扯、傷疤組織與腹壁或其他結構的接合而疼痛。腹部漸漸增大會讓組織的接合處撐展得更大，或甚至拉扯開來，這是會疼痛的。

下腹部的不適感，相對來說很輕微，而出現消失都不規則，或許沒什麼好擔心的。如果痛感很規律，而且可以預期，要考慮妳是否可能進入陣痛階段了，即使離預產期還遠。

預防與自我照顧方式 如果腹部疼痛讓妳很困擾，那麼坐下或躺下可能有幫助。泡個熱水澡或是做做放鬆的運動也可能有舒緩作用。

何時應該就醫 嚴重而且一直不減輕的疼痛可能是問題的徵兆，像是子宮外孕，或是懷孕後期了發生早產或胎盤提早剝離（參見第444頁）。如果是子宮外孕，問題通常是發生在第一孕期，那種疼痛通常是尖銳、刺痛的。妳的腹部也可能會漲痛。出血、噁心及下背疼痛的情形也可能會發生。在懷孕中期以及之後，不負疼痛還伴隨持續不斷的下背痛可能是問題的徵兆。

無論是什麼原因，有下列情況請立刻打電話給妳的照護醫師：

· 疼痛很劇烈、持續或伴隨著發燒

· 有陰道出血、陰道分泌物、腸胃道症狀、暈眩或頭重腳輕的情況

· 發生子宮收縮，感覺像腹部抽緊，類似月經痙攣的感覺

腹部有壓迫感

如果沒有伴隨其他症狀，感覺下腹部和骨盆腔有壓迫感可能沒什麼好擔心的。在第一孕期間，這樣的感覺是很平常的。最可能的就是，妳正感覺到子宮開始在漲大。妳也可能會覺得血流好

像有增加的感覺。在第二或第三孕期，這種壓迫感很可能就是跟胎兒的重量有關。對膀胱和直腸的擠壓，以及骨盆底肌肉的撐展也會讓妳產生壓迫感。

何時應該就醫 如果懷孕初期，壓迫感伴隨著疼痛、痙攣或出血，請和妳的照護醫師聯絡，這有可能是流產或子宮外孕的徵兆和症狀。子宮外孕是胎兒在子宮之外著床，通常是輸卵管（參見第483頁）。懷孕後期，下腹部的壓迫感有可能是早產陣痛。如果壓迫感持續了四到六個小時、甚至更長，而且還伴隨了以下情況，請和妳的照護醫師聯絡：

・疼痛

・陰道出血

・下背部悶悶的疼痛、持續了四到六個小時，或是更久

・腹部痙攣

・規律性的子宮收縮或子宮抽緊

・陰道有水狀分泌物

腹部漲痛

在懷孕期間，妳逐漸長大的子宮會讓腹部的肌肉撐展外張，這樣會使兩大束在腹部中間相接的平行肌肉往外分開。這種分開，稱之為「腹直肌分離」，可能會讓兩束肌肉分開的地方鼓

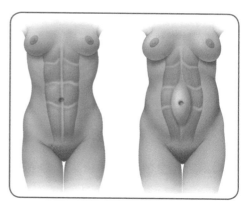

起來。對大多數女性來說，這樣的狀況是不會疼痛的。不過，有些孕婦則會感覺到肚臍周圍的部分有些漲痛，一壓就痛。這種肌肉分張也可能會導致背痛。這種情況可能在第二孕期會第一次出現，到了第三孕期更明顯。分娩後，問題通常就會不見，但是有些分張的情況則會永久保持。在後續的妊娠中，情況可能還會更嚴重。

醫療照護 腹直肌分離通常是不需要醫療照護的。然而妳的照護醫師可以幫妳評估，腹直肌分離的量是不是比正常多。當妳分娩完後，他可能會建議一些治療妳腹直肌分離的方法。

孕期面皰

由於懷孕荷爾蒙，皮膚腺體分泌的油脂增加，所以懷孕初期，妳可能會出現面皰。這種變化通常是暫時性的，而且妳分娩後就會消失。

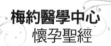

預防與自我照顧方式 只要使用好的基礎肌膚保養品，大部分的面皰都是可以預防或控制的。試試以下的方法：

‧以妳正常的方式洗臉。避免使用臉部磨砂膏、收斂水和面膜，因為這些產品有刺激皮膚的傾向，會讓面皰更嚴重。過度的洗臉和搓磨也會刺激皮膚。

‧避免使用像油性化妝品、頭髮定型產品或是面皰蓋斑膏這類有刺激性的東西。使用標榜水性或是不會長粉刺面皰的產品，這些比較不會阻塞毛孔。如果陽光讓妳的面皰更糟糕，請避免直接曝曬在陽光下以保護自己。

‧注意接觸到臉部的東西。頭髮保持乾淨，不要蓋在臉上。避免將手或東西放在臉上。緊身的衣物或帽子會造成問題，特別適當妳流汗的時候。汗水、灰塵和油脂對面皰都有影響。

醫療照護 懷孕時期，一切小心為上——即使是不需處方櫃檯就能買到的產品。對於使用非處方性，含有過氧化苯（benzoyl peroxide）產品的意見則是紛紜的。雖說，還沒有使用發生問題的報告，不過這類產品在懷孕期的安全性研究是很少的。紅黴素（Erythromycin，Erygel）是懷孕期間面皰常使用的藥物。A酸（壬二酸，Azelaic acid，Azelex、Finacea）是另外一種選擇。兩種藥物都是處方藥，一般以乳液或是軟膏的方式塗佈於皮膚上。

註：研究顯示A酸可能導致胚胎基因突變，孕婦應避免使用。衛生署已將A酸列為藥品管理，化妝品中不得任意添加，口服A酸藥物為處方藥。

孕期過敏

懷孕期間鼻塞是很常見的，因為懷孕會使鼻內膜組織腫脹。很多女性在懷孕之前就已經有過敏狀況了，不論是季節性過敏還是全年性過敏。不過即使有些女性懷孕之前沒有這方面問題，懷孕期間還是出現過敏相關症狀。除了流鼻水、鼻塞外，還可能有打噴嚏、鼻子癢、眼睛一直流淚等情形。

這類常見徵兆和症狀的治療方式，包括了抗組織胺、減充血劑（decongestant）以及複合性藥物等等並還未被證明在懷孕期間使用是安全的。（懷孕期間治療過敏的最佳方式，請參見第64頁。）

何時應該就醫 如果妳的徵兆和症狀很嚴重，或是經過自我照料後沒有起色，請跟妳的照護醫師說。

胎兒打嗝

從懷孕中期開始，妳可能偶而會注意到腹部有輕微的抽動或小小的痙攣。妳感覺到的可能是胎兒的打嗝。胎兒打嗝可往前推至懷孕的第十五個禮拜開始。有些胎兒一天會打嗝好幾次，有些則從來不打嗝。出生以後，大部分的寶寶就會經常打嗝了。餵奶之後打嗝是很常見的事，特別是拍打打嗝後。沒有人知道到底發生了什麼事情，無論是大人還是孩子，也沒人知道小孩子打嗝為什麼那麼頻繁。

胎兒拳打腳踢

妳從胎兒感受到最初的運動或是踢腿動作就叫做胎動。初次懷孕時，這個令人興奮的發育通常發生在懷孕二十週左右，只不過有些孕婦感受到胎動的時間還要更早或是更晚個幾個禮拜。這種運動感覺起來有點像是輕輕的敲打或是蝴蝶的振翅，有些孕婦更把它稱做「蝴蝶」。一開始，妳可能會把這種感覺以為是漲氣或肚子餓。

第二孕期，寶寶的胎動變得有些激烈是很正常的。之後，踢腿和運動通常會變得更強、也更有規律，妳把手放在下腹部，就能感受得到。感受胎兒在

動是一種和懷孕產生聯繫的愉快方式。

當孕程持續進行，妳可能就會清楚胎兒特定的運動模式了。每個胎兒都有自己特定的活動與發育模式，而胎兒活動最多的期間大約是在27到32週之間。之後，懷孕的最後幾個禮拜，活動有見緩的傾向。如果妳注意到胎兒的活動程度在22週後有任何重大的改變，像是不動、或是運動漸緩的情況超過24小時，請與照護醫師聯繫。

孕期腰痠背痛

孕婦常會腰痠背痛，而腰痠背痛的原因很多。在懷孕期間，骨盆部分的關節和韌帶會鬆弛、變軟，為寶寶能通過骨盆而預作準備。當子宮開始長大，腹部內的器官會移位，妳的體重會被重新分配、身體的重心也會改變。為了回應這些，妳開始調整自己的姿勢和動作的方式，而結果通常就導致腰痠背痛了。

預防與自我照顧方式 要讓自己更舒服，可以：

・練習好的姿勢。臀部夾在下面，兩邊肩膀往後、往下拉，並打直站好。留意自己站立、坐下和動作的方式。

・經常改變姿勢，避免長時間久站。

・避免拿重物或抱小孩。

．拿起東西的方式要正確。不要彎腰，要蹲下來、屈膝，用腿撐起來，而不是用背（參見第57頁）。

．當妳必須久站時，有一隻腳要踏在矮凳上。

．穿有支撐力的低跟鞋子或平底鞋。

．一個禮拜至少運動三次（游泳、散步或是做伸展運動）。可以考慮參加產前運動班或是瑜珈課程。

．盡量避免突然之間伸手，或是讓手高舉過頭的動作。

．坐時兩腳微微提高。

．側睡單膝或雙膝彎曲。膝蓋放個枕頭，腹部下再墊另一個。妳可能也會發現，在肚子下墊一個一般的枕頭或是特製形狀的腰枕有舒緩作用。

．背部熱敷。泡溫水、用熱毛巾、熱水瓶或是用熱敷墊敷著。有些人覺得用冰敷袋和熱敷袋冷熱交替使用，舒緩效果也不錯。

．按摩背部或練習一下放鬆的技巧。

．穿孕婦褲，有低的支撐腰帶的。或者也可以考慮使用孕婦支撐腰帶。

．做下背伸展運動。舒服的用手和膝蓋撐住，頭與背部成一直線（參見第165頁）。胃部縮起來，背部往上弓。以此姿勢維持數秒鐘，然後放鬆。重複五次，慢慢的鍛鍊，直到做到十次。

何時應該就醫　如果妳的背痛很嚴重，請告知妳的照護醫師。他有很多方法可以建議給妳，像是特別的伸展運動以紓解疼痛。如果妳的背痛持續了四到六個小時，甚至更久，或是妳有以下任何一種徵兆或症狀，都請跟妳的照護醫師聯絡。

．陰道出血

．痙攣或腹部疼痛

．陰道有組織物排出

．發燒

．規律性的子宮收縮（每隔十分鐘或是更頻繁），這種感覺有點像是腹部抽緊

．骨盆腔裡或是下腹部感覺沈重或是有壓迫感

．水狀分泌物（透明、粉紅色或棕色液體）從陰道流出來

．類似月經的痙攣，時有時無，也可能伴隨著腹瀉

妊娠黑線

妳從肚臍到骨盆骨會有一條淡淡的白線。當妳沒懷孕的時候，經常都不會注意到。不過懷孕期間，這條線會變黑，有時候就被稱做「黑線」，即使走動都可能引起坐骨神經痛。和懷孕期間身體其他許多變化一樣，皮膚變黑是荷

爾蒙作用，讓身體產生更多色素的結果。妳可能也會注意到，懷孕期間身體的其他部位膚色也會變黑。皮膚變黑是無法預防的，不過分娩完後就會開始褪色。

牙齦出血

就和身體其他部位一樣，懷孕期間，妳的牙齦也會接收到更多的血流。這可能會引起牙齦的腫脹、變軟，而且刷牙的時候可能會流一點血。

預防與自我照顧方式 不要忽視懷孕期間牙齒和牙齦的問題。刷牙、使用牙線，和例行的牙齒檢查都很重要。每天要從食物或維他命補充品裡攝取到每日推薦量的維他命 C，幫助妳保持身體組織的強健。

何時應該就醫 如果出血量很多，還伴隨著疼痛、發紅或發炎，那麼就要跟牙醫師預約，檢查一下發炎狀況，並告訴照護醫師，妳出現了這個問題。

懷孕視力模糊

懷孕期間眼睛的變化可能會讓視力稍微模糊。因為妳的身體積存了較多的體液，所以眼睛的外層（眼角膜）也會變厚一些。這個變化在妊娠的第十週可能會變得明顯，而且會一直持續到寶寶出生後大約六個禮拜以後。此外，眼球內的液壓（眼壓 intraocular pressure）在懷孕期間也會降低。所以綜合起來，這些變化就會讓視線變得模糊。如果妳戴隱形眼鏡，尤其是硬式的隱形眼鏡，妳可能會因為這些變化而感到不舒服。

預防與自我照顧方式 如果妳戴隱形眼鏡不舒服的話，那麼會想更常戴一般的眼鏡。懷孕的時候不必重新去驗光，因為產後視力就會恢復正常。

何時應該就醫 如果妳突然之間出現視力模糊的問題，那麼就去評估一下。如果妳有糖尿病，這一點尤其重要。和照護醫師討論好好控制糖尿病、監控血糖、以及所有視力上出現的問題。

視力模糊也可能和妊娠高血壓有關，這是會讓血壓升高的病。如果妳發現視力有突然的改變、視力變得非常模糊、或是眼前看到點狀，都請和照護醫師談一談。

懷孕乳房有分泌物

在懷孕最後的幾週，妳可能會發現一邊或兩邊的乳房會滲出薄薄的、淡黃色或透明的物質。這種分泌物就是初乳，是由乳房在乳汁分泌前所分泌的淡黃色液體。

初乳的顏色和持續性都不一，時有變化是正常現象。一開始可能很黏稠又偏黃，預產期間接近後就比較像水狀了。妳的年齡愈大、懷孕的次數愈多，乳房出現一些分泌物的可能性就愈高。不過，如果妳並沒有滲出初乳也不必擔心 —— 這並不表示妳就不能分泌乳汁。

如果妳以母乳哺育寶寶，那麼寶寶出生後的前幾天，妳將會分泌初乳。

預防與自我照顧方式 如果妳有初乳滲出，那麼胸罩內應該要加拋棄式或可洗滌的胸墊。每天幾次、以及洗澡後讓乳房自然吹風變乾也有幫助。

何時應該就醫 如果乳頭的分泌物有血、帶膿或是伴隨著疼痛，就要打電話給妳的照護醫師。這表示乳房可能長膿了，或是有其他問題。

懷孕初期乳房漲大

懷孕最初的徵兆之一就是乳房的大小變大了。早至受孕後的兩個禮拜，妳的乳房就開始長大並產生變化，為將來的泌乳預作準備。由於受到雌性激素與黃體激素的刺激，妳乳房內的乳腺會開始變得愈來愈大，脂肪組織也會稍微增加。

到了第一孕期結束之前，妳的乳房和乳頭就會明顯的變大，而後一整個懷孕期間也會一直長大。乳房漲大至少會在妳懷孕期間增加的體重中，占個半公斤左右。妳的乳房還會保持漲大的狀態直到寶寶出生一陣子後。

預防與自我照顧方式 乳房漲大的時候，請穿戴大小合適、可以提供良好支撐的胸罩，以減輕乳房和背部肌肉的拉力。如果妳的乳房讓妳晚上感到不舒服，那麼晚上睡覺時試著戴胸罩睡睡看。在整個懷孕過程中，由於乳房的大小改變，妳可能需要更換幾次胸罩。

懷孕初期乳房漲痛

懷孕的第一個提示，經常就是乳房的感覺改變了。受孕幾個禮拜後，妳可能會發現乳房出現刺刺的感覺，覺得沈重、漲痛、一觸摸就痛。妳的乳頭也會變得更敏感。乳房漲大，造成這些變化最主要的原因就是雌性激素和黃體激素這類荷爾蒙增加的分泌。乳房漲痛正常來說會在第一孕期後消失。

預防與自我照顧方式 有良好支撐的合身胸罩可以幫助減輕乳房的漲痛。可以試試看孕婦專用胸罩或是較大尺寸的運動胸罩 —— 這類胸罩似乎可以讓胸部較能呼吸、而且感到舒服。晚上睡覺時穿胸罩可能也會讓妳感到比較舒服。

懷孕臀部和腿痛

　　疼痛感、刺痛或麻木感一直往下延伸到臀部、背部或大腿內側被稱為坐骨神經痛，因為這種疼痛是沿著主要神經坐骨神經的。坐骨神經走向是從下背部下到腿背，一直到腳的。坐骨神經痛是因為坐骨神經受到不斷長大之子宮、胎兒或是鬆弛之骨盆關節壓迫所致。拿東西、彎腰，甚至走動都可能使坐骨神經痛更加嚴重。

　　雖然坐骨神經痛痛起來不好玩，但通常不必太擔心。當寶寶在接近生產時會改變姿勢，到時這種痛就可能就會舒緩了。

　　預防與自我照顧方式 溫水澡、熱敷墊或睡覺時換邊睡對舒緩坐骨神經痛可能都有些幫助。妳也可能會注意到，白天經常變換自己的姿勢也有舒緩的作用，像是大約每個鐘頭，站起身來走動一下。

　　游泳是另一種消除不適的方法。在水中可以暫時減輕一些子宮壓迫到坐骨神經的重量。

　　何時應該就醫 如果妳有坐骨神經痛的問題，要告訴妳的照護醫師。如果麻木感或是疼痛讓妳走路時會失足，或是妳覺得自己的雙腳無法等力往各方向運動，那麼就要就醫。利用物理治療來舒緩坐骨神經痛是很常見的。

孕後產生腕隧道症候群

　　腕隧道症候群最常見的病因是手部和腕部進行重複性動作。但是得知這種病症在孕婦身上也屬常見，妳可能會很驚訝。這是因為荷爾蒙改變，腫脹和體重的增加都可能會壓迫到妳手腕上腕隧道韌帶底下的神經。

　　腕隧道韌帶是一種硬的內膜，會將腕骨維繫在一起。而一條叫做正中神經的神經則會通過腕隧道進入手中。腕隧道是腕骨與腕隧道韌帶之中的空間。這個通道很硬，所以如果這個部分有腫脹的情形就可能會夾到或壓迫到正中神經，而這條神經則是負責給拇指球肌、前兩隻指頭與一半無名指傳輸感覺的。

　　腕隧道症候群的症狀包括了手和下臂有麻痺、刺痛、無力、疼痛或是灼熱感。孕婦的腕隧道症候群，症狀通常兩手都有。

　　預防與自我照顧方式 揉揉手或是甩甩手可能可以紓解一下不適。第一線的治療方式是晚上戴連指護腕，白天進行會讓症狀加劇的活動，例如打字、開車或是拿書時也都要戴。在手腕上冷敷或熱敷也有幫助。

醫療照護 腕隧道症候群幾乎在分娩後就一定會消失。在很少數依然不消失的例子、或是症狀特別嚴重的時候，醫師可能會幫妳注射類固醇。有時候也需要進行小手術來改善這個問題。

懷孕笨拙

在懷孕的時候，妳覺得自己老是笨手笨腳的。妳總是跌跌撞撞、失足、撞倒東西、東西撿起來馬上就又掉了。妳可能會擔心自己會跌倒，傷到胎兒。

這個時候行動比平常笨拙是最最正常不過的事。當妳的子宮長大時，妳的平衡感就不見了。妳平常的移動、站立和走動方式都改變了。

此外，由胎盤分泌的鬆弛激素也會讓將三塊骨盆骨維繫在一起的連結韌帶放鬆，好讓骨盆腔打得更開，讓胎兒的頭可以通過骨盆腔。笨拙感也可部分歸咎於此。

其他可能讓妳覺得笨拙的原因還包括了水腫、以及因腕隧道症候群而讓手變得不靈活。懷孕晚期，大大的肚子更是會遮蔽妳看樓梯以及地面水平的視線。這些情形都是暫時的，寶寶出生以後，妳就可以再度回復到舊時的自我。如果妳真的跌倒了，請了解，胎兒被保護得很好，可能是不會受傷的。傷在傷害到胎兒之前，一定會先嚴重到能傷害妳。

預防與自我照顧方式 這種讓妳感覺自己笨手笨腳、總出差錯的生理變化，妳是無能無力的，不過妳可以多留一點心，減少讓自己跌倒的機會。

· 避免穿高跟鞋，或是低跟口太開的平底鞋。而是要穿平穩的皮底鞋，鞋底彈性好的。

· 避免需要謹慎平衡的情況，例如站在梯子和凳子上。

· 需要改變很多姿勢的工作要多花一點時間來做。

· 在上下樓梯或是其他會讓妳有失足或跌倒的情況，例如在結冰的人行道上走路，一定要特別小心。

何時應該就醫 如果妳跌倒或是撞到肚子，又或者妳只是擔心妳胎兒好不好，可以去見妳的照護醫師來確定一下，需要的話，也可以進行治療。如果妳是在懷孕晚期跌倒撞倒肚子，照護醫師可能會要監控一下胎兒的狀況，確定胎盤和子宮的接連處沒有受到傷害。如果妳跌倒後或受傷後，開始出現子宮收縮的情況，或是感覺自己已經受傷了，請跟妳的照護醫師聯絡。

孕期便秘

便秘是懷孕最常見的副作用之一，在某些程度上，影響了至少一半以上孕婦。不過，懷孕之前就已經有便秘情況的孕婦通常比較麻煩。

當妳懷孕時，黃體激素的增加會使消化變慢，因此食物通過腸胃道的速度就比較慢。在後來的幾個月，妳不停漲大的子宮會將壓力壓在腸道下部。此外，妳的大腸在懷孕期間吸收掉的水也比較多，這會讓妳的糞便變得較硬，讓腸道蠕動更為困難。

其他會造成這問題的因素還包括了飲食習慣不正常、壓力、環境改變，以及飲食中增加了鈣質和鐵質。便秘還可能會引起痔瘡。

預防與自我照顧方式 處理便秘的第一步就是評估飲食。吃含豐富纖維質的食物，每天多喝水將可以幫助預防或減輕便秘。請遵守下面的建議：

· 吃高纖維質的食物，包括新鮮水果、蔬菜生吃或煮熟吃、麩皮、豆子以及全穀食品，例如全麥麵包、糙米和燕麥。古老的李子療法，現在的行銷名稱為乾梅子，也會有幫助，李子汁也有用。

· 少量多餐，食物徹底細嚼。

· 喝大量的水分，特別是水。目標設定在一天八杯250cc的水。上床前喝一杯水。

· 多運動。每天的散步或體能活動時間稍微增長一下就有效了。

· 鐵質補充劑可能會引起便秘。如果妳的照護醫師已經推薦了鐵質補充劑，而妳還有便秘的情形，那麼以李子汁配鐵質補充丸。妳也可以問問看，鐵劑的劑量減少行不行。

醫療照護 如果自我照顧的方法不管用，照護醫師可能會推薦妳使用比較溫和的通便劑，像是鎂乳、食物糞便澎鬆劑，例如洋車前子或西圖斯高植物纖維、或是含有多庫酯鈉的軟便劑。有時候也會使用比較強烈的手段，但是只能在醫師建議下使用。

不要服用魚肝油，因為它會干擾某些特定維他命與營養份的吸收。

陣痛期的子宮收縮

當妳開始進入陣痛期時，妳會發現子宮的收縮增加了。子宮收縮就是子宮肌肉緊縮後又放鬆。在陣痛期間，子宮會重複的收縮，讓子宮頸變薄，然後又打開（張開），讓妳可以把寶寶推送出來。子宮收縮會逐漸的把子宮頸張開來，直到寬度足以讓寶

寶通過。

在陣痛的初期，每位孕婦的情況差異性可能很大。一開始可能從15到30秒不規則的間隔，到15至30分鐘的間隔都有。或者一開始也可能很快，但又慢下來。不過，當子宮頸張開的時候，頻率和時間一定都會持續增加。

剛開始子宮收縮的時候，相對上可能比較不痛，慢慢的，強度就會加大。妳可以感受到子宮像在打結。或者，痛感也可能像是疼痛、壓迫、漲滿、痙攣或背痛。

（更多和子宮收縮與陣痛的資訊，請參考第十四章。）

預防與自我照顧方式　如果假性收縮讓妳感到不舒服，可以洗個溫水澡並喝大量的水分。如果妳已經是真正開始陣痛了，而起來走動也讓妳感覺比較舒服，那就散步吧！子宮收縮的時候，如果有需要，請停下來吸氣呼氣。走動對陣痛是有幫助的。有些孕婦發現當痛度加強的時候，坐上搖椅搖晃，或在兩次子宮收縮之間洗個溫水澡放鬆一下，會有幫助。

孕期痙攣

腹部發生痙攣或疼痛在懷孕期間不算罕見。不過，如果是懷孕早期，腹部痙攣又伴隨著出血有可能會有流產或子宮外孕的情形。

在懷孕的中期和之後，痙攣常會伴隨著子宮收縮（參見第396頁）。偶而，便秘也會是原因。腹部疼痛如果是在突然之間發生，而且很嚴重的話，有可能是胎盤剝離的前兆。腹部疼痛如果還伴隨著發燒和陰道有分泌物則是感染的徵兆。

何時應該就醫　如果痙攣或背痛情況很嚴重、持續或是還伴隨著發燒、出血或陰道分泌物，請與妳的照護醫師聯絡。

孕婦頭暈和昏倒

感覺頭有點昏？孕婦常常會覺得頭重腳輕、暈眩或快昏倒。這種感覺來自於循環系統產生的變化，像是因為背部和骨盆腔的血管受到子宮的壓迫，所以流到上半肢的血流量減少。這種情況在第二孕期初期特別容易發生，那時血管已經開始擴張，以回應妊娠荷爾蒙的作用，不過妳的血流量還未擴充到足以填滿血管。

頭暈快昏倒也可能發生在天氣炎熱的時候，或當妳洗熱水澡，或是淋浴時。妳太熱的時候，皮膚中的血管會擴張，暫時性的減少回流到心臟血液的量。常

妊娠小百科／ 假性陣痛 vs 真正的陣痛

如果妳從沒生過孩子，那麼可能會以為開始子宮收縮就是陣痛開始的確切徵兆。未必呢！大部分的孕媽咪在真正開始陣痛前都會感受到偶發性的無痛子宮收縮。這些偶發的子宮收縮偶而也可能會很不舒服。

假性陣痛 懷孕的最後幾個禮拜，妳的子宮可能會開始痙攣。當妳把手放在腹部時，有時會感受到子宮收縮緊然後又放鬆的情況。這些溫和的子宮收縮，也稱為希克斯氏收縮，被稱為假性陣痛。妳的子宮正在進行暖身，為即將來臨的大事預作準備。

當妳預產期逼近後，假性陣痛的收縮會變強，而且有時候可能還會不舒服，甚至會痛。這樣的情況很容易被誤以為是真正的陣痛。假性和真正陣痛之間的不同在於真正的陣痛會讓妳的子宮頸開始張開。假性陣痛的疼痛是不規則的，而真正的陣痛有固定的模式，會逐漸加強，次數變得更頻繁。

陣痛開始 區分真正陣痛與假性陣痛的一個好方法就是子宮收縮的時間。使用手錶或時間來測量每次子宮收縮持續的時間，以及從一個收縮開始到下一個收縮開始的時間有多長。如第397頁上的表格所示，如果妳是真正的陣痛，那麼子宮收縮的時間上會有模式可循。

即使在監控了所有的徵兆後，妳還是可能不知道自己是不是真的開始陣痛了。有時候唯一得知的方式就是看子宮頸有沒有開始打開，這需要妳的照護醫師幫妳檢查。陣痛開始時，每個孕婦的情況都不同。有些孕婦已經痛了好幾天，子宮頸卻依然沒有動靜，而有些人可能只感覺到好像有點受到壓迫以及背痛。

何時應該就醫 密切監控你的子宮收縮情形，看是否

- 持續至少三十秒
- 發生頻率很固定
- 一個小時內發生六次以上
- 當妳走動時也無法停止

如果妳懷疑自己是不是真的開始陣痛了，可以打電話給你的照護醫師。他會想了解你有什麼其他症狀、兩次收縮間隔的時間、以及發生子宮收縮時，妳還能不能講得出話。如果有以下情況，請上醫院：

- 即使子宮還沒開始收縮，不過已經破水了。
- 妳收縮的間隔只有五分鐘，或更密集。密集的子宮收縮情形有可能是急產的徵兆。
- 疼痛持續又劇烈。
- 妳在出血，而且情況比點狀的零星出血嚴重。

妳現在有什麼感覺？

子宮收縮的特質	假性陣痛	真正的陣痛
收縮的頻率	・不規則 ・不會變得持續密集	・有固定模式 ・愈來愈密集
收縮的長度和強度	・不一定 ・通常很弱 ・不會變強	・每次起落至少三十秒 ・愈來愈長 ・愈來愈強
	・如果妳走動、休息或改變姿勢就會停止	・無論妳怎麼做，就是不會消失 ・會隨著活動而變得強烈，例如，走動
收縮的位置	・其中在下腹部和股溝間	・環繞整個背部到腹部 ・放射線狀擴散到整個下背部和腹部高處

見於懷孕早期的低血糖也可能是引起頭昏的原因，而紅血球數量過低（貧血）也是。最後，壓力、疲憊、和飢餓也都可能會讓妳感到頭暈或昏倒。

預防與自我照顧方式 要避免頭暈和昏倒：

・從臥姿或坐姿起身的時候，動作要慢。

・移動或走動步伐都要慢。要常常停下來休息。

・避免久站。

・避免平躺，而要側躺，用枕頭墊在臀部下。

・避免太熱。不要去太熱、擁擠的地方。穿衣服的時候採多層次穿法。洗澡或沖澡時，水不要太熱。門窗要打開，不要讓房間太熱。

・少量多餐或吃幾次零食，代替每日三大餐。吃吃像乾燥水果或新鮮水果、全麥麵包、蘇打餅乾或低脂的優格當零食。

・多讓身體活動，這樣可以幫助下半身的循環。優質的活動包括了散步、水中有氧運動和產前瑜珈。

・攝取大量的水分，特別是每天早上。運動飲料最有效了。

・攝取鐵質豐富的食物，像是豆子、紅肉、綠色菜葉和乾果。也要服用醫師推薦的鐵質補充品和孕婦維他命。

何時應該就醫 如果有覺得快昏倒或是有頭暈的情況，告訴照護醫師肯定是好的。如果快昏倒或是頭暈的

情況很嚴重，而且還伴隨著腹部疼痛或陰道出血，那有可能是子宮外孕的徵兆，也就是卵子在子宮之外的地方受精。

作夢

妳從腰間被大金剛給抓了起來……飛越了高聳的建築群……和妳剛出生的小寶寶講話，而他居然還回應了妳的話！栩栩如生的夢境和夢魘在懷孕期間是很常見的事情。作夢可能是心靈處理潛意識資訊的一種方式。在情感和身體上都在變化的時候，妳的夢境似乎強度更高，而且更奇怪。妳可能會發現懷孕時作夢的次數比從前多，或是醒來後，夢境也記得更清楚。

妳也可能會有焦慮的夢或夢魘，要試著不被這些夢所干擾。夢是反映了妳對生活上這重大變化的領悟與興奮之情。享受這高強度夢境世界的一個辦法是用夢境日記來把這些夢記錄下來。寫下關於夢的種種是一種反應的方式，而且能讓妳更理解妳的經驗。如果那些惱人的夢境或夢魘讓妳感到沮喪，那麼和心理治療師或諮詢師談一談，找出困擾妳的原因可能會有幫助。

孕期靜脈曲張

懷孕時，全身的靜脈血管都會變粗，以適應因為胎兒而增加的血流量。這些加粗的血管會在皮膚底下顯現出一條條細細，偏藍或偏紫的線，而這些線經常是出現在腿腿部和腳踝的位置。乳房上皮膚嚇得血管也會變得比較明顯，以藍色或偏紫線的方式出現。這些藍藍紫紫的線，懷孕期結束後通常就會消失不見。

有些孕婦會出現靜脈曲張的情形，這是靜脈血管產生突出、腫脹的情形，尤其是腿部的靜脈（參見第421頁）。靜脈也可能會延伸到外陰去，在那裡就會相當疼痛。靜脈曲張通常是在懷孕晚期才會浮現出來，那時候的子宮對於腿和下半身靜脈的壓迫會比較嚴重。

唾液過多

除了老是感到噁心反胃外，妳還可能會覺得唾液好像太多了，這種情況稱為多涎症。這是懷孕期間比較不常見的副作用，不過可能很真實的發生了，而且挺惱人的。不過，這並不代表有什麼地方出錯了。這種情形可能並非妳真的製造出比較多的唾液，而是妳因為噁心反胃，吞的口水沒有以前多。

預防與自我照顧方式 減少一些澱粉食物的攝取可能有幫助。通常來說，當妳噁心的情況開始減輕時，這個問題也有舒緩的傾向。

何時應該就醫 唾液過多本身並不需要醫療照護。不過，如果妳吞嚥時會痛，或是吞嚥發生困難，請告訴妳的照護醫師。

懷孕眼睛的變化

懷孕期間身體上的一些改變可能會影響到妳的眼睛和視力。懷孕期間，眼睛的外層（眼角膜）會變得比較厚，而眼球內的液壓（眼壓）也會減少大約百分之十左右。這些變化偶而也會導致輕微的視力模糊。除了視力模糊外，妳還可能會經歷到一些其他的變化：

‧折射率改變。荷爾蒙濃度的變化會暫時改變妳眼鏡或隱形眼鏡所需的度數。

‧眼睛乾澀。一些孕婦會出現眼睛乾澀的問題，也就是可能會有刺痛、灼熱或是發癢的感覺，會讓眼睛的刺激和疲勞提高，讓隱形眼鏡比較難戴。

‧眼皮浮腫。因為懷孕期間水腫的問題，妳的眼睛周圍也可能會有浮腫的情形。眼皮浮腫也可能會干擾到週邊的視力。

糖尿病的併發症，像是糖尿病視網膜病變，也就是一種會傷害到眼睛視網膜的病症，在懷孕期間會惡化。所以如果妳有糖尿病的話，懷孕期間去檢查一下眼睛是很重要的。有高血壓的孕婦也容易出現視力的問題。懷孕期間的高血壓也需要密切觀察。

預防與自我照顧方式 要減輕乾眼症的不適，可以使用滋潤的眼藥水，也稱做人工淚液。潤滑用眼藥水在懷孕期間使用是安全的。如果妳因為眼睛乾澀受到刺激，而覺得戴隱形眼鏡不舒服，那要更常用去蛋白藥水清洗妳的隱形眼鏡。如果還是不舒服，不要擔心。妳的眼睛在生產完幾週後就會恢復正常。

何時應該就醫 任何時間，如果妳開始有從前沒有過的視力模糊或是盲點情形，請立刻和妳的照護醫師聯絡。如果妳有糖尿病或高血壓，請和照護醫師一起密切監控妳的視力。

孕斑

有一半以上的孕婦臉上的膚色會稍微變黑。這通常稱之為孕斑，而這褐色色素也被撐為肝斑或色斑。所有的孕婦可能都會受到影響，不過深色髮淡膚的孕婦比較容易發生。色斑通常出現在臉上會照到陽光的部分，

像是額頭、太陽穴、臉頰、下巴、鼻子和上唇。也可能會發生在臉的兩側（對襯的），不過通常都只會出現在一個部位。

色斑通常只要曬到太陽或其他紫外線（ultraviolet，簡稱UV）光源，就會惡化或更嚴重。這種情況通常在分娩後就會消褪，只是可能無法完全消褪，而且只要再懷孕或是曬到太陽就會再度出現。

預防與自我照顧方式 因為曬到陽光通常會使皮膚變黑的情況惡化，請不要讓自己曬到過多的陽光：

· 只要在戶外，無論晴天還是陰天，請一定都要使用防曬產品，防曬係數（簡稱SPF）值要15或以上的。即使天空中有雲層遮擋，陽光中的紫外線還是會照到妳的皮膚上。

· 避免陽光最強的日正當中時刻到戶外。

· 戴寬邊的帽子，可以擋住妳的臉的。

醫療照護 避免使用有美白作用的乳霜或其他介質。如果妳皮膚變黑的情況非常嚴重，妳的照護醫師或是皮膚科醫師可以開藥用的乳霜或軟膏給妳使用。如果生產完後很久，妳的色斑一直不褪，請找皮膚科醫師諮詢。他會推薦藥用乳霜、藥膏、或面膜給妳使用。

孕期疲勞

「我好累！」這是懷孕期間最常聽見的話之一。在懷孕初期的幾個月裡，妳的身體很辛苦的工作著 —— 製造分泌荷爾蒙、造更多血液以便運送養分給胎兒、讓心跳加速以便應付增加的血流量，並改變身體使用水分、蛋白質「碳水化合物和脂肪的方式。在懷孕後期的兩三個月，扛著胎兒多出來的體重則非常累人。

除了身體上的變化，妳還有很多情緒上與有疑慮的事，這些都會消耗妳的元氣、干擾到妳的睡眠。不管是計畫或意外的懷孕、第一個孩子還是第四個孩子，對懷孕這件事感到矛盾都是自然的。即使妳是滿心歡喜的，可能也必須面對這額外的情緒壓力。妳可能會害怕孩子到底健不健康、憂心自己能不能適應母親的角色，並擔心增加的費用。如果妳的工作需要付出很多心血，那麼還會擔心，懷孕期間妳是不是還能保有生產效率。這些疑慮都是正常又自然的。

疲勞倒是很少跟病症有關。如果妳疲勞的程度很嚴重，可以跟照護醫師討論一下。

預防與自我照顧方式 疲勞是身體表達需要更多休息的徵兆。不要太勉強自

己。以下就是讓自己盡量不要讓疲勞轟炸的方式：

· **休息。** 接受這項事實吧！在這九個月內，妳就是需要額外的休息時間，並依此規劃妳每天的生活。白天可以的話，小睡休息幾次。工作時，找時間舒服的靠坐下來，雙腳抬高，這樣可以讓妳恢復元氣。如果妳在白天無法小睡，或許下班後或晚餐前，又或是晚上的活動之前，妳可以小睡一下。如果妳需要晚上七點就上床才能感到有休息到，那麼就睡吧！

· **避免負擔額外的責任。** 如果志工的工作或社交上的活動讓妳筋疲力盡，那就減少。

· **要求必要的支援。** 請妳的伴侶或其他孩子盡可能的幫妳。

· **經常運動。** 經常性的體能活動會讓妳的元氣提高。適度的運動，像是每天散步三十分鐘，可以讓妳的精力比較充沛。

· **吃得好。** 攝取營養均衡的飲食在現在這個時間內比任何其他時候都重要。要確定自己能獲得足夠的熱量、鐵質和蛋白質。如果飲食裡面鐵質或蛋白質不足，疲勞的程度會加劇。

醫療照護 懷孕期間沒有什麼藥物是對消除疲勞安全或是有效的。

妳可能也會想要避免刺激性食物，像是咖啡因，因為如果劑量太高也會有害。

孕期感覺很熱

太熱了？不只因為妳現在體型愈來愈龐大，或是因為天氣熱。懷孕期間，妳的新陳代謝率，也就是休息時身體消耗能量的速率加速了。妳的排汗可能會增加，這樣身體才能排除胎兒製造出來的熱氣。這種情況會讓妳覺得很熱，即使是在冬天。

預防與自我照顧方式 懷孕時，避免讓自己過熱是很重要的。可以採用下面的清涼秘訣：

· 喝大量的水和其他飲品湯品。隨身帶一瓶水。

· 穿著不要太厚，材質要可以呼吸的，像是棉質。

· 避免在一天最熱的時候出外運動。早餐前或晚餐後散步，或上健身房。

· 盡可能不要曬到太陽。

· 去游泳，或洗個微溫或冷水的澡，沖澡也可以。

· 溫度高於攝氏32度時，盡量留在有空調的環境裡。

羊水滲漏

當陣痛開始前羊水袋就滲漏或破洞時，裡面一直做為胎兒緩衝的液體就會滴滴答答的漏，或噴洩而出。這個重大事件被稱為破水，或是胎膜破裂。只有大約百分之十的孕婦會在陣痛之前破水。胎膜比較可能破裂的時間是在陣痛期間，通常是在第二階段時。發生時，陣痛通常會開始，或變得更強烈。

萬一破水了，請與照護醫師聯絡。大多數的照護醫師在這個時候都會想盡快進行評估，因為胎膜破裂會有發生感染的風險。一般來說，除非胎兒還很不足月，不然最好在24小時以內生產。如果流出來的羊水不是透明無味的，請讓妳的照護醫師知道。如果羊水偏綠色或是有腐臭味，那應該是子宮有感染的徵兆。

如果妳不確定滲漏出來的液體是羊水還是尿液，請找照護醫師檢查。很多孕婦在懷孕晚期的時候都會漏尿。在這個時候，不要做任何會讓細菌進入陰道的行為，像是發生性行為，或是使用衛生棉條。

懷孕對食物厭惡

懷孕早期，妳可能會注意到自己對某些特定的食物，例如油炸食物或咖啡敬謝不敏。只要一聞到這些食物的味道，妳的胃部一陣陣翻攪噁心。妳的嘴巴裡可能有點金屬的感覺，那是造成這問題的部分原因。大部分厭惡食物的情況在懷孕進入第四個月後就會消失或改善。

之所以會厭惡食物，原因就和對懷孕的其他抱怨一樣，可能得歸咎於荷爾蒙的改變。大部分的孕婦會發現自己對食物的胃口多多少少改變了，特別是第一孕期，荷爾蒙作用最強的時候。對食物的厭惡是伴隨著被提高的嗅覺而來，有時候，唾液還會增加，讓妳厭惡的感覺更敏銳。

預防與自我照顧方式 只要妳繼續維持健康的飲食，並獲得所需的所有營養，那麼口味改變沒什麼好擔心的。如果妳的厭惡是針對咖啡或茶，那還對妳更有好處，因為這樣一來要放棄這些食物就比較容易了。不過，如果讓妳厭惡的是健康的食物，像是蔬菜水果，妳就必須尋找替代這些食物營養的其他來源了。

懷孕對食物特別偏好

妳可能不是特別愛吃泡菜和冰淇淋，但是懷孕期間，妳對某些特定的食物的渴望可能就非常強烈了。大部分的

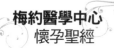

孕婦都曾有過對某種食物特別偏好的經驗,這很可能是懷孕荷爾蒙所引起致的。

妳可能會想,之所以特別愛吃某些食物是不是身體正在傳達一個訊息,告訴妳需要該種食物中的營養素呢?不過,嗜吃冰淇淋可不意味著妳的身體需要飽和性脂肪。以此類推,妳沒吃柑橘類水果的心情可不意味著妳不需要維生素C。大部分對食物的嗜吃情況在懷孕的第四個月就會消失或減輕。如果嗜吃的情形持續得更久,那有可能是缺乏鐵質,因而引起貧血的徵兆。如果強烈嗜吃的情形一直延續到第二孕期,請和妳的照護醫師討論一下。

預防與自我照顧方式 只要妳飲食健康,也能獲得所需要的營養,那麼口味改變沒什麼好擔心的。偶而放縱一下沒關係。不過,可別拿嗜吃當吃得太多的藉口。妳可以在不犧牲自己和胎兒所需營養的情況下,對嗜吃做出回應。

要試著去滿足自己對於食物的渴求,不要爆掉卡洛里。舉例來說,如果妳很愛吃巧克力,那麼選擇巧克力冷凍優格,而不要選冰淇淋或巧克力冰棒。如果妳超想吃漢堡和薯條,那就試著吃潛水堡,並以烤薯條代替。此外,可以去散個步、讀本好書或打電話給朋友,讓自己分心。

何時應該就醫 在某些非常罕見的例子,孕婦嗜吃不尋常、不能吃,又可能有害的物質。這些東西包括了黏土、漿衣劑、土、小蘇打、從冰箱冷凍庫挖出來的冰塊或霜、灰、或為防止道路結冰灑下的鹽。這種不常見的嗜吃結果是從一種被稱為「異食癖」(pica)的病症而來的。這種病有危險性,而且可能是因為鐵質不足所引起的。如果妳曾經渴望去吃不是食物的東西,請跟妳的照護醫師講。

孕婦容易健忘

妳把鑰匙放錯了地方、忘記了和人的約會、無法專注於工作上。如果妳覺得自己從懷孕後有這種腦子不靈光的感覺,別擔心。懷孕期間,的確有些孕婦會變得比較健忘、心不在焉或是有專注的問題。這些症狀,和有些女性在月經前會經歷的類似,都是屬於荷爾蒙改變的暫時效應。有時,健忘在分娩完後還會持續一陣子。

預防與自我照顧方式 為了要讓自己覺得掌握度比較高,妳可以:

・接受懷孕期間有點心不在焉是一件正常的事。逼得太緊可能會使情況更糟。現在是展現一點幽默的時候。

・盡可能減輕生活中的壓力。

・在家和在工作場所都列清單，提醒自己要做的事，這樣才不會忘記。有些孕婦覺得用電子記事簿挺有幫助的。

孕期排氣和脹氣

排氣、漲氣、腸胃漲氣 —— 懷孕有更多有趣的面向！在懷孕荷爾蒙的影響下，妳的消化道作用會變緩慢。食物在通過腸胃道的時候蠕動的比較慢。這種緩慢是有重要目的的：這樣營養才能有更多時間被吸收進入妳的血管內，送達胎兒身上。比較糟糕的是，這樣容易導致脹氣，以及排氣。在懷孕的第一孕期，這個問題可能更嚴重，因為很多孕婦都因噁心而有吞空氣的傾向。

預防與自我照顧方式 為了要盡量減少妳在懷孕期間脹氣和排氣的量，可以採取下面的建議：保持腸道的蠕動。便秘是排氣和脹氣的常見原因。要避免便秘，請多喝水分，吃各種纖維素含量高的食品，並經常保持身體的活動。

・少量多餐，不要把胃塞得太飽。

・慢慢吃。吃得太急，很可能就會吞進空氣，導致排氣量更多。用餐前做幾次深呼吸來放鬆。

・避免吃會讓妳脹氣的食物。造成每個人多氣的食物不同，不過常見的罪魁禍首包括了豆子、高麗菜、青花菜、花椰菜、球芽甘藍、洋蔥、碳酸飲料、油炸食物、油膩或高脂肪的食物，以及濃稠的調味料。這些食物中有一些是很好的營養來源。與其放棄不吃，倒不如斟酌著少量食用。

・吃完東西不要馬上躺下來。

醫療照護 懷孕時吃排氣和漲氣的成藥是有些顧慮的，所以吃成藥前請先和妳的照護醫師談談。如果妳不舒服（這問題不是只有造成社交上的困擾而已），妳的照護醫師可以建議妳一些替代性的治療方式。

懷孕牙齦疾病

西方有一句老話，說「女人每懷孕一次都要掉一顆牙。」這當然只是專業牙科還不發達前的說法而已，不過懷孕期間的確比較容易出現牙科的問題。懷孕期間口腔的變化與覆蓋牙齒的牙斑增加有關。荷爾蒙的改變會讓妳的牙齦更容易因為牙斑而受到傷害。當牙斑變硬，就會變成牙結石。當牙斑與牙結石在牙齒基底周圍堆積，就會刺激牙齦，並在牙齒和牙齦之間製造出很多的細菌包，這種病症稱為牙齦炎，是牙齦疾病的一種型式。牙齦炎通常是在第二孕期開始的。

預防與自我照顧方式 由於懷孕

期間，牙齒比較容易受到細菌的有害侵襲，所以保持良好的牙齒衛生很重要。請採取下列步驟來維持牙齦的健康：

・用含氟牙膏刷牙，每天至少兩次，每餐飯後也要。

・用去牙斑的含氟漱口水來清潔口腔。

・每天用牙線徹底清潔牙齒。牙線可以去除牙齦之間的牙斑。牙線有沒有上蠟都可以。

・即使妳的牙齒或牙齦沒什麼問題，在懷孕的這十個月中，至少和牙醫師約一次診，檢查一下牙齒並洗牙。

醫療照護 如果妳有嚴重的牙齦問題，那就需要治療。如果有以下所列牙周病的徵兆和症狀，請聯絡妳的牙醫師和照護醫師。

・牙齦腫起或萎縮。

・口腔裡有令人不快的氣味。

・口氣不佳。

・牙齒動搖或口合發生改變。

・一顆或多顆牙齒周圍有膿流出。

孕婦頭痛

很多孕婦都為頭痛所苦。懷孕早期，血流增加、荷爾蒙產生變化可能會引起頭痛。另外可能會引起頭痛的原因還包括了焦慮、疲勞、鼻塞、眼睛疲勞、以及緊張。如果妳因為得知懷孕而在突然之間減少咖啡因的攝取，這種「退除」咖啡因的作法也會讓妳頭痛好幾天。

如果妳早有偏頭痛的問題，懷孕期間，這毛病可能會持續不變、改善或變得更嚴重。第一個三月期間，問題可能或惡化，然而第二孕期後就有改善。

預防與自我照顧方式 避免頭痛的方法之一就是找出引起頭痛的原因，並加以避免。引發頭痛的因子包括了香菸的味道、房間空氣不流通、眼睛疲勞、以及特定的食物。以下是一些可以減輕頭痛的建議：

・每晚睡眠要充足，可以的話，白天也盡量找時間休息。

・喝大量的水分。

・要舒緩鼻塞引起的頭痛可以把溫毛巾放在臉的前面和兩邊，鼻子、眼睛和太陽穴周圍。如果妳出現了頭痛的緊繃感，用冰塊或冰敷袋壓在前額以及頸背。

・洗個熱水澡或沖澡。

・按摩頸部、臉部和頭皮，或者請妳的伴侶或朋友幫妳按摩。

・練習放鬆的技巧和運動，例如像是放鬆式的呼吸法和冥思（參見第357頁）。

・盡量減輕生活裡面的壓力。不果妳

的壓力大得讓妳覺得無法處理，那麼和妳的照護醫師談談可能會有幫助。

何時應該就醫 如果妳的頭痛問題很嚴重、持續又頻繁、或者還伴隨著視力模糊或其他視力產生變化的問題，請立刻聯絡妳的照護醫師。在吃止痛藥或頭痛藥前也請聯絡妳的照護醫師。如果妳有偏頭痛，請和照護醫師討論一下懷孕期間要如何處理這個問題。他可能會告訴妳要有些特定的藥物必須避免服用。

孕期胃灼熱

孕婦一半以上有胃灼熱的問題，其中很多還是第一次出現這個問題。胃灼熱，也稱為胃食道逆流，英文是 heartburn 直譯為心灼熱，其實跟心臟一點關係也沒有。這是因為已經在胃部裡面的東西又回流到食道所引起的問題。發生這個問題時，胃酸會刺激食道的內壁，引起灼熱感，而這灼熱感的高度大概在心臟左右，所以才有這種很容易誤導的英文名稱出現。

胃灼熱在懷孕期間很常見，因為懷孕荷爾蒙會讓消化系統消化的速度變慢，好讓養分有多餘的時間被吸收到血管中，送給胎兒，但是，胃要清空，時間也要更久。所以就常會發生消化不良以及胃灼熱的問題。此外，在懷孕晚期，一直長大的子宮會不斷推擠胃部，讓胃的位置變高，並壓迫到它。這種壓迫也會使胃酸往上，引起胃灼熱。

預防與自我照顧方式 胃灼熱感覺不舒服，但是妳可以採取下列的步驟來避免或進行治療：

· 吃更少量，但多餐。舉例來說，每日以五、六次小分量的餐來代替三大餐。

· 某些食物會比其他食物更容易刺激胃和食道。要找出是哪些食物讓妳產生胃灼熱，並且去避免。遠離油膩、多油脂或油炸的食物、咖啡和茶、薄荷、酒精飲料、碳酸飲料、過甜的食物、酸性食物，像是柑橘類水果和果汁、蕃茄以及紅椒，以及很辛辣的食物。

· 喝大量的水分，特別是水。

· 坐下來吃東西時姿勢要良好。彎腰駝背會讓妳胃部產生更多壓力。

· 飯後一個小時或更久以後才能躺下來。

· 避免在上床前兩至三個小時吃東西。胃部空虛產生的胃酸比較少。

· 避免似乎會讓這問題更惡化的動作和姿勢。揀東西起來的時候，屈膝下身來撿，不要彎腰。

· 休息或睡覺的時候，用枕頭把頭和肩膀墊高，或是把床頭提高十到十五公分。

何時應該就醫 如果胃灼熱已經變成了大問題，就要去看妳的照護醫師。不要在沒有諮詢照護醫師的情況下，自行服用制酸劑或抗酸劑。制酸劑的含鹽量可能很高，會讓懷孕期間體組織內的水分堆積增加。妳也可能會想避免使用含有阿斯匹靈類的胃灼熱藥物，例如Alka-Seltzer。

懷孕長痔瘡

懷孕期發生的痔瘡是因為血流量增加、直腸的靜脈子宮受到壓迫所引起的。靜脈會變大，成為硬硬的、腫脹的囊，長在直腸內或外的黏膜底下。痔瘡在懷孕時可能會初發，或是變得更頻繁或更嚴重。

便秘對痔瘡也有影響，因為壓力會使直腸靜脈變大。便秘是懷孕期間很常見的問題，尤其是在後面幾個月分，那時的子宮會推擠到大腸。

痔瘡可能會痛，也會流血、發癢或刺痛，特別是在排便以後。通常來說，分娩後痔瘡就會變小或消失。

預防與自我照顧方式 對付痔瘡最好的辦法就是避免便秘。要預防痔瘡，或是消除不適，可以試試以下的秘訣：

· 吃高纖維食品，像是水果、蔬菜，並喝大量水分。

· 經常運動。

· 避免排便時的壓力。雙腳放在凳子上以減輕壓力，也不要在馬桶上坐太久。

· 肛門部位保持乾淨。每次排便後都輕輕的清潔該區。金鏤梅貼布（witch hazel）對於紓解疼痛和搔癢有幫助。妳也可以把貼布放入冰箱，這樣子冷敷舒緩效果更好。

· 可以嘗試泡浴缸或澡缸的溫水澡。水中添加燕麥沐浴配方或是小蘇打來止癢。

· 避免久坐，特別是硬椅子。

醫療照護 請諮詢妳的照護醫師，看看懷孕期間要如何管理痔瘡的問題。如果自我照顧的方法都不管用，照護醫師可以開藥方給妳藥膏或藥霜，讓痔瘡縮小。

孕婦臀部疼痛

懷孕期間覺得臀部疼痛不是什麼稀奇的事，尤其是當妳晚上側睡的時候。在為生產孩子預作準備的時候，妳身體的連結組織會變柔軟、放鬆。臀部的韌帶會拉開，骨盆腔骨頭間的關節也會放鬆。彈性大，孩子才容易穿越骨盆腔生出來。在懷孕晚期，妳沈重的子宮對姿勢上的改變有其影響，它對於臀部的疼痛也有貢獻。臀部的疼痛通常有一邊比較嚴重，因為胎兒也有把重量偏向

一邊的傾向。如果妳還有其他幼小的孩子要妳背在臀部上，那麼在妳臀部疼痛上也可以算上一分。

預防與自我照顧方式 利用運動來加強妳下背和腹部的肌肉可以紓解臀部的疼痛。溫水澡、按摩背部和臀部也會有幫助。躺下來，試著把臀部抬高，抬得比胸部高，一次維持個幾分鐘。

懷孕易肚子餓

覺得比平常容易餓是很正常的 —— 大部分的孕婦在懷孕期間胃口都會變好。有些孕婦則是相反 —— 由於噁心，所以沒有胃口。妳或許也會對某種食物十分渴求，像是水果、巧克力、馬鈴薯泥或麥片。特別是在第一孕期，由於荷爾蒙的改變，胃口也會跟著改變。重要的是要吃進含各式各樣營養的食物（參見第37頁）。如果妳常常肚子餓，那麼每天進食時就少量多餐吧！

懷孕心跳速率提高

整個懷孕期間，妳的心臟都需要比正常時間抽送更多的血液。這樣胎兒對於氧氣和營養的需求才能被滿足，而氧氣和營養則是靠著血液，送到胎盤的。

當心臟抽送更多血液時，妳的心跳速率也會提高。整個懷孕期間，妳心跳的速度都會漸進式的加快，所以妳一直會覺得胸口怦怦跳。到了第三孕期時，妳的心跳速度大概比沒懷孕前快上百分之二十。

醫療照護 由於血液量增加，有些孕婦會出現心音的問題。出現心音是很正常的，因為有更多血液正流過妳的心臟瓣閥。不過，有時候心音聽起來真的太不一樣，妳的照護醫師可能要進一步了解狀況。

孕期失眠

妳筋疲力盡的爬上床，確定頭一沾枕就會呼呼大睡。不過，事情並非如此進展，妳發現自己還很清醒，瞪著分針秒針滴滴答答的走動。又或者，妳清晨四點鐘起床，不過卻無法再度入眠。懷孕期間失眠是很常見的問題，原因有很多。

雖然有些孕婦在第一孕期，睡覺的時間比以前多，但荷爾蒙的變化卻讓有些孕婦無法睡上一整晚。長大中的子宮施加壓力在妳的膀胱上，所以讓妳晚上必須頻頻爬起床來上廁所。當胎兒長得更大，妳會發現要找個舒服的睡姿很困難，而活動力旺盛的胎兒也可能讓妳睡不著覺。胃灼熱、腿發生痙攣、鼻塞

等等也是其他常常在懷孕晚期干擾妳睡眠的原因。

然後就是最自然的期待、興奮、和焦慮之情，這些因為寶寶即將出世而緊緊纏繞在妳心頭的感覺。妳可能會擔心寶寶的健康情形，以及寶寶即將在妳生活中掀起的改變。這些情緒可能都會讓妳身心很難放鬆。妳經常做夢，夢境栩栩如生，夢見分娩的情形和寶寶，這些也都可能造成失眠。

預防與自我照顧方式　如果妳很難入睡或睡著，可以試試以下的建議：

· 上床之前就先開始放鬆。洗個溫水澡或做放鬆操。請妳的伴侶幫妳按摩。

· 要確保房間是能舒服入睡的溫度，而且暗又安靜。

· 晚上上床前減少水分的攝取。

· 避免攝取含有咖啡因的食物和飲料。

· 經常運動，但避免因做太多而過度勞累。

· 懷孕晚期最好的睡姿是向左或向右側睡，腿部和膝蓋都彎曲。側睡可以減輕施加在攜帶腿部和腳部血液回流心臟之血管的壓力。用枕頭支撐妳的腹部，並且用另外一顆枕頭墊在妳膝蓋之間，支撐妳的上腿部。妳也可以用把枕頭攏起來，或把毯子捲起來放在腰穴。這

樣會讓妳在躺下時，施在臀部的壓力減輕。

· 如果妳睡不著，起來讀讀書、聽聽放鬆的音樂、做做嗜好的事或是一些其他讓人平靜的活動。

· 可能的話，白天多少小睡一下，彌補晚上沒睡飽的分。

醫療照護　如果妳經常失眠，並且因此造成問題，可以和妳的照護醫師談談。如果持續有擾人的夢境或夢魘讓妳感到沮喪，那麼和治療師或諮詢師談一談可能有幫助。

不理性的恐懼

不論男女都有恐懼的事，尤其是和與胎兒健康與疾病有關的事情。妳可能對陣痛心懷恐懼 —— 像是，萬一無法及時趕到醫院，或是萬一需要緊急剖腹產怎麼辦。一般的擔心是正常的，不過讓妳太消耗心神，干擾到日常作息的就需要注意了。

預防與自我照顧方式　坐下來，把讓妳感到恐懼的事情列出來。和妳的伴侶或將陪伴妳一起分娩的人分擔。和人談談自己的恐懼可以減輕不必要的沈重情緒負擔。妳也可能會想跟妳的照護醫師，以及其他可能一起上妊娠課或網路聊天室裡的準媽媽一起聊聊。當妳把恐懼的事情

講出來，對妳的影響力就小了。分娩的預課程也提供了獨特的機會，讓妳可以和其他一起有同樣擔憂的夫妻一起談談。課堂的指導老師也可以幫妳把對分娩感到恐懼事情陳述出來。

何時應該就醫 如果妳的恐懼已經干擾到妳日常的作息了，和妳的照護醫師談談。來自醫師的保證應該可以讓妳解除某些恐懼，並繼續照顧自己和肚子裡的寶寶。

孕期身體癢

有些孕婦會出現身體的癢的情形，不過通常分娩完後就會消失。這種癢可能出現在腹部，或遍布全身，還可能夾雜著紅斑，和會脫落的紅色皮疹。腹部皮膚被繃緊可以也是引起癢和脫皮的部分原因。一種懷孕期間常見的皮膚病，妊娠搔癢性蕁麻疹樣丘疹及斑塊，也可能會發生。患有這種症狀的孕婦腹部、兩股、臀部或手臂皮膚可能爆出發癢的突起包與長痕，稱為丘疹及斑塊。

有種叫少見的病症，妊娠膽汁貯留症也會讓皮膚發癢。這種病是膽汁無法以該有的速度被迅速清除出肝臟，成分堆積在皮膚中，引起劇癢。因為這種膽汁貯留症會讓肚子裡的胎兒會有風險，所以如果妳皮膚非常癢，請讓妳的照護醫師知道。

預防與自我照顧方式 抓癢不是止癢最好的辦法。試試這些法子：

· 用乳液、乳霜或油滋潤皮膚。

· 穿由天然材質製成的寬鬆衣物，如棉製品。

· 使用燕麥沐浴配方。

· 避免讓自己過熱，因為太熱會更癢。

何時應該就醫 如果自我照顧的方法沒辦法止癢，妳的照護醫師可以開處方藥或告訴妳其他可以幫助治療的技巧。如果懷孕晚期癢得很厲害，妳的照護醫師可能會要妳驗血，檢查肝功能。

孕期腿部痙攣

下肢肌肉的痙攣在懷孕的第二和第三孕期是相當常見的。痙攣在晚上最常發生，可能會打斷妳的睡眠。雖然腿部發生痙攣的確切原因還不知道，不過，因為胎兒壓迫到腿上靜脈，以致於血液回流的速度變慢倒是可能是原因。

預防與自我照顧方式 這裡是紓解腿部痙攣不適或小腿肚脹痛的秘訣：

· 試著運動，伸展妳的小腿肚肌肉，尤其是上床前。

· 撐展會受到影響部位的肌肉。試著把膝蓋打直，輕輕的把腳往上彎。

· 要走動。妳會發現一開始很不舒

服，但走動可以幫助紓解痙攣。

· 帶支撐護套，特別是妳白天久站的時候。

· 如果妳長時間坐或站，要經常休息一下。

· 按摩妳的小腿肚。試著把腿枕在枕頭或沙發的手把上。

· 穿低跟的鞋子。

何時應該就醫 如果腿部的痙攣還是持續發生，要和照護醫師講。這可能是因為血液循環不良引起的。如果妳發現有發紅、腫脹、疼痛變劇烈，或是妳有血栓或血液凝結方面的疾病，都要馬上聯絡妳的照護醫師。

懷孕情緒起伏不定

一分鐘前，妳還高興的咯咯笑著，幾分鐘後，妳就想哭。情緒起伏不定是很常見的，特別在懷孕的第一孕期。妳的情緒可能從興高采烈到疲勞、暴躁、愛哭或抑鬱。如果妳有經前症候群的症狀，那麼懷孕時期情緒的起伏可能會更極端。

是什麼原因引起情緒多變的呢？部分原因可能是和懷孕引起的不適有關，像是噁心、頻尿、水腫、背痛，這些全都會干擾睡眠。疲累、睡眠模式改變、以及身體新的感官都會影響到妳感覺的方式。妳也可能正在適應新的身體形象。

情緒的變化也跟荷爾蒙與新陳代謝的改變有關。就和黃體激素的起落一樣，雌性激素及其他荷爾蒙都與許多女性在月經週期或分娩後感覺到的憂鬱有關，這些荷爾蒙的變化也在懷孕期情緒的起伏上扮演了一個角色。此外，懷孕也會為生活帶來不少新的壓力。

預防與自我照顧方式 對自己情緒化的原因了解更多，知道這些情緒的起伏只是暫時的都可以幫助妳度過情緒的風暴。這些小秘訣可以幫助妳，讓妳的情緒不會起起伏伏：

· 飲食營養均衡、睡眠充足、經常運動，保持身體的健康與體態。運動是天然的抒壓方式，可以幫助妳預防背痛、疲勞和便秘。

· 加強妳的支援網，其中包括了妳的伴侶、家人、朋友以及支援團隊。好的支援網可以提供情緒上的支援，也可以幫助妳處理居家的工作。

· 每天都要找時間放鬆自己。妳可以試試一些技巧，像是冥思、引導式意象、漸進式肌肉放鬆法。這些放鬆運動在分娩課程中常常有授課。

· 接受妳懷孕後已經無法做之前做的所有事情。減少會讓妳產生壓力或不適的不必要活動。

何時應該就醫 大幅度的情緒起伏，持續兩週以上時間就可能是憂鬱症的徵兆。輕微的憂鬱症在孕婦身上是很常見的。如果妳一直感到悲傷、想哭或是覺得自己沒有價值、胃口和睡眠習慣都改變、要做完工作有困難、對一直都很喜愛的事物沒有興趣，可能就是得了憂鬱症。

如果妳的情緒起伏似乎已經不是妳所能掌控的了，或是妳已經出現憂鬱症的徵兆和症狀，請和妳的照護醫師談談。憂鬱症是可以治療的。

晨吐

晨吐是懷孕最典型的徵兆之一。晨吐指的就是經常伴隨懷孕而來的噁心和嘔吐情形，尤其是在懷孕早期出現的。（想更深入了解和晨吐有關的資訊，以及如何處理這個常見的問題，請參見第104頁。）

黏膜分泌

當妳的預產期接近的時候，妳可能會注意到從陰道分泌出來的黏膜分泌物增加了。懷孕期間，子宮頸的開口有一個厚厚的黏膜塞住，所以是閉合的，這樣細菌才無法進入子宮。當妳的陣痛期接近，子宮頸就會開始變薄、變鬆弛，黏膜塞子也可能會鬆開，以致於分泌物增加並加厚。這個塞子有時候會跑出來，這是個厚的、多纖維、夾雜著血絲的黏膜。

預防與自我照顧方式 懷孕晚期出現黏膜分泌物是正常的。如果妳需要墊個東西來吸收流出來的分泌物，可以使用衛生棉。保持陰部的清潔，穿棉質的內褲。避免穿緊身或是尼龍的褲子，陰部也不要用香水皂或芳香皂清洗。

何時應該就醫 如果妳的分泌物有腐敗的氣味、呈現黃色或綠色，或者有癢或灼熱的感覺，都請打電話給妳的照護醫師，這些可能是感染的徵兆。黏膜分泌物如果出現在三十五週前，有可能是早產的徵兆。請報告給妳的照護醫師知道。

肚臍觸痛

和其他地方因為子宮漲大引起的其他疼痛一樣，妳的肚臍也可能會漲痛或一觸就痛。這種漲痛可能在懷孕第二十週之後最為明顯，然後肚子變大後又開始消失。當妳坐直的時候最不舒服。在某些例子中，當肚臍周遭的皮膚開始被撐開時，皮膚漲痛的情況就會加劇，而且被衣服和接觸刺激到時，漲痛的情形會更嚴重。沿著腹部的兩大肌肉

群被撐展開來與分離時，也肚臍附近被觸摸到也會感到疼痛。

預防與自我照顧方式 要紓解肚臍周圍的漲痛，可以用妳的指腹以圓形的方式按摩腹部，或請妳的伴侶幫妳按摩。在肚臍周圍使用冷敷墊或熱敷墊來舒緩也有效。有時候，肚臍上貼個大繃帶也可以避免衣物及其他接觸摩擦造成的刺激。如果肚臍周圍的漲痛還伴隨著胃口嚴重喪失，那問題可能就比較嚴重了。請跟妳的照護醫師聯絡。

築巢

預產期接近的時候，妳可能會發現自己不斷的清櫥櫃、洗牆壁、整理衣櫃、清理車庫、整理寶寶的衣物，並裝飾育嬰房。這種在寶寶出世前強烈的清潔、整理和裝飾衝動，就稱為築巢本能。在分娩前通常是最強烈的。

築巢會給妳一種孩子出生前的完成感，並且讓妳在分娩後回家時有個清潔有序的房子。這種讓妳準備居家的慾望挺有用的，因為之後可以讓妳有更多復原與和孩子一起相聚的時間。但是不要做過頭，讓自己累壞了。妳需要精力來應付陣痛這分辛苦的工作。

懷孕乳頭變黑

就像身體其他部分的皮膚一樣，乳頭周圍的皮膚在懷孕期間顏色會變黑。皮膚膚色變黑是懷孕荷爾蒙作用的結果，懷孕荷爾蒙會讓妳製造出更多黑色素。所增加的黑色素可不會平均的分佈，像均勻曬黑一樣，而是會以黑斑、黑點的方式。

乳頭及其他不為皮膚變黑的情形，一般來說多在分娩後會就褪去。不過，這個期間不要使用美白肌膚的藥劑。

流鼻血

有些孕婦在懷孕期間會有流鼻血的情形，即使之前沒發生過，或是很少發生。由於體內流動的血流量變多，鼻腔內壁的小血管本就較為脆弱，所以容易破裂。

預防與自我照顧方式
要讓流鼻血停止：

・坐起來，頭抬高。用大拇指和食指捏住軟軟的鼻肉部分。

・牢牢的，不過輕柔的將捏入的部分往臉的部分壓。

・維持這個姿勢五分鐘。

・身體往前傾，避免把鼻血吞進去，

用嘴巴呼吸。

要避免鼻子流血：

· 擤鼻涕的時候輕一點。不要用紗布塞鼻子。

· 吹乾頭髮的時候鼻子容易流鼻血。冬天的那幾個月份請使用加濕器。

何時應該就醫 如果流鼻血的情況一直持續、或是有妳有高血壓、又或者是流鼻血是在頭受傷以後發生的，請打電話給妳的照護醫師。

懷孕骨盆腔受到壓迫

在懷孕的最後幾個禮拜，妳可能會覺得骨盆腔部位有壓迫感、沈重感、痠痛或漲痛的情形。這是因為胎兒正推入骨盆腔中，所以會壓迫到膀胱和直腸。此外，胎兒也可能會壓迫到一些血管，讓血液滯流。最後，骨盆腔的骨頭因為被往外推開了些，所以更容易產生不適感。

在懷孕的第三十七週前如果有骨盆腔受到壓迫的感覺，有可能是早產的徵兆。如果壓迫感似乎是朝妳兩股間放射出去、或是妳覺得胎兒好像在往下推，更可能如此。

預防與自我照顧方式 如果妳在最後幾週有骨盆腔受到壓迫的情況，那麼把腳抬高可能有舒緩作用。凱格爾運動對骨

盆腔的痠痛也有幫助：用力擠壓陰部的肌肉，好像要將尿憋住的感覺幾秒，然後放鬆。重複十次。

何時應該就醫 如果妳覺得自己出現了早產的陣痛情形，請打電話給妳的照護醫師，或到醫院去。除了骨盆腔有受到壓迫的感覺外，早產陣痛的其他徵兆和症狀包括了：

· 下腹部痙攣。這種痙攣和月經痙攣的感覺可能有些類似，而痙攣可能一直繼續，或是斷斷續續。

· 位置較低、悶悶的背痛，從身體的一側或前面放射出來，無論如何改變姿勢都無法紓解。子宮收縮的時間間隔十分鐘或更頻繁。

· 透明、帶粉紅或是偏棕色的液體從妳的陰道流出，或是陰道出血。妳的照護醫師可能會要求妳到他診所或是上醫院，妳也可能會被告知要枕在左側休息一個鐘頭，看看症狀是否會減輕或消失。

會陰部疼痛

在懷孕的最後一個月，胎兒掉入骨盆腔後，妳的壓迫感可能更大，或是覺得會陰部會疼痛，會陰部就是外陰部到肛門之間的部位。這個掉入的動作，也稱為入盆，意味著寶寶的先呈部位

（通常是頭部），已經在骨盆腔的上部了。如果這是妳第一次懷孕，胎兒可能會在陣痛開始前幾週就掉入產道。如果妳之前生過孩子，那麼入盆通常會發生在陣痛之前。

除了會陰疼痛或是受到壓迫外，妳也可能會在胎兒頭部壓到骨盆底時有刺痛的感覺。

預防與自我照顧方式 凱格爾運動可以強化妳的會陰肌肉，這對紓解疼痛是有幫助的。凱格爾運動是用力擠壓陰道附近的肌肉，好像要將尿憋住的感覺幾秒，然後放鬆。重複十次。（想獲得更多有關於凱格爾運動的資訊，請參見第179頁。）

何時應該就醫 如果會陰部的疼痛或壓迫感愈來愈強，而且還伴隨著抽緊或子宮收縮的感覺，那麼妳可能是開始陣痛了。請聯絡妳的照護醫師。

孕期出汗

胎兒製造出來的熱氣需要妳來排除，所以懷孕荷爾蒙對汗腺的作用可能會讓妳覺得身上老是濕濕黏黏。懷孕期間出汗增多，所以痱子很常見。懷孕晚期遇上炎炎夏日也會蠻難熬的。

預防與自我照顧方式 要紓解排汗太多的問題，請多休息、喝冷飲、洗冷水澡以避免過熱。

恥骨痛

有些孕婦為恥骨疼痛所擾。這種痛感可能輕微，也可能尖銳，感覺像疼痛，有時或許也類似瘀青。疼痛是因為體組織與關節變軟、鬆弛所致。而當骨盆中間連結兩塊恥骨的軟骨變軟後，妳移動或走動，恥骨就會感覺非常痠痛。一些孕婦對這種痛感的感覺可能比別人敏銳，而有些人只有懷孕晚期才會出現這個問題。恥骨疼痛的問題在分娩後幾個禮拜內就會消失。

預防與自我照顧方式 要舒緩恥骨疼痛的不適，妳可以穿上褲襪試試。泡熱水澡也有幫助。冷熱交替可以紓解一些疼痛。

何時應該就醫 有極少數的例子，恥骨疼痛是因為關節發炎引起的。如果是這種狀況，這種痛感會一直存在、而且愈來愈糟，還可能會伴隨著發燒。如果出現這種徵兆和症狀，請聯絡妳的照護醫師。

紅疹

又紅又癢的皮膚可能不是妳心目中懷孕的光輝。但，有些女性在懷孕期間卻會出現紅疹。汗疹，有時也稱為痱子，是最常見的。這是因為懷孕荷爾蒙讓排汗增加，身體濕黏所引起的。其他

型式的紅疹也可能在懷孕期間出現。

· 擦疹（Intertrigo）。這種紅疹是因為與皮膚摩擦，導致發炎所致，是一種細菌或真菌感染，發生在皮膚皺折中。一般出現的位置是在乳房下或腹股溝出汗的皮膚皺折中 —— 也就是濕熱的部位，真菌可以存活的地方。擦疹應該即早治療，因為拖愈久愈難治。妊娠搔癢性蕁麻疹樣丘疹及斑塊。孕婦中大約每一百五十人中會有一人會出現這種名稱超繞舌的「妊娠搔癢性蕁麻疹樣丘疹及斑塊」。這種病症的典型特色是又癢又紅，皮膚上有突出來的紅斑。這種癢的紅色突出稱為丘疹，比較大片的就稱為斑塊。最早出現通常是在腹部，然後常會擴散到手臂、腿和臀部。有些孕婦癢的情況會非常嚴重。雖然妊娠搔癢性蕁麻疹樣丘疹及斑塊對母親來說很糟糕，不過對胎兒倒是沒有危害。這種紅疹在妳分娩後就會消失。雖然現在並不確定引起妊娠搔癢性蕁麻疹樣丘疹及斑塊的原因是什麼，但是基因遺傳或許有關係，因為這種病症似乎有家族性。妊娠搔癢性蕁麻疹樣丘疹及斑塊在頭一次懷孕比較常見，之後懷孕就很少再次發生了。

預防與自我照顧方式 大部分的紅疹經過溫和的皮膚照料後都會改善。避免摩擦皮膚，使用溫和的清潔用品。盡量減少肥皂的使用。使用燕麥配方沐浴或小蘇打水泡澡都可以讓癢的感覺舒緩。沐浴後使用玉米粉有舒緩作用，避免洗太燙的水，保持皮膚的涼爽乾燥。

要防止擦疹，請穿寬鬆的棉質衣物，經常清洗感染部位並讓其乾燥，

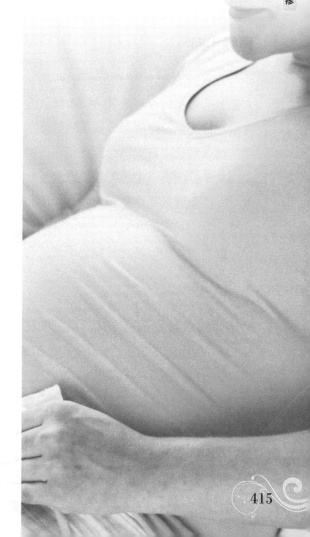

使用溫和的清潔用品或沒有香味的肥皂，之後用爐甘油乳液（calamine lotion）、小蘇打粉，或是氧化鋅粉塗抹在感染部分。妳也可以把電風扇或吹風機調到最低設定，吹濕的部分。

醫療照護 如果自我照顧的方式沒用的話，或者妳的紅疹持續、惡化、或是還伴隨著其他症狀，請讓妳的照護醫師知道。有些病例，必須以含藥物成分的軟膏或口服藥物來治療。

直腸出血

直腸出血一定都需要進行評估。大部分的直腸出血都是拜痔瘡所賜，而痔瘡在最後第一孕期和分娩後的幾個禮拜內都很常見。直腸出血另一個可能的原因則是肛門有小小的裂痕或裂傷（肛裂）。裂傷通常是便秘引起的，而便秘是懷孕期間另一個常見的問題。肛門裂傷一般會蠻痛的，特別是糞便很硬的時候。與嚴重大腸疾病相關的直腸出血情況比較罕見。

預防與自我照顧方式 要預防便秘，最好的策略就是正常排便。（避免便秘的方法，請參見第393頁。）

何時應該就醫 直腸出血一定要報告讓妳的照護醫師知道。他會希望診斷出血的原因。如果出血伴隨著腹瀉，而且有黏液又腹痛，那有可能是大腸發炎的病症。

手心或腳掌紅

有三分之二的孕婦都發現，她們懷孕期間，手掌心和腳掌心都變紅了。這種皮膚上的改變，在白膚女性身上的比黑膚女性身上常見。這種變紅的情況出現的時間可以早至第一孕期，通常是因為送到手腳的血流量增多所致。除了變紅外，這些部分也可能會發癢。和懷孕期間大部分皮膚上的改變一樣，發紅的情形在分娩後就會褪去。

預防與自我照顧方式 如果妳的手腳覺得癢，擦滋潤乳霜可能有幫助。

何時應該就醫 如果發紅的情形在產後並未褪去，請跟妳的照護醫師講。

肋骨痛

在懷孕的後面幾個月，胎兒已經沒有空間可以伸展了，所以他可能會發現把腳枕在妳的肋骨之間是很方便的事。這些小小的腳趾、小小的腳到妳肋骨架之間作亂有多痛，可能會讓妳嚇一跳。

除了胎兒努力發威造成的壓迫外、妳的橫膈膜被子宮往上推，以致於妳的胸腔為了維持空間給肺，在形狀不

斷做改變。這種重新塑型的動作會將肋骨往外推擠，導致肋骨與將肋骨連結到妳胸骨之間的軟骨架疼痛。

如果胎兒的位置讓妳的肋骨發疼，把一隻手臂提過頭頂，深呼吸一口，然後放下手臂的同時呼氣。重複幾次這個動作，兩隻手都要。輕輕將胎兒的腿或臀部從痛的一邊推開也是相當安全的事。妳也可以試試這種伸展方式（參見第165頁）。跪在地上，用兩手、膝蓋撐住。背部放鬆，但不要彎曲。頭挺起、頸部與脊椎成一直線，背部往上弓起。頭部整個往下貼到地面。慢慢放鬆背，抬起頭，回到原來的姿勢。重複數次。

當胎兒下降到妳的骨盆腔時，肋骨的疼痛就會消失。胎兒降入骨盆的入盆時間，第一胎通常是在分娩前的兩到三週，不過後面的胎次通常要到陣痛開始。

圓形韌帶痛

圓形韌帶是將妳子宮固定在腹部中的幾條韌帶之一，形狀像一個捲起來的結構，懷孕之前的厚度不到0.63公分，而這時候，子宮的大小大概和一顆梨子差不多。在第二和第三孕期，圓形韌帶被撐展可能會讓腹部、骨盆腔或股溝產生疼痛。當子宮的大小和重量都增加時，支撐子宮的韌帶會變長、變厚，也繃得更緊，它延展和緊張的作用就像橡皮筋。如果妳在突然之間移動或伸手，圓形韌帶就會撐開，引起下骨盆部位或股溝出現拉扯或刀刺的疼痛，身體的一側也可能會產生尖銳的痙攣。

圓形韌帶痛可能很痛，但這種不適通常幾分鐘就會消失，妳半夜翻身時可能因為這種痛而痛醒。這種疼痛也可能因為運動而起。圓形韌帶痛隨著懷孕的進程，可能會獲得舒緩。生完寶寶後應該就不會痛了。

預防與自我照顧方式 圓形韌帶痛雖然不舒服，但是屬於懷孕期間很正常的情形。以下的建議可以讓妳獲得一些舒緩：

．改變妳移動的方式。坐下、起身都要更慢，避免在突然之間動作。

．肚子痛到令人困擾時就坐下或躺下。泡熱水澡，或是使用設在較低熱度的熱敷墊。

何時應該就醫 如果妳不確定引起妳腹痛的原因，而這疼痛又相當持續又嚴重，請打電話給妳的照護醫師。如果腹痛還伴隨著發燒、發冷、排尿時疼痛或陰道出血，請立刻聯絡妳的照護醫師或到醫院掛急診。

對味道敏感

妳平時喜歡培根煮菜的味道，喜歡煮咖啡時的濃郁香氣，但現在懷了孕，這些味道卻讓妳作嘔。妳同事的香水味讓妳覺得想吐，妳去幫車子加油時，得跟噁心的感覺大對抗。研究證實，懷孕的女性嗅覺的確比較靈敏——她們會注意到一般不會注意到的氣味，而之前可以接受的味道現在卻變得討厭了。這種被強化的嗅覺也跟許多孕婦出現的噁心與嘔吐有關。各式各樣的氣味，例如烹煮食物、咖啡、香水、香菸或特定食物的味道都可能引起噁心的感覺。

嗅覺之所以變得靈敏部分原因可能跟懷孕期間，雌性激素提高有關。像噁心這個症狀可能表示胎盤和胚胎正在迅速成長，這是個好跡象。大部分孕婦發現這個症狀與懷孕的噁心緊密並行，所以通常到了第十三、十四週之前就會改善了。

預防與自我照顧方式 為了不讓妳過度活躍的嗅覺細胞對妳造成最大的影響，要去了解是什麼氣味讓妳噁心的，只要可以的話就盡量避免。吃午餐時，妳可能必須待在自己位置上用餐，而不要去自助餐廳。或者，妳也可能必須拜託同事不要用特定香味的香水或古龍水，直到妳會噁心的情況減輕。

呼吸急促

呼吸有困難？很多孕婦在第二孕期開始，都有輕微的無法呼吸問題。這是因為漲大中的子宮正頂著妳的橫膈膜，也就是妳肺部下面一塊寬寬扁扁的肌肉。懷孕期間，橫膈膜的位置會被往上頂大約3.8公分左右。這個數字看起來雖小，不過卻足以讓妳的肺部擁擠，改變妳的肺能吸入的空氣量。

在這同時，妳的呼吸系統會做一些調整，讓血液能比平日攜帶更多的氧氣到胎盤，並排掉更多二氧化碳。受到荷爾蒙黃體激素的刺激，腦部的呼吸中心會讓妳的呼吸更深、也更急促。妳肺部空氣的吸入量和呼出量會比之前多出百分之三十到四十。這些改變會讓妳覺得呼吸比較困難或急促。

妳的子宮變得愈大，要深呼吸就愈難，因為橫膈膜會一直被胎兒頂上去。在分娩前幾的禮拜，胎兒在子宮中，頭可能下降（入盆），減輕在橫膈膜上的壓力。胎兒入盆後，妳會發現，呼吸比之前輕鬆了。不過，這種情況也可能不到陣痛開始都不會發生，特別是如果妳之前已經生過孩子了。

除了感到呼吸急促的不適外，妳倒是不必擔心胎兒會氧氣不足。這得感謝妳功能已經增強擴充的呼吸和循環系統，在懷孕期間，妳血液中的氧氣濃度會提高，確保成長中的胎兒可以得到充足的氧氣。

預防與自我照顧方式 如果妳呼吸急促，試試以下的提示：

· 練習良好的姿勢。良好的姿勢可以幫助妳呼吸更順暢，在懷孕期間和之後都一樣。坐下來時，背桿挺直，肩膀往後，放鬆下垂。

· 做有氧運動。 可以改善妳的呼吸，降低妳的脈搏速率。但要小心，不要運動過度。和妳的照護醫師談談懷孕期間的安全運動方案。

· 側睡以減輕對橫膈膜的壓迫。用可以支撐腹部和背部的枕頭將自己墊起來，使用體枕也可以。

何時應該就醫 輕微的呼吸急促是懷孕期間常見的情形，不過如果情況嚴重，尤其還伴隨著胸部疼痛，那有可能是發生了更嚴重的問題，例如肺部血栓。

如果妳有下面的情況，請立刻打電話給妳的照護醫師，或上急診處。

· 伴隨著胸痛的嚴重呼吸急促

· 深呼吸時感到不適

· 脈搏快速，或是呼吸快速

· 嘴唇或指甲發藍

皮膚贅肉

懷孕期間，妳可能會注意到手臂下、頸部或肩，或身體的其他部位長出了新皮膚。這種小小、鬆鬆垮垮的突出皮稱為皮膚贅肉，通常是無痛也無害的。這些贅肉通常不會長大或改變。沒有人知道是什麼原因讓它們長出來的，妳分娩過後，這些贅肉通常就會消失。不過中年以後就很常見了。

一般來說，皮膚贅肉不會引起麻煩，也不需治療。如果這些長出來的皮肉惹人不快，或在外觀上不好看，也可以被輕易的去除。如果長出來的皮肉外表上有變化，要告訴妳的照護醫師。

孕期打呼

孕婦比較會打呼，因為懷孕期間，她們的鼻道變得比較腫脹、有鼻塞的情形，所以上呼吸道比較窄。

雖說打呼常被拿來當成說笑的話題，不過卻可能出現一些嚴重的後果。打呼可能和高血壓有關。也可能是睡眠呼吸中止症的徵兆，這是一種睡眠病症，睡眠時呼吸會暫時停止。氧氣缺乏會干擾到媽媽的睡眠，對胎兒造成壓

力。

體重過重的女性特別可能有打呼相關的問題。某個研究指出,懷孕期間報告會經常打呼的女性,在懷孕前體重通常就較重,而懷孕期間增加的體重也較多。

預防與自我照顧方式 要讓打呼的機會降到最低:

‧側睡,不要平躺。平躺睡覺可能會讓妳的舌頭和軟齶枕靠在妳的喉嚨後面,阻礙了呼吸道。

‧鼻貼片可以增加鼻道和呼吸道的空間範圍

‧持續檢查體重增加的情形。體重的增加不要超過以妳懷孕前體重為基礎所推薦的重量。

何時應該就醫 如果妳的伴侶認為妳打呼時有時會出現有間歇性暫時呼吸終止的情形,而妳在白天又非常嗜睡時,請與妳的照護醫師聯絡。這些徵兆都表示妳可能有睡眠呼吸中止症。

妊娠紋

找一群新手媽媽或準媽媽聚在一起,妳很可能就會聽到跟妊娠紋有關的事。妊娠紋是粉紅色或紫色的紋路,一般出現在腹部、乳房、上臂、臀部和兩股。大約一半的孕婦會有妊娠紋,特別是在懷孕的後半期。

妊娠紋並不是體重增加太多的徵兆,而是腎上腺素增加會使皮膚彈性纖維變弱,造成妊娠紋。遺傳相信也在妊娠紋的發生上扮演了一個重要角色。一些孕婦會有很嚴重的妊娠紋,即使她們在懷孕期間增加的體重只有一點點。

妊娠紋通常不會一起出現,但是在分娩後通常會逐漸變淡,成淡粉紅或白色。

預防與自我照顧方式 和大家一般的認知不同的是,並沒有什麼乳霜或油膏可以用來避免妊娠紋的發生,或讓妊娠紋消失。因為妊娠紋是從皮膚底下的連結組織深層發出來的,所以從外面擦任何東西都無法預防。

懷孕鼻塞

鼻塞是懷孕期間常見的問題,即使妳沒感冒或過敏也一樣。鼻塞和鼻血比較常見,因為到體內黏膜的血流量增加了。當鼻子和呼吸道的內膜腫脹,妳的呼吸道就會縮小。鼻內組織也會變軟,變得更容易流血。這種鼻塞在懷孕期間是很常見的,但是並不會太令人困擾。

預防與自我照顧方式 大部分的孕婦都可以忍受鼻塞和其他鼻子的症狀而

不必用藥。如果鼻子並沒伴隨其他問題，像是感冒或過敏，那麼就不需要治療。這些小提示可以提供幫助，讓妳的鼻子通一點。

· 家中使用加濕器，放鬆鼻內的分泌物。

· 頭上放一條毛巾，盤子裝熱水，從盤子上呼吸熱氣。

· 睡覺時頭墊高。

醫療照護 避免服用買來的鼻塞成藥。長期使用這些藥物可能會導致問題，而鼻塞則可能會持續一整個孕期。試著利用傳統療法來處理鼻塞問題。（想要了解處理與鼻子發炎相關的鼻塞還有哪些秘訣，請參見第64頁。）

水腫

懷孕期間身體組織內因為血管擴張、血流量增加而累積了大量的體液，所以身體浮腫（水腫）是很常見的。天氣熱的話，情況會更糟糕。

在懷孕的最後三個月，大約有一半的孕婦會注意到眼皮和臉變得比較浮腫，而且大多是在早上。這是因為懷孕期間可以預期出現的積水以及血管擴張情形所致。在懷孕的最後幾個月，幾乎所有的孕婦的腳踝、腿、手指或是臉，都會有些浮腫的情形。浮腫本身雖然擾

人，但是不是嚴重的併發症。

預防與自我照顧方式 如果妳有浮腫的問題：

· 用冷水壓浮腫的部位。

· 少吃太鹹的食物，但是不必特別大幅度減少鹽分的攝取。因為這樣做會讓身體保存更多鈉和水，讓浮腫的情況更惡化。

· 要紓解腿部和腳水腫的問題，在下午找一個鐘頭躺下，把腿抬高一個小時。使用腳凳也有幫助。

· 游泳，或甚至只是站在游泳池中都有一些舒緩作用。水壓會壓迫妳的腳踝，子宮會浮起一點，紓解在靜脈上造成的壓迫。

何時應該就醫 如果妳的臉和手在突然之間腫起來，尤其是當妳發現妳排尿的次數不如平時一般頻繁時，請立刻聯絡妳的照護醫師。臉部浮腫，尤其是眼睛周圍，偶而會是妊娠高血壓的徵兆。

腳腫

懷孕期間，腳腫很常見。荷爾蒙的變化讓骨盆腔的韌帶和關節放鬆，為分娩做準備，但這同時也會把體內其他的韌帶和關節都放鬆，包括了妳的腳。這些改變是正常又必須的，但卻也會讓妳腳部的弓韌帶在因身體額外的重量而

撐開來。結果,弓韌帶的支撐力量就可能鬆了一些,而妳的腳也就變得平一些、寬一點了。穿的鞋子尺寸甚至可能更大。除了這些改變之外,妳的腳可能因為懷孕期間的水腫而變腫。如果妳增加的體重很多,腳部的脂肪也會比較多。腳腫的情形分娩後很短的時間內應該就會消除。不過腳部其他的改變則可能要長達六個月才會恢復,而妳的腳也才會回復到原來的尺寸和形狀。如果妳的弓韌帶撐得太厲害,那麼腳可能就永久變大了。

預防與自我照顧方式 腳變大時,穿鞋子可以提供支撐,感覺會比較舒服。買一兩雙很合現在腳大小的鞋,而未來腳如果繼續變化也會很舒服的鞋子。不要穿窄版或高跟的鞋子。要找低跟、有止滑鞋底、以及很多空間讓腳可以張開的鞋子。帆布鞋或其他皮鞋都是好選擇,因為讓妳的腳可以呼吸。好的跑步鞋也是明智的選擇。如果妳的腳在一天結束的時候會痛、會累,試試可以支撐的拖鞋。

醫療照護 有些鞋和沒有後靠的套鞋(orthotic inserts)是特別為懷孕設計的。設計的目的是要讓腳更舒服,並減少背部和腳部疼痛的。可以請妳的照護醫師提供更多資訊。

口渴

懷孕時,妳可能會發現妳比正常時更容易口渴,這再健康不過了。更容易口渴是身體告訴妳要多喝水和其他水分的方式。妳的身體需要更多水分來維持增多的血液量。喝更多水可以預防便秘和皮膚乾燥,也可以幫助腎臟排掉由胎兒製造的廢棄物。

預防與自我照顧方式 一天至少喝八杯水或其他飲料。含咖啡因的飲料會刺激尿液的產生,所以不是最佳選擇。此外,除了一般的水或氣泡水外,好的選擇還包括了果汁氣泡水(*由一半果汁與一半氣泡水製成*)、蔬菜汁、和由去脂牛奶製成的水果雪克。懷孕期間,妳有很多優質的水分補充選擇。如果妳一直都在孕吐,

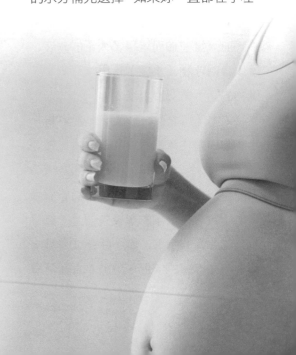

或是老覺得自己有快昏倒的麻煩，喝運動飲料最好了。

何時應該就醫 雖然比較容易口渴是懷孕時正常的情況，但是也可能是糖尿病的症狀。懷孕期間是有可能出現糖尿病的。糖尿病的輕微徵兆和症狀和懷孕的典型改變是很難分辨的，例如疲勞、過度口渴，或是尿太多。

泌尿道感染

懷孕期間許多正常的改變都可能會提高妳發生泌尿道感染的風險，也就是膀胱、腎臟或尿道。懷孕期間察覺泌尿道感染並加以治療是很重要的，因為這會導致早產。更糟糕的是，懷孕期間如果發生泌尿道感染，情況很可能都是嚴重的。舉例來說，如果妳是膀胱感染又沒治療，那就可能引起腎臟感染。

分娩後，妳也比較容易發生泌尿道感染。分娩後一段時間，妳可能都無法完全清空妳的膀胱。遺留的尿液提供了一個繁殖的溫床給細菌。如果妳泌尿道感染，那麼排尿時可能會感到疼痛或灼熱。妳可能會頻繁、幾乎是恐慌的有尿意，又或者，妳才剛上完，又立刻想上。其他的徵兆和症狀包括了尿液中有血、尿的味道很濃、輕微的發燒，膀胱區域會有輕微的疼痛感。腹部疼痛和背痛可能也是感染的徵兆。

預防與自我照顧方式 妳可以利用幾種方式避免並排除泌尿道感染：

· 喝大量的水分，尤其是水。

· 經常排尿 —— 不要憋尿，或忍太久才上廁所。憋尿會導致膀胱無法完全清空，引起泌尿道感染。經常排尿對於排除泌尿道感染也有幫助。

· 排尿時身體往前傾，可以幫助妳把膀胱清得更徹底。

· 性交後一定要排尿。

· 排尿後，衛生紙由前往後擦。

醫療照護 要診斷是否有泌尿道感染必須檢驗尿液樣本中的細菌。治療包括了投以抗生素來清除感染。如果妳有多次泌尿道感染，照護醫師可能會推薦妳繼續服用抗生素，以降低再發的機會。

孕期頻尿

在懷孕的第一孕期，長大中的子宮會推擠到妳的膀胱。因此，妳會發現自己經常跑廁所，跑得比平時多。妳咳嗽、擤鼻涕、或大笑的時候可能會漏出少量的尿。到了第四個月，子宮已經大到出了骨盆腔，所以對膀胱造成的壓力會紓解一點。之後，到了懷孕的最後幾個禮拜，當胎兒的頭入盆後，又對子宮造成新的壓迫，妳可能又得再次頻繁排

尿。頻尿的現象幾乎一分娩完就會消失。

<u>預防與自我照顧方式</u> 以下的建議可能會有幫助：

・視需要經常排尿。憋尿可能會使膀胱無法完全清空，導致泌尿道感染。

・排尿時身體往前傾，可以幫助妳把膀胱清得更徹底。

・上床前幾個鐘頭不要喝東西，這樣晚上才不必一直爬起來上廁所。但是白天其他時間請務必喝大量的水分。

<u>何時應該就醫</u> 如果妳經常排尿，而且發現有排尿時有灼熱感、會痛、發燒，或是尿液味道或顏色有改變，妳可能是發生泌尿道感染了。請與照護醫師聯絡。

漏尿

有時候，孕婦及新手媽媽在咳嗽、拉扯或大笑時，會不自主的排出尿液。這是因為懷孕期間，胎兒經常靠在妳的膀胱上，當胎兒在膀胱上撞來撞去時，沒有人可以保持乾爽的。有時候，生產時傷害到連接到膀胱的骨盆底肌肉和神經也會讓產後幾個禮拜漏尿。幸運的話，這個問題產後三個月之內就會改善。運氣不佳的話，此後一輩子都有復發的傾向。

<u>預防與自我照顧方式</u> 研究指出，做凱格爾運動可以幫助預防懷孕期間和產後排尿斷續的問題。這些強化運動可以幫助讓妳把膀胱、尿道和其他子宮腔內的器官鍛鍊得更強壯粗實。做凱格爾運動時，先把陰道周圍的肌肉緊緊縮起來，彷彿妳要憋尿的感覺，幾秒後再放鬆。重複十次。如果妳有排尿斷續的問題，放個衛生護墊，或穿其他有保護的內褲。

陰道出血

懷孕期間某個時間，特別是第一孕期內，出現點狀出血或陰道出血的孕婦多達一半。懷孕期間陰道出血的原因很多，有些嚴重，有些則不然。每個三月期期間陰道出血的意義和可能原因都不盡相同。

<u>第一孕期</u> 很多女性在懷孕的最初十二個禮拜內會出現點狀出血或出血的情況。視出血量的多寡、持續時間的長短，以及是連續或零散，出血可能意味著很多事。有可能是個警訊，但也可能是懷孕期間的正常事件。

在懷孕很早期的時候，妳可能會發現有少量的點狀出血或出血，時間大約在受孕後的一個禮拜到十四天間。這種被稱為是植入性出血的情形發生在受精卵附著到子宮內壁時。這類型的出血

時間通常不久。

第一孕期中的出血有時候也是流產的徵兆。大部分的流產都發生在第一孕期之中，懷孕晚期發生的次數比較少。不過，出血未必意味著妳會流產。至少有一半在第一孕期間有出血情形的孕婦並未流產。

另外一個懷孕初期會引起出血和疼痛的原因則是子宮外孕，這種情況是受精卵在子宮外面，通常是輸卵管中著床。第一個在第一孕期中較不常見的出血原因是水泡狀胎，也稱葡萄胎，這是受精之後的一種罕見情況，受精卵在子宮外形成不正常團狀，而不是正常胎兒（請參見第485頁）。

第二孕期 雖然在第二孕期間，流產比較不常見，但是風險仍然存在。陰道出血則是流產的主要徵兆。

第二孕期期間，發生中度到重度的出血也可能代表胎盤出了問題。胎盤問題包括了前置胎盤，也就是胎盤在子宮中的位置過低，把子宮頸部分覆蓋住了，或是胎盤提早剝離，這種情況是分娩前，胎盤就提前開始從子宮內壁分開。這兩種情況在第三孕期中出現的頻率較高。

子宮頸感染、子宮頸發炎，或是子宮頸內膜增生都可能引起陰道出血。

子宮頸出血通常對胎兒不會造成什麼風險，但是如果是由子宮頸癌引起的，那麼即時正確診斷是非常重要的。有時候，子宮頸出血也可能是子宮頸閉鎖不全的徵兆，這種情況是子宮頸自發性的打開，導致早產。性交時如果子宮頸表面的血管被干擾到，也可能會出現輕微的出血或點狀出血。這不會對懷孕造成傷害。

第三孕期 第二孕期晚期或是第三孕期陰道出血可能是胎盤出現問題的徵兆。胎盤剝離是胎盤開始從子宮內壁剝離，出血情形可能是沒有出血、大量出血，或是介於兩者之間。

前置胎盤則是子宮頸部分或全部被胎盤遮擋，而通常位置是位在靠近子宮的頂部。前置胎盤的主要徵兆是無痛性的陰道出血，時間一般是在接近第二孕期結束前或是第三孕期開始。前置胎盤所流出的血通常是鮮紅色。出血量雖然可能不多，但通常是很多的。出血會自行停止，但是出血後幾乎一定又會再出血，時間在幾天或是幾個禮拜後。

從第二十週到三十七週的少量出血可能意味著會早產。懷孕最後幾週中出血則可能是陣痛將至的徵兆。懷孕期間封住子宮開口的黏膜塞可能會在陣痛之前幾週或是開始的時候被排出。而分

泌物中就夾著少量出血。

何時應該就醫 懷孕期間任何時候出血都應該找妳的照護醫師評估。如果妳有輕微的點狀出血或出血，即使是一天之內就自行停止了，都還是請妳聯絡照護醫師。如果有下列的任何情況，請立刻聯絡妳的照護醫師或是到醫院的急診處：

· 第二或第三孕期出血

· 中度或大量的出血

· 伴隨著疼痛、痙攣、發燒、發冷或是子宮收縮的出血。

要治療出血，必須看出血的原因是什麼。（想了解更多與胎盤剝離或前置胎盤的詳細資料，請參見444和445頁。）

陰道有分泌物

許多孕婦在懷孕期間的陰道分泌物都會增加。這種分泌物稱為白帶，是稀薄、白色或是有輕微味道或沒有味道的。這是荷爾蒙在陰道內膜產生的作用所致，而陰道內膜在懷孕期間是一定要大幅生長的。陰道分泌物在整個懷孕期間都會增加，變得相當多。分泌物的高酸性被認為在壓抑有害細菌的生長上，扮演了一個角色。

產後妳也可能會暫時出現陰道分泌物。這種分泌物稱為惡露，是荷爾蒙變化所導致，而分泌物的量、外觀和期間都不一樣。一開始是血樣子，然後大約四天後變淡或棕色，而大概十天後則變成白色或偏黃色。妳偶而還會排出血塊。產後的分泌物可能會持續二週到八週。

陰道分泌物也可能是陰道感染的徵兆。如果妳的陰道分泌物偏綠色、偏黃色、濃稠像是乳酪、味道強烈或還伴隨著外陰部的發紅、發癢或刺激，妳可能是發生陰道感染了。細菌性陰道炎是常見的陰道感染類型，會引起有腐敗味道的灰色到偏綠色分泌物，可能還會出現早產。懷孕期間另外兩種其他常見的細菌性感染則是念珠菌感染和陰道毛滴蟲症。兩種都不會對胎兒造成直接的危害，而且在懷孕期間治療都是安全的。

流量穩定或大量的水性分泌物則可能是內膜破裂的徵兆，也就是妳的羊水破了。陰道分泌物是血狀，或是濃稠、以及黏膜狀可能代表子宮頸出現問題了。

預防與自我照顧方式 要處理懷孕期間正常的分泌物增加，妳可以墊衛生護墊或流量較少的衛生棉。要降低妳感染的風險：

· 不要灌洗陰道。灌洗可能會讓陰道內的微生物失去正常平衡，可能會引起一種稱為細菌性陰道炎的陰道感染。

· 穿棉質內褲。

· 穿舒服但寬鬆的衣物。避免穿不會

呼吸的纖維材質、緊身褲、運動褲和緊身衣。

何時應該就醫 如果發生以下狀況，請聯絡妳的照護醫師：

‧有分泌物，而且腹部疼痛或還伴隨著發燒。

‧分泌物偏綠色、偏黃色或是有腐臭的味道；或者分泌物很濃稠，呈乳酪狀或凝乳狀，或是像血的樣子。

‧分泌物出現時還伴隨著疼痛、發紅、灼熱感或是外陰搔癢。

‧流量穩定或大量的水狀分泌。

‧妳剛做過羊膜穿刺，而陰道分泌物變多了。這可能代表羊水漏出來了。

如果妳曾經生育過，出現下列情況時，請打電話給妳的照護醫師：

‧每個鐘頭都會濕透一片衛生棉，連續四個鐘頭。如果妳有頭昏的情形，或是出現出血量增加的情形，不要等到四個鐘頭才打電話。要馬上打電話，或是到醫院的急診處。

‧分泌物有腐敗味、腥味。

‧分泌物還伴隨著發燒和腹痛。

‧腹部漲痛，或是排出很多血塊。

靜脈曲張

懷孕期間一直支援胎兒成長的循環系統變化也可能會造成倒楣的靜脈曲張副作用。懷孕期間出現靜脈曲張算不上罕見。為了要適應懷孕期間提高的血流量，血管通常會變粗。這同時，從妳腿部流向骨盆腔的血流也會減緩，導致妳腿部的靜脈回流閥功能失效，引起擴張，讓血管突起。靜脈曲張有家族遺傳趨勢，遺傳性的靜脈回流閥薄弱會讓妳比較容易產生靜脈曲張。

靜脈曲張可能沒有任何症狀，也可能會產生疼痛或不適，引起觸痛、腿部疼痛，有時還會伴隨著灼熱感。分娩後，靜脈回流閥的尺寸通常會縮小。

預防與自我照顧方式 這些方法可以預防靜脈曲張的發生，讓情況不至於惡化，或是舒緩不適：

‧避免久站。

‧坐的時候腿不要交叉蹺著，這樣會使血液循環問題惡化。

‧盡量常把腿抬高。坐下的時候，把腳踩在其他椅子上或凳子上。躺下的時候，把腿和腳擱在枕頭上。經常運動可以改善全身的血液循環。

‧從起床後到妳就寢前都穿上有支撐力的彈性襪。這些彈性襪可以改善腿部的血液循環。請妳的照護醫師推薦好的品牌。

‧兩股和腰部周圍的衣物要寬鬆。腿的下面部分穿襪子和緊身衣物沒關係，

但上面部分不要穿會束縛的衣物,像是開口太緊的內褲。這樣會阻礙血液從腿部回流,讓靜脈曲張情況更糟糕。

醫療照護 靜脈曲張通常不需要治療。嚴重的情形則可能需要以開刀治療,不過正常的話,手術不到產後是不會進行的。

嘔吐

噁心和嘔吐都是懷孕初期常見的現象,白天任何時間都可能發生(請參見第104頁的「害喜」一段)。但是有時候嘔吐的情況會嚴重到讓孕婦無法吃或喝進足夠的食物和飲料,以維持適當的營養並保持身體的水分。這種情況稱之為妊娠劇吐,這是懷孕期間過度嘔吐的醫學名詞。

妊娠劇吐的特色是嘔吐頻繁、持續而嚴重。妳可能也會有快昏倒、暈眩或頭重腳輕的情形。如果不加以治療,妊娠劇吐會讓妳無法攝取到所需的足夠營養和水份,導致脫水。有很少數的例子,因為嘔吐導致的水份和鹽分流失,程度嚴重到威脅到胎兒。

懷孕劇吐的確切發生原因還不清楚,但是似乎在妊娠荷爾蒙人類絨毛膜性腺激素(HCG)濃度非常高,像是多胞胎或葡萄胎時,比較容易發生。葡萄胎是一種受精卵在子宮內形成不正常團狀,而非胎兒的罕見病症。妊娠劇吐在懷第一胎、年輕孕婦和懷多胞胎的孕婦身上比較常見。

預防與自我照顧方式 如果妳一天之中只是偶而嘔吐,或是大約一天一次,請參考位於「晨吐」一節中的自我照顧方式。

何時應該就醫 如果發生下面情況,請聯絡妳的照護醫師:

·噁心和嘔吐的情況非常嚴重,讓妳無法將食物或水分吞下肚去

·一天中吐超過兩、三次。

·到了第二孕期,嘔吐的情況依然持續。

·妳有一些早期或輕微的脫水徵兆和症狀,其中包括了臉部潮紅、嚴重口渴、昏眩、腿部痙攣、頭痛和尿液呈深黃色。

念珠菌感染

念珠菌感染是由有機生物白色念珠菌所引起,百分之二十五的女性陰道中有少量發現。懷孕期間雌性激素濃度的改變會讓陰道懷孕產生變化,失去原先的自然平衡,讓一些有機生物成長得比其他快速。

白色念珠菌的存在可以不引起任

428

何徵兆和症狀，但也可以引起感染。感染的徵兆和症狀包括了黏稠、白色的凝乳狀分泌物，會癢、有灼熱感、陰道和外陰部周圍發紅，排尿會痛。

念珠菌感染雖然令妳不愉快，但不會傷害到胎兒，而且懷孕期間進行治療是安全的。

預防與自我照顧方式 要避免發生念珠菌感染：

·穿棉質褲底的內褲，褲子不要穿太貼身。

·溼的游泳衣或運動服不要穿太久，每次穿後都清洗。

·吃含有活的嗜酸乳桿菌（也稱益生菌）的優格，大部分的優格裡面都含的。優格可以幫助妳讓體內孳生的細菌適當的混生。

醫療照護 懷孕期間治療念珠菌感染是以抗真菌陰道軟膏或塞劑來治療的。這類藥物不必處方就能夠取得，但是請不要在沒事先諮詢妳照護醫師的情況下就貿然使用。照護醫師在讓妳開始治療前，必須先確診。他可能也會推薦以處方藥來清除感染。

懷孕期間一旦發生了念珠菌感染，那麼產後雖然通常會消失，但有再發的問題。整個懷孕期間，可能必須一再重複的治療念珠菌感染。

第六部

懷孕和分娩的併發症

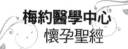

第27章

懷孕期間的問題

　　如果妳在懷孕期間遇上了意料之外的問題，妳可能會很關切、感到困擾甚至害怕。本段落描述的就是一些孕婦可能會遇上的問題，以及一般治療這些病症的方式。打起精神振作起來，懷孕期間出現的很多問題都可以被順利處理的。聆聽妳照護醫師的忠告，拿問題去請教他，直到妳覺得自己已經完全了解併發症，以及最佳的治療方式為止。

　　如果妳的懷孕過程順遂平安，那麼本章就不必閱讀了。讀一些哪裡可能會出錯的文章只會讓妳白白擔心而已。

血液方面的問題

　　這裡是一些可能會發生在準媽媽身上的血液相關併發症。

　　RH因子不合症　RH因子不合症出現在懷孕中的媽媽和腹中胎兒RH因子血液不同型的時候。RH因子是一種在紅血球細胞表面發現的蛋白質類型，帶有RH因子的就稱為RH陽性，沒有的就稱為RH陰性。

　　沒有懷孕的時候，RH因子的狀態對妳的健康並無影響。如果妳是RH陽性，那麼懷孕期間也不必擔心。不過如果妳是RH陰性，而寶寶是RH陽性（那表示妳的伴侶很可能是RH陽性），那就會引起一種稱之為RH因子不合症的問題了。妳的身體會視寶寶血液中的RH陽性因子為外來物質。妳的身體如果暴露在RH陽性的蛋白質中，就會開始製造抗體來摧毀它，因而導致寶寶體內的紅血球細胞被摧毀。如果放著不治療，可能會讓胎兒發生程度從輕微到嚴重不等的併發症。在很少數的例子中還可能導致死亡。通常來說，妳的身體需要一次懷孕的時間才能讓RH因子不合症建立足夠的抗體，達到足以傷害到寶寶的點。如果妳是RH陰性，而妳的配偶是RH陽性，而這次是妳初次懷孕，RH因子不合症不太會造成問題。妳的風險會在以後懷孕時升高。幸運的是，這個問題幾乎都可以被預防並避免。

　　【RH因子不合症治療】預防RH因子不合症的關鍵就在於一種含有對抗RH陽性細胞抗體的藥物，稱為抗RH因子球蛋白（Rh immune globulin，簡稱RhIg）。抗RH因子球蛋白注射液會遮罩所有可能浮繞在血管周遭的RH陽性細胞。沒有RH因子可以對抗，抗體就

不會形成。請把這情形想像成預防RH抗體形成，先發制人的一擊。由於抗RH因子球蛋白的發展及其安全性，胎兒的RH疾病現在已經很罕見了。

如果妳在懷孕早期檢查出血液是RH陰性的結果，那麼懷孕到28、29週時，妳還會進行一個RH抗體的抽血檢驗。如果結果顯示妳還未製造RH抗體，那麼妳的照護醫師就會幫妳打一針抗RH因子球蛋白。

如果妳是少數擁有RH抗體的孕婦之一，那麼妳在第二孕期其中會被經常檢查血液中抗體的濃度，更會被建議進行進一步的檢查，以監控胎兒的健康。如果抗體的濃度變得太高，那麼就會採取步驟，避免對寶寶造成傷害。這些步驟包括了在胎兒還在子宮時就輸血給胎兒，或者，在某些例子中是提早生產。產後，寶寶可能有貧血並可能出現黃疸，需要治療。（註：因為醫界針對RH血型不合問題持正反兩面看法，故建議台灣的媽媽可詢問婦產科醫師的建議。）

缺鐵性貧血　缺鐵性貧血是體內紅血球數量不足的疾病，當身體得不到製造紅血球所需的足夠鐵質就會發生。

缺鐵性貧血最常發生於懷孕的後半段，在二十週之後。這是因為懷孕的前二十週，妳的身體一直製造更多更多的血液，而妳製造血液流質部分（血漿）的速度比製造紅血球還快。這樣會導致整體的紅血球集中度較低。不過，大約有百分之二十的孕婦可用的鐵質並不足以製造足夠的紅血球，以趕上血液量中所需，因而導致缺鐵性貧血。

當妳懷孕時，單靠飲食供應，要攝取儲存到足夠的鐵質，維持適當的鐵質濃度是個挑戰。所以很多照護醫師在懷孕期間會開鐵劑補充品。如果妳每天都有吃孕婦維他命，那麼一般來說，妳就不會有缺鐵性貧血了。

【缺鐵性貧血徵兆和症狀】有輕微的缺鐵性貧血，通常不會發現任何問題。不過，如果妳的情況是中度到嚴重，那麼妳可能會很蒼白、過度疲勞與虛弱、呼吸短促、暈眩或頭重腳輕。心悸和快昏倒也可能表示是發生了缺鐵性貧血。缺鐵性貧血一個不尋常的症狀是則是對非食物的嗜吃情形。嗜吃的常見目標包括了冰塊、玉米粉，甚至是泥土。

如果妳出現這種稱之為異食癖的狀況，請聯絡妳的照護醫師。妳的寶寶要獲得充分的氧氣可能很有難度，因為紅血球是將氧氣帶給寶寶的運送工具。

【缺鐵性貧血治療】治療包括了攝取足量的鐵，處方的型態可能是膠囊或錠型。也有很罕見的情況，鐵質補充是

以肌肉注射或靜脈注射的方式施打的。在某些病例中，甚至也可能需要輸血。這種作法只有在孕婦有嚴重的貧血，並且血液流失的來源持續才會進行。

憂鬱症

幾乎每一個人偶而都會有憂鬱的情緒。但如果妳是長時間憂鬱，而且還會干擾到妳吃、睡、工作、專注、和別人互動並享受生活的能力，那麼妳可能就患上憂鬱症了。

對懷孕期間的孕婦來説，憂鬱症可能會是一個問題，而懷孕期之後尤其普遍（產後憂鬱症）。大約有百分之十到十五的女性在分娩後會出現產後憂鬱症。

懷孕期間，可能導致憂鬱症的原因包括了：

· 健康問題
· 意外的懷孕
· 家庭財務上的壓力
· 對分娩和為人母不切實際的期望
· 社交或情感上的支援不足夠
· 沿自童年時期未解決的心結

有些特定人格特質和生活方式的選擇會讓妳特別容易患上憂鬱症。舉例來說，對自己不夠看重、過度苛求自己、悲觀，以及很容易被壓力擊垮都會讓妳得憂鬱症的風險提高。飲食中葉酸和維生素B$_{12}$不足也可能會引發憂鬱症的症狀。

憂鬱症徵兆和症狀 憂鬱症的兩大症狀是對日常活動失去興趣，感覺悲傷、無助、沒有了希望。其他憂鬱症的徵兆和症狀則經常容易被錯認為是懷孕常見的問題，這會讓懷孕期間的憂鬱症容易被忽略。照護醫師要診斷認定是憂鬱症，以下大部分的徵兆和症狀大多都必須存在，每天大多數時間，而且每天都有，至少兩個禮拜：

· 睡眠干擾
· 思考和專注力受損
· 大幅度及無法解釋原因的體重增加或減少
· 興奮焦慮或身體行動變緩
· 疲勞
· 對自己不夠看重
· 對性愛失去興趣
· 想到死亡

憂鬱症也會讓身體出現很多不同的毛病，包括了發癢、視線模糊、過度出汗、口乾舌躁、頭痛、背痛和腸胃道問題。很多有憂鬱症的人也都有焦慮症的症狀，像是一直不斷的擔心，或是感覺有危險逼近。

如果妳認為自己可能有憂鬱的情況，請和妳的照護醫師談談。

憂鬱症治療　憂鬱症是一種嚴重的疾病,需要加以治療。忽略診斷可能置寶寶於險境。大多時候,懷孕期間發生的憂鬱症,在進行過心理諮詢和心理治療後就能治癒。抗憂鬱的藥物也可能會被使用。這些藥物對成長中的寶寶似乎大多不會造成太大的風險。如果需要施以藥物,妳的照護醫師也會判斷哪種藥物讓妳在懷孕期間服用最安全。

懷孕之前或懷孕期間有憂鬱症會提高妳產後憂鬱症發作的風險(參見第477頁)。未加治療的憂鬱症會變成慢性病,在後續的懷孕之前或期間復發。

提前陣痛

足月懷孕的定義是從上一次月經週期算起,在第三十七週到四十二週之間分娩。提前陣痛指的是讓子宮頸開始打開的子宮收縮在第三十七週結束前就開始。這麼早出生的寶寶出生時體重通常很輕,根據定義一般是低於2500公克。早產兒體重輕,還伴隨著早產發生的許多其他問題,這都使得他們會有一定的健康風險。

沒有人確切的知道引起陣痛提前的原因是什麼。在許多例子中,發生提前陣痛的產婦並無任何已知的風險因素。照護醫師和研究人員倒是指出了一些似乎會提高此風險的因素,這其中包括了:

・前一次也是提早陣痛或生產

・懷的是雙胞胎、三胞胎或是更多胞胎

・上一次流產或墮胎

・羊水過多

・羊水或胎膜發生感染

・子宮異常

・胎盤出現問題

・之前就有的病症

・懷孕期間出血

・子宮頸擴張

・感染

・妊娠高血壓

提前陣痛徵兆和症狀　對有些孕婦來說,陣痛開始的情況是不會被搞錯的,不過對其他不少孕婦來說,陣痛的徵兆和症狀就比較難認定了。妳可能會有感覺起來像是腹部抽緊的收縮。如果收縮不會痛,那麼妳只有把手放在腹部去感覺才能察覺。有些孕婦早產時根本感覺不到任何子宮收縮的情形。

孕婦有時候會把子宮收縮以為是脹氣痛、便秘或是胎動。其他會出現的徵兆和症狀包括了:

・腹部、骨盆腔或背部疼痛

・骨盆腔受到壓迫

・排尿增加

・腹瀉

・像是月經或腹部的痙攣

・輕微的陰道點狀出血或出血

・陰道流出水樣的分泌物。如果分泌物像水，可能是羊水，這是包圍著胎兒周遭的胎膜已經破掉的徵兆（破水）。如果妳的黏膜塞，也就是懷孕期間塞在子宮頸口的黏膜，已經被排出，妳可能會發現這是一團濃稠、夾著血液的分泌物。

如果妳對於自己所感覺到的有疑慮，特別是妳有陰道出血，腹部和痙攣或疼痛的情況，請聯絡妳的照護醫師或醫院。

提前陣痛的治療 不幸的是，早產的治療並不是太有效。可以停止陣痛的藥物，稱為tocolytics，對於減緩或停止子宮收縮雖然是有效的，不過也只能短時間抑制。而更有效的早產防治則是婦科發展以來最渴望的治療之一。

子宮收縮已經提前開始的孕婦，胎膜如果還是完整的，首先會被評估的則是子宮頸在擴張上的變化。如果子宮頸還沒什麼變化，但是子宮收縮還繼續著，就會進行胎兒纖維結合素檢驗。胎兒纖維結合素是一種寶寶胎膜和子宮內壁間的結合素。如果子宮頸採樣中還沒

偵測出胎兒纖維結合素，那麼現在的子宮收縮導致寶寶在下週出生的可能性還蠻低的。

大多數提前陣痛的孕婦都會接受導管靜脈注射，並被要求臥床安胎。有時候，只要這樣就可以讓提前的陣痛停止。如果子宮收縮的程度減少，而且妳的子宮頸也還沒打開，妳可能會被叫回家，也可能被告知要限制活動。如果子宮收縮持續下去，而妳的子宮頸也擴張了，妳的照護醫師可能會推薦一種稱為betamethasone的藥物給妳。這種腎上腺素類藥物會穿越胎盤，促進寶寶肺部的成熟，這樣出生後才能呼吸得比較好。

有時候，提前陣痛還會引起另外一些併發症，像是子宮感染或胎盤剝離。如果這些併發症的危險性大於早產，就會鼓勵分娩。提前破水是另外一個提前分娩的理由。某些情況下，如果媽媽有嚴重的健康問題，像是嚴重的高血壓，照護醫師也會建議寶寶早點生出來。

如果妳是提早生產，那麼妳日後提前陣痛的風險再次提昇。最近的研究顯示，每週注射17-氫氧基黃體酮荷爾蒙（hormone 17 hydroxyprogesterone）對於預防之前曾有過提前分娩經驗孕婦在懷孕三十五週前提前生產，會有幫助。

妊娠小百科 / 臥床安胎

　　妳懷孕時出現了併發症，照護醫師開立醫囑，要妳臥床安胎休息。最初幾個鐘頭，事情看起來相當美好。妳有休息的許可，而家人把妳從頭到腳好好伺候著。然後現實來了。妳不能去工作、不能和妳的孩子們玩捉迷藏。妳不能出門去買日常雜貨、不能到街角去走走，也不能和朋友相約看電影。那樣如何才能好好利用這種情形呢？

　　先從正視這事實開始吧，妳現在所做的正是對妳自己和寶寶最好的。如果有其他辦法可想，妳的照護醫師是不會要妳要臥床安胎的。徹底臥床安胎休息很重要，因為可以：

・降低寶寶對於子宮頸的壓迫、並減少子宮頸的撐展的情形，這都是可能會促使子宮收縮提早及流產的。

・增加流到胎盤的血液，幫助寶寶接受到最多的營養和氧氣。如果寶寶成長發育的速度不如預期，這尤其重要了。

・幫助妳的器官，尤其是心臟和腎臟更有效的發揮作用，改善高血壓的問題。

　　密切的和妳的照護醫師合作，了解妳的限制到底是什麼。可以問他一些問題，像是：

Q 我躺下的時候應該採取什麼姿勢？

Q 我有時候可以坐起來嗎？如果可以，一次可以坐多久？

Q 我可以起身上廁所嗎？

Q 我可以洗澡或淋浴嗎？

Q 性活動是禁止的嗎？

Q 有沒有什麼體能上的活動是被容許的？

Q 我在床上時，有什麼應該要做的運動嗎？

臥床休息的訣竅　要讓臥床安胎變得可以忍受，試試以下的訣竅：

・把臥室打點好，讓所有需要的物事都在伸手可及的範圍。

・安排妳的日子。規劃好特定的時間打電話回公司、和伴侶聯繫、看電視、讀書等等。

・培養新的嗜好，像是做剪貼、畫畫或是編織。

・學習放鬆和意象化的技巧。這種技巧不僅是在臥床安胎時有用，後面的陣痛和分娩時也有用。

・玩文字接龍。

・寫電子郵件給朋友，或是打電話給他們。

・幫助讓家中保持井然有序。把行事曆記在月曆上，開好每週的菜單，或是付帳、平衡支票簿。

・閱讀。試著去看看平常妳不太會去買的書籍、雜誌或報紙。

・利用線上購物或是型錄購物，購買所需的任何必需品，為寶寶的到來預先做好計畫。

過度嘔吐

懷孕早期，噁心嘔吐是常見的情況。不過有時候，懷孕期間嘔吐會變得頻繁、持續、而且嚴重，這稱為妊娠劇吐。這種病況的原因顯然與妊娠荷爾蒙人類絨毛膜性腺激素（HCG）與雌性激素比平時濃度高有關。妊娠劇吐在懷頭一胎、年輕孕婦、與腹中有一個以上胎兒的孕婦身上比較常見。

過度嘔吐徵兆和症狀 持續、過度嘔吐是主要徵兆。某些病例，孕婦嘔吐的情形嚴重到體重減輕，以致於頭重腳輕或昏倒，出現脫水的徵兆。如果妳的噁心嘔吐嚴重到無法把食物和水分吞嚥下肚，請聯絡妳的照護醫師。這種妊娠劇吐如果不加以治療，會讓妳無法獲得所需的營養和水分。如果持續的時間太久，還會影響到胎兒的成長發育。在治療這個病症前，妳的照護醫師可能還會先想排除其他可能造成嘔吐的原因，包括了腸胃道疾病、糖尿病，或是一種稱為葡萄胎的病症（參見第490頁）。

過度嘔吐的治療 輕微的妊娠劇吐只要加以安撫保證、避免會引起嘔吐的食物、服用成藥，以及少量多餐就可以治療。嚴重的話，則常常需要以靜脈注射補充水分，開立處方藥，甚至需要住院。

妊娠糖尿病

糖尿病是血液中血糖濃度沒有適度調節的病症。當這種病症發生在懷孕前並未患有這種疾病的孕婦身上時，就稱為妊娠糖尿病。這種病症發生的原因被認為是懷孕荷爾蒙作用，導致新陳代謝發生改變所致，母親本身有這種病的發病體質也有關係。

有些孕婦發生妊娠糖尿病的風險比其他孕婦高，尤其是有下列情況的：

- 年過30
- 有糖尿病家族病史
- 肥胖
- 之前懷孕生過體型大的寶寶

黑人、拉丁美洲裔以及美國原住民女性懷孕時患上妊娠糖尿病的風險較高，一如她們罹患第二型糖尿病的風險較高是一樣的。雖然妊娠糖尿病通常不會對媽媽的健康造成威脅，照護醫師還是會進行檢驗，因為這種病可能會給寶寶造成一些風險。母親有妊娠糖尿病的胎兒主要的風險是出生時體重過重（巨嬰）。此外，在子宮中一直暴露於高血糖的胎兒在出生後，在臍帶被切斷，血糖供應停止後，可能會出現低血糖的問題。如果沒有發現的話，可能會造成新

生兒抽搐。

如果妊娠糖尿病沒被發現，造成胎兒死產或死亡的風險會增加。但這問題如果被正確的診斷並管理，對寶寶造成的風險會降低。

妊娠糖尿病徵兆和症狀 一般來說，妊娠糖尿病沒有任何徵兆。因此，懷孕第24週到28週之間才要進行葡萄糖負荷試驗。如果妳的照護醫師認為妳罹患妊娠糖尿病的風險較高的話，篩檢還可能更早進行。幾乎一半左右罹患妊娠糖尿病的孕婦都沒有這個病的風險因子。因此，大多數的照護醫師都會對所有的孕婦進行妊娠糖尿病檢查，而不管孕婦的年齡或風險因子為何。

至於進行血糖篩檢時，妳會被要求喝下一種葡萄糖溶液。一個小時後抽血檢查血糖濃度。如果結果是異常的，就會進行第二次的檢驗，也就是稱為葡萄糖三小時耐受試驗的檢查。進行這種後續的檢驗時，妳必須先禁食一晚，然後再喝下另外一種葡萄糖溶液。檢驗之前會先抽血，然後三小時間，每小時檢查。

在進行後續的檢驗時，只有少數孕婦被診斷出患有妊娠糖尿病。

妊娠糖尿病的治療 管理妊娠糖尿病時，控制血糖濃度是關鍵。在大部分的例子中，透過飲食、運動和經常檢查血糖濃度就可以了。

大多數的照護醫師都會要求妳在家要經常監控血糖濃度。而監控的第一步就是早上起床吃東西前第一件事，與進食後兩小時都量血糖，看吃東西後攀升的血糖濃度。

如果利用飲食和運動後，妳的血糖濃度還是太高，就可能會以口服藥物來控制。這個方式對寶寶是安全的，對許多孕婦也有效。如果口服藥物還不管用，可能就需要注射胰島素了。

妳的照護醫師在妳懷孕的最後幾個禮拜，也可能會以超音波對胎兒進行經常性監控。不過，當寶寶愈長愈大，要利用超音波來正確估算他的體重變得愈來愈困難。大多數的照護醫師都會在預產期之前，嘗試先讓胎兒出生。如果到了第四十週，陣痛還不開始，就會開始催生（引產）。

產後不久，妊娠糖尿病常常就會消失。要確定血糖是否已經回歸正常，妳的照護醫師會在產後幫妳定期檢查。如果妳在某次懷孕時罹患了妊娠糖尿病，那麼後續懷孕再次罹患的風險就會提高。以後的人生中，罹患糖尿病的風險也會提高。

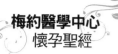

孕期感染的種類

懷孕並無法讓妳免於日常的感染和疾病 —— 妳還是會生病。不過,懷孕的確會改變妳的照護醫師幫妳處理感染的方式。本節將探索懷孕與各式感染之間的關係。

水痘 水痘是由水痘帶狀疱疹病毒所引起。一九九五年開始有水痘疫苗。現在的兒童接受這種疫苗來防範疾病已經成為例行程序。出過水痘或是注射過疫苗的人,基本上來說對這種病毒是免疫的。如果妳不確定自己是否已經免疫,妳的照護醫師可以幫妳抽血檢查。

在童年期間,出水痘是種輕微的病症。不過,到了成人期,尤其對孕婦來說,後果可能會很嚴重。

・水痘的管理 懷孕早期感染上水痘很少會導致胎兒先天性缺損。對寶寶來說,最大的威脅是當媽媽在分娩之前一週感染了水痘。這時候新生兒可能會引發嚴重、致命的感染。一般來說,寶寶出生後如果迅速注射一種帶狀疱疹病毒球蛋白,就可以減輕感染的嚴重性。母親也需要以帶狀疱疹病毒球蛋白來進行保護,以減輕此症的嚴重性。

巨細胞病毒 巨細胞病毒是一種常見的病毒感染。在健康的成年人身上,幾乎所有的巨細胞病毒感染都不會被發現。在美國,百分之五十到八十的成年人在四十歲之前就會感染巨細胞病毒。受到巨細胞病毒感染的孕婦在分娩前、分娩過程中,或是以母乳餵哺時都可能會感染胎兒。懷孕期間第一次感染巨細胞病毒的孕婦可能會把嚴重的先天性感染傳給胎兒。

・巨細胞病毒的管理 教育巨細胞病毒的知識,以及其傳染的方式是很重要的。良好的衛生習慣,像是洗手,可以把感染的風險降到最低。如果孕婦被診斷出有巨細胞病毒,可以進行羊膜穿刺,看看胎兒是否被感染。照護醫師也可以建議以一系列的超音波來看胎兒是否因感染而導致身體出現結構問題。如果胎兒被感染,懷孕期間利用巨細胞病毒抗體來治療媽媽可能也有效。

少數的嬰兒在出生時就會出現巨細胞病毒的徵兆和症狀,其中包括了嚴重的肝臟問題、抽搐、目盲、失聰和肺炎,這些孩子有些會死亡。不過存活下來的大多數都有嚴重的神經缺損問題。

第五種病 第五種病(傳染性紅班)是一種學齡兒童常見的傳染性感

染。這種病症是由人類微小病毒B19所引起，也稱為巴掌病（註：或蘋果病），因為感染此病症的兒童兩頰上會出現紅紅的疹子，紅通通的像蘋果，也像被打了巴掌。

感染發生時通常沒有徵兆或症狀。因此，很多成人並不知道自己兒時是否有過這種感染。只要妳得過一次，一般來說就終身免疫。

大約四分一到二分之一的孕婦在懷孕期間還是容易受到B19病毒的感染，所以孕婦被感染這種病毒並不罕見。

大多數被感染的孕婦還是會生出健康的寶寶。不過，在極少數的例子中，母親罹患第五種病會導致胎兒出現嚴重，甚至是致命的貧血。貧血會引起充血性心臟衰竭，以一種嚴重的水腫型式表現出來，稱為胎兒水腫。如果腹中的胎兒得了這種併發症，可以透過臍帶來輸血給胎兒。

·**第五種病的管理**　現在並沒有任何疫苗可以預防第五種病的發生。孕婦如果受到感染，抗病毒治療法也沒什麼用處。如果孕婦被暴露於第五種病中，或被懷疑感染，抽血檢驗可以幫忙確認孕婦本身是否有免疫，還是已經感染。如果檢驗結果確定感染，可以使用達十二週的額外超音波來觀察胎兒可能出現的貧血徵兆，以及充血性心臟衰竭的狀況。

德國麻疹　德國麻疹是一種病毒感染，有時候會和麻疹搞混，但這兩種疾病是由不同的病毒所引起。

德國麻疹在美國是極端罕見的。大多數的孩子在很小的時候就注射過疫苗來防範了。不過，美國還是持續有小規模的的德國麻疹在流行。因此，如果妳沒有免疫，也是可能會在懷孕期間感染的。（註：在台灣，嬰兒出生後12到15個月之間需接種第一劑的麻疹、腮腺炎、德國麻疹混合疫苗，六歲小學一年級時接種第二劑。）

·**德國麻疹的管理**　德國麻疹是一種輕微的感染。不過，如果妳在懷孕期間感染，可能就會發生危險。感染會造成流產、死胎或先天性缺損。對胎兒來說，最高風險是在第一孕期，但是在第二孕期間暴露於德國麻疹中也是危險的。

懷孕初期，孕婦照例都要接受德國麻疹的檢疫。如果妳懷孕了，而且發現並沒有免疫力，要避免接觸到任何可能暴露於德國麻疹中的人。懷孕期間是不建議打疫苗的。不過，如果妳在產後注射疫苗，那麼以後懷孕時就能免疫了。

B型鏈球菌　美國大約有四分之一

的成人人口帶有一種稱為B型鏈球菌的細菌。

對帶有B型鏈球菌的女性來說，有機生物棲息在大腸、直腸、或陰道中。一般來說，B型鏈球菌是無害的生活在我們體內的。不過，體內有B型鏈球菌藏身的孕婦是可能在陣痛和分娩時，將這菌傳給寶寶的。而寶寶，尤其是早產兒，無法以和成人相同的方式來處理細菌，所以如果被感染，可能就會病得很嚴重。

· B型鏈球菌的管理　在陣痛時利用抗生素來治療帶菌的孕婦可以預防大多數胎兒的感染。如果檢驗顯示妳帶有B型鏈球菌，請在陣痛開始的時候提醒妳的照護醫師，這樣妳就會被施以抗生素。

如果新生兒感染了B型鏈球菌，引起的疾病可能是兩種型式之一：早發型感染或晚發型感染。早發型感染，寶寶會在產後幾個小時內就發病。問題可能包括腦內和周圍的體液（腦膜炎）、肺部的發炎和感染（肺炎），以及有生命危險的病症，稱為敗血症，敗血症會引起發燒、呼吸困難和休克。晚發型感染是在產後一週到幾個月內發病，通常會引起腦膜炎。

疱疹　單疱疹是由單純性疱疹病毒所引起，型式有兩種：單純性疱疹第一類和單純性疱疹第二類。第一類會引起口、鼻周圍的單純疱疹，不過也可能會包括外陰部區域。第二類會引起疼痛的外陰皰狀，會破、會痛。在一開始爆發後，病毒就會在感染部位保持睡眠狀態，定期復發。

· 疱疹的管理　抗病毒藥物可以幫助妳減少活動的數量，或是縮短長度。有時候，藥物會用來避免懷孕後期再發。

如果妳的外陰部出現疱疹，妳的寶寶在經過產到時也很有可能會被這病毒感染。新生兒最危險的風險就是母親就在陣痛之前出現她的初次疱疹。（分娩時疱疹再發風險已經低很多了，請參見第469頁。）

寶寶出生後，和有單純疱疹的人直接接觸，有可能會感染疱疹。所以任何有單純疱疹的人都應該避免去親吻寶寶，而且接觸到寶寶前，應該去洗手。

HIV和愛滋病　後天免疫缺乏症候群（愛滋病，簡稱AIDS）是一種慢性、有生命威脅的病症，是由人類免疫缺乏病毒（人類免疫缺乏病毒，簡稱HIV）所引起。當人類免疫缺乏病毒感染了某個人後，可會在他體內睡個幾年。直到病毒活化，讓體內的免疫系統衰弱，這種病症才

被稱為愛滋病AIDS。

如果不治療，帶有HIV的孕婦在懷孕期間、分娩時，或透過母乳哺育，都可能把病毒傳給寶寶。

·HIV和愛滋病的管理　HIV篩檢現在是例行產前照護的一部分。在某些例子中，檢驗在懷孕晚期更是被反覆進行。如果妳認為妳有HIV 或愛滋病的風險，請讓妳的照護醫師知道。現在有治療方式可以大幅度減少母親將HIV傳染給寶寶的機會。在懷孕之前或期間開始藥物治療可以改善健康，延長大部分罹患此病孕婦的生命。如果寶寶已經被傳染，即早治療可以減緩此病的進程，並提高生存的機會。（想獲得更多與懷孕期間處理HIV與愛滋病的相關資訊，請參見第470頁。）

流行性感冒　沒有接受流行性感冒疫苗的孕婦，懷孕期間是可能感染流感的。即使妳打了流感疫苗，妳還是可能被疫苗中沒有包含的流感病毒所感染。如果妳覺得自己感冒了，請立刻聯絡妳的照護醫師。

·流感的管理　美國疾病管制與防治中心建議所有患有流感的孕婦，都應接受抗病毒藥物的治療，而不論其懷孕是屬於哪一期。美國疾病管制與防治中心相信，抗病毒的治療，好處多過該藥物可能產生的風險。抗病毒治療在症狀出現後的兩天內開始，效果最好。

李斯特菌症　李斯特菌症是一種由李斯特桿菌引起的疾病。大多數的感染都源自於吃了受到污染的食物，幫括了加工食品，像是熟食肉品和熱狗，未經殺菌的牛奶和軟乳酪。大部分身體健康的人暴露在裡李斯特桿菌中是不會生病的，不過這種感染可能會引發類似感冒的症狀，像是發燒、疲勞、噁心、嘔吐和腹瀉。這些問題和懷孕期間出現症狀的多少要更相像些。

·李斯特菌症的管理　如果妳在懷孕期間染上了李斯特菌症，感染可能會藉由妳，透過胎盤，傳給妳的胎兒，引發早產、流產、死胎，或是出生不久就宣告死亡。

懷孕期間，要盡一切努力避免暴露於有李斯特桿菌的環境中，這一點很重要。不要吃未經消毒殺菌的乳品、熟肉，食用前沒有好好冷藏或重新加熱的。

弓蟲症　弓蟲症是一種寄生蟲感染，會透過貓傳染給人類。戶外的泥土、貓砂，特別是在天氣溫暖的時候，都可能含有野貓身上的寄生蟲。因清理室內貓砂而發生感染的風險並不高。

有弓蟲症的孕婦有可能把這種感

染傳給腹中的胎兒，讓胎兒產生嚴重的併發症。要避免感染：

・從事園藝或處理泥土時請戴上手套。之後徹底洗手。

・將在戶外培育的蔬果上面的泥土徹底洗淨。

・如果妳有養貓，請別人幫忙清貓砂。

・**弓蟲症的管理** 懷孕期間感染弓蟲症可能導致流產、胎兒成長問題或陣痛提早。大多數感染弓蟲症的胎兒還是可以正常發育。不過這個病是可能引起問題的，症狀包括目盲、視力受損、肝臟或脾臟腫大、黃疸、抽搐，以及心智遲緩。

如果懷疑感染弓蟲症，照護醫師可以利用驗血幫妳檢查。懷孕期間要治療弓蟲症可能很難，而且也不清楚用來治療的藥物對於胎兒也是否有效。

胎盤問題

胎盤提供營養與氧氣給寶寶。在一個正常的懷孕中，胎盤會與子宮壁連結，一直到寶寶出生後不久。胎盤偶而也會出一些狀況，如果不即早診斷，就可能引起嚴重的併發症。

胎盤剝離 胎盤剝離是胎盤在分娩之前就與子宮內壁脫離。引起這種況狀的原因並不清楚，但是卻可能威脅

到妳和寶寶的生命安全。最常和胎盤剝離一起出現的狀況就是高血壓（高血壓），而不論高血壓是在妳懷孕期間，或懷孕之前有的，情況都是如此。

胎盤剝離也較常見於黑人女性、年齡較大，特別是年過四十、已經生育多個孩子、抽菸、以及懷孕期間濫用酒精和吸毒的孕婦身上。也有非常少數的例子，母親創傷或受傷也可能引起胎盤剝離。

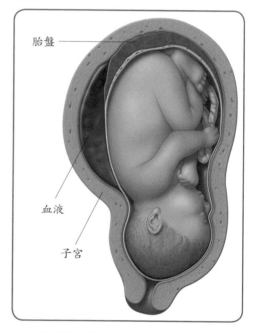

胎盤 ——

血液 ——

子宮 ——

・**胎盤剝離徵兆和症狀** 在早期階段的胎盤剝離可能感受不到什麼徵兆和症狀。如果有症狀的話，最常見的就是陰道出血。出血量可能很少、很多，或介於兩者之間。出血量未必和胎盤從子宮

內壁剝離的程度相應。其他的徵兆和症狀包括了：

· 背部或腹部疼痛

· 子宮漲痛

· 出現快速的子宮收縮

· 子宮感覺很僵硬或很硬

· **胎盤剝離治療** 這個懷孕階段，母親和胎兒的狀況都應該被列入考量。電子監控器可能會被用來監視寶寶的心跳模式。如果監視的結果顯示寶寶沒有立即的麻煩，而且也還太不成熟，母親可能會被要求住院，密切監控狀況。

如果寶寶已屆成熟，而胎盤剝離的機會很也低，那麼自然陰道產也是可能的。如果剝離一直在進行中，跡象也顯示母親或胎兒置身險境，那麼通常就有必要立即生產。有嚴重出血情況的母親可能需要輸血。

在後續的妊娠中，胎盤有可能會再次剝離。戒煙並進行戒毒治療可以大幅降低日後再次發生胎盤剝離的機會。

前置胎盤 有些妊娠，胎盤的位置位在子宮較低的地方，將子宮頸開口部分或全部遮擋了。這稱為前置胎盤，對母親和胎兒都有潛在性的危險，因為在分娩之前或是分娩過程中，都有出血過多的風險。前置胎盤發生的比例大約

是每兩百次的懷孕中會有一次，型式可能是下面兩種中的一種：

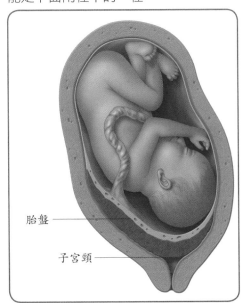

胎盤 ——

子宮頸 ——

· 邊緣性前置胎盤。胎盤的邊緣在子宮頸開口的2公分之內，但並未覆蓋住。有可能可以陰道自然產。

· 前置胎盤。胎盤覆蓋了子宮頸開口，以致於不可能進行陰道自然產，因為有大量出血的風險。引起前置胎盤的原因還不明，不過就和胎盤剝離一樣，在之前生育過、年齡較大與抽菸的孕婦身上比較常見。之前子宮進行過手術的話，風險會提高。而之前如果剖腹產過，風險似乎更是大幅提高。

· **前置胎盤的徵兆和症狀** 無痛的陰道出血是前置胎盤最主要的徵兆。所流出的寫通常呈鮮紅色，而出血量從輕微

到大量都可能。出血會自然停止,不過幾乎在幾天或幾個禮拜後就一定會再次出血。幾乎所有的前置胎盤都可以在出血之前就以超音波檢查出來。由於對子宮頸進行最輕的檢查都會引起出血,因此只有當分娩時間已經排定,可以立刻進行剖腹產時才會進行。當子宮撐大,胎盤可能會從子宮頸開口出來,所以可以進行好幾次的超音波。

· **前置胎盤的治療** 治療得參考好幾個因素,包括胎兒是否已經夠成熟,可以分娩,以及妳是否有陰道出血的情形。如果胎盤很靠近子宮頸,但是並未覆蓋住子宮頸,而且也沒出血的話,妳有可能會被允許在家休息。因為有早產的機會,所以妳可能會被施以藥物,來促進寶寶肺部的成熟。

如果出血的情況一再發生,妳有可能會被留院,當寶寶已經可以安產時,被安排剖腹產。如果出血已經開始,而且無法控制,通常就會進行緊急剖腹產。

之前妊娠有過前置胎盤經驗的孕婦,後續懷孕時會有一點機會再次發生前置胎盤。在大多數狀況下,前置胎盤都可以被即早、正確的診斷出來。如果胎盤的位置位於前次剖腹產子宮的傷口上,那麼妳可能有發生植入性胎盤的風險,這種狀況就是胎盤會長入子宮的黏膜裡,增加下次的剖腹產的複雜性。

妊娠高血壓 (PREECLAMPSIA)

妊娠高血壓發生在懷孕期間,有下列特質:

· 高血壓
· 懷孕第二十週後,尿液中會有蛋白質

這種病症從前被稱為妊娠毒血症,因為曾經一度認為是孕婦血管中有毒所致。現在知道妊娠高血壓並不是因為毒性引發的,但是真正的原因還不清楚。

妊娠高血壓會影響大約百分之二到八的懷孕,而且大多發於首次懷孕的孕婦身上。其他的風險因子包括了身懷兩個或兩個以上的胎兒(多胞胎)、糖尿病、高血壓、腎臟病、風濕免疫性疾病(rheumatologic disease),如狼瘡,以及家族病史。妊娠高血壓在年齡很輕、以及年過三十五歲的孕婦身上比較常見。

· **妊娠高血壓徵兆和症狀** 在徵兆和症狀,也就是高血壓和尿液中含蛋白質,出現之前,妊娠高血壓可能已經存在幾個禮拜了。有些孕婦妊娠高血壓的第一個徵兆是體重突然增加,也就是一週內激增0.9公斤,一個月內激增2.7公

斤。體重增加的原因是水腫。頭痛、視力問題，以及上腹部疼痛的情況也可能會發生。

被診斷是妊娠高血壓通常是一段時間內，血壓持續偏高。一次量血壓，血壓高並不代表妳就有妊娠高血壓。孕婦血壓在140/90毫米汞柱（mm/Hg）或是更高，會被認為血壓超過了一般正常值範圍。

妊娠高血壓的嚴重程度有很多種。如果妳唯一的徵兆是血壓升高，妳的照護醫師或許會把妳的症狀稱為妊娠高血壓。

妊娠高血壓還有一種嚴重的型態稱為HELLP 症候群。和一般程度較輕微症狀的不同之處在於紅血球會被分解、肝臟酵素值升高，以及血小板數量偏低。

·**妊娠高血壓治療** 妊娠高血壓唯一的治療方式就是分娩；不過，用來治療懷孕期間高血壓的藥物也可以用來保護母親。

症狀較輕的妊娠高血壓通常是在家臥床安胎休養，並經常對血壓進行監控。妳的照護醫師一個禮拜可能希望妳能看幾次診，幫妳量血壓、檢查尿中蛋白質濃度以及妳寶寶的情況。情況更嚴重的病例則可能需要住院，以便經常檢查胎兒的健康情況。如果

放著不治療，妊娠高血壓可能會引起子癲症，這是一種嚴重的併發症，特色是抽搐，對於母親和寶寶都會造成很大的風險。

如果妊娠高血壓情況變得嚴重，即使預產期之前人還安好，醫師還是可能會先催生或進行剖腹產，以保護母親和寶寶的安全。

產後幾天或幾週之內，血壓值通常就會回復正常了。如果妳沒有住院的話，醫師也可能開立高血壓藥物給妳。如果需要服用高血壓藥物，藥量通常也會漸漸減少，然後在分娩之後一到兩個月之間停止。妳從醫院出院回家後，妳的照護醫師也會希望經常幫妳看診，監控妳血壓的狀況。

後續懷孕再次發生妊娠高血壓的風險得看第一次懷孕時情況有多嚴重。如果是輕微的妊娠高血壓，再發的風險就低。但是如果第一次的妊娠高血壓程度很嚴重，將來懷孕的風險就高。

胎兒成長緩慢

子宮內胎兒生長遲滯是寶寶在子宮中成長的速度不如預期。這些寶寶在懷孕期間體型比較小，出生時的體重也比同齡寶寶的體重少了大約十個百分比。

在美國，每一年大約有多達十萬個足月出生的寶寶，體重低於2500公克。而子宮內胎兒生長遲滯可能起因於胎盤無法傳遞足夠的氧氣與養分給胎兒。這個病症也可能是由以下原因所引起：

· 母親高血壓

· 抽菸

· 母親嚴重的營養不量或體重增加情況太差

· 吸毒或酗酒

· 母親有慢性病，像是第一型糖尿病或心臟、肝臟、腎臟方面的疾病

· 妊娠高血壓或子癲症

· 胎盤或臍帶異常

· 多胞胎

· 抗磷酯抗體症候群，這是一種罕見的免疫系統疾病

子宮內胎兒生長遲滯 也可能是因為感染、先天性缺損或染色體異常所引起。有些則是不明原因引起的。

醫學的進步與早期的診斷已經大幅減少因為成長遲滯帶來的嚴重併發症。不過，有子宮內胎兒生長遲滯的寶寶還是可能會出現病症。

· **胎兒生長遲滯徵兆和症狀** 如果妳懷的是有成長遲滯情況的寶寶，就算有徵兆和症狀，也是很少。這正是照護

醫師要經常幫妳檢查寶寶成長情形的原因，檢查包括了每次產檢時都要測量子宮大小。

如果被懷疑有子宮內胎兒生長遲滯，很可能會用超音波來量寶寶的大小。臍帶和胎兒血管的血流量測量也可以用一種特定的超音波技術，稱為都卜勒超音波分析法來測量。

· **胎兒生長遲滯治療** 要治療胎兒生長遲滯，第一步就是要確認原因，並加以解除，像是抽菸或營養不良。妳要和妳的照護醫師一起監督寶寶的狀況，妳也會被要求要記錄寶寶每天胎動的情況。超音波檢查通常每隔三個禮拜做一次，以追蹤寶寶的成長和羊水的量。如果妳懷的是雙胞胎，子宮內胎兒生長遲滯會以相同的程度影響兩個寶寶，或是對其中一人產生較大的影響。

如果檢查和超音波顯示寶寶已經在成長了，而且沒有置身危險之中，懷孕就會繼續，直到陣痛自然開始。但如果檢查的結果發現胎兒可能有危險，沒有適度的長大，那妳的照護醫師可能會建議妳提前生產。

小心的監控，即早介入通常可以減輕生長遲滯的寶寶所有的危險。好好的進行良好的產前照護，包括營養良好、減少抽菸和酗酒，通可以提高妳生

出健康寶寶的機會。

　　即使妳有個生長遲滯的胎兒，出生時的體型並不會是將來他成長發育的指標。很多有生長遲滯的寶寶在出生後18到24個月內就會趕上正常大小寶寶的體型了。除非這些寶寶有嚴重的先天性缺損，否則長期來看，他們擁有正常智商和生理發育的機會大多是不錯的。

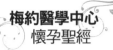

第28章

陣痛和分娩的問題

即使妳在陣痛和分娩的時候，什麼都沒做錯，還是有發生併發症的可能。不過，如果真的出了什麼問題，請信任妳的照護醫師和妳的醫療照護團隊一定會盡一切所能，做出對於妳和寶寶最好的事。當併發症出現，事情不在計畫中，失控是很容易的事，不過，請盡量保持彈性，嘗試不要驚慌。妳的照護醫師會將可能的疑慮說清楚，讓妳明白，並和妳討論可能的結果與新的作法。你們可以一起決定，妳和寶寶的下一步應該如何進行。

陣痛一直不開始

有時候，陣痛就是不會自己開始。如果這種情況出現在妳身上，妳的照護醫師可能會決定透過藥物的介入讓陣痛開始（催生）。如果寶寶已經要出生，而妳還沒開始收縮，或是如果妳和寶寶的健康上有些疑慮，那麼妳的照護醫師也會建議妳催生。一些可能會被催生引產的情況包括了：

・預產期已經過了。妳懷孕大約四十二週，或是接近四十二週了。

・妳的羊水已經破了（胎膜已經破

了），但是陣痛還沒開始。

・子宮發生感染。

・照護醫師對於寶寶是否還活著有疑慮，因為生長已經停止，胎兒的活動力不夠，或是羊水的量已經減少。

・有健康上的併發症，像是高血壓、糖尿病，可能會讓胎兒發生危險。

・妳有RH因子併發症，也就是説，妳的血液和孩子的可能不相容。如果妳希望自然陣痛，但照護醫師卻表示需要催生，那麼試著把這個視作一件正面的事。

事先預定分娩的時間會比等待自然分娩要方便。引產可以讓妳到醫院的時候更有準備，無論是心裡或生理上。

催生 照護醫師可能會以幾種方式幫妳催生（induced labor，或稱做引產），不過妳的子宮頸必須是柔軟、變薄並打開（擴張）的。如果情況並非如此的，照護醫師可能會採取幾個步驟讓事情開始。

・**藥物** 藥物可以用來讓妳的子宮頸變柔軟並擴張。Misoprostol（Cytotec）就是這樣的藥物。Dinoprostone（Cervidil，Prepidil）則是另外一種藥物。這樣的藥物

通常可以用來讓陣痛開始，而且可以降低對其他引產媒介的需求，像是歐利生。如果妳需要催熟子宮頸，妳可以在進行催生前一個晚上進醫院，讓藥物有時間發揮作用。

・**器械技巧** 有種技巧是將一種小導管穿過子宮頸，進入子宮，而這小導管一端連接著充水的氣球。子宮受到氣球的刺激，就會慢慢的透過子宮頸，將其排出，而將子宮頸變得柔軟，並打開2到4公分。

・**破水** 當妳破水，裝著胎兒的羊水袋被撕裂，羊水開始流出。正常來說，這代表寶寶將會很快的生出。破裂的結果之一就是子宮的收縮會增加。

另外一種催生或加速陣痛的方式就是以人工的方式將羊水袋弄破。採取這種作法時，妳的照護醫師會將一個長長的、薄薄的塑膠勾子穿過子宮頸，在胎膜上製造出一個小撕口。這個程序感覺起來像是進行陰道檢查，而妳可能會感覺到有一股暖暖的液體流了出來。這種程序不會對妳或寶寶造成傷害。

催產素歐利生 常用的催生方式是使用一種叫做歐利生（oxytocin、Pitocin、 Syntocinon）的藥物，這是一種合成的催產素荷爾蒙。妳的身體在整個懷孕過程中，都會自然分泌低濃度的

催產素。這種催產素的濃度會在進入活動期陣痛時攀升。

歐利生一般是在子宮頸多少有擴張並變薄後進行靜脈注射。靜脈注射導管會被插入妳手臂或手背上的血管裡。靜脈注射會連結到一個幫浦，以便把小量、有調節過的劑量送入妳的血管內。藥物的劑量在整個催生過程中都可以被調節，以便改變子宮收縮的力道和頻率，直到收縮變得固定。如果劑量適當的話，妳應該會在注射三十分鐘後開始感到子宮的收縮。和自然的陣痛相比，這種收縮會比較固定而強烈。

在美國，歐利生是最常被使用的藥物之一。可以用來啟動還沒開始的陣痛，如果陣痛過程中收縮失速，沒有進展，也可以用來催速。子宮的收縮和胎兒的心跳都會被密切的監控，以減少發生併發症的風險。

如果催生成功，妳就會開始感覺到陣痛開始活動、推進的徵兆，像是較長的持續收縮、強度愈來愈大、次數愈頻繁、子宮頸擴張，而羊水袋也會破 —— 如果之前還沒自己破掉，或是被打破的話。

只有當醫學上的理由很充分時，催生才應該被執行。如果妳或胎兒的健康有疑慮，妳的照護醫師甚至還會決定

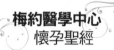

進一步介入，像是進行剖腹產。此外，催生可能也會花上好幾個鐘頭，尤其是頭胎的產婦。

陣痛沒有進展

如果妳的陣痛並沒有預期中應有的進展，也就是發生一種稱為難產的狀況了。這種狀況通常是因為產程的一或多個元素出了問題。陣痛的進程是由子宮頸擴張的程度、以及胎兒下降到骨盆的程度來評量的。需要以下：

· 規律並強烈的子宮收縮

· 胎兒適合穿過母親的骨盆腔，而且位在適合下降的正確位置

· 骨盆腔有足夠的空間可以容許胎兒通過

如果妳收縮的力道不足以打開子宮頸，妳可能需要用藥物來讓子宮進行收縮。收縮有時候一開始很固定，不過陣痛之中就停滯了。如果妳發生了這樣的事，而且陣痛的進程停滯了好幾個鐘頭不動，妳的照護醫師可能會建議幫妳破水，如果妳的羊水袋還沒破、或是還沒有以歐利生來刺激人工陣痛的話。

在陣痛期間會發生的問題如下：

早期陣痛拉長 這種情況發生於除了固定的收縮外，子宮頸開口擴張不到三公分 —— 如果妳是生第一胎的

產婦，大約是陣痛發生後20個小時以後，如果妳之前曾經生育過，則是十四個小時以後。

有時候，產程緩慢是因為妳不是真正的陣痛。妳感覺到的子宮收縮是假性收縮，並沒有真正有效的打開妳的子宮頸。在陣痛期間施以某些特定的止痛藥也可能在無意間拖慢了陣痛，尤其是如果止痛藥給得太早的話。

· 早期陣痛拉長的治療 不論原因為何，如果妳到達醫院或助產所的時候，子宮頸如果還幾乎是閉合的，妳的收縮就不是很強，照護醫師可能會給妳幾個建議來促進陣痛。妳可能被告知要多走動，或是回家休息。對付早期陣痛拉長的情形，最有效的治療方式通常就是休息。藥物也可能被用來幫助妳休息。

活動期陣痛拉長 在陣痛早期階段，妳的陣痛很順利，只是到了陣痛的活動期卻慢了下來。如果子宮頸擴張的程度在達到4到5公分後，一個小時內沒有再打開1公分或更多，就會被認為是陣痛拉長。產程繼續，不過時間拖太久，或暫停或規模縮減了。子宮收縮情況良好，但產程卻突然暫停代表妳骨盆腔的大小和寶寶的頭部大小可能不相容。

妊娠小百科╱**輔助生產**

　　如果陣痛拉長了，或是出現併發症，妳可能會需要一些醫療上的輔助。器械，例如像是產鉗或是胎兒真空吸引器，都可能在妳子宮頸全開，胎兒已經下降，但卻偏偏在最後遇到困難生不出來時，幫助妳生產。如果胎兒的頭方向不對，而且卡在骨盆腔裡，輔助生產也是必須的。如果胎兒的心跳率過低，寶寶必須很快被生出，或是妳已經筋疲力盡，再也推不下去時，妳的照護醫師可能就會進行醫療上的介入，以產鉗或胎兒真空吸引器來輔助生產。以產鉗或是胎兒真空吸引器輔助生產可能是生孩子最快最安全的方式了。

　　以產鉗輔助生產　產鉗的樣子像是一雙湯匙，勾在一起時，樣子就像一雙沙拉鉗。照護醫師一次把一支湯匙輕柔的滑入妳的陰道，環繞在寶寶頭部的一側。當兩支鎖在一起後，彎曲的湯鉗就會把寶寶頭環抱住。當妳的子宮收縮，而妳用力推送時，照護醫師會輕輕的引導寶寶穿過產道，有時候剛好在最後的一兩個推送時。今天，產鉗只會在寶寶的頭已經好好的降到母親的骨盆腔，並靠近骨盆腔出口時才會使用。如果寶寶的頭下降的程度不夠，可能就需要剖腹產。

　　以胎兒真空吸引器輔助生產　如果胎兒已經下降進入骨盆腔時，胎兒真空吸引器可以用來取代產鉗。橡膠或塑膠製的頭杯被靠放在寶寶的頭上，而幫浦會產生吸引力，妳的照護醫師則會輕柔的導引著這器械，在母親推送時，幫助胎兒下來產道。胎兒真空吸引器不像產鉗需要那麼多空間，而且對於母親的傷害較少。但胎兒真空吸引器輔助生產對於寶寶造成的風險稍微略高。

　　該期待什麼　使用輔助生產不需要很長的時間，但要讓妳準備好可以進行這個程序則大約需30到45分鐘。妳可能需要硬脊膜外麻醉或脊椎麻醉，並裝置導尿管，清光膀胱中的尿液。妳的照護醫師也可能會將陰道口切個口，讓開口加大，讓寶寶容易生出。用來輔助生孩子的器械都是重要的工具，一般來說都是安全的。但請了解，使用產鉗可能會在寶寶的頭部兩側留下瘀青或紅色印記。使用胎兒真空吸引器也可能會在寶寶頭頂留下瘀青、腫包讓寶寶的頭皮流血。這些瘀青大約一個禮拜左右就會消失。腫包或紅色印記大約在幾天內消失。無論使用哪種技巧，嚴重的傷害都是很罕見的。

　　選擇要使用哪種方式，產鉗或是胎兒真空吸引器，最好留待給妳和妳的照護醫師去決定。使用這些器械的經驗則是對付併發症最好的方式。

·活動期陣痛拉長的治療 如果妳在活動期陣痛中還是多少有點進展，妳的照護醫師可能會讓妳的陣痛自然繼續，但會建議妳走動或改變姿勢，以幫助陣痛。如果妳的陣痛已經拖了很久，妳也可能會被施以靜脈注射，讓妳不致於脫水。

不過如果妳已經在活動期陣痛，但好幾個小時了卻一直沒有任何進展，妳的照護醫師可能會開始使用歐利生、幫妳破羊水，或者兩者同時進行，嘗試讓產程繼續。這些步驟通常都能讓妳的子宮收縮重新開始，讓妳在沒有併發症的情況下分娩。

推送拉長 有時候，把胎兒推送出產道的努力很緩慢，或是效果不彰，以致於母親筋疲力盡了。如果這是妳的頭一胎，推送超過三個小時以上一般就會認為拉得太長了。如果妳已經生育過，推送超過兩個小時就被認為是拉長了。

·推送拉長的治療 妳的照護醫師會評估胎兒下降到產道的程度，以及如果調整胎兒頭部的位置是否能讓情況修正。如果妳可以繼續，而胎兒也還沒有顯示出無法承受的樣子，那麼妳還會被容許再推送一段時間。有時候，如果胎兒下降的程度是足夠的，如果如此，稍

微用一下產鉗或真空吸引器來夾或吸一下他的頭（參見「輔助生產」一節，453頁）就能順利引出。妳可能會被要求採用半坐姿、蹲姿或跪姿，這些可以幫助推送的姿勢。如果妳的胎兒在產道的位置太高，其他的方法都無法奏效，那麼就需要進行剖腹產了。

胎位不正

如果妳的胎兒在子宮中的位置不正常，那麼妳的陣痛和分娩就會變得很複雜 —— 陰道自然產會很困難，有時候，甚至是不可能的。

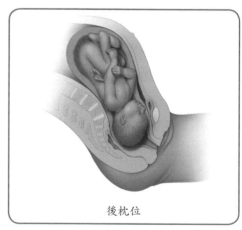

後枕位

大概在32到34週左右，大部分胎兒的頭就會朝下轉，下降到產道去。當妳的預產期逼近，妳的照護醫師只要用手摸妳的腹部感覺胎兒的所在，就可以大致感覺到寶寶的位置。他也可能進行陰道檢查或是要求使用超音波。有時候

陣痛期間還會使用超音波來確定胎兒的位置。

如果胎兒在陣痛時所處的位置是不容易出骨盆的位置，那麼問題就來了。

胎兒臉朝上　胎兒的頭最寬的部分是從前面到後腦杓。理想來說，在進入骨盆腔頂端時，臉應該轉向某一邊。這樣下巴就會朝下，往胸膛方向，讓比較狹窄的腦後杓可以領頭。在降到骨盆中間時，胎兒則需要把臉往下或往上轉，以便與下骨盆腔成一直線。大部分的胎兒臉是朝下的，不過當胎兒臉朝上時，陣痛的進展可能會較慢。照護醫師稱這種姿勢為後枕位。這種位置會伴隨強烈的背痛，陣痛也會拉長。

• 後枕位的治療　有時候，改變妳的姿勢可以幫助把胎兒旋轉過來。妳的照護醫師可能會要妳用手和膝蓋跪著，臀部抬高朝上。這個姿勢可以讓子宮往下掉，讓胎兒在裡面轉身。

如果這樣還不管用，照護醫師可能會用手，試著幫胎兒轉身。他會將手伸進妳的產道，以手當導引，鼓勵胎兒轉頭，讓臉朝下。如果這個技巧還是不成功，妳的醫療照護團隊就會監視妳的陣痛情況，以便決定胎兒臉朝上是否能穿越妳的骨盆腔，或是直接採取剖腹產

會比較安全。大部分的胎兒可以臉朝上被生出來，不過需要的時間比較久。

角度不正常　當胎兒的頭進入骨盆腔後，理想上來說，下巴就應該朝下壓，貼在胸膛上。如果下巴不往下，頭圍較大的部分就必須能穿越骨盆腔。不過，胎兒是可能以頭頂、前額，或甚至臉這種先呈方式進入產道的 — 哪種位置是沒有特別偏好的。

如果妳胎兒的頭是以一個不正常的角度穿過骨盆腔，就會影響到妳不舒服的位置、強度，以及陣痛的長度。

• 胎兒角度不正常的治療　如果胎兒沒有順利進入產道，或是表現出他無法忍受陣痛的情形，那麼就必須採取剖腹產。

胎頭太大　當胎兒的頭太大，無法穿越骨盆腔，問題就稱做胎頭骨盆不對稱。問題可能是出在胎兒的頭太大，或是母親的骨盆太小，又或者是胎兒的頭並未適當的移位，以最小的寬度來領路。無論問題造成的原因是什麼，陣痛就會無法有進展，或是子宮頸無法正常擴張，結果就是陣痛拉長。

• 胎頭太大時的治療　大小並非決定胎兒是否能穿越妳骨盆腔的唯一因素。陣痛的力道可以暫時性塑造胎兒的頭，即使在不佳的位置，也有可能

穿越骨盆腔，而懷孕期間發生的韌帶鬆弛現象則可以讓骨盆腔內的骨頭張得更開。因為這些變因，所以妳照護醫師最好的方法就是在監視陣痛進展時，判斷胎兒的頭是否能吻合骨盆腔的空間。如果有必要的話，就會採取剖腹產。

臀先露　胎兒臀先露（胎位不正）是指胎兒的臀部、或一或兩隻腳先進入骨盆腔（參見下圖）。臀先露的胎兒在生產時會有一些潛在的問題，到時可能轉變成母親的併發症。臀位生產的寶寶臍帶脫垂的情況會很嚴重，而且這種脫垂也比較常見。此外，胎兒的頭部是否能順利穿過骨盆腔，事實上是無法確定的。頭是胎兒最大，也是最難被壓縮的部分，即使胎兒的身體已經被生出來，頭還是可能會被卡住。

・臀先露的胎兒治療　如果妳的照護醫師在陣痛和分娩之前，就已經知道胎兒是臀位，那麼他可能會試著先幫胎兒轉位，看看能否轉成適當的位置。這種技巧稱為外轉胎位術。如果胎兒的位置下到骨盆腔不是太遠，妳的照護醫師可能可以引導胎兒的頭，將胎兒的頭轉成朝下的姿勢，這樣胎兒就是做了一個一百八十度的前轉或後轉。

如果外轉胎位術不成功，很可能就需要進行剖腹產了。雖然大多數胎位不正的寶寶都能無事產出，不過現在的證據顯示，大多數胎位不正的寶寶採取剖腹產會比較安全。如果是雙胞胎中的第二個胎位不正，那麼可能會是個例外。

橫位　胎兒在子宮中以斜橫向（水平，或是橫向）躺著的胎位稱為橫位。

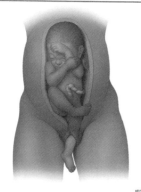
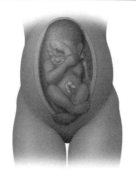
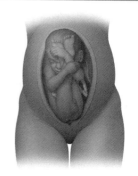

臀先露（胎位不正）胎位的三個例子

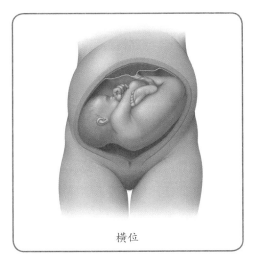

橫位

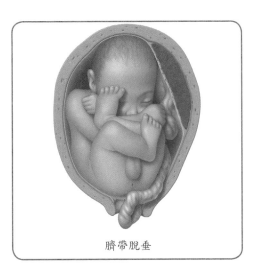

臍帶脫垂

・**橫胎位的治療**　和臀先露胎位一樣，妳的醫師可能會先試著幫妳的胎兒轉向。這個步驟經常是成功的。胎兒如果還是維持這個姿勢就必須採取剖腹產了。

陣痛耐受不良

胎兒如果持續顯示出氧氣供應減少的徵兆，也就是有調適的問題，就會被認為有陣痛耐受不良的情形。這些徵兆通常看電子監視器上的胎兒心跳率時就可以得知。輸送到胎兒身上的氧氣量減少通常發生在由胎盤輸出的血流量減少所致，這意味著胎兒從母體獲得的氧氣量不足。

而問題潛在的原因包括了臍帶受到壓迫，從母體到子宮的血流減少，以及胎盤功能運作不正常。

臍帶脫垂　如果臍帶滑出了子宮頸開口，流到寶寶身上的血液就會減緩或停止。臍帶脫垂好發於體型小的胎兒或是早產兒、胎位為臀位的寶寶、羊水量很多的胎兒，或是當羊水袋破裂時，還沒下降到骨盆腔適當位置的胎兒。

・**臍帶脫垂治療**　如果臍帶在子宮頸已經完全擴張後滑出，而媽媽也已經準備好要進行推送時發生，陰道自然產還是有可能的。否則，採取剖腹產通常是最佳的方式。

臍帶受到壓迫　如果臍帶被胎兒身體的任何一個部位壓在母親的骨盆上，或是羊水袋中的羊水減少，臍帶就會被掐住（壓迫）。這時候，在子宮收縮的短短時間內，流到胎兒身上的血液會變得很緩慢，或在極少數的情況下，會暫停。這種情況通常發生於在胎兒已

經下降到產道較深處時。如果臍帶被壓迫的時間被拉長或是壓迫得很嚴重，胎兒就會出現氧氣供應減少的徵兆。

· **臍帶受壓迫治療**　要將這問題的嚴重性降到最低，妳會被要求在陣痛時改變姿勢，以便移動胎兒或是臍帶的位置。妳也會被施以氧氣，以提高胎兒獲得的氧氣量。照護醫師也可能會試著把無菌時鹽水注射到妳子宮中以降低對於臍帶的壓迫，這種治療方式稱為羊水灌注。照護醫師可能得借助產鉗或是胎兒真空吸取器來將寶寶拉出來。如果胎兒還在產道過高的位置，或是妳的子宮頸還沒完全擴張，則可能必須採取剖腹產。

胎兒心跳率降低　隨著子宮的收縮，透過子宮送過來的血流量會在收縮力道達到高峰時減少。胎兒通常可以用本身提供的儲備，來度過這個血流量的短暫改變。但如果這種儲備被壓抑，胎兒心跳率的改變就是胎兒無法再調節補償氧氣供應上干擾的徵兆了。這正是為什麼陣痛期間必須一直監控胎兒心跳的原因。如果妳胎兒的心跳持續維持過快或過慢，可能意味著他接收到的氧氣量不足。

透過電子胎兒監控器，妳的照護醫師可以擷取可能意味著需要關切的不規律心跳。監視胎兒的方式包括了：

· **外部監控**　在外部監控中，兩條寬寬的帶子會被環繞放置在妳腹部上。其中一條高放在子宮上，這是測量並記錄子宮收縮長度和頻率的。另外一條則被緊緊環繞在下腹部，用來記錄胎兒心跳率。這兩條帶子都連接到監視器上，同步顯示並印出兩組數值，這樣之間的互動就可以被觀察到了。

· **內部監控**　只有在羊水破掉以後，才有可能進行內部監控。一旦妳的羊水袋破了，照護醫師就可以實際探進妳的陰道和張開的子宮頸，碰觸到胎兒。為了要更準確的監控胎兒的心跳率，會用一條小小的線連結到胎兒的頭皮上。要測量子宮收縮的力度，醫師會把一條窄窄的感壓式管子插到妳的子宮內壁和胎兒之間。這個管子會回應每一個子宮收縮的壓力。和外部監控一樣，這些裝置被連接到監視器，然後顯示並記錄數值，也會把胎兒的心跳聲加以擴大。

胎兒刺激檢驗　照平常來說，當胎兒的頭皮被照護醫師摸到或是搔到，胎兒就會移動，那心跳率就會上升。聲音也可以用來刺激胎兒。如果胎兒受到刺激，但是心跳率並無增加，可能是獲得的氧氣量不足。

‧**胎兒受刺激治療** 讓胎兒獲得更多氧氣的方法很多。妳的照護醫師可能會在陣痛期間給妳藥物，讓妳收縮的速度減緩或暫停，這樣流到胎兒身上的血流量就會增加。妳也可能被施以更多氧氣來呼吸。

在大多數的情況下，陣痛是會被容許繼續進行的，即使徵兆顯示，胎兒正在回應這暫時性的壓力。

在一些很極端的例子中，氧氣被剝奪可能會構成生命威脅。妳的照護醫師曾經接受過訓練，可以識別這些嚴重壓迫的徵兆，並能夠採取立即的行動，這通常包括了緊急剖腹產。

如果妳對在胎兒監視器上看見的數值有疑慮，可以請教醫療團隊中的成員。如果妳看到的沒未引起太大的關切也不要覺得驚訝。要讀取胎兒監控器上的數值並不容易。有些巨大的改變或許並不值得擔心，但是某些細微的變化卻很嚴重。

第29章

孕媽咪的健康管理

除了對胎兒的照護外，懷孕還包括了確定母親能維持健康 —— 無論是懷孕前或懷孕後。母親在進入懷孕期之前如果就已經有健康上的問題，那麼照護起來會更加複雜。這些問題在寶寶出生後，也有風險增加的可能。

孕前已經存在的健康問題

在懷孕前就已經有健康狀況的女性在懷孕期間，視情況，可能會接受不同的照護。這是因為事先已經存在的健康狀況會影響到懷孕的結果。好消息是，有了醫師的協助與指導，大部分的問題都可以用一種對妳和胎兒都安全的方式來管理。

氣喘 氣喘是肺部主要的通氣道（支氣管）發炎並受到阻礙。製造出來的額外黏膜也會讓呼吸道變得更狹窄，而導致輕從噓噓喘氣，重到呼吸困難的症狀。雖然氣喘發作時可能會有致命的威脅，但氣喘也是治療率很高的病症。只要適當的照護和用藥，懷孕期間，問題是可以防範的。

【氣喘的管理】如果妳的氣喘在懷孕期間能夠好好控制，那麼妳和胎兒會因此提高健康風險的機會就很小。一般來說，有輕微氣喘的女性在懷孕期間會有一些困難，而有嚴重氣喘的孕婦則需要被密切注意。請與妳的照護醫師談談要採取什麼步驟。醫療專業人員在治療懷孕期的氣喘上，經驗很豐富。大部分的氣喘藥物，孕婦使用起來都是安全的。

氣喘如果放著不控制，妳和胎兒兩人都會產生問題。如果妳發生過氧氣濃度過低、以及胎兒氧氣供給減少的情形，那麼可能會導致胎兒成長緩慢，甚至造成胎兒腦部的傷害。如果妳的氣喘發作，那麼額外的氧氣和吸入性藥物（噴霧療法）都是常被用來提高氧氣濃度，幫助肺部通氣道打開的方法。

要控制妳的徵兆和症狀，持續的依照指示服用藥物是很重要的。除非妳的照護醫師指示妳停藥，否則不要停止任何氣喘藥物。對某些孕婦來說，氣喘會在第二和第三孕期惡化。在陣痛期間惡化的例子很罕見。

癌症 懷孕期間的癌症很少見，而且也沒證據顯示女性在懷孕期間，發生癌症的風險會提高。不過，癌症可能

會，也的確會發生在生育年齡的女性身上，甚至是懷孕期間。

如果妳正在治療癌症，或是妳有癌症的病史，妳可能會被告知把懷孕延後。舉例來說，被診斷患有乳癌的女性，通常會被鼓勵採取步驟避免懷孕直到治療完成之後。而過去曾經罹患乳癌的女性也可能被告知等一等，看看嘗試受孕前，乳癌是否有再發的情形。在某些病例中，癌症的治療會影響到生育力。

如果妳在懷孕期間被診斷出患有乳癌，那麼預後的情況通常和沒有懷孕的女性一樣。不過，馬上開始治療是很重要的。懷孕期間就治療可以提高妳生存的機會，讓妳有機會親自養育妳的孩子。

【癌症的管理】妳的治療會根據幾個因素來決定，包括了癌症的類型、在那個階段、最好的治療可能是什麼，以及妳懷孕多久了。各種不同的治療選擇都可能被考慮。

化學治療，一種常見的癌症治療方式，在懷孕的第一孕期是最危險的。在那時候進行，會有先天性缺損或流產的風險。在第二和第三孕期中，化學治療則可能降低寶寶出生時的體重。引起其他問題的風險程度則依照使用的藥物而有不同。

放射線治療可能會，也可能不會影響到胎兒，實際情況得視曝露的類型、接受放射的位置（跟胎兒的距離）、治療的時間點，以及胎兒的週數而定。照射在胸腔或腹部的放射線與照射在頭部或下肢的相較，更可能對胎兒造成影響。胎兒最可能受到影響的時期則是從懷孕的第八週到第十五週之間。

看妳的情況，有可能延後治療，或是等到寶寶能被安全產下後再治療是最好的辦法。當妳懷孕時，進行手術通常是可能的。如果需要以手術治療癌症，而且手術範圍不涉及子宮，或許在懷孕期間進行手術是最好的，而不要等到寶寶出生。不過，如果手術引起了腹部的發炎或感染，那麼早產的風險也會提高。

現在還不清楚，懷孕是否會直接影響到癌症的進程。不過，就很多例子來看，懷孕的確會讓治療變得複雜，或是減少治療的選項。如果妳在產後將進行癌症的治療，而日後能再懷孕很重要的話，請和妳的醫療照護團隊談談保留生育能力的方式。現在有一些技術可以讓妳在將來可能再懷孕。

憂鬱症 憂鬱症是一種嚴重的心理健康病症，會干擾到吃、睡、工作、

與別人互動、照顧自己和別人、以及享受生活的能力。憂鬱症有可能是一次發作的問題，由壓力事件所引起，例如摯愛的人去世了，也有可能是一種慢性疾病。這種病通常有家族性，也就是，基因可能在其中扮演了一個角色。專家認為，這種基因的易發性，再加上環境的因素，例如應力，可能使腦部的化學物質失去平衡，引起憂鬱症。

懷孕可能會影響到憂鬱症。懷孕期間，女性會經歷許多變化。對於有憂鬱症的女性來說，懷孕可能會引起很廣面的情緒反應，讓應對變得更加困難。懷孕期間羊水量的改變以及陣痛都可能會影響抗憂鬱症藥物的有效度。此外，有重大憂鬱症的女性可能會在懷孕期間或懷孕之後，再行復發。如果懷孕期間決定停止服用抗憂鬱症藥物，這種情況尤其會發生。好消息是，只要能給予適當的醫療照護，大多數有憂鬱症的女性都能有正常的妊娠。

【憂鬱症的管理】懷孕期間，治療憂鬱症是非常重要的。如果懷孕期間妳不好好照護妳的憂鬱症，妳可能是把自己和胎兒的健康置於風險之中。雖然懷孕不會讓憂鬱症更惡化，但是卻可能引發一些情緒，這些是有憂鬱症的人很難處理的。懷孕期間不治療憂鬱症，對胎兒的健康也可能會產生影響。有些研究將妊娠憂鬱症的徵兆與症狀與早產、胎兒出生體重過低與宮內成長遲滯相連在一起。

看妳服用的是哪些藥物，妳的醫師可能會建議妳改用其他藥物。這是因為有些抗憂鬱藥物被認為在懷孕期服用，安全性比其他一些抗憂鬱藥物高。整體來説，懷孕期間，媽媽服用抗憂鬱藥物，寶寶產生先天性缺損或其他問題的機率是非常低的。即使如果，有些藥物在懷孕期間服用已經被證實是安全的，這點無庸置疑，但有些類型的抗憂鬱藥物則與胎兒的健康問題有關。

在最後的第三孕期，有些醫師會建議逐漸降低抗憂鬱症藥物的劑量，直到分娩之後，以降低新生兒的戒斷症狀。不過，現在還不清楚這樣的作法是否真能減少傷害性。這種作法需要加以密切注意。對於進入產後階段的新手媽媽來説，情緒和焦慮的問題風險都會提高，所以可能不安全。

要繼續或改變原來的抗憂鬱藥物，決定權在於妳和妳的照護醫師。請遵守妳照護醫師對於懷孕期間該如何管理憂鬱症最好的忠告。

糖尿病 糖尿病影響的血糖（葡萄糖）的規律性，而血糖正是身體主要

的能量來源。妳所吃的食物會被分解成為葡萄糖，儲存在肝臟中，再釋放到血管裡。胰島素是由胰臟所分泌的一種荷爾蒙，可以幫助葡萄糖進細胞，特別是肌肉細胞。有糖尿病的人，這個系統無法正常發揮功能。

糖尿病有兩種主要類型，第一型和第二型：

・**第一型**。患這種型的病人，胰臟中分泌胰島素的細胞都被摧毀了。患者需要每天注射胰島素才能存活。

・**第二型**。患這種型的病人，胰島素的活動很有限，主要是因為身體對胰島素產生了抵抗性。當細胞變得有抵抗性，吸收進入血管的胰島素就不足。結果血糖就留在血管中堆積了。

懷孕期間，有些孕婦會出現暫時性的病症稱為妊娠糖尿病，症狀跟第二型類似，但通常懷孕結束就會消失。罹患妊娠糖尿病的孕婦日後患上糖尿病的風險會增高。

【**糖尿病的管理**】糖尿病是治不好的。不過，血糖卻可以透過適當藥物與生活型態的管理來控制，包括吃得正確、維持健康的體重，以及足夠的運動。如果妳有糖尿病，而妳的血糖在受孕前和懷孕期間都一直在控制之中，那麼妳很可能會有個健康的妊娠，生出健康的寶寶。如果妳的血糖沒有加以控制，那麼所生下來的孩子有先天性腦或脊椎、心臟或腎臟缺損的風險就比較高，流產與死胎的風險也會高出很多。

糖尿病沒有善加控制，產生體重4500公克，或甚至更重的寶寶可能性是很高的。這是因為血糖太高，胎兒接收到血糖濃度高於正常值，因此分泌較多的胰島素來將糖分儲存為脂肪。這種脂肪的累積會讓寶寶長得比正常大 —— 這是一種在醫學上稱為巨嬰的病症。在懷孕期間要監視胎兒的成長狀況，如果胎兒受到了糖尿病的負面影響可以事先提出警告。

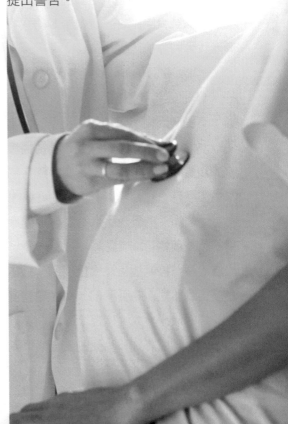

糖尿病孕婦對於胰島素的需求似乎有增加的傾向，因為從胎盤來的荷爾蒙會對胰島素的正常反應有損。事實上，有些孕婦需要正常胰島素量的兩到三倍才能控制住血糖。大多數在孕前就需要使用胰島素的女性在懷孕期間所需的胰島素日用劑量或胰島素幫浦劑量是很多倍。懷孕期間經常調整胰島素的量似乎是勢在必行的。懷孕期間正確的飲食是照護糖尿病很重要的一環。

密切的和醫師合作，保護自己和寶寶的健康是很重要的。

癲癇症 癲癇症是一種會抽搐的疾病，起因於腦部電流活動的異常。這種異常訊號會讓感官、行為、動作或意識產生暫時性的改變。

有些病例的抽搐，病因是清楚的，像是疾病或意外傷害到腦部。不過，有些病因則不明顯。抗癲癇的藥物可以消除或減少大多數癲癇患者抽搐發作的次數和強度。大多數患有癲癇症的女性懷孕時，也都可以有成功的妊娠。

【癲癇症的管理】雖然懷孕期間服用的某些藥物可能會影響到胎兒，不過繼續治療，控制抽搐是很重要的。抽搐會傷害到胎兒。在受孕前，請先和醫師討論妳的治療方式，確保懷孕期間攝入的正確藥物能將妳和胎兒的安全照顧到最好。

大多數女性會繼續服用孕前就一直在使用的藥物，因為中途換藥可能會提高新抽搐發生的風險。某些抗癲癇藥物會影響到身體使用葉酸的方式，而葉酸是一種身體保護預防先天性缺損的重要來源。因此，妳的醫師可能會要求妳在服藥物時加入高劑量的葉酸。

由於妳的血量在懷孕期間會增加，而腎臟代謝藥物的速度也會比較快，所以妳可能必須更頻繁的監控妳的血糖濃度，並隨著孕程增加妳的用藥劑量。不過請務必遵從醫師的指示。

心臟疾病 心臟病包括很多病症，從冠狀動脈疾病、先天性心臟病到心臟瓣膜的疾病。雖然有些病症情況比較嚴重，但是所有病症都會影響血液在全身循環的情形。

大部分情況下，有心臟病的女性在懷孕期間都會被密切的監看，並以對母親和孩子都好的方式來進行心臟病管理。不過，還是有例外的。所以在懷孕之前，最好先跟妳的醫師就妳的心臟病病症進行諮詢，並與適當的專科醫師配合，在懷孕期間好好管理妳的病症。

【心臟疾病的管理】懷孕會對心臟和循環系統造成更多的壓力。事實上，心臟負擔增加早從懷孕的第一孕期就開

始了。懷孕期間，妳必須密切的監控潛在病症任何可能惡化的情況。這意味著必須進行更頻繁的試驗與檢查。此外，伴隨懷孕而來的一些正常改變對妳可能也是需要特別加以關切的。舉例來說，像貧血，對某些類型的心臟病患者風險性就提高很多。水腫也必須加以監控並謹慎管理。水腫在懷孕期間雖然相當常見，但可能造成某些潛在心臟問題的惡化。

陣痛期間，妳需要特別的評估，其中包括了心臟方面的監看。止痛藥物可以使用，在某些程度上，可以降低母親在循環方面的壓力。硬脊膜外麻醉和脊椎麻醉經常被使用。此外，產鉗和胎兒真空吸引器在陰道自然產時也很可能會被使用，以盡量縮短推送的時間，推送是會對母親心臟造成壓力的。甚至，剖腹產也會被採用以免產婦經歷陣痛，不過通常還是偏好採陰道自然產方式來生產。

B型肝炎 B型肝炎是嚴重的肝臟感染，是由B型肝炎病毒引起的。這種病毒是透過被感染人的血液與體液傳染的，和引起愛滋病的人類免疫缺乏病毒（HIV）的途徑類似。不過，B型肝炎病毒的傳染性比較強。罹患B型肝炎的孕婦可能在分娩時把感染傳給寶寶。新生兒也可能因為接觸到有B型肝炎病毒的母親而導致病毒感染。在美國，接受產前照護的孕婦，都必須進行B型肝炎的例行篩檢。大多數曾感染過B型肝炎的成人都能復原良好，但嬰兒和兒童引起慢性感染的可能性就提高很多。

【B型肝炎的管理】懷孕期間B型肝炎最大的風險就是造成寶寶感染B型肝炎病毒。新生兒產生懷孕併發症與感染的風險，顯然與妳B型肝炎的活動性有關。如果妳的B型肝炎活動性很高，妳可能就必須吃藥以降低妳和寶寶造產生併發症的風險。新生兒可以在出生後被施以抗生素，對抗病毒。

B型肝炎病毒疫苗很常見，在美國某些州甚至是強迫性的，是在懷孕期間幫胎兒施打的一系列免疫系列之一。B型肝炎疫苗必須進行一系列的注射施打，胎兒和早產的嬰兒都要。為了達到最佳的保護效果，這個系列所有的注射都是必要的。

高血壓 血壓是流動的血液推擠動脈血管壁的力量。當血壓過高，就稱為高血壓。

懷孕之前高血壓發生的原因有許多種。遺傳因素、飲食、生活型態都在這種病症的形成上扮演了一個角色，但是其他慢性病也是造成高血壓的原因。

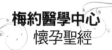

大多數有高血壓的女性都可以健康的懷孕。不過,這病症在整個懷孕期間都需要密切的觀察以及謹慎的管理。高血壓的狀況可能會嚴重惡化,引起母親和寶寶的問題。

【高血壓的管理】如果妳有高血壓,嘗試懷孕前最好先找妳的醫師,看看情況是否在控制之中,並檢視一下所吃的藥物。有些降血壓的藥物在懷孕期間服用是安全的,不過像血管收縮素轉換酶(angiotensin-converting enzyme,簡稱ACE)抑制劑卻可能傷害到胎兒。因此,懷孕期間,醫師可能會要幫妳換藥的種類或劑量。懷孕期間的治療是很重要的。

血壓通常會隨身體對懷孕的適應而有所變化。懷孕之前就已經存在的高血壓,懷孕期間可能會惡化,特別是在第三孕期間。在某些病例中,懷孕還會引起之前沒有被發現的高血壓。

為了監看胎兒的健康與成長,高血壓孕婦需要經常看醫師,並重複進行超音波以評估胎兒的成長況狀,監控胎兒的健康。就大部分例子來看,患有高血壓的孕婦都必須在預產期之前提前生產,以避免併發症的產生。

免疫性血小板缺乏紫斑症 免疫性血小板缺乏紫斑症是一種血液中血小板數量異常過低的疾病。血小板是一種具凝血功能的血液細胞,讓妳在割傷或是瘀青時停止流血的。如果血小板的濃度過低,即使小傷,甚至只是正常的擦傷、撕裂傷都會流血。患有免疫性血小板缺乏紫斑症的人,身體會因為免疫系統功能異常而把血小板摧毀。

懷孕本身並不會影響到免疫性血小板缺乏紫斑症的病程或病勢。不過摧毀血小板的抗體偶而會穿越胎盤,去削減胎兒身上的血小板數量。不幸的是,胎兒的血小板數量並無法由妳的來預測,甚至也不能從妳血小板濃度變低的時間長度來評量。所以即使是妳的血小板情形還可以,寶寶的血小板數量都可能是偏低的。

・**免疫性血小板缺乏紫斑症的管理**
由於胎兒出血的風險很低,除非妳之前懷孕,孩子曾因為血小板數量過低而出現過併發症,否則剖腹產並不是這種病症例行採用的方式。醫療團隊應該會以成立小組的方式,在分娩時盡量提供寶寶適當的治療。如果妳的血小板數量太低,妳可能會被施以藥物,好讓寶寶出生前,妳的血小板數量能提高。

發炎性腸道疾病 發炎性腸道疾病是一種慢性的消化道發炎。潰瘍性大

腸炎和克隆氏症是最常見的發炎性腸道疾病。這兩種都會引起反覆性的發燒、腹瀉、直腸出血和腹痛。發炎性腸道疾病真正的起因還不清楚。遺傳、環境和免疫系統都可能扮演了一個角色。

雖然潰瘍性大腸炎和克隆氏症是無法根治的，不過卻有藥物和其他治療方式可以使用。懷孕期間是可能發生發炎性腸道疾病的，不過，診斷通常較可能發生在懷孕之前。

因為發炎性腸道疾病而影響到體重或營養狀況的女性比較難懷上孩子，或是擁有健康妊娠的。有克隆氏症的孕婦早產的風險甚至還會更高。不過，如果懷孕前和懷孕期間，妳的病都受到控制，那麼妳擁有健康妊娠和足月分娩的機會就比較高。

【發炎性腸道疾病的管理】如果妳有發炎性腸道疾病，懷孕不應該會對妳的治療造成重大的影響。大多數用來治療發炎性腸道疾病的藥物都不會對胎兒造成傷害。改善妳的病況對母親和寶寶都好，藥物的好處大過可能對胎兒造成的潛在疑慮。

不過，一些用來治療某些發炎性腸道疾病病例的免疫系統壓抑性藥物可能會對胎兒造成傷害。如果妳服用的是這類藥物中的一種，請與妳的醫師討論。也請討論一下止瀉藥物的使用，尤其是懷孕的第一孕期。

如果妳患有克隆氏症，而懷孕前並沒有發作，那麼懷孕期間很可能也不會發作。不過一旦發作，很可能懷孕期間就會一直發作，甚至更加惡化。而患有潰瘍性大腸炎但在舒緩期中的女性在懷孕後，約有三分一會再度大發作。如妳在懷孕時潰瘍性大腸炎是發作的，那麼懷孕期間可能會都會發作，或者更加惡化。

如果檢查結果顯示懷孕期間必須處理發炎性腸道疾病的問題，手術有可能可以安全的進行。步步為營、謹慎小心可以把對胎兒的造成的風險降到最低。

狼瘡 狼瘡會引起許多器官系統的慢性發炎。它會影響皮膚、關節、腎臟、血液細胞、心臟和肺。這種病通常會引起程度不一的紅斑和關節炎。狼瘡有幾種類型。最常見的就是全身性紅斑狼瘡。

有時候，狼瘡會在懷孕期間，或是產後不久首次發作。患有狼瘡的女性可能會注意到懷孕期間，症狀增多了——即使病症還沒真的發作。如果狼瘡在一開始懷孕時就是發作的，那麼懷孕期間惡化的風險更高。

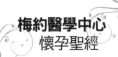

【狼瘡的管理】如果妳在懷孕期間狼瘡發作，那麼妳就有產生問題的風險，其中包括了高血壓和妊娠高血壓。妳可能必須調整一下某些藥物的使用，才不會傷害到胎兒。懷孕前和懷孕期間都請密切與醫師合作，好好照料妳的健康情況並保護胎兒。妳的懷孕照護團隊應該由專科醫師帶領。

苯酮尿症 苯酮尿症是一種遺傳性疾病，會影響到身體處理苯丙胺酸的方式，而苯丙胺酸是一種組織蛋白質的氨基酸。苯丙胺酸存在於乳類、乳酪、蛋、肉、魚和其他高蛋白食品裡。如果苯丙胺酸在血中的濃度太高，就會傷害到腦部。有特殊的低苯丙胺酸飲食可以讓苯酮尿症患者預防對腦部的傷害或是將傷害降到最低。

【苯酮尿症的管理】如果妳有苯酮尿症，而且在懷孕前和懷孕期間都有好好控制，那麼妳可能可以生出健康的寶寶。如果妳血中的苯丙胺酸濃度並未保持規律，那麼生出來的嬰兒可能會有輕度到重度的心智遲緩問題。有這種問題的嬰兒出生時頭部可能異常的小，而且有先天性心臟病。如果妳有這種疾病的家族病史，或是兒童期曾因為苯酮尿症接受治療，請告訴妳的醫師。在嘗試懷孕之前先檢查妳血液中的苯丙胺酸濃度

是比較理想的。必要的話，妳可以開始進行特殊的飲食，讓血液中苯丙胺酸的濃度保持在較低的狀況，以預防胎兒產生先天性缺損。

懷孕期間，必須保持在低苯丙胺酸濃度的飲食限制可能管理不易。如果妳的苯丙胺酸濃度太高，就需要重新檢討並調整飲食。

類風濕關節炎 類風濕關節炎會讓關節產生慢性發炎，最常見的發炎部位在手腕、手、腳和腳踝。而問題的嚴重程度從偶而疼痛發作，到嚴重的關節傷害都有。這種疾病最常見於年齡20到50歲的女性。現在，這種病症還是無法根治的，不過可以透過適當的藥物和自我照料來管理。

【類風濕關節炎的管理】患有類風濕關節炎，應該不太會影響到妳的懷孕。但是妳用來治療該病症的藥物可能需要調整。舉例來說，懷孕期間通常不會建議使用阿斯匹靈或其他抗發炎性的藥物。

懷孕期間，類風濕關節炎可能會有些改善。這是因為妳懷了孩子，免疫系統產生變化。不過即使懷孕期間，幾乎所有的女性患者都感覺到改善，產後還是會回到重前狀態。

性傳染病 如果性傳染病不加以診

斷並治療，就會影響孕婦和胎兒的健康。不幸的是，很多性傳染病的徵兆和症狀都很輕微，所以可能不會被注意到，女性根本沒發現自己已經被感染。

· **披衣菌** 是美國最常見性傳染病細菌。遭受感染的女性通常不會出現徵兆或症狀。如果妳有未經治療的披衣菌，那麼發生流產、以及在子宮中包圍著胎兒的胎膜提早破裂的風險都會提高。妳也可能會在生產的過程中，把披衣菌從陰道傳染給孩子，引發孩子的肺炎或眼睛感染，導致失明。

· **淋病** 是一種傳染性極高的性傳染病，能辨識的徵兆和症狀也很少。有時候，陰道的分泌物會稍微增加。淋病和披衣菌一樣，如果不加以治療，流產、以及胎膜提早破裂的風險都會提高。此外，妳有可能在陰道自然產時感染妳的嬰兒。受到感染的寶寶有可能會形成嚴重的眼睛感染。因為淋病和披衣菌都有可能不被母親察覺，因此所有的新生兒在出生時都會被施以藥物，以避免發生眼睛感染的情形。

· **尖形濕疣** 尖形濕疣的種類很多，有些是看不出來，有些則很難不看到。和感染到尖形濕疣的人性交一個月到幾年後，可能才會出現症狀。尖形濕疣出現在陰部最潮濕的部位，看起來像是小小、肉色的突起物。

如果妳有尖形濕疣，這些尖形濕疣懷孕期間可能會變大，讓妳變得比較癢，有時還會有點狀出血。情況如果嚴重，會有排尿困難、大量出血或甚至阻礙產道的情形。醫師會用一或數次的程序，包括藥物的使用或手術，來清除這些尖形濕疣。

不過，大多時候，這些尖形濕疣並不會引發太大的問題，所並不必非得清除不可。在少數極為罕見的病例中，某個由受到感染的母親生出來的孩子在喉嚨和聲帶部分長出了尖形濕疣，需要進行手術來避免呼吸道的阻塞。

尖形濕疣不是進行剖腹產的理由，除非太大，大到可能會干擾到胎兒以陰道自然產分娩。

· **疱疹** 疱疹是一種由單純性疱疹病毒引起的傳染病。病毒有兩種型式：單純性疱疹病毒第一型（簡稱HSV-1）與第二型（簡稱HSV-2）。

第一型病毒會引起口鼻周圍的單純疱疹，但也可能會包括外陰部部位。第二型會讓外陰部疼痛，有時候口腔會起疱，破裂，變成瘡。兩種類型都是因為跟受到感染的人直接接觸而傳染的。

最初（初期）的感染可能就很明

顯，有嚴重的徵兆和症狀，持續一週或更久。在開始的破裂後，病毒就棲息在感染部位，定期復發。復發的時間大約可持續十天左右，症狀可能會從刺痛、發癢或疼痛開始，之後變成看得見的疱。

抗病毒藥物可以減少復發的次數並縮短發作的天數。有時候，懷孕後期也會被用來避免再度復發。如果妳的外陰部有疱疹，妳的孩子在透過產道自然產時也有可能會受到病毒感染。如果母親是在陣痛前才初次（初期）感染疱疹，對新生兒的風險是最高的。疱疹如果在兒童期間再發，危險性就低多了。

要避免新生兒感染疱疹很困難。大部分的新生兒感染例子中，母親在陣痛或生產時並未出現任何疱疹的徵兆或症狀。即使如此，防範還是非常重要的，因為感染疱疹對新生兒來說，可能是致命的。此外，感染疱疹的新生兒，感染可能會很嚴重，如果不用抗病毒藥物加以治療，可能會傷害到眼睛、內臟或腦部。

如果妳之前曾經發生過外陰部疱疹，寶寶在出生時受到的感染就不會太嚴重。之前曾罹患過疱疹的母親會產生抗體，傳給她們的寶寶，提供一些暫時性的保護。儘管如此，小風險還是存在

的。如果有疱疹存在，採取剖腹產可能可以將這種非常低的新生兒感染風險再降低，這是美國現行的標準照護方法。

・HIV和愛滋病　後天免疫缺乏症候（一般稱為愛滋病，Acquired immunod-eficiency syndrome，簡稱AIDS）是由人類免疫缺乏病毒（human immunod-eficiency virus，簡稱HIV）所引起的。HIV最常由受到感染的性伴侶以性接觸方式散播。輸血、共用受到病毒污染的針頭或注射筒也會散播。有HIV卻未加治療的孕婦可能會在懷孕期間，或是生產後透過母乳餵哺，傳染給她們的寶寶。

現在進行HIV篩檢是例行產前檢前的一部分。如果妳覺得妳懷孕期間可能受到感染，可以考慮就妳的HIV狀況，再進行一次篩檢。雖然陽性反應結果可能令人大受打擊，但是卻可以進行治療，大幅改善母親的健康，並降低感染寶寶的風險。在懷孕前或懷孕期間開始藥物治療，母親和寶寶都能受益。

如果妳知道妳有HIV或愛滋病，請告訴妳的醫師。知道妳病症的醫師可以監控妳的健康，並協助妳避免會增加寶寶暴露在妳血液中的手術。妳接受的藥物治療可以大幅影響感染寶寶的風險。醫師也會確保寶寶接受適當的檢驗，並在產後接受感染的治療。早期檢驗可以

讓被診斷有HIV的寶寶，接受抗HIV藥物的治療，這類藥物可以延緩病程，提高生存機率。

鐮刀型紅血球疾病 鐮刀型紅血球疾病是一種遺傳性的血液疾病，常會引起貧血、疼痛、經常性的感染、傷害到重要器官。這是由紅血球的一種防衛型式所引起，這種物質可以讓紅血球從肺部把氧氣送到身體的其他部分。而患有此症的人，紅血球會從健康、圓形的細胞變成鐮刀型（新月型）的細胞。這種反常的細胞會阻礙血流通過較小的血管，引起疼痛。

鐮刀型紅血球疾病一般來說是在嬰兒時期篩檢出來的。在美國，最常受到影響的是黑人、拉丁美洲裔、以及美國印地安人。有鐮刀型紅血球疾病的孕婦產生嚴重懷孕相關併發症的機會比較高，像是妊娠引起的高血壓。此外，早產和生出體重較輕寶寶的機率也比較高。懷孕期間，會比較容易發生感染，以致產生疼痛的鐮刀型血球危象。這些感染包括了泌尿道感染、肺炎和子宮感染。

【鐮刀型紅血球疾病的管理】患有鐮刀型紅血球疾病的孕婦可能需要一組由醫療專科醫師組成的團隊來進行產前照護。這個團隊通常需要密切監控這個疾病的併發症，如抽搐、先天性心臟衰竭，以及嚴重的貧血。在懷孕最後的兩個月期間，貧血是最嚴重的，可能需要輸血。如果準媽媽發生了鐮刀型血球危象，或是其他併發症，胎兒的健康可能會被密切的監看。

甲狀腺疾病 甲狀腺是一種形狀像蝴蝶的腺體，位在頸部的底圍，就在喉節下面。它分泌的荷爾蒙會調節新陳代謝，而這與所有的事情都相關，從心跳率到如何快速燃燒熱量。荷爾蒙分泌太多太少都會出問題。

· 甲狀腺亢進 當妳的甲狀腺分泌太多甲狀腺素，就會引起一種甲狀腺過於活躍的疾病稱為甲狀腺亢進。這會讓妳身體的新陳代謝加速，體重突然激減，心跳快速或不規律、神經過敏或容易動怒。

大多數有甲狀腺亢進的孕婦懷孕都是順利進行的，但是這個病卻不容易控制。此外，有些常用來治療甲狀腺亢進的藥物在懷孕期間，或哺乳期間是必須避免或重新調整的。舉例來說，放射性碘類的藥物，懷孕期間就不應該使用。

如果妳有甲狀腺亢進，或是這疾病的病史，請和妳的醫師一起重新檢查用藥。醫師可以在妳懷孕期間全程監

控。病症的管理對於妳和寶寶兩人的健康都很重要。如果妳發燒或是生病,請立刻與妳的照護醫師聯絡,謹慎遵循他的指示,並將反應或惡化的所有徵兆與症狀全部回報。

在懷孕期間,甲狀腺亢進有時候會在第一孕期時惡化,到了第二孕期又改善。有些女性的甲狀腺亢進是在產後發作的(產後甲狀腺亢進)。症狀是極端的疲勞、神經質,對熱度的敏感度增加,有時候會被誤認為其他問題,像是產後憂鬱症。有這類症狀請報告讓妳的照護醫師知道。

·**甲狀腺機能不足** 甲狀腺機能不足剛好和甲狀腺機能亢進相反,發生在甲狀腺素分泌不足的時候。當甲狀腺不夠活躍時,妳人會覺得疲累,懶洋洋提不起勁。如果放任不治療,徵兆和症狀包括了容易感冒、便秘、臉色蒼白、皮膚乾燥、臉浮腫、體重增加、聲音沙啞以及憂鬱。這些甲狀腺機能不足的徵兆和症狀很容易被錯認為是懷孕期間的疲勞。

有甲狀腺機能不足的女性要懷孕有其難度。如果懷孕了,而甲狀腺機能不足沒有加以治療或是治療不充分,發生流產、妊娠高血壓、胎盤產生問題,以及胎兒成長遲緩的風險都會提高。適當的甲狀腺素替補對於胎兒正常的成長與發育是必要的。

如果妳有甲狀腺機能不足,替補荷爾蒙的劑量在懷孕期間可能會提高。妳的照護醫師在整個孕程中可能會檢查妳的甲狀腺情況,不過多多提醒醫師妳需要檢查總是沒壞處的。

子宮肌瘤 子宮肌瘤是子宮內非癌性的腫瘤,在生育年齡的女性的身上是很常見的。子宮肌瘤可能長在子宮內膜的裡面或外面,也可能在黏膜壁上。子宮肌瘤通常是從一個平滑肌細胞開始持續長大的,有些肌瘤大如梨,有些則大如葡萄柚,甚至更大。大多數的子宮肌瘤是沒有症狀的,只有在進行例行的骨盆腔檢查或產前超音波才會發現。

如果有症狀,則可能包括了月經出血異常的多或經期拉長、腹部或下背疼痛、性交時疼痛、排尿困難或比較頻繁、以及感覺骨盆腔受到壓迫。建議在受孕之前先以藥物或手術把會引起不適或導致併發症,包括不孕,的子宮肌瘤的縮小或移除。

子宮肌瘤有時候會增加第一與第二孕期流產的風險,或是提高早產的可能性。在某些例子中,子宮肌瘤也會阻礙產道,讓陣痛和分娩變得複雜。有些很罕見的例子,子宮肌瘤還會干擾受精卵植入子宮內膜的能力,讓人不容易懷

孚。

【子宮肌瘤的管理】子宮肌瘤在懷孕期間會長大，這可能是因為體內雌性激素濃度提高所致。大的子宮肌瘤偶而會出血，或喪失血液的供應，導致骨盆或腹部疼痛。如果妳有骨盆或腹部疼痛或不正常出血的情況，請立刻與醫師聯繫。如果肌瘤會痛，可以用藥物來治療。在懷孕期間，一般都會避免進行子宮肌瘤手術，因為可能會引起早產或大量失血。

絕大部分有子宮肌瘤的孕婦，懷孕都只有一點小問題，或根本沒問題。端視肌瘤的大小與位置，胎兒的胎位在分娩時可能會不正常，可能需要進行剖腹產。進行剖腹產時一般會避免進行子宮肌瘤的割除，因為有出血的風險。

產後的問題

孩子出生後，妳就進入產後期了。這是妳的一個轉變期，無論是在生理或情感上。本段說明的就是在這產後數週內可能會形成的問題。

血栓 血栓如果發生在身體內的靜脈中，就稱為深層靜脈栓塞，這是產後最嚴重的潛在併發症之一。大部分的血栓都是發生在腿部，如果不加治療的話，一部分的血栓還會破裂，遊走到妳的心臟和肺部。在那邊，它會阻礙血流、引起胸痛、呼吸急促，極少數的病例甚至會死亡。

懷孕期間荷爾蒙的改變會提高新手媽媽在懷孕期間和產後，發生血栓的風險，但話說回來，這種病症很罕見的。不過，如果採取剖腹產，發生血栓的比例要比陰道自然產高上三到五倍。如果妳有下列情形，發生血栓的風險更高：抽菸、體脂肪指數（簡稱BMI）30或高於30、年齡高於35歲，或是手術後無法如建議多走動。研究指出，發生血栓的人，就算不是大多數，人數也算很多了，都有形成血栓的遺傳體質。

血栓通常發生在腿部，不過也會發生在骨盆腔內的靜脈。血栓的徵兆和病狀包括了漲痛、腿部疼痛或水腫，尤其是小腿腿肚周遭。血栓一般來說都是出現在產後的最初幾天內，所以通常是在醫院被察覺的。不過，血栓還是可能發生在產後好幾個禮拜，妳已經出院回家以後。雖然較不常見，血栓也可能在懷孕期間產生。

【血栓治療】如果妳有血栓，妳可能會被施以抗凝血（清血）藥物，以免形成更多的血栓。一開始，妳還需要住院觀察。看深層靜脈栓塞是發生在產前或產後，你都必須注射抗凝血藥劑，或

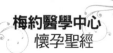

是服用抗凝血藥錠。

大量出血 產後發生嚴重出血不是正常的事，只佔所有分娩小小的一個比例，而且通常發生在生產時，或是孩子出生後24小時內。還有一種更不常見的是在產後多達六個禮拜時出血。

引起產後嚴重出血的問題可能很多。失血最常見的原因是以下之一：

・**子宮收縮不良**（或子宮無力） 在妳生產後，子宮一定要收縮來控制胎盤連結處的出血。這正是為什麼妳生產後，護士要定時幫妳按摩腹部，促進子宮收縮的原因。子宮收縮不良或子宮無力是子宮肌肉無法好好的收縮。這種狀況比較容易發生在子宮被體型巨大的胎兒或雙胞胎過度撐展、已經生過數胎，又或是陣痛拖得太久的時候。要讓子宮收縮不良的機會降低，妳在產後會被施以催產藥物。如果發生子宮收縮不良的情況，也有可能還會給別的藥。

・**滯留性胎盤** 如果寶寶出生後三十分鐘內，胎盤還不自行排出，妳就可能會大量出血。即使胎盤自行排出了，醫師還是會謹慎的檢查，確定其完整性。如果有組織不見了，那麼還是會有出血的風險。

・**撕裂傷** 如果妳的陰道或子宮頸在分娩時撕裂了，就可能會大量出血。撕裂傷可能是由體型大的寶寶、產鉗、真空輔助生產、胎兒快速降入產道或是會陰切開術所造成的。

其他，也是比較不那麼常見的產後出血原因還包括了：

・**胎盤連結不正常** 胎盤連結深入子宮壁的程度太深，這是非常罕見的。這種狀況發生的時候，胎盤無法在產後迅速的剝離。異常的胎盤連結可能會導致嚴重的出血。

・**子宮內翻** 子宮在寶寶出生，胎盤移除後，子宮產生內翻的情形。這種狀況比較容易出現在胎盤連結不正常的情況。

・**子宮破裂** 子宮在懷孕期間或陣痛時，也可能會撕裂，只不過例子很罕見。如果發生這種事，母親會失血，寶寶的氧氣供應也會減少。

如果妳在過去生育時就有過產後出血的問題，那麼出血的風險就更高了。如果妳有像是前置胎盤這一類併發症，胎盤位置在子宮下方，將子宮頸開口部分或全部蓋住，那麼風險也會提高。除了失血外，嚴重產後出血的徵兆和症狀，包括皮膚蒼白、打寒顫、頭昏或暈倒、手心濕冷、噁心、嘔吐和心臟狂跳等等。大量失血後需

要立即採取行動。

大量出血治療 妳的醫療團隊可以採取幾個步驟來處理大量出血的問題，其中包括了對子宮進行按摩。他們可以幫妳打點滴，並給催產素。催產素是一種荷爾蒙，可以刺激子宮收縮。其他治療方式包括了施以其他可以刺激子宮收縮的藥、手術介入，以及輸血。治療得根據出血的原因和嚴重程度。但即使情況最嚴重時，也無須進行子宮切除。

感染 產後偶而也會發生感染的情況。最常見的感染有：

·**子宮內膜炎** 子宮內膜炎是子宮內膜發炎及感染。引起感染的細菌本來就長在子宮內膜裡，但可能擴張到子宮內膜外了。感染有時候會擴散到卵巢和骨盆腔血管。

子宮內膜炎是產後最常見的感染，在陰道產和剖腹產後都可能發生，只不過剖腹產後更常見得多。陣痛太長，或是破水與分娩間隔太久也是引起子宮內膜炎的部分原因。其他提高此發炎風險的因素還包括了抽菸、糖尿病和肥胖症。

視感染的嚴重程度，徵兆和症狀會不一樣。包括了發燒、子宮變大、漲大、異常或有陰道有腐敗味道的分泌物，一般的腹部不適、發寒顫，以及頭痛。

幫妳診斷病症時，照護醫師可能會按妳的下腹部及子宮，檢查漲痛的程度。如果懷疑有感染，還會進行骨盆腔檢查、以及驗血和驗尿。

【子宮內膜炎治療】 子宮內膜發炎的女性通常要住院，以靜脈點滴注射抗生素。水分的補充會透過口服或點滴注射進行。病情如果輕微，治療時可以門診方式進行。

抗生素就可以清除大部分的子宮內膜炎了。不過，如果感染不加以治療，可能會導致嚴重的問題，包括不孕、以及慢性的骨盆腔疼痛。如果妳有子宮內膜炎的徵兆和病症，請與妳的照護醫師聯絡。

·**乳腺炎** 乳腺炎是母乳哺育時，細菌進入乳房造成的感染。乳頭因為餵母乳而龜裂，或是擦破皮疼痛。餵乳時，寶寶的位置如果不佳，或是在只含著乳頭，而不是用嘴唇和牙齦將乳頭周圍整個區域（乳暈）含住，乳腺炎就可能發生。有時候，細菌入侵乳房，但是乳頭卻沒有任何問題的徵兆。

乳腺炎影響的可能是一邊的乳房，也可能是兩邊。當一邊的乳房受到感染時，妳會發燒，覺得生病了，就像

感冒一樣。一般來說，診斷是根據個人病史與身體上的檢查進行的，不需要進一步進行檢驗。如果醫師懷疑有乳房膿腫，可能會照超音波。

【乳腺炎治療】乳腺炎一般都會開抗生素來治療。因為乳腺炎很痛，妳可能會傾向於先停止母乳哺育。但繼續餵哺母乳或是用吸乳器是最好的了，因為這樣可以幫助將乳房清空，紓解壓力。感染是不會擴散到寶寶所喝的母乳中的，而妳所服用的抗生素也不會對寶寶造成傷害，即使妳可能注意到寶寶糞便的顏色有改變。

一天數次使用熱的敷布來貼受感染的乳房，會有幫助。普拿疼或則可以用來紓解發燒或疼痛。在兩次餵乳之間，請讓乳房保持乾燥，並貼敷布，讓乳腺炎可以適當的獲得治療。

·剖腹產傷口感染　大部分剖腹產的切口都可以復原，完全沒有問題，不過有些例子，切口卻發生感染。剖腹產後傷口的感染率不太一樣。如果妳濫用酒精、毒品或抽菸，或者妳有糖尿病或肥胖症，傷口的感染率會比較高。脂肪組織的復原力有比較差的傾向。

如果妳傷口兩側的皮膚有疼痛、紅腫的情況，那就是發生感染了，特別是如果傷口還以任何一種方式滲出了液體。傷口感染也會引起發燒。如果妳懷疑傷口發生感染，請聯絡妳的照護醫師。

【傷口感染治療】如果妳的照護醫師確定妳發生傷口感染，那麼他可能需要把切口重新打開清理乾淨，釋出裡面的細菌。這程序通常是在門診進行的。

·泌尿道感染　產後，妳可能無法完全將膀胱排除乾淨。殘餘的尿液就是細菌理想的溫床，會讓妳的膀胱、腎臟或輸尿管（從膀胱運出尿液去排放的管子）產生感染。泌尿道感染（Urinary tract infections，簡稱UTIs）陰道產或剖腹產都可能發生，這是懷孕期間和產後一種常見的併發症。如果妳有糖尿病，或是妳手術後裝飾導管的時間多過正常，那麼妳發生泌尿道感染的機會就會提高。

泌尿道感染時，妳會頻尿，而且排尿的慾望很急促，排尿時會疼痛、發燒，膀胱附近的部位會漲痛。如果妳有上述的任何徵兆和症狀，請聯絡妳的照護醫師。

【泌尿道感染治療】治療泌尿道感染的方式通常包括了吃抗生素、喝大量的水分、經常把膀胱清光，以及吃藥解熱。

產後憂鬱症　寶寶的出生會帶來強烈的情緒，包括了興奮、喜悅，甚至恐懼。但還有一種是許多媽媽都經歷過的，憂鬱。

在寶寶出生後的那幾天，很多新手媽媽都會出現一種輕微的憂鬱症，這就是被稱為產後憂鬱的況狀。不過，有些新手媽媽出現的憂鬱情況是比較嚴重的一種型態，稱為產後憂鬱症，從產後幾個禮拜到幾個月後都可能出現。如果放著不治療，產後憂鬱症會持續一年，甚至更久。

產後憂鬱症並沒有明確的起因。身體、心理及社交互動大概都占了一部分。荷爾蒙雌性激素和黃體激素的濃度在產後會立即大幅度降低。此外，體內的血液量、血壓、免疫系統和新陳代謝都會發生改變，這些都會影響女性在生理和情緒上的感受。

其他會造成產後憂鬱症，以及提高新手媽媽罹患風險的原因還包括了：

・個人或家族的憂鬱症病史
・對生產經驗不滿意
・懷孕有問題，或是風險高
・產後疼痛或發生產後併發症
・寶寶的需求很高
・照料新生兒或多個孩子筋疲力盡
・對於當母親感到憂鬱或有不切實際的期望
・因為家中或工作的改變而有壓力
・有認同失落感
・缺乏社交上的支援

妊娠小百科／產後憂鬱症的自我照料

如果妳被診斷出有產後憂鬱症，或是妳認為自己有這病症，尋求專業的照護是很重要的。可以試試下列的提示，來幫助妳復原：

・要有適量的休息。養成習慣，在寶寶睡覺時休息。
・飲食適度。多注重五穀雜糧、水果和蔬菜的攝取。
・每天要進行一些體能活動。
・與親友保持聯繫。
・偶而找親友來幫忙照顧寶寶，並幫忙家務。
・要找時間給自己。穿得美美出門，拜訪朋友，或做些雜事。
・和其他媽媽談談話。請教妳的照護醫師社區內新手媽媽社團的事。
・找時間與妳的伴侶獨處。

· 關係有困難

【產後憂鬱徵狀和症狀】產後憂鬱或輕微產後憂鬱症的徵狀和症狀包括了有時候有焦慮、悲傷、易怒、哭泣、頭痛、筋疲力盡，和不值得的感覺。這些徵兆和症狀通常在幾天之內或是幾個禮拜之內就會過去。不過，有些產後憂鬱的情況卻轉成產後憂鬱症。

而產後憂鬱症的徵狀和症狀則比較嚴重，持續的時間也較久。包括了：

· 一直都很疲勞
· 胃口改變
· 人生無趣
· 情感上很麻木，或覺得被困住
· 退縮於親友圈之外
· 對自己和寶寶漠不關心
· 嚴重的失眠症
· 對寶寶關心過度
· 缺乏性趣或是對性愛沒有什麼反應
· 強烈的失敗或不當感
· 嚴重的情緒起伏
· 期望過高，或是態度上過度要求
· 覺得事情沒道理

如果妳在寶寶出生後覺得很抑鬱，妳可能不願承認，或羞於承認。不過，如果妳有產後憂鬱症的徵兆或症狀，告知妳的照護醫師是很重要的。

【產後憂鬱症治療】妳的照護醫師很可能會先想親自檢查一下妳的徵兆和症狀。因為很多女性在有寶寶之後都覺得很疲累，感覺被打垮了。照護醫師會利用憂鬱症衡量表來判斷憂鬱的狀況是短期性的，或是比較嚴重的憂鬱症。

產後憂鬱症是一種可辨識，並且可以治療的疾病。治療會因人而異。可能會包括：

· 支援團體
· 個人諮詢或心理治療
· 抗憂鬱藥物或其他藥物

如果妳在產後有憂鬱的情形，那麼後續懷孕發生憂鬱症的風險也會增加。事實上，產後憂鬱症在懷第二胎的媽媽身上更為常見。不過，即早介入、適當治療，發生嚴重問題的機會就會變小，而快速復原的機會也會較高。

第30章

小產與身心復原

　　有時候，不幸的是，並非所有的懷孕都以我們夢想的結果收尾。沒有新生寶寶可以讓妳摟入懷裡。如果妳的情況正是如此，那麼這可能是讓人悲痛、困惑並感到害怕的時刻。了解為什麼會流產，以及其他小產的情形是什麼，並無法讓情感的傷痛劃上休止，但可以幫助妳了解，為什麼妳的照護醫師會建議妳採取某些類型的照護。

　　此外，除了流產，小產的方式有很多種，包括子宮外孕、葡萄胎、早產和死胎。每一種都有不同的原因和治療方式。

流產

　　流產是在懷孕的二十週之前自然喪失了胎兒。大約有百分之十五到二十的已知妊娠以流產作為終結。但是實際的數字可能還更高得多，因為有許多流產發生在懷孕的很初期，女性甚至連自己懷孕了都不知道。大部分流產發生的原因是因為胎兒並未正常發育。

　　流產是相當常見的一種遭遇，但常見並不會讓一切變得容易。懷孕後卻沒能擁兒入懷是一件令人心碎的事。

　　徵兆與症狀　流產的徵兆與症狀包括了：

　　・陰道點狀出血或出血

　　・腹部或下腹部疼痛或痙攣

　　・陰道排出液體或組織物

　　請記住，懷孕初期出現點狀出血或出血的情況是相當常見的。在大多數的例子中，在第一孕期有輕微出血的孕婦都能安然懷孕。有時候，即使出血嚴重一點，也沒有導致流產。

　　有些孕婦會流產是因為子宮發生感染。如果妳有這種稱為敗血性流產的感染，那麼妳會有發燒、發冷、身體疼痛的情形，陰道的分泌物也會很黏稠，有腐敗的臭味。

　　如果有以下情況請打電話給妳的醫師：

　　・出血，甚至只是輕微的點狀出血

　　・從陰道湧出一股液體，不會疼痛或出血

　　・從陰道排出組織物

　　妳可以用乾淨的容器把排出的組織物帶到醫師的門診去。檢查不是説能夠判斷流產的原因，而是確定排出的胎

盤組織可以幫助醫師判斷妳的症狀和子宮外孕無關。

流產原因 大部分流產的原因都是因為胎兒未能正常發育。嬰兒的基因或染色體發生問題一般都是因為胚胎分裂和生長時發生錯誤所致，而不是因為遺傳自雙親的問題。異常的例子包括了：

· **萎縮性囊胚** 萎縮性囊胚很常見。大約一半在最初十二個禮拜內發生的流產，都是因為這個原因。這是受精卵發育成胎盤和內膜，卻沒有胚胎。宮內胎兒死亡。發生這種情況時，胚胎是存在的，不過在發生任何小產的症狀前，胚胎就死了。這種情形也有可能是因為胚胎內的基因異常所致。

· **葡萄胎** 也稱水泡狀胎或滋養層細胞疾病是比較不常見的。這是受精時有問題導致胎盤發生異常。如果懷的是葡萄胎，早期的胎盤在子宮內發育成一團生長迅速的囊胞團，而其中可能有胚胎，也可能沒有。如果有胚胎的話，胚胎也無法成熟的。（想了解更多與葡萄胎相關的資訊，請參見485頁。）

某些例子中，母親的健康情形也扮演了一個角色。糖尿病沒有控制、發生甲狀腺疾病、感染，以及荷爾蒙、子宮或子宮頸的問題有時也會導致流產。

流產風險

其他會提高孕婦流產風險的因素還包括了：

· **年齡** 女性年齡高於三十五歲，流產的風險就高於年輕的女性。在三十五歲時，妳的風險是百分之二十。四十歲時，風險則高達百分之四十。到了四十五歲，就大約達到百分之八十。伴侶的年齡也有關係。有些研究指出，如果孕婦的伴侶年齡是三十五歲或是更高，流產的風險就會隨伴侶的年齡而升高。

· **之前流產過兩次** 之前懷孕流產過兩次，或更多次的孕婦，流產的風險會更高。流產一次的孕婦，流產的風險和從沒流產過的孕婦是一樣的。

· **藥物、酒精和違禁毒品** 懷孕期間有抽菸或喝酒的女婦流產的風險會高於不抽菸的孕婦，也高於在懷孕期間不碰酒的女性。違禁毒品也會提高流產的風險。

· **侵入性產前檢查** 有些產前的基因檢查，例如像絨膜絨毛取樣和羊膜穿刺術，都有輕度的流產風險。

有症狀時盡快就醫 如果妳感覺自己已經有流產的症狀，請聯絡妳的照護醫師。他會告訴妳應該找誰，什麼時候去。在某些情況下，妳可能會被告知

妊娠小百科／什麼情況不會導致流產

- 像這一類例行的活動是不會引起流產的：
- 運動
- 舉物或拉筋
- 性生活
- 工作，前提時妳並未暴露在有害的化學物質中

流產的種類

依照檢查的結果，妳的照護醫師可能會有特定的名稱來稱呼妳所經歷的流產：

先兆性流產。 如果妳有出血，但子宮頸並未開始擴張，那妳正在經歷的就是先兆性流產。一般來說，經過休息，這類的懷孕通常可以繼續，不會再出更多問題。

無法避免性流產。 如果妳有出血，而且子宮已經在收縮，子宮頸也已經打開，那麼流產就無法避免了。

不完全性流產。 如果妳排出了部分的胎兒或胎盤物質，但子宮之內仍有殘留，就會被認為是不完全性流產。

過期性流產。 胎盤和胚胎組織仍然留在子宮內，但胚胎已經死亡，或根本沒成形過。

完全性流產。 如果妳把所有懷孕相關的組織都排出了，就會被認為是完全性流產。這種流產常見於懷孕十二週之前。

敗血性流產。 如果妳的子宮發生感染，那就是所謂的敗血性流產。這種流產需要立刻照護，孕婦在懷孕期間也必須戒酒。違禁毒品也會提高流產的風險。

要上醫院的急診處。

妳的醫師可能會問妳一些問題，包括了上次月經是什麼時候，症狀什麼時候開始出現的？之前是否流產過？他也可能會先執行下列檢查項目中的一、兩項或更多項：

骨盆腔檢查。 醫師會檢查按看妳的子宮頸是否已經開始擴張。

超音波。 這種檢查可以幫助醫師檢查胎兒的心跳，判斷胚胎是否正常發

育中。

· **驗血** 如果妳已經流產了，評量懷孕荷爾蒙、人類絨毛膜性腺激素HCG對於判斷所有胎盤組織是否已經完全排出很有幫助。

· **組織檢查** 如果已經有組織排出來了，那麼可以送到實驗室去確定流產發生的原因──以及妳的症狀並非和其他的妊娠出血原因有關。

有流產風險時的治療 如果妳還沒有流產，但是有流產的風險，醫師可能會建議妳休息，一直到出血或疼痛狀況消失。妳也會被要求避免進行運動和性事。不要旅行也是個好主意，特別是到很難受到及時醫療照護的地區。

借超音波之助，醫師可以判斷胚胎是否已經死亡或是從未形成，以及是否一定會發生流產。如果是這種狀況，有幾種選項可以考慮。在早時妊娠，還沒使用超音波之前，大多數的女性並不知道自己註定會流產，直到流產已經在進行中。

· **期待性處理法** 如果妳選擇要讓流產自然進行，那麼在判斷胚胎已死之後的兩週左右，就會自然發生，不過可能也會三到四個禮拜。這個選項被稱做期待性處理法（expectant management）。在那時的流產，可能會有大出血和痙

攣，像月經，時間持續幾個小時。妳也可能會排出一些組織。妳的照護醫師可以告訴妳應該如何處理這些組織。通常嚴重出血會在幾個小時內停止，不過輕微的出血則會持續幾個禮拜。這在情緒上這可能是很難熬過的一個時期。如果流產並未自然發生，那麼就需要以藥物或手術加以治療了。

· **藥物治療** 如果診斷出小產，而妳希望整個程序能夠加速，可以使用藥物來讓身體排出妊娠組織與胎盤。妳可以服用口服藥物，不過照護醫師可能會建議妳使用陰道藥物，以提高有效性，也降低副作用，像是噁心、胃痛和腹瀉。流產可能會發生在家中。確切的時間可能不一定，妳需要一劑以上的藥物。對大多數女性來說，這種治療24小時內就會生效。

· **外科治療** 另一個選擇是動個外科小手術，稱為子宮吸引擴刮術（suction dilation and curettage 簡稱D&C）。進行這種手術時，醫師會把妳的子宮頸擴張，輕輕的把組織吸出子宮。有時候，醫師在吸之後，還會用一支尾端帶有環的長形金屬工具（刮匙）來刮子宮壁。併發症很少見，但是包括了對連接子宮頸或子宮壁的連接組織造成傷害。有時候，要終止出血，手術治療是必要的。

流產後的身體復原　流產後，身體上的復原通常需要幾個小時到兩至三天。妳的月經預計在四到六個禮拜後可以恢復。如果妳有嚴重的出血、發燒、發冷、或嚴重的疼痛，請打電話給妳的照護醫師。這些徵兆與症狀可能代表發生感染了。流產後兩個禮拜，請避免發生性行為，或在陰道內放置任何東西——像是衛生棉條或施行灌洗。

如果妳流產多次，通常是連續三次以上，請考慮去檢查看看是否有潛在的原因，像是子宮異常、凝血問題，或染色體異常。在某些例子中，連續兩次流產後，照護醫師可能就會建議進行檢查。如果流產的原因找不出來，也不要失去希望。即使沒有治療，大約有百分之六十發生過重複性流產的女性後來也能懷孕順利。

心理上要治癒所需的時間比身體上久得多。流產失去的痛苦可能痛徹心扉，而妳身邊的人未必完全明白。妳的情緒可能會從憤怒到絕望（參見第487頁）。請給自己一些時間為失去的胎兒悲痛，也請從愛妳的人身上尋求幫助。

讓自己獨自去承擔這失去的痛苦的並無必要。如果妳覺得悲傷或抑鬱感很深，請和妳的照護醫師談談。

大多數曾經流產過的女性日後都可以順利懷孕。妳的照護醫師可能會告訴妳，在身心都恢復之前，先等一等，不要懷孕。請和他們談談，流產之後多久後再度嘗試懷孕最合適（參見490頁）。

子宮外孕

子宮外孕，也稱輸卵管外孕，是受精卵附著在子宮之外的地方。大部分子宮外孕的地方都在輸卵管內，但也可能發生在卵巢或子宮頸。由於輸卵管太窄，無法支撐成長中的胎兒，所以子宮外孕是無法正常進行的。事實上，輸卵管的內壁會被撐破，讓孕婦處於有生命危險的大量失血危險中。

輸卵管異常與子宮外孕間有緊密的關連性。已知會提高輸卵管外孕的原因包括了：

‧輸卵管感染或發炎，導致部分或全部阻塞

‧之前骨盆腔或輸卵管進行過手術

‧發生一種稱為子宮內膜異位的病症，正常來說應該位在子宮內部的組織在子宮外被發現，引起輸卵管阻塞

‧輸卵管形狀異常

子宮外孕主要的風險因子是骨盆發炎性疾病，這是子宮、輸卵管或卵巢發生感染。有下列任何一項的女性，發生子宮外孕的風險也會比較高：

 妊娠小百科 / 習慣性流產

習慣性小產是在懷孕的第一孕期，或是第二孕期非常初期，就接連失去三胎或是三胎以上。連續流產兩次的機率，二十對裡面就有一對。而連續流產三胎或更多胎的則高達百分之一。在第二孕期的最初幾個禮拜過後還小產就少見得多了。

在發生過兩次以上流產的少見情況中，有時候可以找出特定的原因，並加以治療。可能的原因包括了：

・染色體產生變化。父母親的一方染色體構造發生變化，導致胎兒發生改變，以致於流產率偏高。這個問題可以透過精蟲或卵子的捐贈，獲得解決。

・子宮或子宮頸有問題。如果女性的子宮形狀不尋常，或是子宮頸脆弱，那麼可能會導致流產。外科手術可以校正子宮和子宮頸的一些問題。

・凝血問題。有些女性比較容易形成血栓，導致胎盤功能不良及流產。檢驗可以判定女性是否帶有抗心脂抗體或抗磷脂抗體，或是第五凝血因子（factor V Leiden），這些都可能因為造成血栓增加而引起流產。要降低這類型的流產，方法很多。

其他原因

其他的因素也被認為可能是習慣性流產的原因，這其中包括了懷孕早期黃體激素不足、胎盤植入有問題，以及各種感染。無論如何，並無確定證據證明治療這些問題，就能改善未來懷孕的結果。通常來說，小產是找不到原因的。

不要放棄希望。即使妳經歷過多次流產，妳還是有不錯的機會可以順利懷孕的。即使過去的小產找不出原因，這也是實情。以後懷孕，可能更早就需要關心，請和妳的照護醫師討論，當寶寶在妳肚子裡成長時，妳需要什麼要的特殊照護。

・之前曾經子宮外孕
・輸卵管進行過手術
・不孕的問題
・以藥物刺激排卵
・輸卵管結紮後懷孕

子宮外孕的徵兆與症狀 最初，子宮外孕看起來似乎和正常懷孕很類似。早期的徵兆與症狀與所有的懷孕沒什麼兩樣 —— 月經沒來，胸部漲痛、疲勞和噁心。

疼痛通常是子宮外孕第一個徵兆，但通常也會出現異常的出血。妳會感到骨盆腔、腹部或甚至頸肩都有尖銳的刺痛感。疼痛通常會反反覆覆，時好時壞。子宮外孕其他的警示徵兆還包括了腸胃道症狀、暈眩和頭重腳輕。如果妳有上面任何的徵兆或症狀，請立刻與妳的照護醫師聯絡。引起這些徵兆與症狀的原因可能還有其他，但妳的照護醫師可能要先把子宮外孕排除。

子宮外孕的治療 如果照護醫師懷疑是子宮外孕，他可能會進行骨盆腔檢查，確定疼痛、漲痛或團物的位置。除非妳的狀況很明顯，或是妳顯然情況緊急，否則會利用檢驗室的檢驗和超音波來確診。

受精卵必須被移除，以避免輸卵管破裂，或引發其他併發症。小的子宮外孕可以用藥物methotrexate（減殺除癌錠）來治療，這種藥對胎盤組織來說毒性很高，會讓受精卵停止發育。就許多例子來看，手術是必要的。手術時在下腹部切一個小小的傷口，使用一種長長薄薄的器械插入骨盆腔部位去取出團塊。

治療後，醫師會再次檢查妳的妊娠荷爾蒙，人類絨毛膜性腺激素（簡稱HCG）的濃度，直到其濃度歸零。如果濃度還是偏高，可能子宮外孕的組織沒有去除乾淨，需要再次以手術，或是methotrexate來治療。

有些很少數的情況，照護醫師會建議在還未傷害到輸卵管前先不要治療，靜觀其變，看子宮外孕是否會透過自然排出或落胎而自行終止。

以後的懷孕 如果妳曾有過一次子宮外孕，以後比較可能會再發生。但是子宮外孕後還是可能可以懷孕順利的。即使有一邊的輸卵管受損或切除，卵子還是可以在另外一邊的輸卵管受精，進入子宮。就算兩邊的輸卵管都受損或切除了，還有體外授精，也就是試管嬰兒這個選擇。

體外授精是把成熟的卵子從女性體內取出，在實驗室與精子結合，然後在兩天後將受精卵植入子宮。

如果妳曾有過子宮外孕，再度懷孕前請先和妳的照護醫師談談，一起找出最好的辦法。

葡萄胎

葡萄胎（水泡狀胎）是將胎盤與子宮內壁（絨毛）連結的手指狀小突出物沒有適當發育，導致子宮內形成異常的團塊，而不是胎兒。這個團塊是胎盤組織的腫瘤，因為受精卵中染色體異常

所形成。葡萄胎是相當罕見的。

葡萄胎的徵兆與症狀 葡萄胎主要的症狀是懷孕第十二週前出血。通常來說，以懷孕的週數來看，子宮的大小要比預期大太多了，也常有嚴重的噁心和其他懷孕的問題。葡萄胎可以超音波檢查來診斷。

葡萄胎的治療 葡萄胎是以子宮吸引擴刮術來清除的。先施以麻醉，然後將子宮頸擴張打開，再將子宮內的內容物藉由吸引，輕輕取出。葡萄胎的組織移除後，妳的照護醫師可能會監測妳的HCG懷孕荷爾蒙濃度一段時間。偶而，這個腫瘤也有可能是惡性，所以在腫瘤移除後，HCG濃度還居高不下或是提高。因此，妳的照護醫師或許還會經常檢查妳的HCG濃度。如果不正常的葡萄胎細胞變成癌細胞（惡性），就需要以化學治療法來治療。這是癌症治療中成效最佳的例子之一 —— 只要施以適當的化學治療，這類癌症通常是可以治癒的。

有過葡萄胎的女性會被告知至少一年之內不要再懷孕。妳一旦有過葡萄胎，以後再次發生葡萄胎的風險就變大。不過，未來懷孕正常的機會還是不錯的。

子宮頸閉鎖不全

是子宮頸在胎兒尚未足月之前就開始變薄並打開的醫學用語。和正常懷孕中，回應子宮收縮而打開情況不同的是，這裡子宮頸變薄並打開是因為連結的組織無法承受子宮成長的壓力所致。

子宮頸閉鎖不全是相當罕見的。不過，這也是某些小產的原因，特別是在第二孕期間發生的。如果之前妳的子宮頸動過手術、或是子宮頸因為之前難產受過損傷、又或是妳的子宮頸有先天缺損，形成不良，都比較可能發生子宮頸閉鎖不全。

子宮頸閉鎖不全的徵兆與症狀
子宮頸閉鎖不全發生時不會痛，不過會引起許多其他流產及早產的徵兆與症狀，包括了點狀出血或出血、陰道有帶血、濃稠或黏膜狀的分泌物，並且下腹部有壓迫感或沈重感。

子宮頸閉鎖不全的治療 如果妳有徵兆與症狀，請聯絡照護醫師。如果妳有子宮頸閉鎖不全，而且被發現的時間很早，照護醫師可能可以先把妳的子宮頸縫合，挽救妳的妊娠。這個手術稱為子宮頸環紮術，在懷孕二十週前進行最成功。

如果妳之前懷孕曾因子宮頸閉鎖

不全而小產，那麼在之後懷胎時，可能早早就會進行子宮頸環紮術 —— 大約在第十二到第十四週左右。那時懷胎已經穩定，但是重量還未加到子宮頸上。

 妊娠小百科╱小產的應對方式

在罕見的情況下，胎兒在懷孕晚期死亡了。這是宮內胎兒死亡，所謂的胎死腹中或死胎。當寶寶在懷孕的任何一個階段死亡，尤其是懷孕的晚期，損失都是無比巨大，而傷痛也是很難克服的。妳懷孕好幾個月、夢想並計畫了很久的寶寶就這樣突然之間沒了。

妳可能會覺得世界好像崩潰了，日子或許根本無法正常的過下去。但是，妳還是可以做一些事，讓未來比較能夠忍受，讓痛苦能稍稍舒緩。以下的作法可能有些幫助：

和寶寶道別 悲傷是接受，並從喪痛中恢復的重要一步。但是妳可能無法為從未謀面、擁抱入懷或命名的孩子感到悲傷。對妳來說，處理一個對妳而言更為真實的死亡可能還稍微容易些。所以如果妳能為孩子安排一個喪禮或葬禮，感覺可能會好受些。

保留寶寶的一個紀念物 專家表示，如果保留過世之人的一張照片或紀念物，那麼妳就能有個實質的東西可以讓妳在現在和未來去珍惜。如果妳想要，也需要保有更多處理小產的時間，請基於善意清理嬰兒房的親友先不要把寶寶的房間清空。

悲傷 盡情哭吧！只要需要，要多常哭、哭多久都隨妳心意。把妳的感受說出來，讓自己可以完完整整的經歷。最好不要去避免哀悼的過程。

尋求協助 請倚賴妳的伴侶、家人和朋友給妳支持。雖然經歷過的傷痛無法抹滅，但是妳可以從愛妳、支持妳的人身上獲得力量。喪子之後，妳可能也可以透過專業諮詢或加入曾有喪子之痛的父母團體得到幫助。

妳和妳的伴侶可能會想，為什麼你們得遭遇這種喪痛。這種心理層面的問題，是永遠不會有令人滿意答案的，但卻可以讓妳學著從生理角度去了解寶寶的死因，讓妳對所發生的事情，多幾分了解。在最初的震驚過後，妳可以和照護醫師討論分析報告中的發現。知道死因或發生的細節或許可以讓妳較能接受喪痛。

小產後想懷孕再試試看

小產是個極為難過的經驗。妳可能會覺得未來的希望都從身邊被奪走了。即使懷孕只有幾個禮拜，這些感覺也可能產生。

在小產後，妳會有怎樣的感覺並沒有定律，甚至可能只是麻木一陣子而已。請容許自己擁有屬於自己的感受，並試著讓它過去。

小產的悲傷要過去需要時間。有些夫妻認為他們一定要馬上努力再懷孕，才能解決問題或取代傷痛。不幸的是，後續的懷孕不一定會帶著相同的純真情感和幸福感。小產之後再度懷孕壓力可能會很大，因為存在著焦慮，恐懼又會發生閃失。

雖說小產可能對妳來說非常難過，那並不代表妳就無法再有另外一個寶寶。就大多數的情況而言，妳擁有一個正常、健康妊娠的機會還是極佳的，即使是妳已經小產一、兩次後。決定是否要再懷孕，以及什麼時候懷孕得看之前的懷孕類型，以及妳身心的恢復程度。再度嘗試懷孕並無所謂的完美時間。一般來說，大多數的照護醫師會建議等幾次月經週期後，再來嘗試。有某些例子，或許先諮詢過專家後再來嘗試受孕吧！

小產心理上的復原　如果妳發現自己在小產後非常悲傷，請妳給自己一段時間悲傷吧！心理上的復原，通常比身體上的復原需要更多時間。

有些人或許不懂，妳為什麼要為一個從未謀面的孩子哀悼。但其實在許多方面，那個一直在妳肚子裡成長的孩子，已經與妳產生牽絆了。妳和妳的伴侶可能一起夢想過把寶寶抱在懷中的日子。這種錯失看著孩子長大成人的機會，在心理上是很難接受的。即使根本沒有過胚胎，當你們夢想著、期待著要有個寶寶時，心裡還是悲傷的。悲傷是讓這種已經發展出來的情感淡去的過程。

悲傷的階段　悲傷的過程，每個人都不一樣，但是遭遇重大的喪痛，情感上經歷的階段卻是共通的。

・震驚與否。　在創傷事件發生之後，人大多會麻木，摒棄所有的情緒。這是人之常情，並不表示妳冷漠。體認事實後，這種感覺通常會改變。

・罪惡感與憤怒　在小產後，妳可能會為發生的事情感到自責。但是小產是很難事先避免的。妳對於小產的發生幾乎是無能為力的，不能做什麼、或不做什麼。妳也可能會感到憤怒 —— 氣自己、氣家人、氣朋友，或無奈的氣著環

境。這很正常，也預期會如此。就讓自己氣上一陣子可能也有幫助。

· **抑鬱與絕望** 抑鬱並非總是那麼容易能辨認的。妳可能會發現，自己覺得非常非常的疲倦，或是對於一直以來都很喜愛的事情喪失了興趣。妳的胃口或睡眠模式發生改變。或是，為了一些看起來是雞毛蒜皮的小事而哭泣。

· **接受** 雖然現在並沒這樣的想法，事實上，妳對於小產已經能夠慢慢妥協。這並不代表妳會不再傷痛，只是妳比較能夠處理日常機能了。

這些階段是沒有時間表的。有些需要的時間比較久。即使在妳已經接受小產的事實，但在重要的日子裡，那些悲傷與痛苦的感覺仍然會再回來，讓妳感覺歷歷如昨。

如果妳發現自己的感覺強烈到過不去，妳無法處理日常機能、或產生敵意、或變得暴力，又或者已經干擾到與所愛的人的關係，請和妳的照護醫師好好談談，或尋求心理健康專業人員的協助。他們可以幫妳處理妳所面對的一些問題。

妳和妳的伴侶處理小產的方式可能不一樣。要辨識另外一個人是否處於傷痛不見得容易。妳可能會想把事情說出來，而妳的伴侶卻偏向保持沈默。此外，其中一人可能在另外一個人做好準備之前，就覺得有必要繼續前進。

現在的你們比任何一個時刻都更需要依靠彼此的支持。在接受另一位的感受時，試著彼此聆聽、彼此回應吧！妳可能會考慮去找諮詢專家或治療師來幫助你們，表達在兩性較為共同領域中的情緒與期望。

小產後身體上的復原 小產後要多久身體才能恢復得看小產的類型。

 妊娠小百科／聆聽、回應妳的伴侶

妳和妳伴侶處理小產的方式可能是不一樣的。要辨識另外一個人是否處於傷痛不見得容易。妳可能想把事情說出來，而妳的伴侶卻偏向於保持沈默。此外，其中一人可能在另外一個人做好準備之前，就覺得有必要繼續前進。

現在的你們比任何一個時刻都更需要依靠彼此的支持。在接受另一位的感受時，試著彼此聆聽、彼此回應吧！妳可能會考慮去找諮詢專家或治療師來幫助你們，表達在兩性較為共同領域中的情緒與期望。

· 流產 就身體上來講，女性流產後通常幾天就能恢復了。流產後通常四到六個禮拜，月經就會恢復。在流產後，第一次月經來之前，妳是有可能懷孕的，但通常不建議懷孕。這段期間，妳可能會想採用屏障型的避孕方式，像是保險套或子宮帽。

如果妳和妳的伴侶覺得準備好了，可以再次懷孕，那麼有幾個問題是要考慮的。受孕前，把你們的計畫和照護醫師談談。他可以幫助妳，和妳一起擬定讓健康懷孕、順利分娩機率最高的策略。如果妳曾有過一次流產，接下來能順利懷孕的機會，其實和從未流產過的女性是一樣的。如果妳有習慣性流產，妳的照護醫師可能會建議妳多等一等再懷孕，或是先進行一些額外的檢查或監控再懷孕。

· 子宮外孕 有過一次子宮外孕後，妳要順利懷孕的機會可能比較低一點，但仍然還是挺不錯的 —— 如果妳兩邊輸卵管都還在，機會大約有百分之六十到八十。即使有一邊的輸卵管被切除，妳順利懷孕有結果的機會也還高過百分之四十，但是妳再度發生子宮外孕的機率也會提高，大約有百分之十五。所以妳下次懷孕時，妳的照護醫師應該會密切的監看妳的情況。

· 葡萄胎 在一次葡萄胎後，未來再發生組織成長異常的風險是蠻小的。這些成長通常是非癌性（良性）的，但是也有很少數的例子可能會發現是癌性（惡性）的。這類組織的成長，通常有懷孕荷爾人類絨毛膜性腺激素（HCG）偏高的特色。所以，一整年之內都不要再懷孕是很重要的，因會受孕時HCG濃度會上升，可能會與再發性的疾病搞混。以後懷胎時再度產生葡萄胎的機會大約在百分之一、二之間。妳的照護醫師可能會建議妳在下次懷孕時，早點進行超音波檢查，以確認懷孕是正常的。

妊娠小百科／對於以後懷孕的建言

　　雖說小產幾乎不可能是妳能避免的，不過妳還是可以做一些事，把順利懷孕的機會提昇到最高。以下是一些請妳留意的提示：

· 健康飲食、經常運動。
· 攝取每日所需劑量的葉酸，無論是單獨的補充品或是綜合維他命都好。
· 做好孕前和產前照護。
· 當妳考慮要受孕或懷孕時，不要抽菸、喝酒，或使用違禁毒品。
· 檢查是否感染性傳染病，需要的話，請進行治療。
· 限制咖啡因的攝取
· 和妳的照護醫師合作，你們可以攜手合作，盡量讓自己及寶寶健康。

MAYO
CLINIC

懷孕40週聖經

作　　　者／羅傑‧哈爾姆斯（Roger Harms, M.D.）、瑪拉‧魏克（Myra Wick, M.D., Ph.D.）
譯　　　者／陳芳智
選　　　書／林小鈴
主　　　編／陳雯琪
特約編輯／蘇麗華

行銷企劃／林明慧
行銷經理／王維君
業務經理／羅越華
總編輯／林小鈴
發行人／何飛鵬
出　　　版／新手父母出版
　　　　　　城邦文化事業股份有限公司
　　　　　　台北市民生東路二段141號8樓
　　　　　　電話：（02）2500-7008　傳真：（02）2502-7676
　　　　　　E-mail：bwp.service@cite.com.tw
發　　　行／英屬蓋曼群島商家庭傳媒股份有限公司城邦分公司
　　　　　　台北市中山區民生東路二段141號11樓
　　　　　　書虫客服服務專線：02-25007718；25007719
　　　　　　24小時傳真專線：02-25001990；25001991
　　　　　　讀者服務信箱 E-mail：service@readingclub.com.tw
劃撥帳號／19863813；戶名：書虫股份有限公司

香港發行／城邦（香港）出版集團有限公司
　　　　　　香港灣仔駱克道193號東超商業中心1樓
　　　　　　電話：(852)2508-6231　傳真：(852)2578-9337
　　　　　　電郵：hkcite@biznetvigator.com
馬新發行／城邦（馬新）出版集團 Cite(M) Sdn. Bhd. (458372 U)
　　　　　　11, Jalan 30D/146, Desa Tasik,
　　　　　　Sungai Besi, 57000 Kuala Lumpur, Malaysia.
　　　　　　電話：(603) 90563833　傳真：(603) 90562833

封面設計／鄭子瑀、內頁設計／徐思文
內頁排版／紫翎電腦排版工作室
製版印刷／卡樂彩色製版印刷有限公司

初版一刷／2013年6月20日
修訂1.5刷／2020年10月29日
定　　　價／500元

ISBN 978-986-6616-91-4
EAN 471-770-290-540-8

城邦讀書花園
www.cite.com.tw

國家圖書館出版品預行編目資料

懷孕40週聖經／羅傑.哈爾姆斯（Roger Harms），
瑪拉‧魏克（Myra Wick）著；陳芳智翻譯．－－初版．
－－臺北市：新手父母, 城邦文化出版：家庭傳媒城邦分
公司發行, 2013.06
面；　公分．－－〔準爸媽系列；SQ0017〕
譯自：Mayo Clinic guide to a healthy pregnancy
ISBN 978-986-6616-91-4（平裝）

1.懷孕 2.產前照護 3.分娩

429.12   102010357

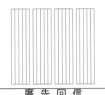

廣 告 回 信
台灣北區郵政管理局登記證
北台字第10158號
免 貼 郵 票

104 台北市民生東路二段 141 號 8 樓

城邦文化事業（股）公司
新手父母出版社

地址

姓名

請沿虛線摺下裝訂，謝謝！

書號：SQ0017X　書名：懷孕40週聖經

新手父母出版　讀者回函卡

新手父母出版，以專業的出版選題，提供新手父母各種正確和完善的教養新知。為了提昇服務品質及更瞭解您的需要，請您詳細填寫本卡各欄寄回（免付郵資），我們將不定期寄上城邦出版集團最新的出版資訊，並可參加本公司舉辦的親子座談、演講及讀書會等各類活動。

1. 您購買的書名：_____
2. 您的基本資料：
   姓名：_____（□小姐　□先生）生日：民國____年 ___月 ___日
   郵件地址：_____
   聯絡電話：_____
   E-mail：_____ □有小孩 _____個（_____歲）□尚無小孩
3. 您從何處購買本書：_____縣市_____書店
   □書展　□郵購　□其他_____
4. 您的教育程度：
   1.□碩士及以上　2.□大專　3.□高中　4.□國中及以下
5. 您的職業：
   1.□學生　2.□軍警　3.□公教　4.□資訊業　5.□金融業　6.□大眾傳播　7.□服務業
   8.□自由業　9.□銷售業　10.□製造業　11.□食品相關行業　12.□其他_____
6. 您習慣以何種方式購書：
   1.□書店　2.□網路書店　3.□書展　4.□量販店　5.□劃撥　6.□其他_____
7. 您從何處得知本書出版：
   1.□書店　2.□網路書店　3.□報紙　4.□雜誌　5.□廣播　6.□朋友推薦
   7.□其他_____
8. 您對本書的評價（請填代號 1非常滿意 2滿意 3尚可 4再改進）
   書名_____ 內容_____ 封面設計_____ 版面編排_____ 具實用性 _____
9. 您希望知道哪些類型的新書出版訊息：
   1.□懷孕專書　　　2.□0~6歲教育專書　3.□0~6歲養育專書
   4.□知識性童書　　5.□兒童英語學習　　6.□故事 童書
   7.□親子遊戲學習　8.□其他
10. 您通常多久購買一次親子教養書籍：
    1.□一個月　2.□二個月　3.□半年　4.□不定期
11. 您已買了新手父母其他書籍：
    _____
    _____
12. 您對我們的建議：
    _____
    _____
    _____